Wir Entbundene

ÜBER DAS BUCH:
Richard Curriers brillante Erzählung der Geschichte des Menschen, von prähistorischen Zeiten bis in unsere Moderne, zeigt, mit dem Blick auf die im Laufe der Millionen von Jahren entwickelten, benutzten und gepflegten acht Schlüsseltechnologien, wie wir wurden, der wir sind. Der erfolgreiche und sich wiederholende Gebrauch dieser Technologien, bewirkte nicht nur Veränderungen in der Erscheinung des Menschen, sondern auch Entwicklungen in Ernährung und Kultur, für die Entdeckung neuer Gebiete und für das Gemeinschaftsleben – was sich als Lebensvorteil erwies und worauf die heutige Welt gegründet ist. Das Buch schärft den selbstverständlichen Blick auf die moderne Gegenwart und lässt die Bewegungen der Zeiten, in einem umfangreichen und tiefgründigen Sinn, folgerichtig erscheinen. Denn die stattgefundene Evolution der Hominiden der letzten zwei bis fünf Millionen Jahre, von der wir uns nicht frei machen können, wirkt auch heute noch und trägt den Gang der Dinge, der Welt und der Erde weiter. Denn wir können uns nicht vor unserer Vergangenheit verschließen, unsere Gegenwart basiert darauf – und die Zukunft wird beide fortentwickeln. Die große Erzählung, die Richard Currier hier schildert, bringt erstaunliche Zeiträume in einen verständigen Sinn und trägt den Entwicklungen der Neuzeit, als Schrift und Rad entwickelt wurden, Rechnung. Der große Bogen bis zum menschlichen Geworden-Sein, der sich hier entspannt – von der weit zurückliegenden Vergangenheit, hunderttausende von Jahren vor Schrift und Rad, über unsere Gegenwart, bis in die sich gerade entwickelnde Zukunft hinein – lässt die Demut erscheinen, die wir in der heutigen Welt, für eine weitere, gelingende Zukunft, dringend benötigen. Die untrennbare Geschichte des Menschen erhält so ihren Glanz und ihre Erkenntnis. Schließlich bringt das Buch einen versöhnlichen Aspekt der gegenwärtigen Realität der Klimaproblematik zur Aufmerksamkeit und verhilft den Lesenden zu einem anthropologisch vorübergehenden Seufzer der Erleichterung. Dennoch liegt die Zukunft in unserer Verantwortung.

ÜBER DEN AUTOR:
Richard L. Currier wurde im März 1940 geboren und wuchs in New York City auf, wo er bis zu seinem siebzehnten Lebensjahr lebte. Er absolvierte ein Studium und erwarb seinen Doktorgrad in Sozial- und Kulturanthropologie an der University of California in Berkeley und lehrte Anthropologie in Berkeley, an der University of Minnesota und an der State University of New York. Er war Mitautor einer zehnbändigen Reihe über Archäologie für junge Erwachsene und veröffentlichte zahlreiche Artikel in Fachzeitschriften und Mainstream-Magazinen. Currier ist ein Pionier in der Konzeption und Entwicklung interaktiver Lerntechnologien und hat für seine Arbeit zahlreiche Preise erhalten. Er lebt mit seiner Frau in Windsor, Colorado, USA.

Richard L. Currier

Wir Entbundene

Wie acht Technologien uns zu Menschen machten,
die Gesellschaft veränderten und unsere Welt
an den Rand des Abgrunds brachten

Übersetzt aus dem Amerikanischen,
(mit KI-Unterstützung)
von Thomas Klinger

MENSAION VERLAG

Inhaltsverzeichnis

Vorwort zur deutschen Ausgabe

Diese Ausgabe von Unbound wurde vom Mensaion Verlag im Jahr 2024 erstellt und ins Deutsche übertragen. Die Diagramme und Schaubilder im Text wurden vom Autor aktualisiert. Alle Anmerkungen und Kommentare wurden ebenfalls von Mensaion übersetzt, um den deutschsprachigen Lesern die Orientierung zu erleichtern.

Mit großem Stolz begrüßt der Autor diese neue Ausgabe, und es ist besonders erfreulich, dass eine deutsche Ausgabe zu diesem Thema erschienen ist. Neben einigen technologischen Schlüsselleistungen wurden viele wichtige archäologische Entdeckungen in der menschlichen Evolution von deutschen Archäologen getätigt, die prähistorische Schlüsselorte innerhalb der Grenzen des heutigen Deutschlands ausgruben und analysierten.

Die zweifellos wichtigste Technologie in der gesamten Geschichte der menschlichen Evolution war die Herstellung und Verwendung von langen, geschärften Speeren und Grabstöcken durch die frühesten Hominiden, die Australopithecinen aus Afrika, südlich der Sahara. Wie im zweiten Kapitel von Wir Entbundene ausführlich erläutert, verschaffte diese bahnbrechende Technologie jenen frühen Hominiden, die auf zwei Beinen stehen, gehen und laufen konnten, einen enormen Vorteil bei der Verteidigung und Nahrungsbeschaffung gegenüber ihren primitiveren Vorfahren, da sie lange, geschärfte Speere für die Jagd und die Verteidigung führen und sie auch als Grabstöcke zum Ausgraben von essbaren Wurzeln und Knollen verwenden konnten. Da diese innovativen Waffen jedoch zwangsläufig aus Holz gefertigt waren, ist aus der Zeit vor mehr als drei Millionen Jahren, als die zweifüßige Fortbewegung erstmals auftrat, keine einzige erhalten geblieben. Dennoch wurden in den Jahren 1994 bis 1999 in einer archäologischen Fundstätte im niedersächsischen Schöningen, die auf ein Alter von 300.000 bis 400.000 Jahren datiert wurde, mehrere fein gearbeitete, perfekt ausbalancierte Speere oder Wurfspeere aus dem Kernholz von Fichten entdeckt. Die feine Verarbeitung dieser Speere ist ein unwiderlegbarer Beweis dafür, dass die Bewohner des prähistorischen Europas seit langem fortgeschrittene Holzbearbeitungsfähigkeiten von ihren Vorfahren, den *Homo erectus*, geerbt hatten. In der Tat muss der *Homo erectus* ähnliche Waffen für die Jagd auf Großwild hergestellt und verwendet haben, lange bevor sie in den prähistorischen Überresten von Schöningen auftauchten.

In Kapitel 3 wird erläutert, wie die Herstellung von Kleidung und Unterkünften durch die frühen Hominiden die Schlüsseltechnologie war, die es ihnen ermöglichte, ihre ursprüngliche Heimat im tropischen Afrika zu verlassen und alle gemäßigten Regionen Europas und Asiens, von den Britischen Inseln bis China, zu besiedeln. Auch hier gilt, dass keines der leicht verderblichen Materialien, die für die Herstellung primitiver Kleidung und Behausungen verwendet wurden – wie Tierhäute und Felle, Holzpfähle, Weinreben, Palmwedel und Stroh – aus der Zeit vor über einer Million Jahren, als die Wanderung der frühen Hominiden aus Afrika begann, überlebt hätte. An einer anderen deutschen archäologischen Fundstelle in Bilzingsleben, Thüringen, die fast 400.000 Jahre alt ist, wurde jedoch eine kreisförmige Anordnung von Steinen gefunden, die vermutlich als Fundament für die älteste jemals entdeckte fabrizierte Unterkunft diente. Bilzingsleben wurde von einer Population des *Homo erectus* besiedelt, einer vormenschlichen Spezies, die als erster prähistorischer Hominide aus Afrika südlich der Sahara auswanderte und die gemäßigten Regionen Eurasiens besiedelte.

Darüber hinaus sei darauf hingewiesen, dass die erste Entdeckung eines prähistorischen Menschen, der ein Vorfahre des *Homo sapiens* ist, im Jahr 1856 in Deutschland gemacht wurde. Die versteinerten Überreste eines Schädels, Armknochen und Rippen, wurden von Bergleuten entdeckt, die in einem Kalksteinbruch in der Kleinen Feldhofer Grotte im Neandertal, östlich von Düsseldorf, arbeiteten. Die Entdeckung dieses menschlichen Vorfahren, der als „Neandertaler" bekannt wurde, war der erste wissenschaftlich anerkannte physische Beweis dafür, dass sich der Mensch über lange Zeiträume hinweg aus primitiveren Formen entwickelt hatte.

Wie in Kapitel 8 beschrieben, hätte es den unglaublichen Wandel des menschlichen Lebens und der Gesellschaft, der durch die industrielle Revolution ausgelöst wurde, ohne die Entwicklung von Präzisionsmaschinen im mittelalterlichen Europa überhaupt nicht gegeben. Ausgehend von Italien, von wo aus sie sich rasch nach England, in die Niederlande und nach Deutschland ausbreiteten, erfanden die mittelalterlichen Uhrmacher nach und nach die Techniken zur Herstellung der präzisen mechanischen Teile, die für genaue Uhren erforderlich waren. Die erfolgreiche Herstellung von Präzisionsmaschinen war nicht nur die Geburtsstunde der industriellen Revolution, sondern ermöglichte auch die Entwicklung des Verbrennungsmotors, ohne den weder das Automobil noch das Flugzeug hätten entwickelt werden können, die beide das Reisen und den Transport der Menschen revolutioniert haben. In diesem Zusammenhang sei darauf hingewiesen, dass der erste praktische und zuverlässige Verbrennungsmotor im Jahre 1872 von Nikolaus Otto in Köln erfunden und das erste kommerziell nutzbare Automobil im Jahre 1885 von Carl Friedrich Benz in

Mannheim entwickelt wurde.

Die immensen Beiträge deutscher Erfinder und Archäologen zur Entwicklung der modernen Zivilisation und zum Verständnis der menschlichen Evolution können nicht hoch genug eingeschätzt werden. Es ist daher nur folgerichtig, dass die Geschichte der menschlichen physischen und sozialen Evolution, die in Wir Entbundene erzählt wird, nun vom Mensaion Verlag allen deutschsprachigen Lesern zugänglich gemacht wird.

Windsor, Colorado, Mai 2024

Einführung

*»Jede Wahrheit durchläuft drei Stadien: erstens wird sie
lächerlich gemacht, zweitens wird sie heftig bekämpft, drittens wird sie als selbstverständlich akzeptiert.«*

(Anonym[2])

VOR 65 Millionen Jahren schlug vor der Südküste Mexikos ein etwa zehn Kilometer breiter Asteroid, mit einer Geschwindigkeit von 108.000 Kilometer
pro Stunde, in die Erde ein. Seine Kraft war 500 Millionen Mal größer als die
der Atombombe, die auf Hiroshima abgeworfen wurde. Dieses Ereignis löste
erhebliche Störungen des Erdklimas aus und führte schließlich zu einer Um-
weltkatastrophe, die das Aussterben der Dinosaurier und von 75 Prozent aller
Lebensformen auf der Erde zur Folge hatte.

Wir befinden uns derzeit in einem weiteren Massenaussterben von Pflanzen
und Tieren, das durch menschliche Aktivitäten verursacht wird und letztlich
genauso tödlich sein könnte, wie die fünf vorangegangenen Massenaussterben
in der Erdgeschichte. Die Mehrheit der Biologen geht davon aus, dass mehr als
die Hälfte aller Lebewesen innerhalb der nächsten ein bis zwei Jahrhunderte
aussterben wird, mit ungewissen Folgen für die Zukunft und für die schwindende Zahl der noch lebenden Arten.

Wir Menschen sind nicht länger eine Spezies von einfachen Jägern und
Sammlern, die in den Grenzen einer stabilen natürlichen Welt leben. Stattdessen haben wir uns durch den unerbittlichen Fortschritt der Technologie von
vielen unserer natürlichen Beschränkungen befreit und sind zu entbundenen
Herren der Biosphäre geworden.

Im Laufe der letzten fünf Millionen Jahre haben acht Schlüsseltechnologi-
en die Beziehung unserer Spezies zur natürlichen Umwelt tiefgreifend verändert
und uns von den natürlichen Kräften befreit, die die Populationen aller anderen
Lebewesen einschränken. Jede dieser Technologien hat, eine nach der anderen,
eine große Veränderung oder Metamorphose im menschlichen Leben und in
der Gesellschaft ausgelöst. Diese Metamorphosen haben die Struktur unseres
Körpers revolutioniert, die Fähigkeiten unseres Geistes erweitert und menschliche Gesellschaften von beispielloser Größe und Macht hervorgebracht.

In der modernen Ära hat die Menschheit die Kontrolle über fast alle natürlichen Lebensräume der Erde erlangt und den gesamten Planeten im Wesentli-

chen in eine riesige Produktionseinheit zu ihrem eigenen ausschließlichen Nutzen umgewandelt. In diesem Prozess hat die nun entbundene menschliche Spezies einen Großteil der natürlichen Umwelt übernommen, die Böden, Ozeane und die Atmosphäre der Erde verschmutzt und unsere Welt an den Rand einer Katastrophe gebracht.

Unsere Spezies ist unter allen irdischen Lebewesen einzigartig in ihrer Fähigkeit, langfristig zu denken und zu planen. Dennoch werden wir immer noch von uralten tierischen Instinkten angetrieben, einschließlich des Drangs, uns bis an die Grenzen des Möglichen auszudehnen und zu vermehren. Andere Lebewesen sind in ihrer Fähigkeit, sich fortzupflanzen, durch die relativ starre Natur ihrer Beziehung zur Umwelt eingeschränkt. Indem wir uns jedoch aus den Fesseln unseres biologischen Schicksals befreien können, hat die Technologie es uns ermöglicht, uns weiter zu vermehren, auch wenn wir die Welt immer näher an eine ungewisse und potenziell katastrophale Zukunft heranführen.

Vor fünf Millionen Jahren ermutigten uns unsere affenähnlichen Vorfahren, aufrecht zu stehen, zu gehen und zu laufen, indem sie sich fabrizierte Speere und Grabstöcke aneigneten. Diese Innovation führte schließlich zu einer radikalen Umgestaltung der Anatomie der Säugetiere, die die Vorderbeine von den Aufgaben der Fortbewegung befreite. Durch den freien Einsatz ihrer kräftigen Vorderbeine und geschickten Hände waren unsere Vorfahren in der Lage, Feuer zu kontrollieren, Kleidung herzustellen und Behausungen zu bauen. Diese Technologien befreiten uns von der Notwendigkeit, in den tropischen Gebieten zu leben, aus denen wir stammten, und ermöglichten es uns, die weiten gemäßigten Regionen Europas und Asiens zu besiedeln.

Als wir vor hunderttausend Jahren oder mehr begannen, verbale und visuelle Symbole zur Kommunikation zu verwenden, befreiten wir uns von den Beschränkungen der direkten persönlichen Erfahrung. Wir erlangten die Fähigkeit, Informationen über Raum und Zeit hinweg auszutauschen, was uns in die Lage versetzte, unser Wissen mit anderen zu teilen und Kulturen zu entwickeln, die über die Generationen hinweg in mündlichen Traditionen in Form von Liedern, Geschichten und Mythen weitergegeben wurden.

Vor zehntausend Jahren befreite uns die Technologie des Ackerbaus von der ständigen Suche nach Nahrung, die jede andere Tierart beschäftigt. Damit waren wir nicht mehr an das endlose Umherziehen gebunden, das schon immer unser Schicksal als Jäger und Sammler gewesen war. Wir begannen, unsere eigene Nahrung anzubauen, in Dörfern zu leben und sowohl den materiellen Wohlstand als auch das Wissen und die Weisheit anzuhäufen, die wir an unsere Nachkommen weitergaben.

Vor fünftausend Jahren entwickelten wir mächtige neue Transport- und Kommunikationstechnologien. Dazu gehörten große Seeschiffe, von Lasttieren gezogene Wagen und Formen der Schrift, die es uns ermöglichten, Informationen für die Nachwelt festzuhalten und über große Entfernungen mit anderen zu kommunizieren. Diese Technologien der Interaktion ermöglichten es uns, Städte zu bauen, Zivilisationen zu gründen und immer ausgefeiltere Formen der Kunst, der Wissenschaft, des Handels, der Kriegsführung und der Religion zu entwickeln, die die Menschheit schon bald in eine neue Position der Vorherrschaft über alle anderen Lebensformen brachten.

Vor fünfhundert Jahren befreiten uns die Präzisionsinstrumente wie Uhren, Sextanten, Kompasse, Mikroskope und Teleskope von den Beschränkungen unserer bloßen Sinnesorgane. Und vor kaum mehr als zweihundert Jahren befreite uns die Technologie der Kolbenmaschinen von unserer alten Abhängigkeit von der physischen Kraft des menschlichen Körpers und unserer Lasttiere. Infolgedessen haben wir die Welt mit den Kräften der Wissenschaft und den Maschinen der Industrie erobert und riesige Nationen geschaffen, in denen Millionen von Menschen als Mitglieder einer einzigen menschlichen Gesellschaft zusammenleben und arbeiten.

Eine achte Metamorphose ist im Gange, ausgelöst durch die Schlüsseltechnologie der digitalen Information, die es allen Menschen ermöglicht hat, sich überall auf der Erde zu besuchen und miteinander zu kommunizieren. Dies hat uns in die Lage versetzt, eine globale Kultur und Gesellschaft zu schaffen, die über nationale Grenzen hinausgeht. Die Herausforderung für die Menschheit wird darin bestehen, sich diese globale Zivilisation zu eigen zu machen, ohne dabei die individuellen Freiheiten oder die ethnischen Identitäten zu opfern, die wir alle brauchen, um unsere Lebensziele zu verwirklichen und zu etwas Größerem als uns selbst zu gehören.

Doch bevor wir mit der bemerkenswerten Geschichte beginnen, wie die Technologie die Menschheit von den Fesseln ihrer natürlichen Ursprünge befreit hat, möchte ich vier wesentliche Begriffe definieren und klären, die ich in diesem Buch auf etwas ungewöhnliche Weise verwendet habe. Diese Begriffe sind 1. das Wesen der Technologie im weitesten Sinne des Wortes; 2. meine Entscheidung, den Begriff „Hominiden" anstelle des derzeit in Mode befindlichen „Homininen" zu verwenden; 3. die drei verschiedenen Phasen der menschlichen Evolution, wie sie sich in den letzten fünf Millionen Jahren entwickelt haben; und 4. der wesentliche Unterschied zwischen einer Revolution und einer Metamorphose.

Das Wesen der Technologie

In der modernen Sprache verwenden wir das Wort „Technologie" im Allgemeinen, wenn wir uns auf die komplexesten Maschinen, Strukturen, Werkzeuge, Techniken und Prozesse des modernen Lebens beziehen – Dinge wie Raumfahrzeuge, Automatisierungssysteme, chemische Prozesse, Computernetzwerke und elektronische Geräte. In diesem Buch habe ich jedoch das Wort „Technologie" so verwendet, wie es von Anthropologen und Primatologen definiert wurde, die in den alten Gesellschaften von Jägern und Sammlern und in den urzeitlichen Gesellschaften der wilden Schimpansen auf vorindustrielle Technologien gestoßen sind. So haben Anthropologen Technologie – in ihrem weitesten und umfassendsten Sinne – definiert als *die bewusste Veränderung eines natürlichen Objekts oder Stoffs mit der Voraussicht, ein bestimmtes Ziel zu erreichen oder einem bestimmten Zweck zu dienen.* Anthropologen haben die Werkzeuge, Waffen, Kleidungsstücke und Behausungen von Jäger- und Sammlergesellschaften immer als echte Technologien betrachtet. Dieses Buch folgt dieser traditionellen Sichtweise getreu.

Im Gegensatz zu den sehr einfachen Technologien von Schimpansen und anderen Tieren beinhalten die meisten menschlichen Technologien komplexe Prozesse und mehrere Materialien, die zusammen verwendet werden, um einen bestimmten Zweck zu erreichen. Der prähistorische Pfeil und Bogen beispielsweise bestand in der Regel aus einer steinernen Pfeilspitze und Vogelfedern, die mit pflanzlichem Gummi an den gegenüberliegenden Enden eines Holzschafts befestigt und mit Tiersehnen zusammengebunden wurden. Jedes dieser Materialien stammte nicht nur aus einer anderen Quelle, sondern erforderte auch einen eigenen Prozess der Gewinnung und Zubereitung – dennoch betrachten wir Pfeil und Bogen normalerweise als eine einzige Technologie. Jede der acht in diesem Buch beschriebenen Schlüsseltechnologien ist in Wirklichkeit eine komplexe Sammlung von Dingen und Prozessen. Was jede von ihnen als eine Einheit verbindet, ist der gemeinsame Zweck, für den sie geschaffen und verwendet wurde.

Hominiden, Homininen oder Homininas?

In den letzten 250 Jahren wurden alle vollständig aufrecht gehenden, zweibeinigen Primaten im Stammbaum des Menschen als Hominiden bezeichnet – ein Wort, das sich von dem lateinischen Begriff *Hominidae* ableitet, der ursprünglich von dem schwedischen Naturforscher Carolus Linnaeus im 18. Jahrhundert definiert wurde, der die moderne wissenschaftliche Methode zur Klassifizierung der Arten begründete. Seit vielen Jahrzehnten verwenden Wissenschaftler und Schriftsteller den Begriff „Hominide" für alle Arten, sowohl prähistorische als auch moderne, die aufrecht gingen und liefen und deren Arme und Hände frei waren, um – einzigartig unter den höheren Tieren – Dinge herzustellen und zu tragen.

Die traditionelle Bedeutung des Begriffs „Hominiden" änderte sich jedoch in den 1990er Jahren, als die Klassifizierung der Affen und Menschenaffen, die zur Säugetierordnung der Primaten gehören, grundlegend überarbeitet wurde. Dank der Fortschritte in der DNS-Analyse war es in den 1990er Jahren möglich, den genauen genetischen Abstand zwischen den einzelnen Arten zu quantifizieren. Da sich der genetische Abstand zwischen Menschen und Menschenaffen – wie Schimpansen und Gorillas – als relativ gering erwies, wurde die offizielle Klassifizierung grundlegend überarbeitet.

Im Rahmen der neuen Klassifizierung wurde die biologische Familie der *Pongidae*, zu der früher die Schimpansen, Gorillas und Orang-Utans gehörten, abgeschafft und alle diese Arten wurden zusammen mit dem Menschen in die Familie der *Hominidae* eingeordnet. Daher bedeutet der Begriff „Hominiden" technisch gesehen nicht mehr „die Familie der modernen und prähistorischen Menschen", sondern bedeutet jetzt wörtlich „die Familie der modernen und prähistorischen Menschen, Schimpansen, Gorillas und Orang-Utans".

Als die *Hominidae* oder Hominiden nicht mehr auf zweibeinige Tiere beschränkt waren, begannen Anthropologen und Paläontologen, den Begriff „Hominine" für moderne und prähistorische Menschen zu verwenden. Leider hat „Hominine" jedoch genau das gleiche Problem wie „Hominiden", denn die Unterfamilie *Homininae* umfasst nicht nur Menschen, sondern auch Gorillas und Schimpansen – und der Stamm *Hominini* umfasst nicht nur Menschen, sondern auch Schimpansen.

Technisch gesehen beziehen sich daher weder „Hominiden" noch „Homininen" ausschließlich auf prähistorische und moderne Menschen. Tatsächlich ist der einzige verbleibende wissenschaftliche Begriff, der sich ausschließlich auf den aufrecht gehenden, zweibeinigen Menschen, sowohl den modernen als auch den prähistorischen, bezieht, der Unterstamm *Hominina*. Da sie aber immer noch mit der Umstellung von „Hominiden" auf „Homininen" zu kämpfen haben, kann man den Autoren und Wissenschaftlern ihren Widerwillen verzeihen, erneut zu den ungebrauchten und wenig bekannten „Homininen" überzugehen – vor allem, wenn man bedenkt, dass der Unterstamm *Hominina* möglicherweise zum gleichen Schicksal verurteilt ist, das seine Vorgänger bereits ereilt hat. Einige Wissenschaftler haben vorgeschlagen, die Schimpansen als eine Art unserer eigenen Gattung, *Homo*, neu zu klassifizieren. Sollte dies geschehen, würde der Schimpanse sogar zu den *Hominina* gehören, einem vierfüßigen Tier, das weder für eine echte zweibeinige Fortbewegung gebaut noch dazu fähig ist – und wäre beim besten Willen kein legitimes Mitglied der menschlichen Familie.[3]

Aus all diesen Gründen habe ich in diesem Buch den traditionellen Begriff „Hominide" als bevorzugte Bezeichnung für *alle prähistorischen und modernen zweibeinigen Arten im Stammbaum des Menschen* verwendet. Im Gegensatz zu „Homininen" – der in jüngster Zeit zum bevorzugten Begriff in der akademischen Anthropologie und Paläontologie geworden ist – ist der Begriff „Hominiden" seit Jahrhunderten Teil des wissenschaftlichen Lexikons. Er hat sich schon vor langer Zeit im allgemeinen Sprachgebrauch durchgesetzt und wird nach wie vor von allen gebildeten Lesern erkannt und verstanden. Vor allem aber ist er angesichts der aktuellen wissenschaftlichen Definitionen der *Hominidae*, *Homininae* und *Hominini* nicht weniger angemessen als „Hominine".

Die drei verschiedenen Phasen der menschlichen Evolution

Wenn wir zu den frühesten Anfängen zurückgehen, können wir feststellen, dass sich die menschliche Evolution in drei verschiedenen Phasen entfaltet hat. Die Hominiden jeder Phase besaßen eine charakteristische Anatomie, eine charakteristische Bandbreite von Gehirngrößen, eine charakteristische Sammlung von Werkzeugen und Waffen und eine ausgeprägte geografische Verbreitung. Die Arten, die diese drei Phasen kennzeichnen, lassen sich leicht in drei Gruppen einteilen, die ich in diesem Buch als „frühe Hominiden", „entstehende Menschen" und „moderne Menschen" bezeichnen werde.

Die erste Phase – die der frühen Hominiden – begann vor mehreren Millionen Jahren, als eine Population prähistorischer Affen nach und nach die Fähigkeit entwickelte, aufrecht zu stehen, zu gehen und zu laufen. Die berühmten fossilen Überreste von Lucy, einem der ältesten dieser frühen Hominiden, waren ein *Australopithecus afarensis*, und mindestens fünf weitere Arten werden derzeit von Paläontologen anerkannt.

Die frühen Hominiden stellten grobe Oldowan-Kieselsteinwerkzeuge her, hinterließen aber keine Hinweise darauf, dass sie Feuer benutzten oder in Höhlen lebten. Obwohl sie aufrecht standen, gingen und liefen, behielten sie die langen Arme, die gebogenen Fingerknochen, die langen Zehen und die schmalen Schultern, die für ihre baumbewohnenden Vorfahren typisch waren. Das Fortbestehen dieser affenähnlichen Merkmale bei den vollständig aufrecht gehenden frühen Hominiden ist ein zwingender Beweis dafür, dass sie weiterhin hoch in die Bäume kletterten, um nachts zu schlafen und den großen Raubtieren, insbesondere den Großkatzen, die ihre gefährlichsten natürlichen Feinde waren, auszuweichen.

Obwohl sie erfinderisch und einfallsreich waren, ist es unwahrscheinlich, dass die frühen Hominiden wesentlich intelligenter waren als die Menschenaffen. Verglichen mit der durchschnittlichen Größe des modernen menschlichen Gehirns von etwa 1.400 Kubikzentimetern waren die Gehirne der frühen Hominiden nur geringfügig größer als das 375 Kubikzentimeter große Gehirn eines typischen Schimpansen – und ihre Gehirne haben sich in den Millionen von Jahren, in denen sie das tropische Afrika bewohnten, nie in nennenswerter Weise erweitert.

Die lange Geschichte der frühen Hominiden sollte als erfolgreiche Anpassung der aufrechten Körperhaltung und der zweifüßigen Fortbewegung durch Primaten mit der Gehirnleistung sehr intelligenter Affen betrachtet werden. Diese Kreaturen stellten Speere und Grabstöcke her, jagten und töteten erfolgreich andere Tiere, verteidigten sich gegen ihre natürlichen Feinde und blühten etwa vier Millionen Jahre lang auf – ein Zeitraum, der etwa achthundert Mal länger ist als die gesamte Geschichte der städtischen Zivilisation, die vor fünftausend Jahren im alten Mesopotamien begann.

Irgendwann vor zwei Millionen Jahren begann auf dem afrikanischen Kontinent eine Population höher entwickelter Hominiden mit deutlich größeren Gehirnen aufzutauchen. Im Laufe der nächsten etwa eine Million Jahre verdrängten diese entstehenden Menschen mit ihren überlegenen Steinwerkzeugen und Technologien allmählich die primitiveren frühen Hominiden und ersetzten sie. Vor etwa einer Million Jahren waren alle Hinweise auf die frühen Hominiden aus dem Fossilbericht verschwunden. Sie waren offenbar ausgestorben.

Die neu entstandenen Menschen waren größer und höher, hatten breite Schultern und eine schmale Taille, wie sie für moderne Menschen typisch sind. Außerdem waren die Fingerknochen gerade und nicht gekrümmt, ihre Arme waren kürzer und ihre Zehen kurz und stummelig. Dies deutet darauf hin, dass die neu entstandenen Menschen nicht mehr in die Bäume klettern konnten, um nachts zu schlafen. Die neu entstehenden Menschen wurden zu Höhlenbewohnern und entwickelten eine andere Strategie – den Einsatz von Feuer –, um sich vor den großen und gefährlichen Raubtieren in ihrer Umgebung zu schützen.

Der *Homo erectus*, der wichtigste und erfolgreichste der neu entstandenen Menschen, wanderte aus Afrika aus, um die tropischen Gebiete Süd- und Ostasiens zu besiedeln, und siedelte sich schließlich in allen kälteren nördlichen

Breiten Eurasiens an, von den Britischen Inseln bis nach China. Die Gehirne des *Homo erectus*, die bei den frühesten Funden im Durchschnitt etwa 650 Kubikzentimeter betrugen, wuchsen bis zu einer Größe von 1250 Kubikzentimeter, was fast dem Normalbereich des modernen Menschen entspricht. Es war der *Homo erectus*, der „aufrechte Mensch", der die Kluft zwischen dem Menschen und dem Rest des Tierreichs entscheidend überschritt.

Schließlich tauchten vor etwa 250.000 Jahren in Afrika die ersten modernen Menschen mit riesigen Gehirnen von 1300 und 1400 Kubikzentimeter auf – etwa dreimal so groß wie die Gehirne der frühen Hominiden. Der *Homo sapiens*, der „denkende Mensch", breitete sich auf dem gesamten afrikanischen Kontinent aus, während andere Populationen des modernen Menschen nach Europa und Asien einwanderten. Zu ihren Nachkommen gehörten die Neandertaler, die während der letzten Eiszeit das Wollhaarmammut und das Wollnashorn jagten, und die anatomisch modernen Menschen, die die berühmten Höhlenmalereien im prähistorischen Frankreich und Spanien schufen.

Vor fünfundzwanzigtausend bis fünfzehntausend Jahren überquerten einige Stämme anatomisch moderner Menschen, die in Sibirien lebten, Alaska, breiteten sich rasch über ganz Nord- und Südamerika aus und vollendeten die menschliche Eroberung aller Kontinente der Erde.

Frühe Hominiden, neu entstandene Menschen und moderne Menschen waren also die drei dominierenden Populationen während jeder der großen Phasen in der Evolution der Menschheit. Die frühen Hominiden überlebten weit über vier Millionen Jahre, die neu entstandenen Menschen fast zwei Millionen Jahre. Wir modernen Menschen mit unseren „überlegenen" Gehirnen bewohnen diese Erde seit höchstens einer Viertelmillion Jahren – ein Achtel so lange wie die neu entstandenen Menschen und ein Sechzehntel so lange wie die frühen Hominiden. Der moderne Mensch hat noch einen weiten Weg vor sich, bevor er die Langlebigkeit unserer ältesten Vorfahren erreichen kann.

Acht Metamorphosen, viele Revolutionen

Obwohl im Laufe der Menschheitsgeschichte zahlreiche Revolutionen gekommen und gegangen sind, hat die Menschheit nur sieben grundlegende Umwälzungen oder Metamorphosen erlebt. Einige dieser Metamorphosen wurden als Revolutionen bezeichnet (die Metamorphose der Landwirtschaft wird oft als neolithische Revolution bezeichnet, und die Metamorphose von Wissenschaft und Industrie ist allgemein als industrielle Revolution bekannt).

Das Wort „Revolution" wird aber auch verwendet, um eine plötzliche und tiefgreifende Veränderung in einer bestimmten politischen Machtstruktur oder in einem bestimmten Bereich der Kultur, einschließlich Wissenschaft, Technologie und Kunst, zu beschreiben. Eine Metamorphose hingegen beschreibt einen tiefgreifenden Wandel in jedem Aspekt von Kultur und Gesellschaft: Ernährung, Lebensraum, soziale Beziehungen, wirtschaftliches Verhalten, Gruppengröße, Technologie, evolutionärer Druck und sogar die menschliche Anatomie selbst. Im Laufe der Evolution und Geschichte der Menschheit hat es Tausende von Revolutionen gegeben, aber nur wenige echte Metamorphosen.

Die ersten drei Metamorphosen fanden buchstäblich vor Millionen von Jahren statt, und zwar bei Populationen prähistorischer Affen, früher Hominiden und neu entstehender Menschen. Diese Metamorphosen führten zur Herstellung tödlicher Waffen, zur Entwicklung der aufrechten Körperhaltung und der zweifüßigen Fortbewegung, zur Ausweitung und Intensivierung des Sexualverhaltens, zur Beherrschung des Feuers, zur Herstellung von Kleidung und Behausungen und zur Schaffung der einzigartigen menschlichen Innovation, der Kernfamilie.

Die nächsten drei Metamorphosen fanden vor Tausenden von Jahren in Populationen biologisch moderner Menschen statt. Diese Veränderungen führten zur Erfindung der Sprache und der symbolischen Kommunikation, zur Herausbildung von Stammes- und ethnischen Identitäten, zur Domestizierung von Pflanzen und Tieren, zur Entstehung von Zivilisationen und zu einem massiven Anstieg der menschlichen Bevölkerung auf der Erde.

Die siebte Metamorphose, die die industrielle Revolution hervorbrachte, fand erst vor wenigen Jahrhunderten statt und ist durch eine Fülle historischer Quellen gut dokumentiert. Dieser technologische Wandel hat die Fähigkeit der Menschen, ihre Nachkommen zu ernähren und zu schützen, so radikal verbessert, dass die menschliche Überbevölkerung nun zur größten Bedrohung für die Umwelt der Erde geworden ist.

Gegenwärtig ist eine achte Metamorphose im Gange, die durch die Schlüsseltechnologie der digitalen Kommunikation in Gang gesetzt wurde. Zum ersten Mal in der Geschichte der Menschheit ist es für jeden Menschen auf der Erde möglich geworden, mit fast jedem anderen Menschen auf der Erde schnell und kostengünstig zu kommunizieren. Die menschliche Gesellschaft wird sich durch diese jüngste Metamorphose ebenso stark verändern wie durch die sieben Schlüsseltechnologien der Vergangenheit und die von ihnen ausgelösten Metamorphosen.

Mögen die fittesten Hypothesen überleben

Mein Ziel beim Verfassen dieses Buches war es, die grundlegenden biologischen und kulturellen Veränderungen – und die Technologien, die sie auslösten – zu identifizieren, durch die die menschliche Spezies Schritt für Schritt zu unserem gegenwärtigen gehobenen und doch prekären Zustand gelangt ist. Dabei habe ich versucht, einige besondere anatomische Merkmale der Hominiden zu erklären, die es nirgendwo sonst im Tierreich gibt und für die nicht immer ein eindeutiger evolutionärer Vorteil erkennbar war.

Warum haben unsere Vorfahren überhaupt eine aufrechte Körperhaltung angenommen? Warum haben wir die beeindruckenden Zahnwaffen verloren, die wir von unseren Vorfahren, den Primaten, geerbt haben, und sind nicht mehr in der Lage, uns ohne künstliche Waffen zu verteidigen? Warum sind Menschenfrauen die einzigen Säugetiere, deren Brüste bei der Geschlechtsreife anschwellen und dauerhaft vergrößert werden, unabhängig davon, ob sie schwanger sind oder stillen? Warum ist unser Sexualverhalten mehr oder weniger kontinuierlich und nicht wie bei allen anderen Spezies auf die Zeiten der Fruchtbarkeit abgestimmt? Wie sind wir das einzige Tier auf der Erde geworden, das vom Feuer angezogen und nicht abgestoßen wird? Warum haben wir unser natürliches Schutzfell, das alle anderen Primaten besitzen, verloren und sind nackt? Warum hat sich der Mensch, der von einer Säugetiergruppe abstammt, die sich für das Leben in den Baumkronen entwickelt hat, nicht nur an das Leben auf dem Boden, sondern in einigen Fällen sogar unter der Erde, in natürlichen und künstlichen Höhlen, angepasst? Und wie fügen sich all diese einzigartigen menschlichen Eigenschaften zu einem kohärenten Ganzen zusammen?

Als Galilei vorschlug, dass sich die Erde um die Sonne drehe, wurde er vom Papsttum und den Astronomen seiner Zeit angeprangert, der Ketzerei überführt und für den Rest seines Lebens zu Hausarrest verurteilt. Als Darwin vorschlug, dass sich die menschliche Spezies aus einem affenähnlichen Vorfahren entwickelt habe, wurde er von den gelehrten Gelehrten seiner Zeit mit Skepsis, Hohn und Spott empfangen.

In der heutigen Zeit sind Gelehrte und Wissenschaftler nicht weniger geneigt, eine unorthodoxe Erklärung zu verwerfen, wenn sie die Annahmen der konventionellen wissenschaftlichen Weisheit in Frage stellt. Der aufrechte Gang und die Fortbewegung auf zwei Beinen sind Millionen von Jahren älter als ursprünglich angenommen. Die Verwendung von Feuer ist Hunderttausende von Jahren älter als ursprünglich angenommen. Schimpansen stellen eine Vielzahl von Werkzeugen her und benutzen sie, eine Fähigkeit, die früher ausschließlich dem Menschen zugeschrieben wurde. Und der erstaunliche Realismus prähistorischer Kunst hat sich als Zehntausende von Jahren älter erwiesen, als die frühen Paläontologen zu glauben bereit waren.

Leser, die mit dem Studium der menschlichen Evolution vertraut sind, werden feststellen, dass einige der von mir angebotenen Erklärungen zum Ursprung des Menschen dem orthodoxen wissenschaftlichen Denken zuwiderlaufen. An sich sollte dies niemanden beunruhigen, da sich das orthodoxe wissenschaftliche Denken über die menschlichen Ursprünge und die menschliche Evolution viele Male geändert hat, und in einigen Fällen ist das, was in einer Generation Ketzerei war, in der nächsten zur Orthodoxie geworden.

Die meisten Fakten und Theorien über die menschliche Evolution, die in diesem Buch vorgestellt werden, stimmen mit dem aktuellen wissenschaftlichen Denken überein. Wo dies nicht der Fall ist, habe ich versucht zu zeigen, warum ich glaube, dass eine alternative Erklärung erforderlich ist. Einige der von mir in diesem Buch vorgeschlagenen Hypothesen mögen unorthodox sein, aber meiner Meinung nach passen sie am besten zu den Fakten, wie wir sie kennen. Es wird an anderen liegen, ihre Gültigkeit zu bewerten und ihre Überlebenstauglichkeit im Rahmen des wissenschaftlichen Verständnisses der menschlichen Herkunft zu bestimmen.

Bibliographie Einführung

Berna, Fransesco u. a. (2012). „Microstratigraphic evidence of in situ fire in the Acheulean strata of Wonderwerk Cave, Northern Cape province, South Africa". In: *Proceedings of the National Academy of Sciences* 109.20, S. 1215–1220.

Schopenhauer, Arthur (1818). *Die Welt als Wille und Vorstellung.* 1998. Koneman.

Wildman, Derek E. u. a. (2003). „Implications of natural selection in shaping 99.4% nonsynonymous DNA identity between humans and chimpanzees: Enlarging genus Homo." In: *Proceedings of the National Academy of Sciences of the United States of America* 12.100, S. 7181–7188.

✦

I

Die Grundlinie der Primaten:

Werkzeuge, Traditionen, Mutterschaft, Kriegsführung und das Heimatland

ALS Charles Darwin zum ersten Mal die Idee vertrat, dass sich die menschliche Spezies aus einem affenähnlichen Vorfahren entwickelt hat, wurde er vom Klerus, der Öffentlichkeit und vielen der belesenen Gelehrten seiner Zeit mit einem Aufschrei der Empörung empfangen. Trotz all der offensichtlichen Ähnlichkeiten zwischen dem menschlichen Körper und den Körpern von Affen und Menschenaffen wurde Darwin als Ketzer dargestellt, dessen Theorien nicht nur der biblischen Schöpfungsgeschichte widersprachen, sondern auch der weit verbreiteten Überzeugung, dass die menschliche Spezies viel zu einzigartig sei, um einem so „niederen Ursprung" entsprungen zu sein (siehe Abbildung 1.1 auf Seite 2).

Zum Zeitpunkt seines Todes waren Darwins Ansichten über die Evolution jedoch weithin akzeptiert, und seit seiner Zeit wurde die evolutionäre Verbindung zwischen Menschen und prähistorischen Affen von Paläontologen und Genetikern mit einer Gründlichkeit und Präzision nachgewiesen, die sich Darwin selbst nie hätte vorstellen können.

Der Mensch mag mit Affen und Menschenaffen insofern verwandt sein, als wir einen gemeinsamen Vorfahren haben, aber der Mensch ist in einer Weise einzigartig, die ihn nicht nur von den Primaten, sondern auch von allen anderen Lebensformen unterscheidet. Der größte Teil dieses Buches befasst sich mit den technologiebedingten Veränderungen, die uns allmählich in weit mehr als nur eine weitere Tierart verwandelt haben. Doch um die seltsame Komplexität der menschlichen Gesellschaft und Kultur zu verstehen, müssen wir zunächst die Grundlinie der Primaten verstehen – die Anatomie und das Verhalten von Affen und Menschenaffen. Diese waren die genetischen Ausgangspunkte, das

ABBILDUNG 1.1: Eine Karikatur aus dem viktorianischen Zeitalter, die in der englischen Satirezeitschrift *The Hornet* veröffentlicht wurde und in der Charles Darwin berühmt als „ehrwürdiger Orang-Outang" dargestellt wurde.

natürliche Rohmaterial, aus dem sich die einzigartige Anatomie und das Verhalten des Menschen entwickelt haben. Wenn wir die Natur dieser evolutionären Bausteine verstehen, können wir besser einschätzen, wie weit wir gekommen sind – und wie weit wir noch gehen müssen.

Die Abstammung von den Primaten ist in jedem Aspekt der menschlichen Anatomie offensichtlich. Die menschliche Hand entwickelte sich aus der Notwendigkeit, die Äste der Bäume mit einem kräftigen, sicheren Griff zu umklammern. Die menschliche Schulter, die es dem Arm ermöglicht, sich in eine vollständig vertikale Position zu drehen, entwickelte sich aus der Notwendigkeit, sich mit den Armen an überhängenden Ästen festzuhalten. Der menschliche Fuß, der hervorragend an das Gehen und Laufen auf zwei Beinen auf offenem Gelände angepasst ist, war ursprünglich eine greifende „Hand", die zum Klettern auf Bäume entwickelt wurde.

Abgesehen von seinem vergleichsweise kleinen Mund und der hohen Stirn ist das menschliche Gesicht ein typisches Primatengesicht. Es ist rund um Augen, Ohren, Nase und Mund unbehaart und hat ausgeprägte Augenbrauen.[4] Die Nase ist kurz, weil der Geruchssinn für das Überleben in den Bäumen nicht wichtig ist. Und beide Augen sind nach vorne gerichtet, um beidäugig zu sehen, denn diese Art des Sehens ermöglicht es den Primaten, Entfernungen im dreidimensionalen Raum zu beurteilen, und ist daher unerlässlich, um sich schnell und einfach durch die Bäume zu bewegen.

Sogar die menschliche Stimme hat sich aus dem uralten Bedürfnis der Primaten entwickelt, sich mit Freunden, Verwandten oder Rivalen zu verständigen, die sich vielleicht im dichten tropischen Laub versteckt halten. Tatsächlich sind alle Primaten stimmgewaltig, und die meisten Arten geben eine Vielzahl von Lauten von sich, von denen jeder eine besondere Bedeutung hat. Die Gibbons in Südostasien erfinden sogar ihre eigenen Lieder, die sie jeden Tag vor Sonnenaufgang im Wald singen. Und obwohl unsere Körper nicht mehr in der Lage sind, mit der Leichtigkeit von Affen und Menschenaffen auf Bäume in schwindelerregenden Höhen zu klettern, empfinden wir immer noch ein einzigartiges Vergnügen daran, an hochgelegenen Orten zu sitzen und die Aussicht zu genießen.

Wir haben nicht nur die Grundzüge unserer charakteristischen menschlichen Körpermerkmale erhalten, sondern der Einfluss unserer Vorfahren aus der Primatenzeit zeigt sich auch deutlich in vielen grundlegenden Elementen des menschlichen Verhaltens. Wie die meisten Primaten sind wir eine soziale, in Gruppen lebende Spezies. Wir reifen langsam heran und sind in den ersten Lebensjahren von unseren Müttern abhängig. Wir gehen intensive Bindungen mit unseren Müttern, Geschwistern und Partnern ein, die oft unser ganzes Leben lang halten. Wir organisieren uns in sozialen Hierarchien, und innerhalb dieser Hierarchien konkurrieren wir mit unseren Geschwistern, Klassenkameraden und Arbeitskollegen, die einen ähnlichen Rang haben wie wir. Gleichzeitig respektieren wir unsere Eltern, Lehrer und Chefs, die uns übergeordnet sind, und wir erwarten Respekt von unseren Kindern, Schülern und Angestellten, denen wir übergeordnet sind.

Selbst die viel gepriesene menschliche Fähigkeit, eigene Kulturen zu schaffen und weiterzugeben, existiert in rudimentärer Form bei vielen anderen höheren Tieren, darunter Wale, Elefanten und sogar Präriehunde. Moderne Feldstudien von Primatologen haben zweifelsfrei bewiesen, dass auch Affen- und Menschenaffengesellschaften in der Lage sind, die grundlegenden Bausteine einer Kultur zu schaffen und aufrechtzuerhalten, in der Sitten und Gebräuche von Einzelnen erfunden, durch Nachahmung und Übung an andere Mitglieder der Gruppe weitergereicht und an nachfolgende Generationen, von den Eltern an den Nachwuchs, weitergegeben werden. Und schließlich ist die Verwendung von Werkzeugen und Waffen, die einst als der entscheidende Unterschied zwischen Menschen und allen anderen Tieren angesehen wurde, eindeutig als Teil des normalen Verhaltens unseres nächsten genetischen Verwandten, des Schimpansen, identifiziert worden.

ABBILDUNG 1.2: Die Körpersprache dieser Schimpansen spiegelt die Solidarität und die Vertrautheit, die sie als Mitglieder der gleichen sozialen Gruppe empfinden. Mit freundlicher Genehmigung von http://www.aidanhiggins.com/images/chimps.jpg

Gruppensolidarität und Heimat

Primaten sind hochgradig soziale Tiere, die ihren Tag größtenteils in Gesellschaft anderer Mitglieder ihrer Gruppe verbringen und ein gemeinsames Territorium oder Heimatgebiet teilen, von dem andere Gruppen ausgeschlossen sind. Während eine Gruppe von Primaten ihr Heimatgebiet bereitwillig mit ihren eigenen Mitgliedern teilt, wird sie andere Mitglieder ihrer eigenen Art, die zu Gruppen aus anderen Gebieten gehören, aggressiv vertreiben, und sie wird ihr eigenes Gebiet gegen benachbarte Gruppen verteidigen – so wie wir es heute tun und die Jäger und Sammler es vor uns taten (siehe Abbildung 1.2).

Für jede Primatengruppe gibt es ein „Wir" und ein „Sie" – die Insider, die zur eigenen Gruppe gehören und im eigenen Gebiet leben, und die Außenseiter, die zu anderen Gruppen gehören und in fremden Gebieten leben. Und jede Primatengruppe verteidigt ihr Heimatgebiet gegen rivalisierende Gruppen mit lauten, feindseligen und manchmal gewalttätigen Auseinandersetzungen, die oft an den Grenzen stattfinden, wo benachbarte Gebiete aufeinandertreffen. Die Mitglieder zweier verschiedener Affengruppen schreien sich an, machen Drohgebärden, brechen Äste ab, werfen mit Gegenständen und versuchen allgemein, die andere Seite einzuschüchtern.

Primaten unterscheiden außerdem zwischen zwei grundlegend verschiedenen Arten von Eigentum: Gemeinschaftseigentum und persönliches Eigentum. Das Territorium und die natürlichen Ressourcen des Heimatgebietes einer Gruppe – einschließlich Schlafbäume, Obstbäume, Bienenwaben, Vogelnester, Trinkstellen usw. – werden im Allgemeinen als Gemeinschaftseigentum der gesamten Gruppe betrachtet, und jedes Mitglied der Gruppe hat das Recht, sie zu nutzen. Wenn jedoch ein bestimmtes Stück Obst gepflückt, ein schmackhaftes Insekt gefangen oder ein Nest aus Zweigen in einem Schlafbaum gebaut wird, geht dieses Nest oder dieser Leckerbissen in das Eigentum des Einzelnen über, der es gesammelt oder gebaut hat – und es wird nur selten mit anderen geteilt.

Alle menschlichen Gesellschaften kennen diese beiden Arten von Eigentum: den persönlichen Besitz, der nur dem Einzelnen gehört, und das öffentliche Gebiet, das von allen Mitgliedern der Gemeinschaft geteilt wird (in unserer Gesellschaft sind dies Straßen, Wege, Parks und andere öffentliche Räume). Hinzu kommt eine dritte Art von Eigentum, das Familieneigentum (insbesondere Nahrung und Wohnung), das von den Mitgliedern der Familie, nicht aber von der Gesellschaft als Ganzes geteilt wird.

Primatengruppen variieren in ihrer Größe von einer Handvoll bis zu 150 oder mehr Individuen. Dieser Größenbereich entspricht genau dem der nomadischen Gruppen menschlicher Jäger und Sammler, die von Anthropologen untersucht wurden. Die kleinsten Primatengruppen bestehen aus kaum mehr als einer Mutter und ihrem Nachwuchs, aber die meisten Primatenarten leben in größeren Gruppen, die Erwachsene, Jugendliche und Säuglinge beider Geschlechter umfassen. Einige Gruppen sind kaum mehr als Harems, in denen mehrere Weibchen mit einem einzigen dominanten Alphamännchen leben. Dieses Muster ist typisch für Gorillas, Languren, Brüllaffen und Paviane.[5] Andere Arten, wie Rhesusaffen und Schimpansen, leben in Gruppen mit mehreren Männchen und Weibchen. Diese Arten haben in der Regel starke und dauerhafte Bindungen zu ihren Müttern, aber ihre sexuellen Beziehungen sind aus unserer menschlichen Sicht promiskuitiv – sehr locker und weder dauerhaft noch exklusiv.

Fast alle Primatengruppen bestehen aus einem komplexen Beziehungsgeflecht, das die Mitglieder der Gruppe mit vier verschiedenen Typen von sozialen Bindungen zusammenhält, die auch in allen menschlichen Gesellschaften grundlegende Bausteine sind. Diese sind: 1. die mütterliche Beziehung zwischen

Mutter und Nachwuchs; 2. die sozialen Hierarchien, die Individuen in Beziehungen von Dominanz und Unterwerfung aneinander binden; 3. die Freundschaften und Bündnisse, die zwischen zwei beliebigen Individuen entstehen können; und 4. die sexuellen Beziehungen, die zwischen erwachsenen Männchen und Weibchen entstehen und aufrechterhalten werden.

Mutterschaft bei Primaten

Die mütterliche Bindung ist bei Säugetieren in der Regel stärker und intensiver als bei anderen Tieren, einfach aufgrund der körperlichen und emotionalen Bindungen, die sich während der Wochen, Monate oder Jahre bilden, die jedes weibliche Säugetier mit der Pflege seiner Jungen verbringt. Und da Primaten speziell an das Leben in den Bäumen angepasst sind, ist die mütterliche Bindung bei ihnen stärker und dauerhafter als bei jeder anderen Säugetiergruppe. Unter den vielen Arten plazentarer Säugetiere sind Primatenmütter fast die einzigen, die ihren Nachwuchs während der ersten Lebensmonate oder -jahre physisch mit sich herumtragen müssen, egal wohin sie gehen.

Die Gründe für diese außergewöhnliche mütterliche Bürde sind leicht zu erkennen. Da Primaten an ein Leben in den Bäumen angepasst sind – und da sie ständig auf der Suche nach saisonaler Nahrung in den Bäumen unterwegs sein müssen – können sie keine dauerhaften Nester oder Höhlen bauen. Das bedeutet, dass sie – anders als Wühltiere wie Mäuse, Kaninchen oder Füchse – ihre Jungen nicht vor Gefahren verstecken können, bis sie alt genug sind, um auf sich allein gestellt zu sein. Außerdem könnte ein einziger Stolperer oder Sturz aus den Baumkronen für den unreifen Primaten leicht tödlich sein.

Es braucht buchstäblich Jahre der Entwicklung, bis ein junger Affe oder eine junge Äffin sich sicher allein durch die Baumkronen bewegen kann, und bis dahin ist es von seiner Mutter abhängig, die es sicher von Ort zu Ort transportiert. Das ist ein großer Unterschied zu den Landtieren, deren Jungtiere unbedenklich stolpern und immer wieder hinfallen können, während sie laufen und rennen lernen. Aus diesen Gründen sind die Intensität, die Dauer und die lebenswichtige Bedeutung des intimen körperlichen Kontakts zwischen der Primatenmutter und ihrem Nachwuchs größer als bei allen anderen höheren Tieren.

Im Säuglingsalter klammert sich ein Affe oder Menschenaffe mit allen vier Gliedmaßen an das Fell des Körpers seiner Mutter und reitet in den ersten Wochen oder Monaten seines Lebens fast ständig kopfüber unter ihrem Bauch. Wenn es größer und kräftiger wird, beginnt das Primatenbaby, sich vorsichtig auf eigene Faust fortzubewegen, aber beim ersten Anzeichen von Gefahr eilt es

ABBILDUNG 1.3: Dieser kleine Patas-Affe klammert sich instinktiv an das Fell seiner Mutter, wo er die ersten Monate seines Lebens kopfüber reitet. *Foto von Richard Dutton, richard@dutton.me.uk. Nachdruck mit Genehmigung.*

zu seiner Mutter zurück. Wenn es aus dem Säuglingsalter herauswächst, gehen die jungen Affen oder Menschenaffen allmählich dazu über, nicht mehr kopfüber auf dem Bauch der Mutter zu sitzen, sondern auf dem Rücken oder den Schultern der Mutter – und das wird noch Monate oder sogar Jahre so weitergehen, bis es alt genug ist, um dieses ständige Bedürfnis nach mütterlichem Kontakt aufzugeben.

Die Bindung, die sich zwischen dem Primaten-Nachwuchs und seiner Mutter während dieser ersten Monate und Jahre des intimen Körperkontakts entwickelt, hält in der Regel ein Leben lang an (siehe Abbildung 1.3).

Es ist daher nicht überraschend, dass die mütterliche Bindung im sozialen Leben aller Primatenarten eine zentrale Rolle spielt, während die väterliche Bindung je nach Art von großer Bedeutung bis hin zu völliger Bedeutungslosigkeit reicht.

Die bereits starke mütterliche Bindung, die für alle Primaten typisch ist, wurde noch intensiver, als sich die vierbeinigen, auf Bäumen lebenden Primaten zu zweibeinigen, auf dem Boden lebenden Menschen entwickelten. Die Nachkommen des Menschen reifen langsamer als die aller anderen Primaten, und die Zeit der mütterlichen Abhängigkeit ist entsprechend länger. In den

Gesellschaften von Affen und Menschenaffen gewinnen erwachsene Weibchen an Status und Ansehen in der Gruppe, wenn ihre Kinder geboren werden. Ebenso wird die einzigartige Last und Verantwortung der Mutterschaft in jeder menschlichen Gesellschaft durch eine Fülle kultureller Traditionen anerkannt, geschätzt und gefeiert, die die besondere, lebenslange Beziehung zwischen der menschlichen Mutter und ihren Kindern ehren. Der Mensch ist jedoch einzigartig in Bezug auf die starken Bindungen, die sich typischerweise zwischen Vätern und ihren Kindern entwickeln – eine revolutionäre Entwicklung unter in Gruppen lebenden Primaten.

Sexuelle Beziehungen bei Primaten

Stabile sexuelle Bindungen und exklusive sexuelle Beziehungen, einschließlich der Zusammenarbeit zwischen Männchen und Weibchen bei der Aufzucht ihrer Nachkommen, sind in der Geschichte des Lebens auf der Erde schon vor langer Zeit entstanden. Solche Beziehungen gibt es bei so primitiven Tieren wie Fischen, und sie sind bei Vögeln nahezu universell, von denen einige, wie zum Beispiel Gänse, ein Leben lang zusammen bleiben. Bei den Säugetieren sind die sexuellen Beziehungen jedoch oft weder stabil noch exklusiv, und sie variieren in ihrem Charakter und ihrer Bedeutung von einer Art zur anderen stark.

Sexuelle Beziehungen zwischen Ziegen und Schafen beispielsweise beschränken sich in der Regel auf ein paar kurze Kopulationsakte. Die Alphamännchen dieser Arten, die das ausschließliche sexuelle Recht über ihre Herde von Weibchen haben, sind viel zu sehr mit der Paarung und der Verteidigung ihrer Rechte beschäftigt, als dass sie einer ihrer Dutzenden von Partnerinnen bei der Aufzucht ihrer Nachkommen helfen könnten. Dies ist ein typisches Verhaltensmuster bei Tieren, die in Herden leben, wie zum Beispiel bei weidenden Pflanzenfressern.

Am anderen Ende dieses Kontinuums gehen die Titi-Affen in Südamerika monogame, oft exklusive sexuelle Beziehungen ein, und Paare von Titi-Affen sind selten außer Sichtweite des anderen. Wenn sie sich ausruhen, sitzen verpaarte Titis oft mit ineinander verschlungenen Schwänzen nebeneinander, und es scheint, dass sie sich durch die Äußerungen der Leiden ihrer Partner mehr gestört fühlen als durch die Äußerungen der Leiden ihres Nachwuchses. Es ist bemerkenswert, dass sich bei den Titis beide Geschlechter aktiv an der Aufzucht der Jungen beteiligen. Nach den ersten drei Monaten des Säuglingsalters trägt der männliche Titi den Nachwuchs sogar zu 90 Prozent. Oberflächlich betrachtet scheint dies einem Muster zu entsprechen, das in vielen menschlichen Gesellschaften anzutreffen ist, doch im Gegensatz zu den Titi unterscheiden sich die verschiedenen menschlichen Gesellschaften in ihrer Einstellung zur Betreuung der Jungen durch die Männchen enorm.

Die verschiedenen Affenarten weisen sehr unterschiedliche Muster sexueller Beziehungen auf, und es überrascht nicht, dass sich die für den Menschen typischen sexuellen Beziehungen stark von denen aller Affen und Menschenaffen unterscheiden. Trotz aller Unterschiede enthalten die sexuellen Beziehungen des Menschen viele Elemente, die auch in den typischen Beziehungen der nichtmenschlichen Primaten zu finden sind, einschließlich der Tendenz der Männchen von Menschen und anderen Primaten, um den Zugang zu sexuell aktiven Weibchen zu konkurrieren. Einer der wichtigsten Unterschiede zwischen Menschen und allen anderen Primaten ist jedoch, dass Frauen die einzigen weiblichen Primaten sind, die von der Pubertät bis ins hohe Alter mehr oder weniger kontinuierlich sexuell aktiv sein können.

Wenn weibliche Affen und Menschenaffen ihren Eisprung haben, werden sie hitzig für etwa fünf bis sieben Tage, etwa einmal im Monat. Dies ist im Prinzip der Zustand der Brunst. Und nur während dieser relativ kurzen Brunstperioden sind die Weibchen sexuell aktiv, wenn sie ihren Eisprung haben und fruchtbar sind. Bei den meisten Primaten ist die Brunst durch ein plötzliches und intensives Verlangen nach Sex gekennzeichnet, begleitet von einem auffälligen Anschwellen der weiblichen Genitalien. Wenn die Brunst jedoch abklingt, werden die sexuellen Beziehungen eingestellt, bis der Eisprung erneut stattfindet.

Bei allen nicht-menschlichen Primaten haben unreife, schwangere, säugende oder mit zunehmendem Alter unfruchtbar gewordene Weibchen keinen Eisprung, erleben keine Brunstperioden und führen, von seltenen Ausnahmen abgesehen, zu diesen Zeiten keinen Geschlechtsverkehr durch. Obwohl sich die verschiedenen Primatenarten im Alter der Geschlechtsreife, in der Häufigkeit und Dauer der Brunst und in der Intensität der sexuellen Interaktionen stark unterscheiden, weisen alle nicht-menschlichen Primatenarten – und in der Tat alle höheren Tiere – eine Version dieses uralten Sexualmusters auf.

Die einzige Ausnahme von dieser Regel bilden die Bonobos oder Zwergschimpansen, bei denen täglich viele Arten von sexuellen Spielen und genitalen Stimulationen zwischen Individuen des gleichen und des anderen Geschlechts und sogar zwischen Individuen sehr unterschiedlichen Alters vorkommen. Der größte Teil dieses Sexualverhaltens beinhaltet jedoch keinen tatsächlichen Geschlechtsverkehr und scheint wenig oder gar keinen Bezug zur Fortpflanzung oder zur Bildung von Bindungen zwischen Männchen und Weibchen zu haben. Stattdessen scheint das Sexualverhalten bei Bonobos als Mittel zur Konfliktlösung und zum Abbau von Spannungen zwischen Individuen zu dienen.

Es ist bemerkenswert, dass von allen Primaten der Bonobo, der bei weitem sexuell aktivste aller Primaten (dicht gefolgt vom Schimpansen), allgemein als genetisch am engsten mit dem Menschen verwandt gilt. Bonobos haben eine extrem lange Brunstperiode (dreißig Tage, im Vergleich zu etwa fünf bis sieben Tagen bei den meisten Primaten), und die Brunst tritt bei Bonobos etwa alle fünfundvierzig Tage ein, was zu erheblich mehr Gelegenheiten zum Geschlechtsverkehr führt, als für andere nicht-menschliche Primaten typisch ist. Selbst die hypersexuellen Bonobos haben jedoch weder während der Schwangerschaft noch während der Stillzeit oder nach der Menopause weiterhin Geschlechtsverkehr, wie es bei den meisten Menschen der Fall ist.

Bemerkenswert ist auch, dass weder Bonobos noch Schimpansen sexuell besitzergreifend oder sexuell exklusiv sind. Dies steht in auffälligem Gegensatz zum Menschen, der in Bezug auf sexuelle Partnerschaften sehr wettbewerbsorientiert ist und dazu neigt, seinen Partnern gegenüber extrem besitzergreifend zu sein. Die Bedeutung dieser radikalen Abweichung vom typischen Primatenverhalten wird im nächsten Kapitel näher untersucht.

Während zeitweise sexuelle Beziehungen, die durch die hormonellen Zyklen von Eisprung und Brunst gesteuert werden, bei Affen und Menschenaffen allgemein üblich sind, unterscheiden sich die Muster der Paarung und der sexuellen Bindung bei den verschiedenen Primatenarten stark voneinander.

Monogamie, die häufigste Form der sexuellen Bindung beim Menschen, gibt es bei 97 Prozent aller Säugetierarten nicht und ist bei Affen und Menschenaffen selten. Bei den Orang-Utans in Südostasien geht ein einzelnes erwachsenes Männchen eine sexuelle Beziehung mit zwei oder mehr erwachsenen Weibchen ein, die getrennt voneinander leben. Jedes Orang-Utan-Weibchen und ihr unreifes Jungtier leben in der Regel allein im Regenwald, wo sie von Zeit zu Zeit von dem erwachsenen Männchen besucht werden, das die Jungen gezeugt hat. Zu anderen Zeiten kann dasselbe Männchen auch seine anderen Partnerinnen und deren Nachwuchs besuchen, die in nahe gelegenen Gebieten leben.

Die Gibbons und die eng verwandten Siamangs in Südostasien leben ebenfalls in isolierten Kernfamilien, in denen männliche Gibbons eine aktive Rolle bei der Betreuung des Nachwuchses spielen. Der südostasiatische Regenwald zeichnet sich durch weit verstreute Nahrungsquellen aus, und man nimmt an, dass dies der Grund dafür ist, dass es in diesem Lebensraum keine großen Gruppen gibt. So kleine Gruppen, die im Wesentlichen aus einer einzigen Kernfamilie bestehen, sind jedoch in der Welt der Primaten eher selten.

Zwei andere Arten sexueller Bindungen sind bei Primaten viel weiter verbreitet als die Kernfamilie. Die erste ist das Haremssystem, in dem ein einzelnes dominantes oder Alphamännchen exklusive sexuelle Rechte über eine bestimmte Gruppe von Weibchen hat. Die zweite ist das System mit mehreren Männchen und Weibchen, in dem sexuelle Beziehungen vorübergehend sind und das Sexualverhalten im Allgemeinen als promiskuitiv angesehen wird.

Das Haremsystem ist typisch für Gorillas, Breitnasenaffen, Languren und die meisten Paviane. Es ist kein Zufall, dass diese Arten alle weitgehend terrestrisch leben und die meiste Zeit des Tages auf dem Boden verbringen, um nach Nahrung zu suchen. Bei diesen Arten bilden die Weibchen eine stabile Gemeinschaft mit einem dominanten erwachsenen Männchen, das sie beschützt und das ausschließliche sexuelle Recht auf alle Weibchen hat, die in die Brunstphase kommen. Während ein einziges erwachsenes Männchen mehrere Weibchen für sich beansprucht, sind die meisten unreifen und älteren erwachsenen Männchen zu einer Art „Junggesellentum" verdammt, in dem sie allein oder mit wechselnden Gruppen anderer Junggesellen leben und auf die Gelegenheit warten (die sich für die meisten von ihnen nie ergibt), einen eigenen Harem zu bekommen. Das Alphamännchen muss daher immer auf der Hut sein, um seine Position gegen die vielen potenziellen Herausforderer zu verteidigen, die in anderen Teilen des Heimatgebietes in der Nähe lauern.

Wenn die Zeit vergeht und das dominante Männchen altert, wird es zunehmend herausgefordert und schließlich durch ein jüngeres und stärkeres Männchen ersetzt, das zuvor als Junggeselle gelebt hat. Eine Reihe von immer heftigeren Auseinandersetzungen endet in der Regel mit der Niederlage und dem Abgang des ursprünglichen Alphamännchens, das, wenn es das Glück hat, die letzten Kämpfe zu überleben, den Rest seines Lebens in der Dämmerung des alternden Junggesellendaseins verbringen wird. In der Zwischenzeit bleiben die Weibchen als Gruppe zusammen und akzeptieren die Dominanz des neuen Alphamännchens.

Wenn das neue Alphamännchen den Harem übernimmt, tötet es oft den Nachwuchs, der noch im Kindes- oder Säuglingsalter ist. Da diese Kinder von dem vorherigen Männchen gezeugt wurden, hat sich dieses Verhalten wahrscheinlich entwickelt, um sicherzustellen, dass das neue Männchen seine Zeit und Energie in den Schutz und die Verteidigung des Überlebens der Nachkommen investieren kann, die seine eigenen Gene und nicht die Gene seines Vorgängers tragen. Sobald der Eisprung nicht mehr durch die während des Säugens freigesetzten Hormone unterdrückt wird, beginnen die nun kinderlosen Weibchen wieder mit ihrem Eisprung, kommen in den Brunstzustand, werden wieder sexuell aktiv und zeugen schließlich neue Nachkommen, die von dem neuen Alphamännchen gezeugt werden.

In Anbetracht des gewalttätigen Wettbewerbs, zwischen den erwachsenen Männchen dieser Arten, um den Besitz ihres eigenen Harems, begünstigt die natürliche Selektion bei diesen Arten tendenziell die größeren, aggressiveren, besitzergreifenderen und gefährlicheren Männchen. Diese ständige Auslese zugunsten überlegener Kampffähigkeiten und Besitzansprüche gegenüber den Weibchen, fördert die Eigenschaften, die es wahrscheinlicher machen, dass die Männchen dieser Arten ihre Harems und ihre Nachkommen vor Raubtieren auf dem Land verteidigen. Wenn eine Primatengruppe weit ins offene Land hinauswandert und nicht einfach in die Sicherheit der Bäume fliehen kann, sind es die Männchen, die die Gruppe vor Löwen, Wildhunden, Hyänen und anderen Raubtieren, die in der offenen Landschaft jagen, konfrontieren und verteidigen müssen.

Das System mit mehreren Männchen und Weibchen ist wahrscheinlich die häufigste Art von Primatengruppen. Es zeichnet sich dadurch aus, dass Männchen und Weibchen jeden Alters in einer einzigen Gruppenstruktur zusammenleben. Schimpansen und Bonobos, aber auch Savannenpaviane, Makaken und viele andere Affen der Alten Welt leben in Gruppen mit mehreren Männchen und Weibchen. Sexuelle Bindungen in solchen Gruppen sind nicht exklusiv, und sexuelles Besitzdenken ist entweder stark vermindert oder gar nicht vorhanden. Sowohl Männchen als auch Weibchen haben sexuelle Beziehungen zu einer Vielzahl von Partnern. Bei den promiskuitiven Arten haben die Weibchen während der Brunst typischerweise sexuelle Beziehungen zu mehreren verschiedenen Männchen, oft direkt nacheinander, während ein erwachsenes Männchen bereitwillig Sex mit jedem Weibchen in der Brunst hat, das seine Annäherungsversuche akzeptiert.

Doch selbst bei den Arten mit mehreren Männchen und Weibchen gehen ein sexuell aktives Weibchen und ein bestimmtes Männchen oft eine dauerhafte Bindung ein, was als Gefährtenpaar bekannt ist. Das Gefährtenpaar neigt dazu, sich von der Gruppe abzusondern, häufigen Sex zu haben, sich gegenseitig zu pflegen und sogar die Nahrung zu teilen – ein Verhalten, das ansonsten bei Primaten äußerst selten ist. Es ist sogar bekannt, dass Primatenmütter ihrem eigenen Nachwuchs das Futter wegnehmen und es selbst essen.

Die Beziehung des Gefährtenpaares ist jedoch eher vorübergehend und dauert in der Regel nur die wenigen Tage eines jeden Monatszyklus an, in denen das Affenweibchen sexuell aktiv bleibt. Dennoch scheint die Paarbeziehung den biologischen Ausgangspunkt für die Entwicklung der menschlichen Kernfamilie geliefert zu haben – und eine starke, stabile Kernfamilie ist ein unverzichtbares Merkmal aller erfolgreichen menschlichen Kulturen.

Wie alle anderen Primaten hat auch der Mensch ein intensives und anhaltendes Interesse an Sex. Aber die für den Menschen typische kontinuierliche sexuelle Beziehung geht weit über die Norm für alle anderen Primaten – oder überhaupt für alle anderen Tiere – hinaus. Die Ursprünge und Auswirkungen dieser stark erweiterten Sexualität werden im nächsten Kapitel ausführlich erörtert. Das Auffälligste an den Mustern menschlicher sexueller Bindungen ist jedoch, dass sie keinem der verschiedenen, soeben beschriebenen Typen entsprechen. Stattdessen enthält sie Elemente von allen – Monogamie, Polygamie und Promiskuität – in dem einen oder anderen Ausmaß.

Monogamie ist die bei weitem häufigste sexuelle Verbindung unter Menschen, aber in den meisten Fällen koexistiert sie in denselben Gesellschaften mit Formen der Polygamie, die den Harems von Affen und Menschenaffen ähneln. Primatengruppen, die Harems bilden, werden oft mit menschlichen Gesellschaften verglichen, die Polygynie praktizieren – eine Form der Polygamie, bei der ein einzelner Mann mehrere Frauen heiraten und mit ihnen Kinder zeugen darf. Es wurde oft festgestellt, dass es viel mehr Kulturen und Gesellschaften gibt (oder zumindest gab), in denen Polygynie erlaubt war, als es Kulturen und Gesellschaften gab, in denen sie verboten war. Aber es gibt auch wichtige Unterschiede zwischen den Harems nicht-menschlicher Primaten und der menschlichen Praxis der Polygynie.

Der erste Unterschied besteht darin, da weibliche Menschenaffen und Affen nur während des Eisprungs und der Brunst sexuell aktiv sind, dass es selten vorkommt, dass mehr als ein Weibchen in einer Gruppe zu einem bestimmten Zeitpunkt sexuell aktiv ist – es sei denn, ein neues Alphamännchen übernimmt die Gruppe und schlachtet die Kinder im großen Stil ab. Weibliche Menschen hingegen sind in der Regel die meiste Zeit über sexuell aktiv (außer unmittelbar vor und nach der Geburt – und in vielen Gesellschaften während der Menstruation).

Diese ständige sexuelle Verfügbarkeit führt zu einer ständigen Unterströmung des Wettbewerbs und der Eifersucht unter den menschlichen Mitfrauen um die sexuelle Aufmerksamkeit und die Gunst des gemeinsamen Ehemanns. Anthropologen, die solche Gesellschaften untersuchen, berichten in der Regel, dass Reibereien zwischen den Ehefrauen der Fluch ihrer polygynen Ehen sind. Die produktivsten Jäger und wohlhabendsten Bauern, die in diesen Gesellschaften Polygynie praktizieren, tun dies eher wegen der wirtschaftlichen Vorteile, die sich daraus ergeben, dass sie mehr Frauen haben, die für sie arbeiten, und mehr Kinder, die sie im Alter unterstützen, als wegen der Erwartung eines sexuellen Nirvana.

Der zweite wichtige Unterschied ist, dass selbst in Gesellschaften, die Polygynie zulassen, die überwiegende Mehrheit der Ehen monogam ist, weil die meisten Männer es sich einfach nicht leisten können, für mehr als eine Frau zu sorgen. Im Gegensatz dazu gehören in den Ein-Mann-Mehrere-Frauen-Gesellschaften nicht-menschlicher Primaten im Wesentlichen alle erwachsenen Weibchen zu einem der Harems von Weibchen, die sich bei den relativ seltenen Gelegenheiten, bei denen sie ihren Eisprung haben, mit dem gerade herrschenden Alphamännchen paaren.

Schließlich überwindet der menschliche Hang zur Promiskuität oft selbst die strengsten kulturellen Verbote, und in einigen der von Anthropologen untersuchten sexuell freizügigen Kulturen waren bestimmte Arten sexueller Besitzgier verpönt. In einigen Fällen wurde das Teilen von Sexualpartnern nicht nur toleriert, sondern sogar als gute Sitte angesehen. Die Inuit-Eskimos[6] in der Arktis waren dafür bekannt, dass sie ihre Frauen und unverheirateten Töchter mit anderen Männern teilten, die als Besucher oder Gäste zu ihnen kamen. Für die Inuit war sexuelle Besitzgier eine unerwünschte Eigenschaft, und ein Inuit-Mann würde seinem Gast nicht eher die Freude an seiner Frau verweigern, als ihm die Gastfreundschaft in Form von Nahrung oder Unterkunft zu verweigern.

Freundschaften bei Primaten

Tierfreundschaften gibt es in vielen verschiedenen Formen. Bei Primaten reichen sie von zufälligen Bekanntschaften mit vertrauten Gruppenmitgliedern bis hin zu speziellen „politischen" Bündnissen zwischen Erwachsenen, die zur gegenseitigen Verteidigung zusammenhalten oder mit anderen Individuen und Bündnissen um Status und Macht konkurrieren können. Freundschaftsbande sind in gewissem Maße bei den meisten höheren Tieren zu finden, und bei Primaten spielen Freundschaftsbande im täglichen Leben eine besonders wichtige Rolle.

Schließlich gibt es eine besondere Bindung, die sich zwischen zwei Individuen entwickeln kann, die in der Regel (aber nicht immer) Mitglieder derselben Gruppe oder Art sind. Die meisten Vögel sind während der Brutzeit monogam, wenn sowohl Männchen als auch Weibchen sich den mühsamen Aufgaben der Aufzucht der nächsten Generation widmen, einschließlich Nestbau, Ausbrüten der Eier und Füttern und Beschützen der Jungen. Viele Vogelarten, wie zum Beispiel Gänse, bleiben sogar ein Leben lang zusammen.

Elefanten, Delphine, Wölfe, Löwen und viele andere Säugetiere können intensive und lebenslange Bindungen zu Mitgliedern ihrer eigenen Art entwickeln. Viele domestizierte Tiere, darunter Hunde, Katzen, Pferde, Schweine, Papageien und Gänse, sind in der Lage, starke Bindungen zu anderen Arten – einschließlich des Menschen – zu entwickeln, manchmal aus Gründen, die der Logik widersprechen. Es ist verlockend zu denken, dass sich nur Menschen verlieben, aber die intensive Zuneigung und Anziehung zu einem anderen Individuum – eine Anziehung, die oft bis zur Besessenheit von dem anderen Individuum reicht – kommt bei vielen Tierarten vor und entspricht völlig unserer Definition von „Liebe".

Soziale Hierarchien bei Primaten

Höhere Tiere, die in Gruppen leben, bilden in der Regel soziale Hierarchien, in denen jedes Individuum einen bestimmten Platz in einer Hackordnung einnimmt, wobei die dominantesten Individuen an der Spitze und die unterwürfigsten Individuen am Ende stehen. Die ranghöchsten Hühner können jedes der in der Hierarchie unter ihnen stehenden Hühner picken, während die rangniedrigeren Hühner von denen über ihnen gepickt werden und ihrerseits die unter ihnen stehenden picken können. Da sie nicht in der Lage sind, sich zu verteidigen oder andere anzugreifen, werden die rangniedrigsten Hühner oft zu Tode gehackt. Während wir Menschen dieses Verhalten als grausam empfinden, ist die Fähigkeit, soziale Hierarchien zu bilden, die auf Unterschieden in der Dominanz und Unterwerfung zwischen den Individuen beruhen, für die Erhaltung des Friedens und der Solidarität innerhalb der Gruppe tatsächlich unerlässlich.

Soziale Hierarchien fördern die soziale Stabilität auf sehr einfache Weise: Sie stellen sicher, dass die Mitglieder einer Gruppe nicht in wiederholte Kämpfe verwickelt werden, wenn sie um Nahrung, Partner, Schlafplätze und andere begehrte Dinge konkurrieren. Feindselige Konfrontationen zwischen Individuen mit ähnlichem Rang können vorkommen, aber sie werden in der Regel nur so lange fortgesetzt, bis ein Individuum gewinnt und das andere verliert. Der Gewinner übernimmt die Vorherrschaft über den Verlierer, der in der Beziehung untergeordnet wird und bleibt. Von diesem Zeitpunkt an gibt das untergeordnete Individuum dem dominanten Individuum normalerweise nach, wenn beide dasselbe begehren, sei es ein attraktives Mitglied des anderen Geschlechts oder ein Lieblingsessen, das zwischen ihnen auf den Boden geworfen wird. Die ursprünglichen Feindseligkeiten zwischen den beiden sind durch eine stabile Vereinbarung beigelegt worden. Es wird keine weiteren Konfrontationen, Kämpfe oder lebensbedrohlichen Verletzungen geben.

Alle Primaten – auch die Menschen – neigen dazu, sich gegenüber Älteren unterwürfig und gegenüber Jüngeren dominant zu verhalten. Gleichzeitig neigen sie dazu, mit Gleichaltrigen um die Vorherrschaft zu kämpfen und zu konkurrieren, insbesondere mit Mitgliedern ihrer eigenen Altersgruppe. Diese Kämpfe um die Vorherrschaft sind in der Jugend und im jungen Erwachsenenalter besonders intensiv, wenn die sozialen Hierarchien der neuen Generation etabliert werden. Am gefährlichsten sind diese Kämpfe um die Vorherrschaft, wenn die Position eines alternden Alphamännchens von einem jüngeren und stärkeren Individuum herausgefordert wird, wodurch die bekannte und vertraute soziale Hierarchie, die bis zu diesem Zeitpunkt monatelang oder jahrelang Bestand hatte, vorübergehend ins Wanken gerät und destabilisiert wird.

Obwohl es oberflächlich betrachtet seltsam erscheinen mag, hierarchische Verhaltensweisen wie Dominanz und Unterwerfung als eine Art von Bindung zu beschreiben, ist es eine Tatsache, dass diese hierarchischen Beziehungen in der Regel äußerst stabil und langlebig sind. Soziale Hierarchien sind bei in Gruppen lebenden Tierarten weit verbreitet, weil sie Feindseligkeiten zwischen den Mitgliedern der Gruppe minimieren und einen Mechanismus bieten, der es der gesamten Gruppe ermöglicht, bei Bedarf gemeinsam zu handeln.

So wie Affen und Menschenaffen in ihren jeweiligen Hierarchien um Vorherrschaft und sozialen Rang konkurrieren, so konkurrieren auch wir Menschen in unseren eigenen Hierarchien in Kunst, Wissenschaft, Technologie, Wirtschaft, Regierung, Mode, Unterhaltung und Sport um Vorherrschaft und sozialen Rang. Doch während die Akteure wechseln, bleibt das Spiel dasselbe: eine stabile soziale Hierarchie, in der jedes Individuum einen bestimmten Rang einnimmt, in der Kämpfe auf Leben und Tod selten sind und in der Gewinner und Verlierer ihren Status kennen und auf ihren Plätzen bleiben, aber dennoch nach Möglichkeiten Ausschau halten, in den Hierarchien, zu denen sie gehören, aufzusteigen.

Die Fission-Fusion-Gesellschaft

Eine besonders ausgeprägte Form der Sozialstruktur, die für bestimmte Primatenarten typisch ist – eine Form, die in menschlichen Gesellschaften besonders häufig vorkommt und vom Menschen stark weiterentwickelt wurde – wird als Fission-Fusion-Gesellschaft (Spaltungs- und Verschmelzungsgesellschaft) bezeichnet. Bei diesen Arten neigt die aktive Gruppe dazu, von Stunde zu Stunde, von Tag zu Tag und von Jahreszeit zu Jahreszeit in ihrer Größe und Zusammensetzung zu variieren. Die Fission-Fusion-Gesellschaft zerfällt (Fission-Phase) in Einzelpersonen und kleinere Gruppen, die sich zu bestimmten Tageszeiten oder Jahreszeiten über das gesamte Territorium verteilen, um sich dann zu anderen Zeiten an einem einzigen Ort zu einer sehr großen Gruppe zu versammeln (Fusion-Phase). Diese Art von Gesellschaft findet man typischerweise bei drei Arten von Primaten: 1. den Affen, die sich an eine terrestrische Lebensweise angepasst haben; 2. den Menschenaffen, die am engsten mit den Hominiden verwandt sind, insbesondere dem Schimpansen und dem Bonobo; und 3. dem Menschen.

In einer Fission-Fusion-Gesellschaft verbringen die einzelnen Mitglieder der Gruppe ihre Tagesstunden oft verstreut im Gebiet ihrer Heimat, wobei sich jeder Einzelne oder eine kleine Gruppe morgens auf die Suche nach einer bestimmten Art von pflanzlicher oder tierischer Nahrung begibt. Später, wenn der Tag zu Ende geht, kehren alle zur Heimstatt zurück und versammeln sich zur Sicherheit in den schlafenden Bäumen, Felsen oder (im Falle der Menschen) in den Lagerstätten und Behausungen. Trotz ihrer vielen Unterschiede in der sozialen Organisation weisen alle menschlichen Gesellschaften dieselbe Art von Trennungs- und Fusionsverhalten auf. Das Fortbestehen dieses Musters ist in unserer eigenen Gesellschaft ziemlich offensichtlich, in der sich die Familienmitglieder tagsüber typischerweise zu ihren verschiedenen Zielen zerstreuen und sich dann am Ende des Tages zum gemeinsamen Essen und Schlafen in ihrer einzigen gemeinsamen Behausung versammeln.

Vielleicht weil die Zusammensetzung der verschiedenen Gruppen ständig schwankt – jede besteht aus einer anderen Mischung von Individuen je nach Tages- oder Jahreszeit – ist es bei Arten, die dieses Fission-Fusion-Muster praktizieren, auch wahrscheinlicher, dass sie mit anderen Gruppen aus anderen Lebensräumen interagieren und sich sogar mit ihnen vermischen. Schimpansen sind dafür bekannt, dass es immer wieder vorkommt, dass zwei getrennte und unabhängige Gruppen eine Art vorübergehende Fusion eingehen und sich stundenlang zu einer einzigen Gruppe zusammenschließen. Die Mitglieder der beiden Gruppen interagieren mit großer Aufregung, wobei die Männchen jeder Gruppe ihre Dominanz zur Schau stellen: Sie schreien, brüllen und stürmen umher, brechen manchmal Äste ab und schwingen sie wild umher während ihres Auftritts. Nach einer Weile legt sich die Aufregung, die Mitglieder der verschiedenen Gruppen trennen sich, die ursprünglichen Gruppen finden sich wieder zusammen, und die beiden Gruppen gehen getrennte Wege.

Diese Dominanzdemonstrationen dienen nicht nur als Warnung für andere Männchen, sondern auch als Mittel, um sexuell aktive Weibchen aus der anderen Gruppe anzulocken, in der Hoffnung, mit einem von ihnen eine sexuelle Verbindung einzugehen. Wenn es dazu kommt, können diese Verbindungen auch dann noch bestehen bleiben, wenn sich die ursprünglichen Gruppen neu formieren und zu verschiedenen Zielen aufbrechen, was dazu führt, dass die jüngeren, rangniedrigeren Weibchen die Gruppe verlassen, in die sie hineingeboren wurden, um sich ihren neuen Partnern in einer neuen Gruppe anzuschließen. Dies ist eine grundlegende Paarungspraxis der Primaten, die als „Exogamie" bezeichnet wird und auf die wir später in diesem Kapitel eingehen werden.

Die Inuit oder Eskimos, die nördlich des Polarkreises lebten, verbrachten den kurzen arktischen Sommer in der Regel mit der Suche nach Vogeleiern, Beeren und Kleinwild in kleinen Familiengruppen, die weit verstreut in der matschigen Tundra lebten. Im Winter jedoch erforderte die Jagd auf Großwild wie Karibus, Robben und Walrosse oft die Zusammenarbeit mehrerer Familien. In dieser Jahreszeit bauten die Inuit ihre Iglus dicht beieinander an einem geschützten Ort und bildeten Winterlager, die Dutzende oder gar Hunderte von Menschen umfassten, die oft zusammenkamen, um zu tratschen, Erfahrungen auszutauschen, die traditionellen Volksmärchen zu erzählen und die traditionellen Zeremonien ihrer Vorfahren durchzuführen.

Die ¡Kung-Buschmänner, Jäger und Sammler in der äquatorialen Kalahari-Wüste Afrikas, lebten während der Regenzeit, wenn Wasser reichlich vorhanden und leicht zu finden war, in weit verstreuten Familiengruppen. In der Trockenzeit jedoch versammelten sie sich in Lagern, die aus Dutzenden von Familien bestanden, und ließen sich in der Nähe der wenigen permanenten Wasserlöcher nieder, wo sie sich die Zeit mit Mitgliedern anderer Familien vertrieben, während sie auf die nächsten Regenfälle warteten.

In unserer modernen Gesellschaft leben Großfamilien oft über weite geografische Gebiete verstreut, und doch nehmen sie oft große Anstrengungen auf sich, um regelmäßig zu feierlichen Anlässen zusammenzukommen, die in unseren eigenen kulturellen Traditionen verankert sind, wie Feiertage, Geburtstage, Hochzeiten, Jahrestage und Beerdigungen. Die moderne Zivilisation hat eine komplexe Vielfalt sich überschneidender und ineinandergreifender Gruppen geschaffen, die sich auf viele verschiedene Bereiche des menschlichen Lebens beziehen, was durch die großartige menschliche Entwicklung der Fission-Fusion-Gesellschaft ermöglicht wurde.

Wir sind Mitglieder unserer eigenen Kernfamilien, bestehend aus Eltern und Kindern, und auch der Großfamilien, zu denen unsere Großeltern, Tanten, Onkel, Cousins, Nichten, Neffen und Enkelkinder gehören. Wir gehören zu mehreren anderen Gruppen, die durch die Gemeinden, in denen wir leben, die Schulen, die wir besuchen, die Berufe, die wir ausüben, und die Organisationen, für die wir arbeiten, definiert werden. Wir werden in eine Familie mit einer bestimmten ethnischen Identität (oder einer Mischung aus ethnischen Identitäten) hineingeboren, und jede dieser Ethnien ist mit einer bestimmten geografischen Region, Sprache, Geschichte, Religion, Ernährung, einem Wertesystem und einer bestimmten Kleidungsart verbunden.[7]

Schließlich bringen wir unsere Individualität zum Ausdruck und befriedigen unsere einzigartigen persönlichen Interessen, indem wir uns gezielt einer oder mehreren der Tausenden von freiwilligen Vereinigungen anschließen, die sich in der modernen Zeit vermehrt haben. Dazu gehören religiöse Gruppen, politische Parteien, Wohltätigkeitsorganisationen, soziale Vereine und die vielen Berufsverbände, die in Wissenschaft, Medizin, Technik, Handel, Sport, Unterhaltung, Kunst und jedem anderen Bereich menschlicher Bemühungen entstanden sind.

Jede dieser vielen menschlichen Gruppen hat bestimmte Voraussetzungen für die Mitgliedschaft und bestimmte Verpflichtungen, die von ihren Mitgliedern verlangt werden. Die menschliche Gesellschaft, wie wir sie kennen, würde nicht existieren, wenn es nicht die angeborene Leidenschaft der Primaten für Gruppenidentität und Solidarität in Kombination mit der Flexibilität der Fission-Fusion-Gesellschaft gäbe. Unser Instinkt für Gruppenidentität ermöglicht es uns, Gruppen zu bilden, die kohärent genug sind, um mit einem Gefühl der Solidarität zusammenzuhalten und zusammenzuarbeiten, um gemeinsame Ziele zu erreichen. Unser Instinkt für Spaltung und Verschmelzung ermöglicht es, dass sich innerhalb einer Gesellschaft viele Gruppen bilden können, die jeweils unterschiedlich definiert sind und unterschiedliche soziale Bedürfnisse erfüllen.

Wenn wir die Evolution des modernen Menschen und die Entwicklung immer komplexerer menschlicher Gesellschaften verfolgen, werden wir sehen, wie die Verschmelzungsphase des Spaltungs- und Fusionszyklus es unserer Spezies ermöglicht hat, neue Formen der Solidarität innerhalb immer größerer menschlicher Gruppen zu schmieden. Moderne Nationen und politische Bewegungen umfassen Tausende oder Millionen von Mitgliedern, von denen sich die meisten noch nie getroffen haben und auch nie treffen werden, die sich jedoch kollektiv als zur selben Gruppe gehörig identifizieren und in einem einzigen Kreis des Vertrauens leben.

Die Geschichte unserer Spezies ist in der Tat durch immer größere Fusionsmuster gekennzeichnet. Sie begannen, als Jäger und Sammler Stammesidentitäten entwickelten; sie weiteten sich weiter aus, als Mitglieder verschiedener Stämme begannen, in Dörfern, Städten und Stadtstaaten zusammenzuleben, und sie erreichten schließlich ihre heutige Größe, als viele Tausende von Stadtstaaten zu etwa zweihundert Nationalstaaten geschmiedet wurden, in denen die Mitglieder unserer Gruppe typischerweise in die Millionen und Zehnmillionen gehen.

Exogamie bei Primaten und das Inzesttabu

Trotz der für Primaten typischen Gruppensolidarität – und der antagonistischen Beziehungen, die Primatengruppen zueinander unterhalten – kreuzen sich die meisten Primaten regelmäßig mit Mitgliedern rivalisierender Gruppen. Mit Erreichen der Pubertät verlässt der heranwachsende Primat in der Regel die Gruppe seiner Mutter und sucht aktiv nach Freundschaften und sexuellen Beziehungen mit Mitgliedern einer anderen Gruppe, um schließlich als dauerhaftes Mitglied akzeptiert zu werden. Dies wird als Exogamie bezeichnet, was so viel bedeutet wie „Heirat außerhalb der Gruppe". Bei den meisten Primatenarten sind es die Männchen, die gehen, um sich einer anderen Gruppe anzuschließen, ein Phänomen, das als männliche Exogamie bekannt ist.

So besteht die häufigste Art von Primatengruppen aus einem Kern von Weibchen, die als Mütter, Schwestern und Töchter miteinander verwandt sind. Diese Weibchen haben ihr ganzes Leben zusammen verbracht, sind mit den Eigenheiten der anderen vertraut, haben gemeinsam nach Nahrung gesucht, einige ihrer Babys miteinander geteilt und seit langem eine starke und stabile soziale Hierarchie gebildet, die Kooperation und friedliche Beziehungen innerhalb der Gruppe fördert.

Einige Primatenarten – vor allem die Schimpansen – praktizieren jedoch genau das Gegenteil: weibliche Exogamie. Schimpansenmännchen bleiben in der Gruppe, in die sie geboren wurden, und haben lebenslange Bindungen nicht nur zu ihren Müttern, sondern auch zu ihren Vätern, Brüdern und Söhnen. Schimpansenweibchen hingegen wandern nach Erreichen der Geschlechtsreife allmählich von ihrer Stammgruppe ab und versuchen, sexuelle Beziehungen und andere Freundschaften mit den Mitgliedern einer völlig anderen Gruppe aufzubauen. Wenn sie beharrlich sind, werden sie schließlich von den erwachsenen Männchen und Weibchen der neuen Gruppe akzeptiert. Schließlich werden sie schwanger und zeugen selbst Nachwuchs. Während ihre Töchter erwachsen werden und wegziehen, bleiben ihre Söhne für den Rest ihres Lebens bei ihnen.

Die universelle Primatenpraxis der Exogamie spiegelt sich in der Sozialstruktur aller menschlichen Gesellschaften wider, auch wenn sie viele verschiedene Formen annimmt, darunter sowohl männliche als auch weibliche Exogamie. Die traditionellen bäuerlichen Gesellschaften Chinas und Indiens praktizierten eine Form der strengen dörflichen Exogamie auf der Grundlage des Wohnsitzes. In diesen landwirtschaftlich geprägten Dörfern waren das gesamte Land und die Wohnungen im Besitz von Männern und wurden streng in männlicher Linie vererbt. So verließen die Männer nie ihr Geburtsdorf, während die Frauen – deren Besitz sich auf tragbare Gegenstände wie Kleidung, Schmuck und Möbel beschränkte – nach der Heirat ihr Heimatdorf für immer verließen und den Rest ihres Lebens im Dorf ihres Mannes verbrachten. In den traditionellen Inseldörfern Polynesiens hingegen waren Land und Häuser im Besitz der Frauen und wurden ausschließlich in weiblicher Linie vererbt – und so waren es die Männer, die bei ihrer Heirat ihr Heimatdorf verließen, um den Rest ihres Lebens als Bewohner des Dorfes ihrer Frau zu verbringen.

Zusätzlich zu diesen Formen der Exogamie auf der Grundlage des Wohnsitzes gibt es in allen menschlichen Kulturen eine Form der Exogamie, die sich auf verwandtschaftliche Beziehungen bezieht, nämlich das universelle menschliche Verbot des Inzests. Das Inzesttabu verlangt von Männern und Frauen, Partner außerhalb der eigenen Verwandtschaftsgruppe zu wählen. In unserer Gesellschaft wird die Verwandtschaftsgruppe sehr eng definiert als die Kernfamilie von Eltern und Kindern – und in etwas geringerem Maße als die Großfamilie von Onkeln, Tanten und Cousins. Aber in Stammeskulturen, in denen verwandtschaftliche Beziehungen wichtiger und komplexer sind als in unserer Gesellschaft, basieren Inzestverbote oft auf Clanzugehörigkeiten, die Hunderte oder sogar Tausende von potenziellen Beziehungen als inzestuös und damit völlig tabu definieren können.

Die Exogamie ist für Primatengesellschaften in zweierlei Hinsicht von Vorteil. Erstens sorgt sie für eine ständige genetische Durchmischung zwischen Gruppen, die in benachbarten Gebieten leben, selbst wenn die Gruppen einander feindlich gegenüberstehen. Dadurch wird die Inzucht mit ihren nachteiligen Auswirkungen auf ein Minimum reduziert. Zweitens wird dadurch sichergestellt, dass es innerhalb jeder Gruppe viele Erwachsene gibt, die in anderen Gruppen geboren wurden und bereits Beziehungen zu ihren Freunden und Familienmitgliedern haben, die Mitglieder dieser anderen Gruppen sind.

Diese Verbindungen zwischen verschiedenen und oft konkurrierenden Gruppen tragen dazu bei, Feindseligkeiten und Gewalt zwischen den einzelnen Gruppen zu minimieren. In vielen Stammes- und Bauerngesellschaften tauschten bestimmte Clans und Dörfer traditionell Partner mit bestimmten anderen Clans und Dörfern aus. Dieser Brauch, der oft über Generationen hinweg gepflegt wurde, führte zu einem Netz sozialer Bindungen zwischen den Gruppen, das sie zusammenhielt, Feindseligkeiten zwischen ihnen minimierte und ihnen im Falle eines Angriffs durch feindliche Gruppen wertvolle Verbündete verschaffte.

Jagd bei den Primaten und Kriegsführung

Affen und Menschenaffen galten einst als friedliche Sammler, die sich vegetarisch ernährten und gelegentlich Insekten, Vogeleier oder kleine Reptilien zu sich nahmen. Doch in den letzten Jahren haben Feldstudien an Primaten in ihren natürlichen Lebensräumen gezeigt, dass einige von ihnen – darunter Grüne Meerkatzen, Makaken, Mandrillen, Paviane, Orang-Utans und Schimpansen – aktiv andere warmblütige Tiere, auch andere Primaten, jagen und töten.

Schimpansen sind wahrscheinlich die effektivsten Jäger unter allen nichtmenschlichen Primaten. Schimpansen wurden beim Jagen und Töten von mindestens neunzehn verschiedenen Säugetierarten beobachtet, darunter Wildschweine, Antilopen und verschiedene Affenarten (ihre Lieblingsbeute). Bei einer Schimpansengruppe wurde festgestellt, dass sie jedes Jahr routinemäßig mehr als 10 Prozent der in ihrem Revier lebenden roten Colobus-Affen tötet – eine Tötungsrate, die der von Hyänen und Löwen entspricht. Die Jagd wird in der Regel von einer Gruppe erwachsener Männchen durchgeführt, die zusammenarbeiten, um ihre Beute zu verfolgen und einzusperren, bis sie nahe genug herankommen, um sie zu töten. Dies ist im Grunde dieselbe Methode, die auch von menschlichen Jägern auf der ganzen Welt angewandt wird, mit einem wichtigen Unterschied: Der Schimpanse muss seine Beute mit seinen langen, messerscharfen Eckzähnen beißen und mit bloßen Händen verstümmeln, während der Mensch seine Beute mit künstlichen Waffen tötet, die aus der Ferne tödliche Verletzungen zufügen können und so die Gefahren des Nahkampfes vermeiden.

Bis vor kurzem glaubte man, dass von allen Primaten nur der Mensch tödliche Gewalt gegen Mitglieder seiner eigenen Art ausübt. Früher glaubte man, dass Verhaltensweisen wie Mord, Krieg und Kannibalismus in den weitgehend vegetarischen (und vermutlich friedlicheren) Gesellschaften der Affen unbekannt seien. Doch Feldstudien an Primaten in ihrem natürlichen Lebensraum haben diese frühere Ansicht vollständig widerlegt. Über einen Zeitraum von zehn Jahren wurde eine besonders aggressive Gruppe von Schimpansen in Uganda dabei beobachtet, wie sie achtzehn Mitglieder rivalisierender Gruppen tötete – eine Tötungsrate, die um ein Vielfaches höher ist als der Durchschnitt der menschlichen Jäger und Sammler. Zahlreiche andere Studien haben viele Fälle von Mord, Kindsmord und Kannibalismus bei einer Vielzahl von Primatenarten dokumentiert.

Aber von all den gewalttätigen Verhaltensweisen, von denen man einst glaubte, dass sie nur beim Menschen vorkommen, war vielleicht keine unerwarteter als die Entdeckung, dass bestimmte Gruppen von Schimpansen zu anhaltenden Gewaltaktionen gegen benachbarte Gruppen fähig sind, mit dem letztendlichen Ziel, Teile ihres Territoriums zu besetzen und es als ihr eigenes zu behaupten. Diese Form der „Kriegsführung" ähnelt auffallend den Raubzügen, die Jäger und Sammler sowie landwirtschaftliche Dorfbewohner auf der ganzen Welt durchführen.

Eine besonders große und aggressive Gruppe von Schimpansen lebt in Ngogo im Kibale-Nationalpark in Uganda. Diese Gruppe wurde von 1999 bis 2008 von einem Team amerikanischer Primatologen untersucht, die feststellten, dass die erwachsenen Männchen der Ngogo-Gruppe systematische Überfälle auf die Territorien benachbarter Gruppen unternahmen und regelmäßig andere Schimpansen, die zu diesen Gruppen gehörten, überfielen und töteten.

Schimpansen bewegen sich in ihrem eigenen Lebensraum normalerweise in lauten und ungestümen Banden, in denen die Individuen in Hörweite zueinander im Wald verstreut sind. Doch das Verhalten der Ngogo-Schimpansen änderte sich dramatisch, als sie einen Überfall auf das Gebiet einer anderen Gruppe unternahmen.

Etwa alle zehn bis vierzehn Tage machten sich bis zu zwanzig erwachsene Ngogo-Männer auf den Weg, um einen Überfall auf einen ihrer Nachbarn durchzuführen. Je tiefer sie in das „feindliche Gebiet" vordrangen, desto sorgfältiger suchten sie die Baumkronen nach Anzeichen des Feindes ab und reagierten nervös auf das kleinste Geräusch.

Wenn sie auf eine Gruppe von Verteidigern trafen, die ihnen zahlenmäßig überlegen war, brachen die Ngogo-Männchen ihre Reihen auf und flohen zurück in ihr eigenes Gebiet. Wenn sie jedoch auf ein unglückliches Männchen stießen, das allein im Wald unterwegs war, verfolgten sie es, hielten es fest und schlugen es zu Tode. Wurde ein Weibchen überfallen, wurde es in der Regel freigelassen, aber seine Nachkommen wurden in der Regel getötet und gegessen. Die Mehrzahl der Ngogo-Morde richtete sich gegen eine bestimmte Gruppe, die im Nordosten lebte, und nach mehreren Jahren der Angriffe zog die Ngogo-Gruppe in das Gebiet ihrer Nachbarn ein und eignete sich einen großen Teil davon an, so dass sie ihr eigenes Verbreitungsgebiet um 22 Prozent ausdehnte.

Die Praxis der Kindstötung ist auch bei vielen Primatenarten verbreitet und kommt am häufigsten vor, wenn ein neues Alphamännchen dem bisherigen Alphamännchen die Kontrolle über einen Harem von Weibchen entreißt. Das neue Männchen tötet systematisch alle von seinem Vorgänger gezeugten Kinder, was die nun kinderlosen Weibchen wieder fruchtbar macht und die Wiederaufnahme des Brunstgeschehens und der sexuellen Aktivität auslöst. Durch die Paarung mit seinem neuen Harem kann das neue Alphamännchen seine eigenen Nachkommen zeugen, die Zahl seiner eigenen Nachkommen erhöhen und damit die Verbreitung seiner eigenen Gene maximieren.

Werkzeuge und Waffen der Primaten

Im Oktober 1960 befand sich die Primatenforscherin Jane Goodall im ersten Jahr ihrer historischen Forschungen über das Verhalten wild lebender Schimpansen und lebte in einem Beobachtungslager in einem Schutzgebiet am Ufer des Tanganjikasees in Ostafrika. An einem regnerischen Oktobermorgen, als sie nass und erschöpft von der stundenlangen, erfolglosen Suche nach einem Schimpansen in den regennassen Tälern war, sah sie plötzlich eine Bewegung im hohen Gras und richtete ihr Fernglas auf die Stelle. Sie erkannte eines der erwachsenen Männchen aus der Gruppe, die sie beobachtete, und näherte sich vorsichtig.

Das erwachsene Männchen saß neben einem Termitennest und steckte wiederholt einen langen Grashalm in die Eingangslöcher des Nestes. Nach jedem Einführen zog er den Stängel, der nun von anhaftenden Termiten bedeckt war, zurück, leckte die Termiten vom Stängel und fraß sie. Wenn das Ende des Stängels verbogen war, biss er es ab, um ein neues Ende anzufertigen, oder er warf den Stängel weg und nahm einen anderen. Er ernährte sich eine Stunde lang von den Termiten und wanderte dann weiter.

Goodall errichtete einen Beobachtungsposten in der Nähe des Termitennestes und konnte bald beobachten, wie andere Mitglieder der Gruppe nach Termiten fischten. Dabei nutzten sie nicht nur die nahe gelegenen Grashalme, sondern auch Lianen und Zweige, die sie aus mehreren Metern Entfernung herbeigeschafft und durch Abstreifen der Blätter absichtlich verändert hatten (siehe Abbildung 1.4).

Vor Goodalls Forschungen galt unter Verhaltensforschern die gängige Meinung, dass der Mensch die einzige Spezies ist, die in der Lage sei, absichtlich Werkzeuge aus natürlichen Materialien herzustellen und sie für bestimmte Zwecke zu verwenden. Dies war in der Tat eines der wichtigsten Kriterien, um den Menschen von allen anderen Tieren zu unterscheiden. Doch 1973 hatte Jane Goodall dreizehn verschiedene Arten von Werkzeugen aufgezeichnet, die von den von ihr untersuchten Schimpansen hergestellt und verwendet wurden, und seither haben Primatologen, die Schimpansen in freier Wildbahn studieren, mehr als fünfundzwanzig verschiedene Arten von Werkzeugen identifiziert, die jeweils bewusst aus natürlichen Materialien hergestellt und für einen

ABBILDUNG 1.4: Die Entdeckung, dass Schimpansen Werkzeuge herstellen und benutzen, revolutionierte das wissenschaftliche Denken über die Ursprünge der Werkzeugnutzung. Dieser Schimpanse benutzt einen Stock, um Termiten aus ihrem Nest zu fischen. *Foto von Mike Richey. Nachgedruckt unter der Creative Commons Attribution-ShareAlike 3.0 Unported License.*

bestimmten Zweck verwendet wurden.

Zusätzlich zu den Sonden, die sie für den Termitenfang herstellen, wählen und säubern Schimpansen Zweige und kleine Stöcke für eine Vielzahl von Zwecken, darunter das Sammeln von Honig, das Herauslösen der essbaren Teile von Nüssen aus ihren Schalen und das Herauskratzen des Marks aus den Knochen ihrer Beute. Eine Gruppe verwendet einen primitiven Hammer und Amboss aus Steinen oder Holz, um Kolanüsse zu knacken, und einen Stößel aus dem Stamm einer Palme, um Löcher in Bäume zu bohren. Große, flache Blätter werden gepflückt, um sie als Matten zum Sitzen auf nassem Boden und als Wegwerf-„Hüte" bei Regen zu verwenden, und kleinere Blätter werden zu einer feuchten Masse zerkaut, die die Schimpansen als Schwamm zum Sammeln von Wasser und Reinigen von Wunden verwenden.

Zur Technologie der Schimpansen gehören auch Waffen, die sie aus den natürlichen Materialien ihrer Umgebung herstellen. Bei ihren regelmäßigen Drohgebärden brechen männliche Schimpansen Äste ab und schwingen sie wild umher, während sie schreiend durch den Wald rennen. Wenn sie andere angreifen, sammeln Schimpansen Früchte, Stöcke und sogar Steine und werfen sie nach ihren Gegnern, und bei mindestens einer Schimpansengruppe in Westafrika wurde beobachtet, wie sie hölzerne „Speere" herstellten. Sie wählen einen geeigneten, etwa drei oder vier Fuß langen Ast aus, entfernen die Blätter und Zweige, spitzen ein Ende mit ihren Zähnen an und verwenden den Speer, um Buschbabys zu erstechen und zu töten, eine kleine, primitive Primatenart, die normalerweise in den Höhlen hohler Bäume schläft.

Die Technologie gab dem Menschen eine neue Art von Macht über die Natur, aber diese Macht begann nicht mit der industriellen Revolution, dem Aufstieg der Zivilisationen, der Entwicklung der Landwirtschaft oder gar der Erfindung von Steinwerkzeugen. Der Reichtum und die Vielfalt der Schimpansentechnologien deuten darauf hin, dass die Nutzung der Technologie durch den Menschen bei prähistorischen Affen begann, die Vorfahren sowohl der Menschen als auch der Schimpansen waren.

Die Technologie als Kraft in der menschlichen Evolution erschien vor Millionen von Jahren mit der Erfindung der ersten primitiven Waffen – nicht durch Menschen, sondern durch prähistorische Affen –, die durch die Annahme von Holzspeeren und Grabstöcken den evolutionären Weg einschlugen, der schließlich den Menschen hervorbrachte. Die Beweise und Begründungen für diese These werden im nächsten Kapitel ausführlich dargestellt.

Bräuche und Traditionen der Primaten, die Bausteine der Kultur

In den frühen 1950er Jahren begann eine Gruppe von Primatologen der Universität Kyoto mit einer Langzeitstudie über eine Kolonie von etwa hundert wilden japanischen Makaken, die auf Koshima, einer kleinen Insel vor der Küste Südjapans, lebten. Um das Sozialverhalten der Affen besser beobachten zu können, warfen die Wissenschaftler bei jedem Besuch der kleinen Insel einen Haufen Süßkartoffeln an den Strand. Die Makaken kamen aus dem Wald, um die Süßkartoffeln aufzusammeln, doch bevor sie mit dem Fressen begannen, bürsteten sie mühsam mit den Händen den Sand von den Kartoffeln, wie es für diese Art typisch ist.

Doch eines Tages entdeckte ein erst achtzehn Monate junges Weibchen namens Imo, dass das Waschen ihrer Süßkartoffeln in einem nahe gelegenen Bach eine viel schnellere und einfachere Methode war, sie zu reinigen. Bald begann Imos Mutter, ihre Kartoffeln zu waschen, anstatt sie zu bürsten, und in den nächsten Jahren verbreitete sich das Kartoffelwaschen unter Imos Spielkameraden und deren Müttern, bis 1958 die gesamte Kolonie ihre Süßkartoffeln entweder im Fluss oder im Meer wusch. Dieses neu entdeckte Verhalten hat sich als Tradition in der Koshima-Kolonie erhalten und wird seither von Generation zu Generation weitergegeben.

Später begannen die Wissenschaftler, Weizen auf dem Sandstrand zurückzulassen, und der Weizen und der Sand vermischten sich. Imo entdeckte, dass sie

sie trennen konnte, indem sie eine Handvoll sandigen Weizens ins Meer warf, woraufhin der Sand unterging und der Weizen an der Oberfläche schwamm und aufgesammelt werden konnte. Andere Mitglieder der Kolonie begannen, diese Methode zu übernehmen, und das Weizenwaschen wurde zusammen mit dem Kartoffelwaschen zu einem lokalen Brauch, der nur in dieser einen Kolonie vorkam. Seitdem haben Primatologen in einzelnen Makakenkolonien in ganz Japan weitere derartige Ernährungsgewohnheiten beobachtet, darunter das Waschen von Äpfeln, das Ausgraben verborgener Erdnüsse aus dem Sand, das Auspacken von Karamellbonbons und sogar das Essen toter Fische.

Der Japanische Makake bewohnt eine große Vielfalt an Lebensräumen, vom subtropischen Dschungel von Koshima bis zu den verschneiten Bergwäldern von Honshu. Es ist nur logisch, dass eine solche Spezies die Fähigkeit besitzt, sich an unterschiedliche Umgebungen anzupassen, indem sie neue Nahrungsmittel entdeckt, neue Ernährungsweisen erfindet und diese Gewohnheiten an andere Mitglieder der Gruppe weitergibt – und über ihre eigenen Nachkommen an künftige Generationen. Auf diese Weise können die Entdeckungen und Erfindungen innovativer Individuen wie Imo nicht nur den anderen Mitgliedern der Gruppe zugute kommen, sondern auch im Laufe der Zeit bewahrt werden, so dass künftige Generationen, die im selben Lebensraum leben, über fertige Lösungen für die Herausforderungen der Nahrungsbeschaffung verfügen, die sich in dieser speziellen Umgebung stellen.

Tatsächlich wurden ähnliche Bräuche und Traditionen – die Bausteine der Kultur – auch bei vielen anderen Primatenarten beobachtet. Eine Gruppe von Schimpansen in Guinea, Westafrika, hat gelernt, sehr hartschalige Kola- und Pandanüsse mit der „Hammer und Amboss"-Technik zu knacken, und diese neuartige Technik wurde von einer Schimpansengeneration an die nächste weitergegeben. Bei wild lebenden Schimpansengruppen wurden viele weitere Beispiele für besondere Bräuche und Traditionen beobachtet, darunter verschiedene Arten der Werkzeugverwendung, Pflegetechniken und Begrüßungsverhalten wie das Umklammern der Hände, bei dem die Mitglieder einiger Gruppen ihre Arme heben und die Hände und Handgelenke der anderen umschließen, wenn sie sich begegnen. Bezeichnenderweise ist keines dieser Verhaltensweisen bei Schimpansen universell, sondern kommt nur in bestimmten Gruppen vor. Dies deutet darauf hin, dass das Verhalten durch Lernen und nicht durch genetische Faktoren weitergegeben wird.

Wir halten es für selbstverständlich, dass jede menschliche Kultur ihre eigenen, unverwechselbaren Sitten und Gebräuche hat, die von einer Generation an die nächste weitergegeben werden. Was wir selten zu schätzen wissen, ist, dass die Fähigkeit, neue Verhaltensweisen zu erfinden – und sie durch Nachahmung als Sitten und Gebräuche einer bestimmten Gruppe weiterzugeben – keineswegs auf den Menschen beschränkt ist. Ähnliche Elemente der Tierkultur wurden auch in freier Wildbahn bei Walen, Elefanten, Vögeln und sogar Nagetieren beobachtet. Es besteht kaum ein Zweifel daran, dass die Sitten und Gebräuche der in Gruppen lebenden Tiere, die die Grundlage der menschlichen Kultur bilden, bereits Millionen von Jahren vor der Entstehung des Menschen entstanden sind.

Das soll nicht heißen, dass wir Menschen nicht einzigartig sind. Unsere geistige und körperliche Einzigartigkeit ist tiefgreifend und unbestreitbar. Aber die Elemente, aus denen sich diese Einzigartigkeit entwickelt hat, sind zweifellos schon vor langer Zeit im Verhalten von Affen und Menschenaffen zu finden. Die physischen Ähnlichkeiten zwischen Menschen und anderen Primaten sind offensichtlich, während die Ähnlichkeiten im Verhalten nicht immer so offensichtlich sind. Gruppensolidarität und das Konzept eines Heimatlandes, die sozialen Bindungen durch Mutterschaft, Sex, Freundschaft und soziale Hierarchien, die Flexibilität der Fusionsgesellschaft, die Vorteile der Exogamie und die Grundlagen von Jagd, Kriegsführung, Werkzeugen, Waffen, Sitten und Traditionen – all das gibt es auch bei nicht-menschlichen Primaten. Dies sind die genetischen Bausteine des menschlichen Verhaltens. Ohne sie hätte sich die menschliche Gesellschaft nie entwickelt, und die Welt, in der wir leben, wäre nie entstanden.

Bibliographie zu 1 – Die Grundlinie der Primaten

Amsler, Sylvia J. (2009). „Ranging Behavior And Territoriality In Chimpanzees At Ngogo, Kibale National Park, Uganda". PhD Dissertation. University of Michigan.

Beck, Benjamin B. (1980). *Animal Tool Behavior: The Use and Manufacture of Tools by Animals.* Garland Press.

Boesch, Christophe und Hedwige Boesch (1989). „Hunting behavior of wild chimpanzees in the Tai' National Park". In: *American Journal Of Physical Anthropology* 78, S. 547–573.

— (1990). „Tool use and tool making in wild chimpanzees". In: *Folia Primatologica* 54, S. 86–99.

Boesch, Christophe und Hedwige Boesch-Achermann (1983). „Optimisation of nut-cracking with natural hammers by wild chimpanzees". In: *Behaviour* 83.3-4, S. 265–286.

— (2000). *Chimpanzees of the Tai Forest: Behavioral Ecology and Evolution.* Oxford University Press.

Boesch, Christophe und Michael Tomasello (1998). „Chimpanzee and human cultures". In: *Current Anthropology* 39.5, S. 591–614.

Buss, David M. (2005). *The Handbook of Evolutionary Psychology.* John Wiley & Sons.

Dawkins, Richard (2005). „Afterward". In: *The Handbook of Evolutionary Psychology.* Hrsg. von David M. Buss. John Wiley & Sons, S. 975–980.

Fiore, Anthony Di und Drew Rendall (1994). „Evolution of social organization: A reappraisal for primates by using phylogenetic methods". In: *Proceedings of the National Academy of Sciences* 91.21, S. 9941–9945.

Gilby, Ian C. u. a. (2006). „Ecological and social influences on the hunting behaviour of wild chimpanzees, Pan troglodytes schweinfurthii". In: *Animal Behaviour* 72, S. 169–180.

Goodall, Jane (1971). *In the Shadow of Man.* Houghton Mifflin Company.

Hauser, Marc D. (2000). „A primate dictionary? Decoding the function and meaning of another species' vocalizations". In: *Cognitive Science* 24.3, S. 445–475.

Hernandez-Aguilar (2007). „Savanna chimpanzees use tools to harvest the underground storage organs of plants". In: *Proceedings of the National Academy of Sciences* 104.49, S. 19210–19213.

Macdonald, David, Hrsg. (1984). *Primates.* Equinox (Oxford).

McGrew, William C. (1992). *Chimpanzee Material Culture: Implications for Human Evolution.* Cambridge University Press.

Mendoza, Sally P., Deeann M. Reeder und William A. Mason (2002). „Nature of proximate mechanisms underlying primate social systems: simplicity and redundancy". In: *Evolutionary Anthropology, Supplement* 1, S. 112–116.

Mitani, John C. und David P. Watts (1999). „Demographic influences on the hunting behavior of chimpanzees". In: *American Journal Of Physical Anthropology* 109, S. 439–454.

— (2005). „Correlates of territorial boundary patrol behavior in wild chimpanzees". In: *Animal Behavior* 70, S. 1079–1086.

Mitani, John C., David P. Watts und Sylvia J. Amsler (2010). „Lethal intergroup aggression leads to territorial expansion in wild chimpanzees". In: *Current Biology* 20.12, S. 507–508.

Muller, Martin N. und John C. Mitani (2005). „Conflict and cooperation in wild chimpanzees". In: *Advances in the Study Of Behavior* 35, S. 275–331.

Newton-Fisher, Nicholas E. (2007). „Chimpanzee Hunting Behavior". In: *Handbook of Paleoanthropology.* Hrsg. von W. Heinke und I. Tattersall, S. 1295–1320.

Pruetz, Jill D. und Paco Bertolani (2007). „Savanna chimpanzees, *Pan troglodytes verus,* hunt with tools". In: *Current Biology* 17.5, S. 412–417.

Stanford, C. (Mai 1995). „Chimpanzee Hunting Behavior and Human Evolution". In: *American Scientist.*

Tomasello, M. (2000). „Primate Cognition". In: *Cognitive Science* 24.3, S. 351–361.

Waal, Frans De und Frans Lanting (1997). *Bonobo: The Forgotten Ape.* University of California Press.

Wade, N. (21. Juni 2010). „Chimps, Too, Wage War and Annex Rival Territory". In: *New York Times.*

Whiten, Andrew (2000). „Primate Culture And Social Learning". In: *Cognitive Science* 24.3, S. 477–508.

Whiten, Andrew und Christophe Boesch (2001). „The cultures of chimpanzees". In: *Scientific American* 284.1.

Whiten, Andrew, Jane Goodall u. a. (1999). „Cultures In Chimpanzees". In: *Nature* 399, S. 682–685.

— (2001). „Charting cultural variation in chimpanzees". In: *Behaviour* 138.11-12, S. 1481–1516.

Wrangham, Richard (1987). „The Significance of African Apes for Reconstructing Human Evolution“. In: *The Evolution of Human Behavior: Primate Models*. Hrsg. von W. Kinzey. State University of New York Press, S. 51–71.

✦

Die Technologie von Speeren und Grabstöcken:

Aufrechte Körperhaltung und zweifüßige Fortbewegung

»[A]n einem Tag, gegen Mittag… war ich sehr erstaunt über den Abdruck eines nackten Männerfußes am Ufer, der ganz deutlich im Sand zu sehen war.«

(Daniel Defoe, *Robinson Crusoe*)

Eines Abends im Jahre 1976 gingen zwei Wissenschaftler nach einem Arbeitstag in einer 3,6 Millionen Jahre alten paläontologischen Stätte in der Nähe des afrikanischen Dorfes Laetoli im heutigen Tansania spazieren. Die Wissenschaftler amüsierten sich, indem sie sich gegenseitig mit Elefantendung bewarfen, als einer von ihnen ausrutschte und mit dem Gesicht auf eine Gesteinsschicht fiel, die vor Millionen von Jahren als vulkanischer Schlamm entstanden war und sich längst zu einer Art natürlichem Zement verfestigt hatte. Nur wenige Zentimeter von seinem Gesicht entfernt befand sich der unverkennbare Abdruck versteinerter Regentropfen.

Weitere Untersuchungen ergaben, dass der vulkanische Schlamm auch zahlreiche versteinerte Tierspuren aufwies. Bei der sorgfältigen Ausgrabung dieser vulkanischen Schicht über viele Monate hinweg kamen die Spuren zahlreicher prähistorischer Tiere zum Vorschein, die von Elefanten bis zu Mäusen reichten. Nach zwei Jahren sorgfältiger Ausgrabungen und der Entdeckung von Hunderten von Tierspuren entdeckten die Archäologen in Laetoli schließlich einen der wichtigsten Funde in der Geschichte der menschlichen Paläontologie: eine achtzig Fuß lange Spur von Fußabdrücken, die von zwei Individuen, einem Erwachsenen und einem Kind, vor mehr als drei Millionen Jahren gemeinsam über den Vulkanschlamm gelegt wurden (siehe Abbildung 2.1).[8]

Die Laetoli-Fußabdrücke lieferten den direkten, unbestreitbaren Beweis dafür, dass die vollständige zweifüßige Fortbewegung – die Fähigkeit, lange zu stehen, zu gehen und zu laufen und große Entfernungen nur mit den Hinterbei-

ABBILDUNG 2.1: Die Fußabdrücke von Laetoli lieferten den unbestreitbaren Beweis, dass frühe Hominiden vollständig zweifüßig waren und seit Millionen von Jahren auf zwei Beinen gehen. © *2015 John Reader. Nachdruck mit Genehmigung.*

nen zurückzulegen – Millionen von Jahren früher auftrat, als man bisher angenommen hatte. Darüber hinaus bestätigten die Fußabdrücke, dass die Paläontologen tatsächlich gültige Schlussfolgerungen über das Verhalten der prähistorischen Hominiden[9] (der traditionelle wissenschaftliche Begriff für alle prähistorischen und modernen Menschen) gezogen hatten, obwohl ihre Schlussfolgerungen bis dahin nur auf den indirekten Beweisen der menschlichen Anatomie beruhten.

Das Fehlen von Beweisen ist kein Beweis für das Fehlen

Die fossilen Überreste der frühen Hominiden zeigten, dass die Becken- und Beinknochen dieser alten Spezies ihren Entsprechungen in der Anatomie des modernen Menschen sehr ähnlich waren. Dies deutet darauf hin, dass alle diese frühen Hominiden zumindest zu einer gewissen Form der zweibeinigen Fortbewegung fähig waren. Bis zur Entdeckung der Fußabdrücke in Laetoli herrschte jedoch eine große wissenschaftliche Kontroverse darüber, ob die frühesten Hominiden tatsächlich aufrecht wie moderne Menschen gelaufen waren. Diese Kontroverse wurde durch das fast völlige Fehlen fossiler Fußknochen bei frühen Hominidenfunden und durch die Tatsache angeheizt, dass die ältesten fossilen Fußabdrücke von Hominiden, die vor 1978 gefunden wurden, alle weniger als hunderttausend Jahre alt waren, als sich der menschliche Körper bereits zu seiner modernen Form entwickelt hatte.

Es wurden zwar viele Tausend versteinerte Fußabdrücke aus Zeiträumen vor Millionen von Jahren gefunden, aber alle diese Fußabdrücke stammten von anderen Tieren, nicht von Hominiden. Tatsächlich hatten Dutzende von Dinosaurierarten – von Kreaturen, die größer als Elefanten waren, bis hin zu solchen, die so klein wie Mäuse waren – Tausende von Fußabdrücken in den fossilen Aufzeichnungen aus Zeiträumen vor 75 bis 250 Millionen Jahren hinterlassen. Viele dieser Dinosaurier hatten mehr fossile Fußabdrücke hinterlassen als die Überreste ihrer eigentlichen Skelette.

Reichten die anatomischen Beweise von Schädel, Wirbelsäule und Becken aus, um zu dem Schluss zu kommen, dass die frühen Hominiden wirklich aufrecht gingen, obwohl es im Fossilbericht keine eindeutigen zweibeinigen Fußabdrücke gibt? Diese Zweifel wurden durch die Entdeckung der Laetoli-Fußabdrücke ein für alle Mal ausgeräumt. Diese Fußabdrücke bestätigten die alte Maxime, dass „das Fehlen von Beweisen kein Beweis für das Fehlen ist" – mit anderen Worten, dass das Fehlen von physischen Beweisen für ein vergangenes Ereignis an sich kein Beweis dafür ist, dass das Ereignis nicht stattgefunden hat. Dies gilt vor allem dann, wenn die fraglichen Beweise durch den Lauf der Zeit zerstört worden sind.

Die Erforschung der menschlichen Evolution wurde von zahlreichen Fällen geplagt, in denen Wissenschaftler das wahre Alter einiger wichtiger Meilensteine der Evolution ernsthaft unterschätzt haben. So hieß es zum Beispiel 1948 in einem führenden Anthropologie-Lehrbuch, dass zwar gelegentlich „jemand behauptet hat… [ein Alter von mehr als einer Million Jahren] für dieses oder jenes menschliche Fossil… gibt es bis heute keinen einzigen Fund in der direkten Abstammungslinie des Menschen, der so weit zurückreicht".[10] Paläontologen sind sich jedoch heute einig, dass die menschliche Evolution vor mindestens *fünf Millionen* Jahren begann.

Auch die Herstellung von Werkzeugen und die Entwicklung von Kulturen und Traditionen galten einst als exklusive Domäne des Menschen. Doch die Arbeit von Goodall und anderen hat nun zweifelsfrei gezeigt, dass andere Primatenarten eindeutige Beweise für die Herstellung von Werkzeugen und die Entwicklung von Kulturen aufweisen – und es ist daher sicher anzunehmen, dass beide Fähigkeiten bei prähistorischen Arten vorhanden waren, die lange vor dem Erscheinen der ersten Hominiden lebten.

Bis zum Ende des 20. Jahrhunderts stammten praktisch alle der ältesten Überreste hölzerner Artefakte aus Wüstengebieten und waren weniger als fünfzehntausend Jahre alt. (Die einzige Ausnahme war eine einzelne Speerspitze, die 1911 in Clacton-on-Sea, England, in einer etwa vierhunderttausend Jahre alten Lagerstätte gefunden wurde – ein umstrittener Fund, der nicht allgemein akzeptiert wurde.) Doch 1997 wurden an einem prähistorischen Fundort in Schöningen (die älteste Stadt im Braunschweiger Land), eine Reihe fein gearbeiteter hölzerner Wurfspeere oder Speere gefunden, die eindeutig auf ein Alter von vierhunderttausend Jahren datiert wurden, was beweist, dass die prähistorische Holzbearbeitung viel älter ist als allgemein angenommen.

„Lucy" und die frühesten Hominiden

Im Jahre 1974 wurde in Äthiopien ein relativ vollständiges versteinertes Skelett eines aufrecht gehenden weiblichen *Australopithecus* ausgegraben. Dieser mehr als drei Millionen Jahre alte Fund wurde sofort als Lucy berühmt, das älteste bis dahin gefundene einigermaßen vollständige Skelett, das eindeutig zur menschlichen Abstammungslinie gehörte. Lucy gehörte zur Art *Australopithecus afarensis*, einem der frühen Hominiden, die das prähistorische Afrika bewohnten. Ihre Entdeckung erregte großes Aufsehen, denn ihr Becken, ihre Beinknochen und ihre Kniegelenke wiesen verblüffende Ähnlichkeiten mit den unseren auf, was darauf hindeutete, dass ihre Spezies vollständig aufrecht ging und zur vollständigen zweibeinigen Fortbewegung fähig war.

Die frühen Hominiden wie Lucy waren stämmige kleine Kreaturen, die aufrecht standen, gingen und liefen, so wie wir es auch tun. Aus der Ferne hätte man sie für sehr kleine Menschen halten können, aber wenn man sich ihnen näherte, stellte man fest, dass ihre Köpfe affenähnlich waren – mit niedriger Stirn, ausgeprägten Brauen und vorstehenden Kiefern –, dass ihre Körper wahrscheinlich mit Fell bedeckt waren, ihre Arme im Verhältnis zu ihrem Körper ziemlich lang waren und dass ihre Zehen im Verhältnis zu ihren Füßen ziemlich lang waren. Die Weibchen waren etwa einen Meter groß und wogen etwa fünfunddreißig Kilogramm, während die Männchen etwas über einen Meter groß waren und über vierzig Kilogramm wogen. Sie stellten Werkzeuge und Waffen her, jagten und schlachteten Wild und lebten in Familienverbänden, die wahrscheinlich den unseren ähnlich waren.

Obwohl die Australopithecinen wie Lucy den geraden, nach unten gerichteten großen Zeh des echten Hominiden hatten, liefern ihre schmalen Schultern und ihre langen, gekrümmten Finger und Zehen eindeutige Hinweise darauf, dass sie zumindest einen Teil ihres Lebens in den Bäumen verbrachten. Die chemische Analyse ihrer Knochen – und die Struktur ihrer Backenzähne – deutet jedoch darauf hin, dass ihre Ernährung hauptsächlich aus Nahrungsmitteln bestand, die nicht in den Bäumen, sondern auf dem Boden zu finden waren. Wenn sie sich nicht mehr hauptsächlich von den Blättern, Früchten und Nüssen der Bäume ernährten, warum behielten sie dann viele wichtige Merkmale ihrer baumkletternden Anatomie bei? Die wahrscheinlichste Antwort ist, dass die Bäume nachts den sichersten Platz zum Schlafen boten, wenn die frühen Hominiden besonders anfällig für Angriffe durch die großen Raubtiere ihrer Umgebung waren.

Lucy war etwa einhundertundsechs Zentimeter groß, wog ungefähr zweiunddreißig Kilogramm und hatte ein Gehirn, das nur wenig größer war als das eines Schimpansen. Oberhalb der Taille sah sie wie ein Affe aus. Unterhalb der Gürtellinie sah sie jedoch wie ein Mensch aus, mit der Ausnahme, dass ihr ganzer Körper wahrscheinlich mit Haaren bedeckt war. Lucys Becken war bereits auf dem besten Weg, sich zu einer starren, ring-förmigen Struktur zu entwickeln, wie sie für den modernen Menschen typisch ist, eine Form, die sich deutlich von dem lockeren und röhrenförmigen Becken der Affen und Menschenaffen unterscheidet.

Lucys Beinknochen waren lang und gerade, wie die unseren, mit arretierbaren Kniegelenken, die es ihr ermöglichten, lange zu stehen, ohne ihre Beinmuskeln zu strapazieren. Die fossilen Füße, die aus anderen Australopithecus-Funden geborgen worden waren, waren ebenfalls wie die unseren, mit einer gut ausgeprägten Wölbung, die für den Vortrieb beim Gehen sorgte. Alle Zehen von Lucy zeigten in die gleiche Richtung, was darauf hindeutet, dass die Füße der frühen Hominiden – im Gegensatz zu den Füßen der Affen mit ihrer großen Zehe, die man abspreizen kann – nicht mehr zum Festhalten von Ästen geeignet waren, sondern wie die Füße des modernen Menschen für den Halt und die Vorwärtsbewegung beim Gehen auf dem Boden ausgelegt waren. Zusätzlich zu all diesen wichtigen anatomischen Veränderungen hatten Lucy und ihre Artgenossen die beeindruckenden Zahnwaffen – die langen, scharfen Eckzähne – vollständig verloren, die die Männchen (und in geringerem Maße auch die Weibchen) aller anderen Primatenarten besitzen.

Der Verlust der einzigen biologischen Waffen der Primaten – einer Spezies, die die meiste Zeit auf dem Boden unter gefährlichen Raubtieren wie Löwen, Leoparden, Hyänen und Wildhunden lebte – legt nahe, dass Lucy und ihre Zeitgenossen, die sich ohne biologische Waffen nicht verteidigen konnten, längst ausgestorben wären, wenn sie nicht Zugang zu einer anderen Art tödlicher Waffen gehabt hätten. Bis zur Entdeckung von 3,3 Millionen Jahre alten Steinartefakten in Lomekwi 3 in Kenia im Jahr 2011 wurden jedoch keine Überreste solcher Waffen aus dieser sehr frühen Zeit gefunden.[11] Bis dahin wurden die frühesten jemals gefundenen Steinwerkzeuge alle auf mehr als eine Million Jahre nach Lucys Zeit datiert. Wie können wir diese Diskrepanz erklären?

In Anbetracht der gut dokumentierten Gewohnheiten der wilden Schimpansen bei der Herstellung von Werkzeugen waren die ersten Werkzeuge und Waffen wahrscheinlich gar nicht aus Stein, sondern aus Ästen, Zweigen, Blättern und anderen leicht verderblichen Materialien hergestellt, die im warmen, feuchten, tropischen Klima des prähistorischen Afrikas nicht länger als ein paar Dutzend Jahre – geschweige denn Millionen von Jahren – hätten überleben können. In diesem Fall ist das Fehlen von Beweisen durchaus zu erwarten.

Außerdem waren die anatomischen Veränderungen, die erforderlich waren, damit sich die aufrechte Körperhaltung und die zweibeinige Fortbewegung überhaupt entwickeln konnten, gewaltig, radikal und wirklich revolutionär. Veränderungen dieses Ausmaßes finden nur dann statt, wenn der Organismus, der sie vornimmt, eindeutige Überlebensvorteile hat, und sie müssen zu einer höheren Überlebensrate führen, wenn diese Veränderungen wirksam werden. Doch als die frühen Hominiden die aufrechte Körperhaltung und die zweifüßige Fortbewegung entwickelten, mussten sie mit einigen eindeutigen Nachteilen kämpfen, die diese Veränderungen mit sich brachten. Auf die wichtigsten dieser Nachteile werden wir später in diesem Kapitel eingehen.

Die radikale Neugestaltung des Körperbaus von Säugetieren

Die vollständige aufrechte Körperhaltung und die echte zweibeinige Fortbewegung, die Lucy und ihre Artgenossen erreichten, erforderten eine umfassende Umgestaltung der Anatomie, die nicht nur für alle Primaten, sondern auch für alle Säugetiere charakteristisch ist. Diese Umgestaltung umfasste erhebliche Veränderungen an Schädel, Wirbelsäule, Becken, Beinen, Füßen und anderen Strukturen des Bewegungsapparats. Zum ersten Mal musste das Gewicht des gesamten Oberkörpers allein von den Hinterbeinen getragen werden, eine Anordnung, die es zuvor bei keinem der plazentalen Säugetiere gegeben hatte.[12] Welcher Überlebensvorteil war stark genug, um die Art und Weise, wie der Primatenkörper steht, geht und läuft, völlig umzugestalten?

Beginnen wir mit dem Kopf. Die Stelle, an der der Schädel mit der Wirbelsäule verbunden ist, das so genannte Foramen magnum, musste von der Rückseite des Schädels, wo es sich bei allen anderen Tieren befindet, an die Unterseite des Schädels verlegt werden, wo es sich beim Menschen befindet. Andernfalls würde das Gesicht eher nach oben als nach vorne zeigen. Bei allen anderen Säugetieren stützt sich die Wirbelsäule an beiden Enden ab, wobei die Vorderbeine und Schultern das Gewicht des Kopfes und des Vorderteils tragen, während die Hinterbeine und das Becken das Gewicht des Schwanzes und des Hinterteils tragen. Bei einem zweibeinigen Säugetier jedoch müssen Wirbelsäule und Becken das Gewicht des gesamten Oberkörpers tragen, einschließlich des Kopfes und des Halses, der Unterarme und Schultern, des Brustkorbs und des Bauches – kurz gesagt, alles außer den Hinterbeinen selbst. Um dieses Kunststück zu vollbringen, musste die Wirbelsäule stark gestärkt und in einer S-Kurve gebogen werden, um den Schwerpunkt des gesamten Körpers direkt über das Becken zu bringen.

Um das Gewicht des gesamten Oberkörpers tragen zu können, musste auch das Becken stark umgebaut werden. Da die längeren und flexibleren Beckenknochen, die für alle anderen Primaten typisch sind, nicht dafür ausgelegt waren, das Gewicht des Oberkörpers über längere Zeit zu tragen, mussten die Beckenknochen kürzer und dicker werden und zu einer einzigen starren, ring-förmigen Struktur verschmelzen. Gleichzeitig wurden die Knochen der Hinterbeine lang und gerade und konnten in den Kniegelenken arretiert werden. Wenn andere Primaten auf ihren Hinterbeinen stehen, sind ihre Knie gebeugt. Die Entwicklung der arretierbaren Kniegelenke ermöglichte es den zweifüßigen Hominiden, lange Zeit aufrecht zu stehen, ohne ihre Beinmuskeln ständig zu beanspruchen.

Schließlich mussten die Greiffüße und die opponierbaren großen Zehen, die für alle anderen Primaten typisch sind, völlig umgestaltet werden. Sehr früh in der menschlichen Evolution begann der „Daumen" des Fußes tatsächlich von der Seite des Fußes nach vorne zu wandern. Wenn Sie sich den Daumen am Hinterfuß eines Schimpansen oder Gorillas ansehen, werden Sie feststellen, dass er sich an der Seite des Fußes befindet und den anderen Zehen entgegengesetzt ist, ähnlich wie der opponierbare Daumen der menschlichen Hand. Er ist für das Greifen mit den Hinterbeinen beim Klettern in den Ästen der Bäume notwendig, eignet sich aber schlecht für das Gehen auf der flachen Oberfläche des Bodens. Dieser Greifdaumen ist also von seiner ursprünglichen Position gegenüber den anderen vier Zehen in eine neue Position gewandert, in der er mit den anderen Zehen ausgerichtet ist, so dass alle fünf Zehen in dieselbe Richtung zeigen. An diesem Punkt war der Daumen des Affen zum großen Zeh des Menschen geworden.

Gleichzeitig verlängerte sich die Handfläche des Fußes und entwickelte schließlich ein ausgeprägtes Gewölbe, und die „Finger" an den Hinterfüßen wurden kürzer und verwandelten sich schließlich in die vier stummeligen kleinen Zehen unserer Spezies, die nicht mehr in der Lage sind, viel zu greifen, aber durchaus in der Lage sind, ihre neue Funktion des Gehens und Laufens über lange Strecken auf offenem Gelände zu unterstützen.

Wenn ein Tier eine radikale Umgestaltung des grundlegenden Körperbaus entwickelt, der seinen Vorfahren zehn Millionen Jahre lang gut gedient hat, vor allem in einer kurzen geologischen Zeitspanne, können wir davon ausgehen, dass starke evolutionäre Kräfte am Werk sind. Aber die Wissenschaftler haben sich schwer getan, einen Konsens darüber zu finden, was diese evolutionären Kräfte waren. Tatsächlich wurden verschiedene Theorien vorgeschlagen, um zu erklären, warum unsere Vorfahren ihre einzigartige und beispiellose Form der aufrechten Körperhaltung und der zweifüßigen Fortbewegung entwickelt haben.

Ich werde in diesem Kapitel argumentieren, dass es die Technologie der Holzspeere und Grabstöcke war – eine Innovation, die bei den prähistorischen Affen, den Vorfahren der Hominiden, begonnen haben muss –, die die Überlebensvorteile lieferte, die groß genug waren, um eine Entwicklung zu einer vollständigen aufrechten Körperhaltung und einer echten zweifüßigen Fortbewegung zu bewirken. Diese Denkrichtung wurde ursprünglich von Charles Darwin vorgeschlagen, und wie wir sehen werden, wurde sie seitdem von mehreren zeitgenössischen Anthropologen unterstützt. Doch lassen Sie uns zunächst die verschiedenen konkurrierenden Theorien durchgehen und kurz die Schwachstellen jeder von ihnen aufzeigen.

Die frühen Hominiden lebten in einer Periode der afrikanischen Vorgeschichte, in der die Wälder schrumpften und sich das Grasland ausbreitete. Lange Zeit glaubte man, dass sich die zweifüßige Fortbewegung in erster Linie als Anpassung an die trockenere Savannenumgebung – gekennzeichnet durch Grasland mit vereinzelten Bäumen – entwickelte, die sich im äquatorialen Afrika ausbreitete. Man ging davon aus, dass das Gehen und Laufen auf zwei Beinen Lucys Vorfahren in die Lage versetzte, ihren ursprünglichen Lebensraum in den Wäldern zu verlassen, über die Graskuppen hinweg besser zu sehen und immer größere Entfernungen auf offenem Gelände zurückzulegen.[13] Diese Hypothese ist als „Savannenhypothese" bekannt. Es gibt jedoch einige große Probleme mit dieser Theorie.

Erstens sind alle anderen Graslandarten – sowohl Pflanzenfresser, wie Antilopen und Zebras, als auch Fleischfresser, wie Löwen und Hyänen – ausschließlich vierfüßig. (Tatsächlich sind alle Landsäugetiere, mit Ausnahme der Hominiden, vierfüßig.) Zweitens hat von allen anderen Primaten, die ebenfalls den Übergang zu einer terrestrischen Lebensweise vollzogen haben (dazu gehören Paviane, Mandrills, Grüne Meerkatzen und Breitnasenaffen), keiner von ihnen eine aufrechte Körperhaltung angenommen. Stattdessen haben sie sich alle recht erfolgreich an ein Leben im Grasland angepasst und sind dabei fest auf allen Vieren geblieben.

Drittens stammen die frühesten anatomischen Beweise für eine zweifüßige Fortbewegung aus den fossilen Überresten eines affenähnlichen Wesens namens *Ardipithecus*, das vor mindestens 4,5 Millionen Jahren auftauchte – mehr als eine Million Jahre vor Lucys Geburt. Ein herber Rückschlag für die Savannen-Hypothese ist die Tatsache, dass *Ardipithecus* in einer Waldumgebung lebte und starb und niemals das Grasland bewohnte.

Die fossilen Überreste von *Ardipithecus* wurden erstmals 1992 im Awash-Tal in Äthiopien entdeckt.[14] Seine Füße sind eindeutig die eines Baumbewohners, mit langen, biegsamen Zehen und einem großen Zeh, der zum Greifen von Ästen geeignet war. Doch obwohl *Ardipithecus* die Fähigkeit, wie ein Affe auf Bäume zu klettern, noch nicht verloren hatte, zeigten die Merkmale seiner Becken- und Beinknochen, dass die Evolution der aufrechten Körperhaltung bereits weit fortgeschritten war, lange bevor Lucy und die anderen frühen Hominiden die afrikanische Savanne durchstreiften.

Aufgrund der Probleme der auf der Savannenhypothese basierenden Theorie wurde in den letzten Jahren eine Vielzahl alternativer und oft konkurrierender Theorien vorgeschlagen, um die Evolution der aufrechten Körperhaltung und der zweifüßigen Fortbewegung zu erklären. Jede dieser Theorien hat ihre wissenschaftlichen Befürworter und Gegner, und viele von ihnen beschreiben bestimmte evolutionäre Mechanismen, die zweifellos eine Rolle bei der Entwicklung der Zweifüßigkeit gespielt haben. Aber keiner dieser Mechanismen scheint die Art von Überlebensvorteilen auf Leben und Tod zu beinhalten, die für die radikale Umstrukturierung der Anatomie von Primaten, die Zweifüßigkeit erforderte, notwendig gewesen wäre.

Die „Nahrungsversorgungshypothese" besagt, dass jagende Männchen freie Hände brauchten, um ihre Beute für die Weibchen und den Nachwuchs zurück in die Heimstatt zu tragen.[15] Dies erklärt jedoch nicht die Tatsache, dass andere räuberische Säugetiere Fleisch für ihre Nachkommen zurückbringen, indem sie es einfach im Mund tragen. Dieses Verhalten könnte zwar eine evolutionäre Anpassung erfordert haben (da Primaten ihren Mund nur selten zum Tragen von Dingen benutzen), aber es hätte wohl kaum eine vollständige Umstrukturierung der Anatomie der Primaten erfordert.

Die „Hypothese der thermischen Belastung" besagt, dass die frühen Hominiden durch das aufrechte Stehen eine kleinere Fläche ihres Körpers der heftigen tropischen Sonne aussetzten und so in der Lage waren, kühler zu bleiben, während sie sich im Freien betätigten.[16] Aber abgesehen davon, dass dies nicht erklärt, warum keine anderen tropischen Tiere jemals eine ähnliche Strategie angewandt haben, sollten wir uns daran erinnern, dass die Zweifüßigkeit zuerst mit *Ardipithecus* begann, der weitgehend im Schatten der tropischen Wälder lebte.

Die „Hypothese der Warnungsanzeige" besagt, dass Individuen (vor allem Männchen), die andere durch häufiges Aufrichten bedrohen konnten, dominanter waren und somit Individuen, die weniger häufig aufrecht standen, sexuell aus dem Feld schlugen.[17] Diese Hypothese berücksichtigt jedoch nicht die Tatsache, dass Gorillas, Bären und andere Arten, die ihre Rivalen ebenfalls durch Aufrichten bedrohen, nie Zweifüßigkeit angenommen haben.

Die „haltungsbedingte Ernährungshypothese" besagt, dass die Zweifüßigkeit die prähistorischen Affen in die Lage versetzte, aufrecht zu stehen und niedrig hängende Früchte mit beiden Händen zu pflücken, anstatt sich mit einer Hand an einem Ast festzuhalten und mit der anderen Hand Früchte zu pflücken.[18] Es erscheint jedoch unwahrscheinlich, dass dies einen ausreichend großen Überlebensvorteil darstellt, um die massiven anatomischen Veränderungen zu bewirken, die die Zweifüßigkeit mit sich brachte. Außerdem besteht das Wesen der Zweifüßigkeit nicht nur im aufrechten Stehen, sondern auch im Gehen und Laufen auf zwei Beinen. Affen, Bären, Biber, Präriehunde, Erdmännchen und viele andere Säugetiere können problemlos aufrecht *stehen*, aber Hominiden sind speziell an die zweifüßige *Fortbewegung* angepasst.

Die größte Schwäche dieser Theorien ist, dass keine von ihnen erklärt, warum die großen Eckzähne unserer Primatenvorfahren zur gleichen Zeit verschwanden, als sich die zweifüßige Fortbewegung entwickelte. Stattdessen wird der Verlust der großen Eckzähne bei den Hominiden in der Regel durch die „Hypothese der verminderten männlichen Rivalität" erklärt, die vorschlägt, dass die großen Eckzähne verschwanden, um zu verhindern, dass erwachsene männliche Hominiden in tödliche Kämpfe verwickelt werden, da dies ihre Fähigkeit zur Zusammenarbeit und zur effektiven Jagd beeinträchtigt hätte.[19]

Löwen, Wölfe, Hyänen, Schimpansen und viele andere Arten, die kooperativ jagen, haben jedoch keine schwächeren biologischen Waffen. Außerdem sind männliche Menschen durchaus in der Lage, *sowohl* eng zusammenzuarbeiten *als auch* tödliche Konflikte untereinander auszutragen, und das Fehlen großer Eckzähne hat männliche Menschen nicht daran gehindert, sich während der gesamten Menschheitsgeschichte tödliche Konflikte zu liefern. Anstatt ihre Zähne zu benutzen, um sich gegenseitig zu töten, benutzen sie einfach ihre tödlichen Waffen.

Es bleibt also die Frage: Wie konnte einer der frühen Hominiden Millionen von Jahre in einer Umgebung voller großer und gefährlicher Raubtiere überleben, ohne sich wirksam verteidigen zu können?

Das Verschwinden der Eckzähne

Die Eckzähne von *Ardipithecus ramidus* – der frühesten Spezies, deren Skelett Beweise für eine zweifüßige Fortbewegung lieferte – waren im Vergleich zu den Eckzähnen seiner Vorfahren bereits erheblich geschrumpft. Zur Zeit von Lucy und den frühen Hominiden waren die großen, tödlichen und waffenfähigen Eckzähne, die alle anderen Primatenarten besaßen, vollständig verschwunden und wurden bei den Hominiden nie wieder gesehen.

Ein Mitglied des Teams, das den Fundort von *Ardipithecus ramidus* untersuchte, stellte fest, dass die Reduktion der männlichen Eckzähne vor sechs Millionen Jahren bereits weit fortgeschritten war.[20] Der Verlust der waffenfähigen Eckzähne begann Millionen von Jahren vor dem Auftauchen von Lucy, und zur Zeit der frühen Hominiden waren diese großen Eckzähne – die einzige biologische Waffe, die die Primaten während ihrer gesamten fünfzig Millionen Jahre langen Geschichte besaßen – vollständig verschwunden.

Kein Affe, Menschenaffe oder Hominide hat Krallen, Hörner, Geweihe, Hufe oder Stoßzähne. Aber sie alle haben beeindruckende Eckzähne, die einem Gegner schmerzhafte und sogar tödliche Schäden zufügen können. Die Fossilien von *Australopithecus* weisen jedoch nur kleine, stumpfe, flache Eckzähne auf, die unmöglich mit den gefährlichen biologischen Waffen ihrer natürlichen Feinde hätten konkurrieren können (siehe Abbildung 2.2).

Darüber hinaus verfügen Menschenaffen und Affen über hervorragende Kletterfähigkeiten, die es ihnen ermöglichen, hoch in die Baumkronen zu klettern, weit außerhalb der Reichweite ihrer natürlichen Feinde wie der Großkatzen. Doch die langen, geraden Beine und geschrumpften Zehen der Australopithecinen und der anderen Hominidenarten, die ihnen folgten, hätten ihre Fähigkeit, sich aus der Gefahr zu befreien, stark eingeschränkt, was sie für ihre natürlichen Feinde noch anfälliger gemacht hätte.

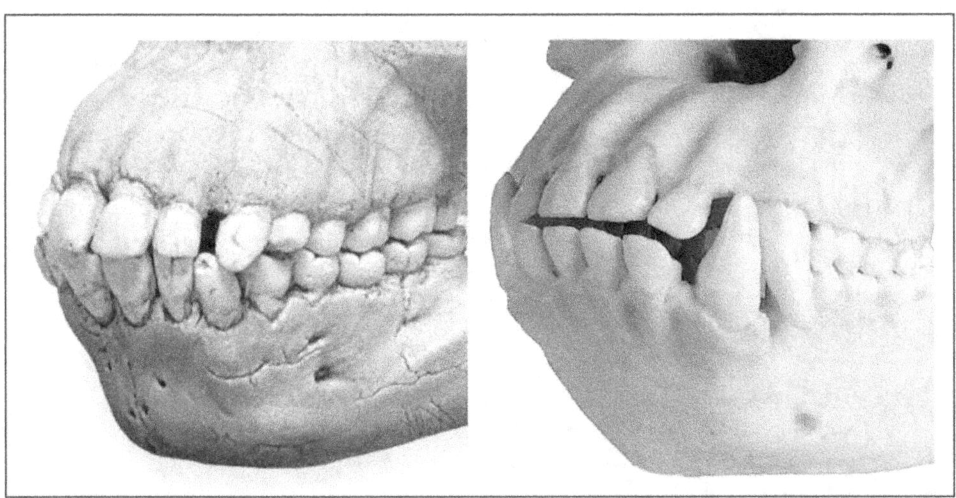

ABBILDUNG 2.2: Vergleichen Sie die stumpfen, kurzen Eckzähne des frühen Hominiden *Australopithecus afarensis* (links) mit den waffenfähigen Eckzähnen unseres nächsten Verwandten, des Schimpansen (rechts). *Links: © 2014 Skullduggery, Inc. Nachdruck mit Genehmigung; rechts: © 2014 Science Outreach, University of Canterbury, Christchurch, Neuseeland. Nachdruck mit Genehmigung.*

Die natürlichen Abwehrkräfte einer Art verschwinden erst dann, wenn sie nicht mehr zum Überleben benötigt werden. Zwar können Primaten durchaus Steine werfen, aber ein Stein, der schwer genug ist, um einem großen Raubtier echten Schaden zuzufügen, wäre zu schwer, um ihn mit großer Genauigkeit über eine bestimmte Entfernung zu werfen. Außerdem, wie viele Steine kann ein Hominide in der Zeit werfen, die ein Löwe braucht, um anzugreifen? Schwere Keulen aus großen Ästen können den Schädel eines Gegners zertrümmern, aber nur auf kurze Distanz. Wenn Sie nahe genug an ein Raubtier herankommen, um es mit einer Keule auf den Kopf zu schlagen, ist es wahrscheinlich nahe genug, um Sie mit seinen Klauen zu zerfleischen, und – sofern Sie es nicht mit einem einzigen Schlag erledigt haben – hat es bereits seine Reißzähne an Ihrer Kehle. Wie konnten die frühen Hominiden so erfolgreich gegen die „zähnefletschende Natur" antreten, wenn sie weder Zähne noch Klauen hatten, um sich zu wehren, und ihnen nur die „bloßen Hände" zur Verfügung standen?

Die wahrscheinlichste Antwort ist, dass die Hände der frühen Hominiden nicht bloß waren. Sie müssen Waffen getragen haben. Und die Waffen, die sie zum Angriff auf Raubtiere und Beute herstellten, müssen den gewaltigen Eckzähnen ihrer Primatenvorfahren so überlegen gewesen sein, dass eine wirksame

Zahnbewaffnung nicht mehr notwendig war.[21] Wie wir in Kapitel 1 (auf den Seiten 1 bis 28) gesehen haben, ist der Einsatz von Technologie nicht auf Hominiden beschränkt. Bei einigen wildlebenden Schimpansen wurde sogar die Herstellung primitiver Speere beobachtet, mit denen sie ihre Beute erlegten. Es ist daher sehr wahrscheinlich, dass prähistorische Menschenaffen, als sie begannen, Speere herzustellen, die evolutionären Kräfte freisetzten, die schließlich einen Menschenaffen mit aufrechter Körperhaltung und zweibeiniger Fortbewegung hervorbrachten.

Menschenaffen gehen am ehesten auf den Hinterbeinen, wenn sie etwas in den Händen halten (siehe Abbildung 2.3). Die verbesserte Fähigkeit, auf den Hinterbeinen zu gehen und zu stehen, wäre für jene prähistorischen Menschenaffen, die sich eine revolutionäre Waffe aneigneten – einen langen, angespitzten Stock, den ersten primitiven Speer –, mit dem sie ein anderes Tier aus der Ferne angreifen konnten, ein großer evolutionärer Vorteil gewesen.

Der Speer hätte das Jagd- und Verteidigungsspiel völlig verändert, denn lange Speere können mit tödlicher Gewalt eingesetzt werden, während die Jäger sicher außerhalb der Reichweite der biologischen Waffen ihrer Beute bleiben. Wenn eine Gruppe von Jägern ein Tier mit mehreren Metern langen Speeren aufspießen kann, kann es getötet werden, ohne dass es jemals nahe genug herankommt, um seine biologischen Waffen gegen seine Angreifer einzusetzen.

In Die Abstammung des Menschen (The Decent of Man) schrieb Darwin, dass „die frühen Vorfahren des Menschen…wahrscheinlich mit großen Eckzähnen ausgestattet waren; aber als sie allmählich die Gewohnheit erlangten, Steine, Keulen oder andere Waffen für den Kampf mit ihren Feinden oder Rivalen zu verwenden, benutzten sie ihre Kiefer und Zähne immer weniger. In diesem Fall wurden die Kiefer zusammen mit den Zähnen immer kleiner."[22]

In seinem klassischen Werk Die Stadien der menschlichen Evolution (The Stages of Human Evolution) schrieb der Anthropologe C. Loring Brace, dass „wir vermuten können, dass das Führen eines spitzen Stocks das entscheidende Element war, das zu einer Veränderung der Selektionskräfte führte, die einen werkzeugabhängigen Zweifüßler hervorbrachte…wir könnten hinzufügen…dass der umgeleitete Grabstock eine wirksamere Verteidigungswaffe ist als selbst die gewaltigen Eckzähne des durchschnittlichen männlichen Pavians. Schließlich muss der Pavian, um seine Eckzähne wirksam einsetzen zu können, seinen Gegner buchstäblich in die Zange nehmen, und wenn es sich dabei um einen 200 Pfund schweren, hungrigen Leoparden handelt, stehen die Chancen schlecht, dass der Pavian ungeschoren davonkommt."[23]

Der jüngste Ausdruck dieses Gedankengangs wurde von dem Anthropologen Robert Bates Graber formuliert, der im Jahr 2000 schrieb, dass „die frühesten Steinwerkzeuge, wie die der modernen Schimpansen, zweifellos aus einem Material bestanden, das weicher als Stein ist…In der Tat ist es gut möglich, dass geschärfte Stöcke – auf die sich Nahrungssuchende als Grabstöcke und Speere verließen, die aber bei Affen und Menschenaffen unbekannt waren – das Werkzeug waren, das die natürliche Auslese entscheidend in Richtung auf eine aufrechte Körperhaltung lenkte."[24]

Die Fähigkeit, einen Speer lange genug zu tragen und zu schwingen, um ein anderes Tier außerhalb der Reichweite seiner biologischen Waffen anzugreifen und zu töten, wäre von großem Überlebenswert gewesen. Nachdem die Vorfahren der Hominiden die Technologie des Speers übernommen hatten, waren diejenigen, die fest auf ihren Hinterläufen stehen konnten, während sie den Speer mit den Vorderläufen stachen und vortrieben, gegenüber ihren Konkurrenten klar im Vorteil. Je länger diese Individuen stehen konnten, je weiter sie auf zwei Beinen gehen und laufen konnten und je größere und schwerere Waffen sie bei sich tragen konnten, desto effektiver konnten sie ihre Artgenossen und ihren Nachwuchs gegen Angriffe von potenziellen Raubtieren verteidigen – und desto mehr Fleisch konnten sie mitbringen, um es mit den anderen Mitgliedern der Gruppe zu teilen. Aus all diesen Gründen hätte der Überlebenswert von Speeren ausgereicht, um die großen anatomischen Veränderungen herbeizuführen, die erforderlich waren, damit sich ein vierfüßiges Tier zu einem zweifüßigen Tier entwickeln konnte.

Verhaltensweisen, die zur Verwendung von Speeren geführt haben könnten, wurden bei Schimpansen und Gorillas beobachtet, die, wie in Kapitel 1 (auf den Seiten 1 bis 28) erwähnt, häufig Äste abbrechen und diese während ihrer Drohgebärden herumschleudern. Das weiche Holz eines frischen Astes kann leicht geschärft werden, indem man es an einem Felsvorsprung oder an der rauen Rinde bestimmter tropischer Bäume reibt. Und wilde Schimpansen im westafrikanischen Senegal wurden dabei beobachtet, wie sie hölzerne Speere herstellten, indem sie die Äste und die Rinde von einem geraden Stock abzogen und ein Ende mit ihren Zähnen anspitzten. Damit töteten sie Buschbabys, indem sie in die Baumhöhlen stachen, in denen diese schliefen.

Wenn aber eine große Anzahl prähistorischer Arten über Millionen von Jahren Speere und Grabstöcke herstellten und benutzten, warum wurden dann keine Überreste dieser hölzernen Werkzeuge und Waffen in archäologischen Stätten aus diesen Zeiträumen gefunden? Dies ist ein klassischer Fall, in dem „das Fehlen von Beweisen kein Beweis für das Fehlen ist".

Lange Zeit waren die ältesten jemals gefundenen menschlichen Artefakte aus Holz nur wenige tausend Jahre alt. Die Archäologen waren sich nicht einig darüber, wie alt solche Artefakte sein würden, aber lange Zeit herrschte die Meinung vor, dass die Herstellung tödlicher Waffen aus Holz – und die Verwendung solcher Waffen bei der gemeinsamen Jagd auf Großwild – erst mit dem Auftreten des anatomisch modernen Menschen vor etwa fünfzigtausend Jahren begann.

Daher war es für die Wissenschaft ein Schock, als 1997 mehrere fein gearbeitete und perfekt ausbalancierte hölzerne Speere oder Wurfspeere, die etwa vierhunderttausend Jahre alt waren, aus einem alten Torfmoor in Schöningen geborgen wurden. Aufgrund des hohen Säuregehalts und des Sauerstoffmangels in diesen Mooren war das Holz buchstäblich „gebeizt" worden, um es vor bakteriellem Verfall zu schützen. Die Schöningen Speere wurden von *Homo erectus*, einem Urmenschen, hergestellt, der sie offenbar zur Jagd auf Wildpferde verwendete, lange bevor der moderne Mensch auftauchte.

Die Schöningen Speere wurden aus dem feuergehärteten Holz der Eibe hergestellt, und zu ihrer Herstellung musste nicht nur ein großer Baum gefällt, sondern auch das weichere Holz an der Außenseite des Stammes weggeschnitten werden, um das härtere Kernholz im Inneren freizulegen. Anschließend musste das Ende des Speers im Feuer gehärtet werden. Dies war ein heikler Vorgang, bei dem das Holz nicht verkohlt werden durfte.

Außerdem war es notwendig, das funktionale Ende des Speers dicker und schwerer zu machen als das Wurfende, so wie es heute bei modernen Speeren der Fall ist. Bemerkenswert ist, dass der Schwerpunkt der Schöningen Speere genau ein Drittel des Weges von der Speerspitze entfernt liegt – der optimale Schwerpunkt für das Werfen und tatsächlich identisch mit dem Schwerpunkt der heute verwendeten modernen Speere. Diese hochentwickelte Waffe, die ein deutliches Zeichen für fortgeschrittene Planung und ausgefeilte technische Kenntnisse in der Holzbearbeitung ist, wurde vom neu entstehenden Menschen, *Homo erectus*, hergestellt, der lange vor den Neandertalern lebte und dessen Gehirn wesentlich kleiner war als das unsere. Dieses hochentwickelte Wissen über die Holzbearbeitung, das einen komplexen, mehrstufigen Prozess umfasst, wäre nicht plötzlich aus dem Geist des *Homo erectus* hervorgegangen. Stattdessen wäre es das Ergebnis von Tausenden von Generationen langsam angesammelter Kenntnisse gewesen, die sich über das Auftauchen dieser neuen Menschen hinaus bis zu den Anfängen der frühesten Hominiden erstreckten.

Der Verlust der Zahnwaffen bei allen prähistorischen Zweifüßern erwies sich als vollständig. Keiner der frühen Hominiden erlangte jemals wieder die großen und gefährlichen Eckzähne seiner prähistorischen Vorfahren. Als die Technologie der Herstellung und des Einsatzes von Speeren von einer uralten Population prähistorischer Menschenaffen übernommen wurde, wurde sie zu einer Jagd- und Verteidigungsstrategie, die die biologische Bewaffnung sowohl der Raubtiere als auch der Beutetiere, die in diesen prähistorischen Umgebungen lebten, effektiv übertrumpfte.

Sobald die Hinterbeine in der Lage waren, die volle Verantwortung für die Fortbewegung zu übernehmen, waren die Vorderbeine frei, um anderen Zwecken zu dienen. Sie konnten zur Herstellung von Werkzeugen und Waffen verwendet werden, und sie konnten auch dazu benutzt werden, diese Werkzeuge und Waffen von Ort zu Ort zu tragen. Die zweifüßigen Hominiden waren in der Lage, ihre freien Hände und Arme zu benutzen, um relativ schwere Lasten – wie die Beute der Jagd oder reife Früchte – von einem Ort zum anderen zu transportieren, wodurch es möglich wurde, die an weit entfernten Orten erworbene Nahrung zu einer gemeinsamen Basis zu bringen, wie es die haltungsbedingte Ernährungshypothese nahelegt. Und dieselbe grundlegende Technik – in Form eines Grabstocks – wäre auch für das Sammeln von in der Erde vergrabenen Nahrungsmitteln verwendet worden. In Jäger- und Sammlergesellschaften benutzten Frauen solche Stöcke routinemäßig, um Wurzeln, Zwiebeln, Knollen,

Termitennester und die Höhlen von Kleintieren auszugraben und um Nüsse und Früchte von den Enden der Äste zu klopfen, die zu dünn zum Klettern waren.

Letztendlich scheint es, dass die Technologie der Speere und Grabstöcke nicht nur die Entwicklung der Zweifüßigkeit gefördert hat, sondern letztlich auch für die Entwicklung der Menschheit selbst verantwortlich war. Wie abwegig diese Behauptung auch erscheinen mag, die einzigartige, viel geliebte und gefeierte Körperform des Menschen verdankt ihren Ursprung höchstwahrscheinlich einer Gruppe alter Menschenaffen – die längst im Nebel der Vorgeschichte versunken ist –, die als erste die außergewöhnlichen Angriffs-, Verteidigungs- und Nahrungsbeschaffungsmöglichkeiten des langen, scharfen Stocks beherrschten.

Die Umstellung auf die aufrechte Körperhaltung und die zweifüßige Fortbewegung schränkte jedoch auch die Fähigkeit der weiblichen prähistorischen Hominiden zur Jagd auf Großwild erheblich ein. Möglicherweise waren es gerade diese Einschränkungen, die beim Menschen zu einer einzigartigen Geschlecht bezogenen Arbeitsteilung führten, wie sie bei keiner anderen Tierart zu finden ist.

Die Jagd und die mütterlichen Bürden der weiblichen Hominiden

Nachdem sich die frühen Hominiden eine Technologie angeeignet hatten, zu der auch Werkzeuge und Waffen aus Holz gehörten, begannen sie, ihre tödlichen Waffen für die Jagd und das Töten anderer Tiere zur Fleischgewinnung einzusetzen. Damit schufen sie eine einzigartig menschliche ökologische Anpassung – eine Lebensweise, die als Jagen und Sammeln bekannt ist und die von allen Mitgliedern der menschlichen Abstammungslinie praktiziert wurde, bis die Menschen vor etwa elftausend Jahren begannen, die Technologie der Landwirtschaft zu übernehmen. Doch im Gegensatz zu den Weibchen aller anderen Raubtierarten kollidierten bei den Hominiden die Anforderungen der Jagd mit den schweren Bürden der Mutterschaft.

Bei allen anderen Raubtierarten beteiligen sich die Weibchen gleichberechtigt mit den Männchen an allen Aspekten der Jagd, und bei einigen Arten – insbesondere bei dem überragenden Fleischfresser, dem afrikanischen Löwen – übertreffen die Weibchen die Männchen in der Qualität und Quantität ihrer Beute. Löwenweibchen sind dazu in der Lage, weil ihre Jungen sicher in Nestern und Höhlen versteckt sind, wo sie die Jagd nicht stören und bei einem tödlichen Angriff nicht verletzt werden können. Das Gleiche gilt für alle anderen weiblichen Raubtiere wie Tiger, Leoparden, Wölfe, Bären, Füchse, Wiesel,

Schwertwale, Schweinswale, Robben, Adler, Falken, Eulen und Falken – die Liste ließe sich fortsetzen.

Weibliche Hominiden müssen ihren Nachwuchs stets unter strenger Aufsicht halten, und es ist kaum zu erwarten, dass sie geschärfte Stöcke als Waffen benutzen, während sie Babys auf dem Arm tragen. Weibliche Hominiden hätten also ihre langen, scharfen Holzgeräte als Grabstöcke benutzt, um die essbaren Wurzeln und Knollen auszugraben, die für Menschenaffen und Affen weitgehend unerreichbar sind. Es ist sogar möglich, dass die spitzen Stöcke ursprünglich von den Weibchen erfunden wurden, um unterirdische Nahrung zu sammeln, und erst später von den Männchen für die Jagd angepasst wurden. In jedem Fall ermöglichte diese ursprüngliche Technologie beiden Geschlechtern, die Palette der ihnen zur Verfügung stehenden Nahrungsmittel erheblich zu erweitern. Und als sich diese Veränderungen fest etablierten, nahmen die Hominiden eine weitere, höchst ungewöhnliche Art der Nahrungsbeschaffung an: Sowohl die Männchen als auch die Weibchen brachten ihre verschiedenen Arten von Nahrung am Ende des Tages zu ihrer gemeinsamen Heimatbasis, wo die Weibchen die Früchte ihrer Arbeit und die Männchen die Beute der Jagd teilten.

Hominiden sind die einzige Tierart, bei der die Männchen Raubtiere und die Weibchen Sammler sind, und beide Geschlechter teilen sich regelmäßig die verschiedenen Nahrungsmittel, die sie erhalten. Darüber hinaus ist dieses einzigartige Muster der gemeinsamen Nutzung von Nahrung zwischen den Geschlechtern bei Erwachsenen eng mit der unbefristeten, fast ständigen sexuellen Verfügbarkeit der Hominiden verbunden. Um zu verstehen, wie sich dieses äußerst ungewöhnliche Muster entwickelt hat, ist es wichtig, die immensen mütterlichen Bürden zu verstehen, die mit der Fortpflanzung der Hominiden verbunden sind. Diese mütterlichen Bürden sind nicht nur die schwersten aller Primatenarten, sondern auch die schwersten mütterlichen Bürden unter allen weiblichen Säugetieren.

Wenn Sie die Handfläche eines Neugeborenen mit dem Finger berühren, wird es Ihren Finger mit überraschender Kraft festhalten. Dieser Greifreflex, der in den ersten Lebenswochen verschwindet, ist das Überbleibsel eines starken Instinkts, den wir von unseren Vorfahren, den Primaten, geerbt haben. Ursprünglich sollte er dafür sorgen, dass sich jedes Primatenkind mit unermüdlicher Ausdauer an das Fell seiner Mutter klammert, denn der ständige Körperkontakt mit der Mutter war sein einziger Ort der Sicherheit und überlebenswichtig für ihn. In den ersten Lebenswochen klammert sich ein Primatenbaby mit allen vier Gliedmaßen an den Körper seiner Mutter und reitet kopfüber unter ihr wie ein Faultier, das an einem Baumstamm baumelt. Auch nach dem Säuglingsalter reitet das Primatenbaby noch monatelang – oder in manchen Fällen sogar jahrelang – auf dem Rücken oder den Schultern seiner Mutter, bevor es schließlich lernt, sich selbständig und sicher fortzubewegen.

Die mütterliche Bindung ist bei Primaten am stärksten ausgeprägt, da sie auf ein Leben in den Bäumen spezialisiert sind, in denen ihr Nachwuchs ständig Gefahr läuft, in den Tod zu stürzen. Von der Geburt an müssen Primatenmütter in engem körperlichen Kontakt mit ihrem Nachwuchs sein, wo immer dieser sich aufhält. Dies steht in krassem Gegensatz zu den meisten Landsäugetieren, deren Säuglinge entweder in Höhlen versteckt sind (wie Kaninchen und Füchse) oder bereits am Tag ihrer Geburt laufen können (wie Pferde und Elefanten). Der Greifreflex des Primatenbabys ermöglicht es dem Affen- oder Menschenaffenweibchen, alle vier Gliedmaßen zu benutzen, um sich fortzubewegen und Nahrung zu sammeln. Sie muss den Säugling nicht festhalten, denn er hält sich von selbst fest. Sie kann klettern, springen, Früchte pflücken, vor ihren Feinden fliehen und sich von den Ästen schwingen, wobei sie alle vier kräftigen Gliedmaßen einsetzt, in der Gewissheit, dass ihr Baby sich wie eine Klette an sie klammert und niemals loslassen wird.

Der Primaten-Nachwuchs lebt also in den ersten Monaten oder Jahren seines Lebens in engem Körperkontakt mit seiner Mutter. Und die Bindung, die sich durch diesen ständigen Körperkontakt zwischen Mutter und Kind entwickelt, ist nicht nur stark, sondern auch einzigartig für Primaten. Wissenschaftler, die das Verhalten von Menschenaffen und Affen in freier Wildbahn untersuchen, haben viele lebenslange Beziehungen zwischen Müttern und Kindern beobachtet – vor allem bei unseren nächsten Verwandten, den Schimpansen – und solche Beziehungen sind bei anderen Tierarten selten oder gar nicht existent.

Doch die Nachkommen der frühen Hominiden konnten sich nicht auf die gleiche Weise am Fell ihrer Mütter festhalten. Die große Zehe hatte sich nach unten gedreht, um eine effizientere zweifüßige Fortbewegung zu ermöglichen, und die Füße der frühen Hominiden-Kinder waren nicht mehr in der Lage, das Fell ihrer Mütter sicher zu umklammern. Mit nur zwei statt vier Greifhänden waren die frühen Hominiden-Kinder immer weniger in der Lage, sich allein an der Mutter festzuhalten, und benötigten stattdessen die ständige Unterstützung durch die Arme der Mutter.

Auch die aufrechte Körperhaltung trägt erheblich zur Belastung durch die Schwangerschaft bei. Eine Schwangerschaft bei einem vierfüßigen Tier bringt zwar zusätzliches Gewicht mit sich, verändert aber nicht den Schwerpunkt der

Mutter. Bei einem aufrecht gehenden Hominiden hingegen verlagert sich der Körperschwerpunkt durch die Schwangerschaft nach vorne, so dass die Mutter dies kompensieren muss, indem sie sich mit fortschreitender Schwangerschaft immer mehr nach hinten lehnt.

Die Raubjagd ist bei Affen und Menschenaffen relativ selten, kommt aber bei Schimpansen und Pavianen vor, wo sie in der Regel von Gruppen kooperierender Männchen ausgeübt wird. All diese Faktoren deuten darauf hin, dass die räuberische Jagd bei den frühen Hominiden hauptsächlich von erwachsenen Männchen ausgeübt wurde, während die erwachsenen Weibchen die traditionellere Strategie der Primaten verfolgten, nach Früchten, Beeren, Wurzeln, Knollen, Samen, Eiern und Insekten zu suchen. Doch die Hominiden-Mütter und ihre Nachkommen brauchten die nahrhafte, proteinreiche Nahrung der Fleischfresser ebenso sehr wie die männlichen Jäger selbst. Das bedeutet, dass die weiblichen Hominiden, die Zugang zu den Beutestücken der Jagd hatten, zwangsläufig besser ernährt waren – und ihre Nachkommen mit größerer Wahrscheinlichkeit überlebten – als die Weibchen, die keinen Zugang zu diesen Beutestücken hatten.

Während Affen und Menschenaffen ihre Nahrung normalerweise nicht teilen – auch nicht mit ihren Nachkommen –, teilen sie sie normalerweise mit ihren Sexualpartnern. Damit beide Hominiden-Geschlechter den größtmöglichen Nutzen aus dieser ungewöhnlichen Arbeitsteilung ziehen können, hat sich ein Sexualverhaltensmuster entwickelt, das nirgendwo sonst im Tierreich zu finden ist. Der bemerkenswerteste Aspekt dieser einzigartigen sexuellen Anpassung ist, dass die Mehrzahl aller sexuellen Begegnungen – einschließlich des Geschlechtsverkehrs – stattfindet, wenn das Weibchen keinen Eisprung hat und keine Möglichkeit besteht, Nachwuchs zu zeugen.

Angesichts dieser einfachen Tatsache ist es offensichtlich, dass der weitaus größte Teil des menschlichen Sexualverhaltens einen anderen Zweck als den der Fortpflanzung erfüllt. Und obwohl wir prähistorische Hominiden nicht bei ihrem Sexualverhalten beobachten können, hatten wahrscheinlich schon die frühesten Hominiden das für den modernen Menschen charakteristische, fast ununterbrochene Sexualverhalten entwickelt, um starke Bindungen zwischen Männchen und Weibchen aufrechtzuerhalten, zu denen auch das Teilen von Nahrung gehörte.

Fast endlose Brunst: Die Hominiden revolutionieren den Sex

Die meisten Primaten sind bei der Nahrungsaufnahme sehr egoistisch. Sie ziehen es in der Regel vor, in der Einsamkeit zu fressen, und ignorieren oft teilnahmslos andere, sogar ihren eigenen Nachwuchs, der um einen Bissen bettelt und fleht. Eine bemerkenswerte Ausnahme gibt es jedoch, wenn ein Weibchen in die Brunst kommt und mit einem erwachsenen Männchen eine Art sexuelle Beziehung eingeht, die als Gefährtenpärchen bezeichnet wird. Das neue Paar trennt sich von der Gruppe und verbringt die meiste Zeit miteinander, hat Sex, pflegt sich gegenseitig und teilt sich die Nahrung. Wenn jedoch die Brunstzeit vorbei ist, verliert das Weibchen das Interesse am Sex, das Männchen verliert das Interesse am Weibchen, und die ehemaligen Partner gehen getrennte Wege. Sexuelle Aktivität, Paarung und gemeinsame Nahrungsaufnahme finden erst wieder statt, wenn der neue Nachwuchs geboren wurde, das Säuglingsalter überlebt hat und alt genug ist, um entwöhnt zu werden.

Dies ist kein Problem für Affen und Menschenaffen, deren weitgehend vegetarische Ernährung nur gelegentlich durch Fleisch ergänzt wird und deren eng aneinander geklammerte Babys ihren Müttern fast völlige Bewegungsfreiheit lassen. Da aber erwachsene weibliche Hominiden im Allgemeinen nicht frei jagen konnten, wurde dieses Problem gelöst, als die äußeren Manifestationen der Brunst unterdrückt wurden und stattdessen eine erweiterte sexuelle Empfänglichkeit an ihre Stelle trat. Anstelle der hormonell bedingten, aber flüchtigen Promiskuität der Brunstperioden entwickelte sich etwas Neues: ein allgemeinerer Appetit auf Sex, der weit über die alten Grenzen von Eisprung und Fruchtbarkeit hinausging, um einen möglichst großen Teil des Monatskalenders auszufüllen, und der sogar während Schwangerschaft und Stillzeit anhielt.

Obwohl der menschliche Fruchtbarkeitszyklus immer noch den für Primaten typischen monatlichen Zeittakt aufweist, sind weibliche Menschen die einzigen weiblichen Säugetiere, die keine klar definierten Perioden sexueller Empfänglichkeit haben. Menschliche Frauen erleben keine hormonell bedingten Perioden unkontrollierbaren sexuellen Verlangens, und sie zeigen auch nicht die massiven genitalen Schwellungen, die bei nicht-menschlichen Primaten zeitlich mit dem Eisprung zusammenfallen. Menschliche Frauen können in fast jeder Phase des Fortpflanzungszyklus sexuell erregt werden, und sie haben nicht nur dann Geschlechtsverkehr, wenn sie unfruchtbar sind, sondern auch während der Schwangerschaft, der Stillzeit und nach der Menopause. Und mit dieser massiven Zunahme der sexuellen Empfänglichkeit der Frauen hat sich auch das Sexualverhalten der männlichen Hominiden evolutionär stark verändert.

Männliche Hominiden haben ein sexuelles Verhaltensmuster entwickelt, das auch unter den in Gruppen lebenden Primaten einzigartig zu sein scheint. Der typische erwachsene männliche Hominide ist fest an eine einzige weibliche Partnerin gebunden, die die meiste Zeit über sexuell verfügbar ist – das sexuelle Muster, das wir Monogamie nennen. Und um der enormen Zunahme des weiblichen Sexualverhaltens Rechnung zu tragen, hat der typische männliche Hominide die Dauer seiner sexuellen Aktivitäten erheblich verlängert. Im Gegensatz zu Affen, die jeweils nur wenige Sekunden lang Geschlechtsverkehr haben, haben die meisten männlichen Menschen mehrere Minuten lang Geschlechtsverkehr, bevor sie einen Orgasmus erleben. In der Tat dauert der typische Geschlechtsverkehr beim Menschen etwa fünfzig Mal länger als bei anderen Primaten.

Schließlich ist es zwar typisch für Affen und Menschenaffen, dass die dominantesten Männchen praktisch ein Monopol auf den sexuellen Zugang zu Weibchen haben, aber dominante männliche Menschen genießen zwar einen sexuellen Vorteil, aber kaum ein Monopol. Da sexuell verfügbare Weibchen in menschlichen Gruppen nicht so selten sind wie bei Affen und Menschenaffen, haben die meisten männlichen Menschen, auch wenn sie nicht die dominantesten Mitglieder ihrer Gruppe sind, dennoch regelmäßig Sexualpartner und führen ein aktives Sexualleben.

Sexuelle und mütterliche Bindungen: Die Grundlagen der menschlichen Familie

Als die weiblichen Hominiden den Brunstzyklus aufgaben, um dauerhafte sexuelle Beziehungen mit einzelnen Männchen einzugehen, wurde die uralte Primatenbindung zwischen Mutter und Nachkommen durch eine starke neue sexuelle Bindung ergänzt. Zum ersten Mal begann eine in Gruppen lebende Primatenart, Monogamie zu praktizieren, und Kernfamilien wurden zu klar definierten Strukturen innerhalb der größeren Sozialstruktur der Gruppe.[25]

Als Objekt sowohl mütterlicher als auch sexueller Bindungen wurde der weibliche Hominide zum emotionalen Anker einer sozialen Institution, die es zuvor bei in Gruppen lebenden Primaten nicht gegeben hatte: die dauerhafte Kernfamilie aus Mutter, Vater und Nachkommen. Bei dieser einzigartigen Anpassung lebt ein Weibchen jahrelang eng mit einem einzigen Männchen und ihrem Nachwuchs zusammen und bindet sie zu einem grundlegenden Baustein der Gesellschaft zusammen, auch wenn sie fest in die größere Gesellschaft der nomadischen Gruppe integriert bleiben.

Das hominide Muster der Monogamie schuf auch eine neue Rolle in der Primatengesellschaft: die Rolle des Vaters, der an ein einziges Weibchen und dessen Nachkommen gebunden ist. Auf diese Weise wurde die menschliche Familie zu einem wirksamen Mittel, um die Ressourcen zu verteilen und die Energien einer Jäger- und Sammlerart zu kanalisieren. Da der sexuelle Zugang nicht länger eine knappe Ressource war, minimierte dieses Arrangement auch Konflikte und Konkurrenz unter den Männchen und ermöglichte es ihnen, stabile, kooperative Allianzen mit anderen Männchen zu bilden, die ihre Macht und Effektivität als Jäger und Krieger erhöhten.

Irgendwann in der Geschichte der menschlichen Evolution kam es zu einer weiteren sehr eigenartigen und völlig einzigartigen Veränderung in der Anatomie und Neurobiologie des Geschlechts: Die weiblichen Brüste wurden mit sexuellen Gefühlen und sexuellem Verhalten in Verbindung gebracht – eine Verbindung, die bei keiner anderen Säugetierart zu bestehen scheint. Die Brustwarzen des weiblichen Menschen sind neurologisch als erogene Zonen verdrahtet, und Frauen auf der ganzen Welt haben festgestellt, dass sogar das Saugen eines Säuglings an der Brust leicht Gefühle sexueller Erregung auslösen kann.

Außerdem ist das Berühren, Streicheln und Küssen der Brüste ein wichtiges Element des menschlichen sexuellen Vorspiels. Auch wenn wir diese Tatsachen für selbstverständlich halten, ist es wichtig, darauf hinzuweisen, dass die Brustdrüsen, deren Hauptfunktion darin besteht, den unreifen Nachwuchs zu ernähren, keine derartige Rolle im Sexualverhalten von Löwen, Tigern, Hunden, Schafen, Ziegen oder Rindern spielen – oder, was das betrifft, im Sexualverhalten irgendeines anderen Primaten.

Es ist bemerkenswert, dass bei allen anderen Säugetieren die Brüste erst in den späteren Stadien der Schwangerschaft anschwellen und sich vergrößern, was ihrer Hauptfunktion, der Versorgung des Neugeborenen mit Milch, entspricht. Beim Menschen hingegen schwellen die Brüste zum Zeitpunkt der Pubertät an und werden vergrößert, in der Regel noch bevor ein weiblicher Mensch imstande ist an Nachwuchs zu denken. Es ist kein Zufall, dass der Zeitpunkt der Brustvergrößerung genau zu dem Zeitpunkt im weiblichen Lebenszyklus liegt, an dem sie sich der Geschlechtsreife nähert. Nur bei unserer Spezies hat die weibliche Brust diese doppelte Funktion als Nahrungsquelle für den Nachwuchs und als Quelle der sexuellen Anziehung für das andere Geschlecht. Was ist der Zweck dieser seltsamen Doppelrolle, und warum hat sie sich nur beim Menschen entwickelt? Leider haben die beiden populärsten Theorien, die dieses eigenartige Phänomen zu erklären versuchen, beide ernsthafte Schwächen.

Es wurde vorgeschlagen, dass bei einem aufrecht gehenden Tier die geschwollenen Brüste das Gesäß unserer vierfüßigen Vorfahren imitieren und sich daher entwickelt haben, um das Gesäß als sexuelles Signal zu ersetzen. Es stimmt zwar, dass das Gesäß eine gewisse sexuelle Anziehungskraft hat, aber der aufrechte Gang verdeckt es kaum und macht es nicht als Objekt der Begierde irrelevant.

Eine andere Theorie besagt, dass, da die weiblichen Geschlechtsorgane mit der Evolution der aufrechten Körperhaltung im Wesentlichen verborgen wurden, die Brüste die Rolle der sexuellen Signalisierung übernahmen, die die geschwollenen Geschlechtsorgane während der Brunstperioden der vierfüßigen Affen und Menschenaffen gespielt hatten.

Da die weiblichen Brüste jedoch ständig gebläht sind, können sie nicht als visuelles Signal dafür dienen, dass ein Eisprung stattfindet und eine Empfängnis möglich ist. Außerdem geben sich Frauen in fast allen Gesellschaften große Mühe, ihre Geschlechtsorgane vor den Blicken der Männer zu verbergen. Die Tatsache, dass die Geschlechtsorgane einer Frau nicht markant zur Schau gestellt werden, macht sie für den typischen erwachsenen Mann kaum weniger interessant.

Eine einfachere Erklärung ist, dass sich die weiblichen Brüste als Folge von zwei wichtigen Veränderungen im Verhalten der Hominiden zu Organen mit sexueller Bedeutung entwickelt haben. Die erste war das Verschwinden der Brunstperioden und ihre Ersetzung durch die ständige sexuelle Verfügbarkeit der Weibchen. Die permanente Vergrößerung der Brüste zum Zeitpunkt der Geschlechtsreife wurde so zum visuellen Signal für die ständige sexuelle Bereitschaft einer Frau. Die zweite Veränderung trat ein, als im Laufe der Evolution der Hominiden die Beziehung des männlichen Primaten zu seiner Mutter – eine nährende Beziehung von dauerhafter Zuneigung und Schutz – auf einer tiefen neurologischen Ebene mit der Beziehung des männlichen Hominiden zu seiner Partnerin verbunden wurde.

Männliche Menschenaffen und Affen zeigen in der Regel ein Maß an Zuneigung und Beschützerinstinkt gegenüber ihren Müttern, das sie gegenüber ihren weiblichen Sexualpartnern nur selten zeigen. Die dauerhaft aufgeblähten Brüste geschlechtsreifer Weibchen könnten sich daher als Strategie entwickelt haben, um die mütterliche Zuneigung erwachsener Männchen in Gefühle der Fürsorge für ihre Sexualpartner umzuleiten. Zumindest hätten sich diese Gefühle in größeren Gelegenheiten zum Teilen von Nahrung zwischen den Partnern sowie in einem sorgfältigeren Schutz vor Bedrohungen durch Raubtiere und andere Hominiden niedergeschlagen. All dies hätte die Langlebigkeit und den Fortpflanzungserfolg derjenigen Hominidenweibchen erhöht, deren Brüste in der Pubertät dauerhaft vergrößert wurden.

Vor mehr als fünfunddreißigtausend Jahren schnitzten prähistorische Menschen „Venusfiguren" aus Stein und Elfenbein, die mit riesigen Brüsten, Gesäß,

Unterleib und Vulva ausgestattet waren. Diese Figuren gehören zu den ältesten erhaltenen Darstellungen der menschlichen Gestalt, und wir werden sie in Kapitel 5 (auf den Seiten 121 bis 153) eingehend untersuchen. Die sexuelle Bedeutung der weiblichen Brust ist eindeutig ein uraltes Phänomen in der Menschheitsgeschichte, doch die Entwicklung der dauerhaft aufgeblähten weiblichen Brust in unserer Spezies bleibt ein Rätsel, das die Neurowissenschaften und die Evolutionspsychologie vielleicht eines Tages entschlüsseln können. Doch wie auch immer ihr Ursprung aussehen mag, ihre Funktion als Bindeglied zwischen mütterlichen und sexuellen Gefühlen kann kaum ignoriert werden. Und diese Verbindung ist eines der vielen Elemente in dem einzigartigen Beziehungsgeflecht, das alle Menschen in den universellen, dauerhaften Gruppen zusammenhält, die wir Familien nennen.

Das besondere Geflecht von Gefühlen und Beziehungen, das sich auf natürliche Weise zwischen Männern und Frauen, Eltern und Kindern, sowie Geschwistern entwickelt, die jahrelang zusammenleben und ein Leben lang verbunden sind, ist eine einzigartige hominide Innovation. Die Hominidenfamilie ist mehr als eine Überlebensstrategie; sie ist der Grundpfeiler der menschlichen Gesellschaft.

Die Evolution der menschlichen Familie schuf ein Netz dauerhafter persönlicher Beziehungen, das Kernfamilien zu größeren Großfamilien zusammenschloss. Als sich die frühen Hominiden zu modernen Menschen entwickelten, entstanden aus diesen Großfamiliensystemen komplexe Verwandtschaftssysteme, Regeln für Heirat, Abstammung und Vererbung sowie die Weitergabe von Reichtum und Macht von einer Generation zur nächsten. Die Stammesclans und königlichen Dynastien, die sowohl den Jäger- und Sammlergesellschaften als auch den zivilisierten Gesellschaften während des größten Teils der Menschheitsgeschichte Struktur und Stabilität verliehen, hätten ohne die tiefen emotionalen Bindungen, die im Schmelztiegel der Familie geschmiedet wurden, niemals existieren können.

Als die Vorfahren der Hominiden begannen, Speere und Grabstöcke herzustellen, zu tragen und im täglichen Leben zu verwenden, setzten sie eine Kaskade von Ereignissen in Gang. Diese gipfelten in der Evolution eines Tieres mit einer radikal neuen Körperform, einer Anpassung an die Umwelt, die eine beispiellose Zusammenarbeit zwischen Männchen und Weibchen erforderte, einer enormen Ausweitung des Sexualverhaltens und der Entstehung familiärer Bindungen, die die Bausteine für die größeren und fortschrittlicheren Gesellschaften des modernen Menschen bilden sollten.

Die Technologie der Speere und Grabstöcke veränderte die Menschheit, weil die hergestellten Werkzeuge und Waffen ihren biologischen Gegenstücken überlegen waren. Und die Überlegenheit der Technik gegenüber der Biologie ermöglichte es den Hominiden, ihre lange evolutionäre Reise zur Vorherrschaft über alle anderen Lebensformen zu beginnen. Wie wir im nächsten Kapitel sehen werden, nahm die Macht der menschlichen Abstammungslinie während der zweiten großen Transformation noch einmal dramatisch zu, als eine ganz besondere Population von Hominiden die Technologie des Feuers beherrschte und eine weitere spielverändernde Strategie im Kampf ums Überleben einsetzte.

Bibliographie zu 2 – Die Technologie von Speeren und Grabstöcken

Balter, Michael (Apr. 2010). „Candidate human ancestor from South Africa sparks praise and debate". In: *Science* 328, S. 154–155.

Berger, Lee R. u. a. (Apr. 2010). „Australopithecus sediba: A new species of Homo-like Australopith from South Africa". In: *Science* 328, S. 195–204.

Brace, C. Loring (1995). *The Stages of Human Evolution.* 5. Aufl. Prentice-Hall, S. 130–131.

Burunat, Enrique (2014). „Love Is the cause of human evolution". In: *Advances in Anthropology* 4, S. 99–116.

Chapais, Bernard (2008). *Primeval Kinship: How Pair-Bonding Gave Birth to Human Society.* Harvard University Press.

Currier, Richard L. (o. D.). *Canine Teeth and Lethal Weapons: Was the Fabrication of Wooden Spears and Digging Sticks by Human Ancestors Responsible for the Evolution of Bipedal Locomotion?* URL: http://www.richardlcurrier. com/articles/canine-teeth-and-lethalweapons.html.

Darwin, Charles (2007). *The Descent of Man.* Penguin Books, S. 90–91.

Dewsbury, Donald A. (März 1972). „Patterns of copulatory behavior in male mammals". In: *The Quarterly Review of Biology* 47.1, S. 1–33.

Domínguez-Rodrigo, Enrique (2002). „Hunting and scavenging by early humans: The state of the debate". In: *Journal of World Prehistory* 16.1, S. 1–54.

Paleoanthropology Society (Apr. 2010). *2010 Annual Meeting: Buccal Dental Microwear Signals in the Gracile Australopithecines A. anamensis, A. afarensis, and A. africanus: Adaptations to Open Environments with Climatic Shift.* St. Louis Missouri.

Flinn, Mark V., David C. Geary und Carol V. Ward (2005). „Ecological dominance, social competition, and coalitionary arms races: Why humans evolved extraordinary intelligence". In: *Evolution and Human Behavior* 26, S. 10–46.

Fuentes, Augustin (1998). „Re-evaluating primate monogamy". In: *American Anthropologist* 100.4, S. 890–907.

Gilby, Ian C. (2006). „Meat sharing among the Gombe chimpanzees: harassment and reciprocal exchange". In: *Animal Behavior* 71, S. 953–863.

Gilby, Ian C. u. a. (2006). „Ecological and social influences on the hunting behaviour of wild chimpanzees, Pan troglodytes schweinfurthii". In: *Animal Behaviour* 72, S. 169–180.

Graber, Robert Bates u. a. (2000). *Meeting Anthropology Phase to Phase: Growing Up, Spreading Out, Crowding In, Switching On.* Carolina Academic Press, S. 90.

Groves, Colin (Okt. 2004). „The what, why, and how of primate taxonomy". In: *International Journal of Primatology* 25.5, S. 1105–1126.

Haile-Selassie, Yohannes, Gen Suwa und Tim D. White (2004). „Late Miocene teeth from Middle Awash, Ethiopia, and early hominid dental evolution". In: *Science* 303.5663, S. 1503–1505.

Hardy, Bruce L. und Gary T. Garufi (1998). „Identification of woodworking on stone tools through residue and use-wear analysis: Experimental results". In: *Journal of Archaeological Science* 25, S. 177–184.

Harmond, Sonia u. a. (2015). „3.3-million-year-old stone tools from Lomekwi 3, West Turkana, Kenya". In: *Nature* 521, S. 310–315.

Hatley, Tom und John Kappelman (1980). „Bears, pigs, and Plio-Pleistocene Hominids: A case for the exploitation of belowground food resources". In: *Human Ecology* 8.4, S. 371–387.

Jablonski, Nina G. und George Chaplin (1993). „Origin of habitual terrestrial bipedalism in the ancestor of the *Hominidae*". In: *Journal of Human Evolution* 24, S. 259–280.

Johanson, Donald und Blake Edgar (1996). *From Lucy to Language.* New York: Simon & Schuster.

Kortlandt, Adriaan (1980). „How might early hominids have defended themselves against large predators and food competitors?" In: *Journal of Human Evolution* 9.2, S. 79–94.

Kroeber, A. L. (1948). *Anthropology.* Harcourt, Brace und Company, S. 79.

Lawler, Richard R. (2009). „Monomorphism, male-male competition, and mechanisms of sexual dimorphism". In: *Journal of Human Evolution* 57, S. 321–325.

Leakey, Meave G. u. a. (2002). „New four-million-year-old hominid species from Kanapoi and Allia Bay, Kenya". In: *Nature* 376, S. 565–571.

Lovejoy, C. Owen (1981). „The origin of man". In: *Science (New Series)* 211.4480, S. 341–350.

Mann, Alan und Mark Weiss (1996). „Hominoid phylogeny and taxonomy: A consideration of the molecular and fossil evidence in an historical perspective". In: *Molecular Phylogenetics and Evolution* 5.1, S. 169–181.

Marlowe, Frank W. (2007). „Hunting and gathering: The human sexual division of foraging labor". In: *Cross-Cultural Research* 41.2, S. 170–195.

McHenry, Henry M., Christopher J. O'Brien und J. J. Wymer (1986). „Systematic butchery by Plio/Pleistocene hominids at Olduvai Gorge, Tanzania". In: *Current Anthropology* 27.5, S. 431–452.

Newman, Russel W. (1970). „Why man is such a sweaty and thirsty naked animal: A speculative review". In: *Human Biology* 42, S. 12–27.

Pruetz, Jill D. und Paco Bertolani (2007). „Savanna chimpanzees, *Pan troglodytes verus*, hunt with tools". In: *Current Biology* 17.5, S. 412–417.

Reader, John (2011). *Missing Links: In Search of Human Origins*. Oxford University Press.

Roach, Neil T. u. a. (2013). „Elastic energy storage in the shoulder and the evolution of high-speed throwing in Homo". In: *Nature* 498, S. 483–486.

Rodman, Peter S. und Henry M. McHenry (1980). „Bioenergetics and the origin of hominid bipedalism". In: *American Journal of Physical Anthropology* 52, S. 103–106.

Schmid, Peter (2004). „Functional interpretation of the Laetoli footprints". In: *From Biped to Strider: The Emergence of Modern Human Walking, Running, and Resource Transport*. Hrsg. von Jeffrey Meldrum und Charles E. Hilton. New York: Kluwer Academic/Plenum Publishers.

Stanford, Craig (2003). *Upright: The Evolutionary Key to Becoming Human*. Boston: Houghton Mifflin Company.

Suwa, Gen u. a. (2009). „Paleobiological implications of the *Ardipithecus ramidus* dentition". In: *Science* 326.5949, S. 94–99.

Thieme, Harmut (1997). „Lower Palaeolithic hunting spears from Germany". In: *Nature* 385.6619, S. 807–810.

Tsukahara, Takahiro (2005). „Lions eat chimpanzees: The first evidence of predation by lions on wild chimpanzees". In: *American Journal of Primatology* 29.1, S. 1–11.

Verhaegen, Marc und Pierre-François Puech (2000). „Hominid lifestyle and diet reconsidered: Paleo-Environmental and comparative data". In: *Human Evolution* 15, S. 151–162.

Videan, Elaine N. und W. C. McGrew (2002). „Bipedality in chimpanzee (*Pan troglodytes*) and bonobo (*Pan paniscus*): Testing hypotheses on the evolution of bipedalism". In: *American Journal of Physical Anthropology* 118.2, S. 184–190.

Waal, Frans De (März 1995). „Bonobo Sex and Society". In: *Scientific American* 272.82-88.

Wheeler, Peter E. (1984). „The evolution of bipedality and loss of functional body hair in humans“. In: *Journal of Human Evolution* 13, S. 91–98.

— (1992). „The influence of the loss of functional body hair on the water budgets of early hominids“. In: *Journal of Human Evolution* 23, S. 379–388.

White, Tim D. u. a. (2009). „*Ardipithecus ramidus* and the paleobiology of early hominids“. In: *Science* 326.5949, S. 64, 75–86.

Wilford, John N. (1. Okt. 2009). „Fossil skeleton from Africa predates Lucy“. In: *New York Times*.

Wills, Christopher (1998). *Children of Prometheus: The Accelerating Pace of Human Evolution*. Reading, Massachusetts: Perseus Books.

✦

Die Technologie des Feuers:

Kochen, Nacktheit und das lange Aufbleiben

> *»Prometheus…stieg zum Himmel hinauf, zündete seine Fackel am Wagen der Sonne an und brachte dem Menschen das Feuer. Mit dieser Gabe war der Mensch allen anderen Tieren mehr als ebenbürtig.«*
>
> (Thomas Bulfinch, *Stories of Gods and Heroes*)

An einem Samstagnachmittag im November 1924 kleidete sich Professor Raymond Dart gerade für einen Hochzeitsempfang um, als zwei Kisten mit Fossilien aus einer Kalksteinmine in sein Haus in Johannesburg, Südafrika, geliefert wurden. Als er die erste Kiste öffnete, sah er nichts von großem Interesse. Aber als er die zweite Kiste öffnete, „durchfuhr mich", wie er sich später erinnerte, „ein Kribbeln der Aufregung". Dart, damals erst zweiunddreißig, war gebürtiger Australier, der in Australien und England Anatomie studiert hatte und an die junge Universität von Witwatersrand in Johannesburg geschickt worden war, um dort eine glaubwürdige Abteilung für Anatomie aufzubauen. Anfang des Jahres hatte er erfahren, dass in einer Kalksteinmine in dem abgelegenen Dorf Taung versteinerte Pavianschädel gefunden worden waren, und er bat darum, dass alle neuen Fossilien direkt an ihn geschickt würden.

Der Inhalt der zweiten Kiste enthielt einen Schädelausguss – eine Nachbildung des Schädelinneren, die entsteht, wenn Kalkstein allmählich das weiche Hirngewebe ersetzt und die Form des Originalgehirns eines alten Lebewesens annähernd nachbildet. „Ich wusste sofort", fuhr er fort, „dass das, was ich in den Händen hielt, kein gewöhnliches Anthropoidengehirn war. Hier…war die Nachbildung eines Gehirns, das dreimal so groß war wie das eines Pavians und wesentlich größer als das eines erwachsenen Schimpansen." Aber wo war der Rest dieses antiken Schädels? Wo war das Gesicht, das zu dem Gehirn passte? Dart durchsuchte fieberhaft die Kisten, und bald fand er einen großen Steinbrocken mit einer schalenförmigen Vertiefung. Der Schädelausguss passte perfekt in diese Vertiefung. Ohne Zweifel befand sich das Gesicht dieser Kreatur irgendwo in dem Stein.

„Ich stand im Schatten", sagte Professor Dart, „und hielt das Gehirn so gierig fest, wie ein Geizhals sein Gold, und mein Geist raste voran. Ich war mir sicher, dass hier einer der bedeutendsten Funde in der Geschichte der Anthropologie gemacht wurde." Doch in diesem Moment spürte Dart ein Zupfen an seinem Ärmel. Es war der Bräutigam, der ihn anflehte, sich fertig anzuziehen; der Brautwagen würde jeden Moment erwartet. Widerwillig packte Dart die Steine zurück in ihre Kisten, legte den Schädelausguss und den großen Stein mit der schalenförmigen Vertiefung beiseite und schloss seine Edelsteine im Schrank ein.

Wochenlang spante Dart den großen Kalksteinbrocken vorsichtig ab, in der Gewissheit, dass das Gesicht dieser großhirnigen Kreatur darin eingebettet war. Er benutzte die geschärften Stricknadeln seiner Frau, um den weichen Kalkstein von dem Schädel im Inneren zu lösen. Schließlich, zwei Tage vor Weihnachten, konnte man das jugendliche Gesicht eines uralten Hominiden deutlich aus dem Felsen herausschauen sehen. „Ich bezweifle", schrieb er, „dass irgendein Elternteil stolzer auf seinen Nachwuchs war als ich auf mein Taung-Baby an jenem Weihnachten 1924" (siehe Abbildung 3.1 auf Seite 64).

Dart taufte seine Entdeckung *Australopithecus africanus* oder „der südliche Menschenaffe von Afrika", und dieser Name hat sich in der Paläontologie bis heute gehalten. Das „Taung-Kind" war nicht nur der erste der frühen Hominiden, der von der Wissenschaft identifiziert wurde, sondern lieferte auch den ersten handfesten Beweis dafür, dass sich die Menschheit nicht in Europa oder Asien entwickelt hat – was in den wissenschaftlichen Kreisen jener Zeit die gängige Theorie war – sondern in Afrika, wie Charles Darwin mehr als fünfzig Jahre zuvor in *Die Abstammung des Menschen* vorausgesagt hatte.

Dart veröffentlichte seine Erkenntnisse in einem inzwischen klassischen Artikel in der britischen Fachzeitschrift Nature im Februar 1925, in dem er eine wichtige anatomische Beobachtung machte. Er wies darauf hin, dass sich das Foramen magnum – der Verbindungspunkt zwischen Schädel und Wirbelsäule – beim Taung-Schädel am unteren Ende befand, wie beim zweifüßigen Menschen, und nicht am Rücken, wie bei den vierfüßigen Menschenaffen. Dart war der Ansicht, dass die Position des Foramen magnum beweist, dass das Jungtier aus Taung aufrecht gestanden und gegangen war. Aber Darts Überzeugung, dass *Australopithecus* ein sehr alter Typus eines frühen Hominiden war, wurde von den wissenschaftlichen Autoritäten in Europa abgelehnt, die zu dem Schluss kamen, dass es sich bei Darts Fossil höchstwahrscheinlich um die abnormen Überreste eines ausgestorbenen Menschenaffen handelte.

ABBILDUNG 3.1: Professor Raymond Dart mit dem „Taung-Kind" – dem ersten jemals gefundenen Fossil von *Australopithecus*. *Quelle: Wikimedia Commons.*

Unter den Paläontologen jener Zeit war es ein Glaubensartikel, dass die Vorfahren der prähistorischen Menschen zunächst große Gehirne entwickelt und erst später – vermutlich als Folge ihrer zunehmenden Intelligenz – ihre menschenaffenähnlichen Merkmale verloren hatten. Diese Theorie wurde 1912 erheblich gestärkt, als Charles Dawson, ein britischer Amateurarchäologe, bekannt gab, dass die Überreste eines Menschen mit einem affenähnlichen Gesicht und einem großen Gehirn von einem Arbeiter in einer Kiesgrube in Piltdown, England, gefunden worden waren. Schon bald wurde der „Piltdown-Mensch" mit seinem affenähnlichen Gesicht und seinem menschenähnlichen Gehirn von vielen Wissenschaftlern als das „fehlende Bindeglied" zwischen Menschen und Affen gefeiert, während Darts Entdeckung mit seinem menschenähnlichen Gesicht und seinem affenähnlichen Gehirn einfach nicht den Erwartungen der Wissenschaftler entsprach.

Sehr zur Verlegenheit der Wissenschaftler, die Dawsons Fund als das wahre fehlende Glied akzeptiert hatten, wurde der Piltdown-Mensch jedoch schließlich als Schwindel entlarvt – allerdings erst 1943, fast vierzig Jahre nach seiner „Entdeckung". Es stellte sich heraus, dass der Piltdown-Mensch eine vorsätzliche Fälschung war, bestehend aus einem mittelalterlichen menschlichen Schädel, einem alten Orang-Utan-Kieferknochen und einigen Schimpansenzähnen – alle absichtlich gefärbt, um den Anschein eines hohen Alters zu erwecken. Charles Dawson starb 1916, und bis heute konnte der Urheber des Piltdown-Schwindels nicht eindeutig identifiziert werden.

Tief entmutigt durch die kühle Aufnahme seines Fundes durch die europäischen Paläontologen gab Professor Dart seine Untersuchungen zur menschlichen Vorgeschichte für die nächsten zwanzig Jahre auf und konzentrierte sich auf seine ursprüngliche Aufgabe, den Lehrstuhl für Anatomie an der Universität von Witwatersrand aufzubauen. Aber er genoss weiterhin die Unterstützung der Paläontologen in seinem Heimatland, und seine Studenten und Kollegen förderten weiterhin eine wachsende Sammlung alter fossiler Überreste an einer Reihe prähistorischer Stätten in Südafrika zutage.

Etwa zu der Zeit, als Dart das „Taung-Kind" veröffentlichte, schickte ihm ein örtlicher Lehrer fossiles Material, das in Makapansgat, dem Standort eines anderen südafrikanischen Kalksteinbruchs, ausgegraben worden war. Dieser Steinbruch, der in einem Gebiet mit zahlreichen alten Höhlen liegt, hat im Laufe der Jahre eine reiche Ernte an prähistorischen menschlichen Fossilien erbracht. Am Ende des Zweiten Weltkriegs kehrte Dart, ermutigt durch die zunehmende Akzeptanz des *Australopithecus africanus* – und durch die wachsende Zahl von Beweisen, die von seinen Kollegen ausgegraben wurden – im Jahr 1947 auf das Feld zurück und begann eine lange Reihe von Ausgrabungen in den Makapansgat-Höhlen. Die zahlreichen geschwärzten Knochen, die er dort fand, ließen ihn zu dem Schluss kommen, dass die frühen Hominiden, die in Makapansgat lebten, vor mehr als zwei Millionen Jahren Feuer gemacht und das Fleisch ihrer Beute geröstet hatten. Er nannte die in Makapansgat gefundenen frühen Hominidenfossilien *Australopithecus prometheus* („der südliche Menschenaffe, der das Feuer zähmte").

Doch Dart erlebte eine weitere Enttäuschung. Die chemische Analyse ergab, dass die Knochen aus Makapansgat nicht durch Feuer geschwärzt worden waren, sondern durch die chemische Wirkung von Mangandioxid, das in die Ablagerungen ausgewaschen wurde. Außerdem stellte sich heraus, dass es sich bei Darts *Australopithecus prometheus* gar nicht um eine neue Art handelte, sondern um die fossilen Überreste von Individuen des *Australopithecus africanus*, die zur selben Art wie das Taung-Kind gehörten. Mit dieser Wendung der Ereignisse wurde das tatsächliche Alter der ersten Nutzung des Feuers durch die Hominiden in Zweifel gezogen, und das gesamte Thema, wie und wann die Hominiden das Feuer zum ersten Mal nutzten – eine der am längsten andauernden Kontroversen in der menschlichen Paläontologie – ist seit Jahrzehnten ungelöst.

Doch am Ende erwies sich Darts Schlussfolgerung als viel näher an der Wahrheit, als es ursprünglich den Anschein hatte. 1989 veröffentlichten zwei südafrikanische Paläontologen, Charles K. Brain und Andrew Sillen, die Ergebnisse einer umfassenden Untersuchung geschwärzter Knochen aus der Swartkrans-Höhle, etwa 150 Meilen südöstlich von Makapansgat, und bewiesen damit eindeutig, dass in der Höhle bereits vor 1,5 Millionen Jahren wiederholt Knochen von Wildtieren in Lagerfeuern verbrannt worden waren.[26] Und obwohl es wahrscheinlich ist, dass diese Lagerfeuer vom entstehenden Menschen *Homo erectus* entzündet wurden, sind die einzigen Hominidenfossilien, die bisher in derselben geologischen Schicht wie die verbrannten Knochen gefunden wurden, die des frühen Hominiden *Paranthropus robustus*, eines nicht allzu weit entfernten Verwandten von Darts Hauptentdeckung, dem frühen Hominiden *Australopithecus africanus*.

Im Laufe der Jahre sind die Schätzungen der Paläontologen, wann unsere hominiden Vorfahren begannen, Feuer zu nutzen und zu kontrollieren, sehr unterschiedlich ausgefallen. Einige haben behauptet, dass die Kontrolle und Nutzung des Feuers als regelmäßiger Aspekt des menschlichen Lebens erst vor etwa 130.000 Jahren begann, während andere vorgeschlagen haben, dass die frühesten Hominiden bereits vor sieben Millionen Jahren mit der Nutzung des Feuers begannen.[27] Dies ist ein atemberaubender fünfzigfacher Unterschied im geschätzten Alter der Feuernutzung.

In den letzten Jahren häufen sich jedoch die Hinweise darauf, dass der *Homo erectus* bereits vor mindestens 1,5 Millionen Jahren Feuer benutzte, und in den Stätten von Koobi Fora und Chesowanja in Ostafrika sowie in der Wonderwerk-Höhle in Südafrika wurden jetzt Beweise für Feuer in Verbindung mit den Überresten des *Homo erectus* gefunden. Es scheint nun sicher zu sein, dass die Technologie des Feuers erstmals vor zwei Millionen bis 1,75 Millionen Jahren eingesetzt wurde, als die frühen Hominiden, die bereits seit mindestens drei Millionen Jahren in Afrika lebten, mit einem fortgeschritteneren Hominiden, dem neu entstandenen Menschen, *Homo erectus*, konkurrieren mussten.

Frühe Hominiden und entstehende Menschen

Sie erinnern sich vielleicht daran, dass Lucy, der Australopithecine – wie auch die anderen frühen Hominiden, die vor mehr als vier Millionen Jahren erstmals auftraten – im Vergleich zu uns klein waren. Sie waren zwischen einem halben und eineinviertel Meter groß und wogen zwischen fünfunddreißig und fünfundvierzig Kilogramm. Obwohl sie aufrecht auf zwei Beinen gingen und liefen, glichen ihre Körper in vielerlei Hinsicht den prähistorischen Menschenaffen, von denen sie abstammten. Ihre Arme waren lang, die Fingerknochen gekrümmt, die Zehen lang, und ihr Rumpf war birnenförmig, mit schmalen Schultern, einer dicken Taille und breiten, ausladenden Hüften – all dies deutet darauf hin, dass sie weiterhin einen großen Teil ihres Lebens in den Bäumen verbrachten.

Die Savannenlandschaft des prähistorischen Afrikas, in der diese frühen Hominiden gediehen, war von einer Reihe großer und gefährlicher Raubtiere bewohnt – darunter Leoparden, Geparden, Löwen, Tiger und Hyänen –, die leicht Beute auf wehrlose zweibeinige Kreaturen hätten machen können. Wie ich jedoch im vorigen Kapitel dargelegt habe, müssen die frühen Hominiden, bewaffnet mit langen Speeren und anderen fabrizierten Waffen, in der Lage gewesen sein, sich und ihre Nachkommen tagsüber gegen solche Raubtiere zu verteidigen, was ihre lange Überlebensgeschichte zweifellos beweist.

Aber selbst mit tödlichen Waffen bewaffnet, wären diese frühen Hominiden nachts besonders verwundbar gewesen, wenn die Großkatzen mit ihrer überlegenen Nachtsicht und ihrem geschärften Geruchssinn in der Lage gewesen wären, sich ihnen in der Dunkelheit zu nähern und anzugreifen, bevor sie entdeckt wurden. Tatsächlich zeigen viele der ausgegrabenen afrikanischen Höhlen aus der Zeit vor vier bis zwei Millionen Jahren deutliche Hinweise darauf, dass die in den Höhlen lebenden Löwen und Leoparden die frühen Hominiden regelmäßig töteten und fraßen.

Da die frühen Hominiden Werkzeuge und Waffen herstellten, Wild töteten, Fleisch aßen und eindeutig an das Gehen und Laufen auf offenem Gelände angepasst waren, war die wahrscheinlichste Erklärung für das Fortbestehen ihrer vielen menschenaffenähnlichen anatomischen Merkmale, dass sie sich nachts in die Sicherheit der Bäume zurückziehen mussten, um sich vor den großen und gefährlichen Raubtieren, die das prähistorische Afrika bewohnten, zu schützen.[28] Doch vor etwas mehr als zwei Millionen Jahren taucht ein neuerer, größerer und fortschrittlicherer Hominide – ein neu entstandener Mensch – in den Fossilien auf, der die Kluft zwischen den frühen Hominiden (wie *Australo-*

pithecus) und den großhirnigen modernen Menschen (wie den Neandertalern und uns) überbrückt.

Zahlreiche fossile Überreste neu entstandener Menschen wurden an vielen verschiedenen archäologischen Stätten in Afrika und Eurasien ausgegraben, und die Paläontologen, die diese Überreste zu Tage gefördert haben, neigen dazu, ihre verschiedenen Funde in zahlreiche unterschiedliche Arten der Gattung *Homo* einzuordnen. Einige dieser Arten sind jedoch nur durch sehr fragmentarische Überreste vertreten, und viele andere sind einander so ähnlich, dass es zweifelhaft ist, ob es sich überhaupt um verschiedene Arten handelt.[29] Obwohl es sehr umstritten ist, welche dieser Funde tatsächlich verschiedene Arten darstellen, besteht allgemeines Einvernehmen darüber, dass – obwohl sie nach unseren Maßstäben primitiv waren – die Anatomie der neu entstandenen Menschen der Anatomie des modernen Menschen so ähnlich war, dass sie alle in die Gattung *Homo* aufgenommen werden sollten, zu der alle modernen Menschen gehören.

Die ältesten dieser neu entstandenen Menschen waren zwei Arten, *Homo habilis* und *Homo ergaster*, die in Ostafrika auftauchten, während die frühen Hominiden, wie die Australopithecinen, noch die dominierenden Zweifüßer in dieser Region waren. *Homo habilis* (der „geschickte" oder „handliche" Mensch) taucht erstmals vor etwa 2,3 Millionen Jahren im Fossilbericht auf, lange bevor die frühen Hominiden ausstarben. Diese Spezies hatte mit durchschnittlich 500-600 Kubikzentimeter das kleinste Gehirn aller neu entstandenen Menschen – obwohl es größer war als das Gehirn der frühen Hominiden, das durchschnittlich zwischen 400 und 500 Kubikzentimeter groß war. *Homo habilis* behielt auch den birnenförmigen Torso und die sehr kleine Statur der frühen Hominiden bei, obwohl er Steinwerkzeuge herstellte, die denen der frühen Hominiden überlegen waren. Dazu gehörte ein handgehaltener „Hammer" – ein runder, faustgroßer Stein, mit dem er die Knochen seiner Beute aufbrechen konnte und der möglicherweise auch dazu diente, frisches Fleisch durch Stampfen „zart" zu machen, damit es leichter verdaulich wurde.

Homo ergaster (der „fachmännische Mensch") trat etwas später auf, vor etwa 1,8 Millionen Jahren, und war der erste Hominide, der die „Acheuléen"-Handäxte herstellte, die eine höhere Verarbeitungsstufe darstellten als die groben Oldowan-Kieselsteinwerkzeuge der frühen Hominiden. Das Gehirn des *Homo ergaster* ist mit durchschnittlich 850 Kubikzentimetern deutlich größer als das der Hominiden, die vor ihm lebten. *Homo ergaster* war auch viel größer als *Homo habilis*, mit der für den modernen Menschen typischen tonnenförmigen Brust und schmalen Taille. Die Paläontologen sind sich immer noch nicht sicher, ob *Homo ergaster* wirklich eine einzigartige Spezies war oder ob er einfach eine frühe Form des neu entstandenen Menschen, *Homo erectus*, darstellte.

Der wichtigste der neu entstandenen Menschen – dessen Existenz als eigenständige Spezies nicht angezweifelt wird – war *Homo erectus* (der „aufrechte Mensch"), dessen Überreste in ganz Afrika, Asien und Europa gefunden wurden, beginnend vor fast zwei Millionen Jahren und bis vor mindestens zweihunderttausend Jahren.[30] *Homo erectus* war viel größer als die frühen Hominiden, fast so groß wie moderne Menschen heute, und seine anatomischen Merkmale deuten darauf hin, dass die neu entstandenen Menschen die alte Primatengewohnheit, nachts im Schutz der Bäume zu schlafen, vollständig aufgegeben hatten.

Der *Homo erectus* war einer der intelligentesten der neu entstandenen Menschen, und sein Gehirn – das bereits deutlich größer war als das der Menschenaffen oder der Australopithecinen – wuchs im Laufe seiner langen und erfolgreichen Geschichte immer weiter an. Der *Homo erectus* hinterließ eine große Anzahl wunderschön gefertigter, hochentwickelter Acheuléen-Steinwerkzeuge – insbesondere ein ikonisches, scharf zugespitztes Handbeil, das die Form einer großen Träne hat (siehe Abbildung 3.2 auf Seite 70). Das Acheuléen-Handbeil markiert das Überschreiten einer besonders bedeutenden Schwelle in der menschlichen Evolution, denn seine Herstellung erforderte ein beträchtliches Maß an Planung, Voraussicht und manueller Geschicklichkeit.

Das vielleicht bemerkenswerteste Merkmal der Anatomie des *Homo erectus* war neben seiner größeren Abmessung, seiner höheren Statur und seinem deutlich größeren Gehirn, dass er keine der menschenaffenähnlichen körperlichen Merkmale mehr besaß, die mit dem Leben in den Bäumen verbunden waren. Die Zehen des *Homo erectus* waren so weit geschrumpft, dass sie beim Erklimmen von Baumstämmen nur noch wenig oder gar keine Hilfe mehr boten, und die Knochen seiner Finger waren gerade geworden, wie unsere eigenen Fingerknochen, und hatten die charakteristische gebogene Form des Baumbewohners verloren. Schließlich war der Oberkörper des *Homo erectus* tonnenförmig, mit breiten Schultern und einer relativ schmalen Taille – Merkmale, die keiner der baumbewohnenden Menschenaffen besaß.

Diese Veränderungen deuten darauf hin, dass der *Homo erectus* nicht nur tagsüber auf dem Boden lebte, sondern auch nachts auf dem Boden schlief. Und die einzige vernünftige Möglichkeit, wie diese neu entstandenen Menschen verhindern konnten, von Raubtieren angegriffen zu werden, während sie auf dem Boden schliefen, wäre gewesen, Feuer zu machen, in dessen Nähe zu schlafen und es bis zum Morgengrauen brennen zu lassen. Dieser Gedanken-

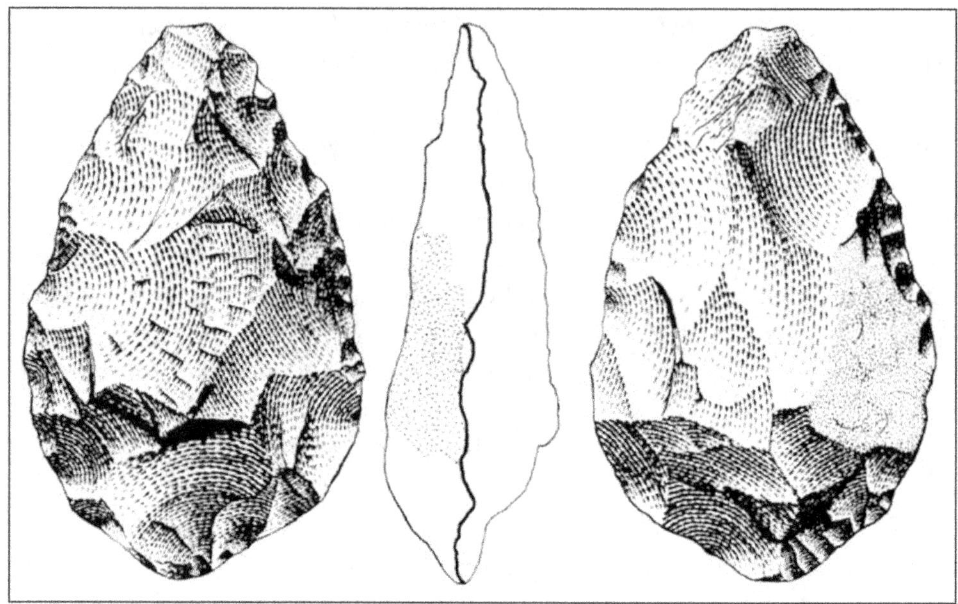

ABBILDUNG 3.2: Die ikonische Acheuléen-Handaxt, die von neu entstandenen Menschen über Hunderttausende von Jahren hergestellt wurde. Ihre Herstellung erforderte die Auswahl eines geeigneten Steins und die Beherrschung eines mehrstufigen Verfahrens. *Quelle: Wikimedia Commons.*

gang wurde von dem Harvard-Anthropologen Richard Wrangham in *Catching Fire: How Cooking Made Us Human*[31] ausführlich dargelegt.

Die Entstehung des „Höhlenmenschen"

Viele der Verhaltensweisen, die einst als einzigartig für den Menschen galten, wurden schließlich – wenn auch oft in rudimentärer Form – auch bei anderen Tierarten gefunden. Dazu gehören neben der Fähigkeit, Werkzeuge herzustellen und zu benutzen, auch die Fähigkeit, komplexe Informationen zu übermitteln, und die Fähigkeit von in Gruppen lebenden Arten, neue Verhaltensweisen zu übernehmen und sie als kulturelle Traditionen an die nachfolgenden Generationen weiterzugeben. Doch von allen Arten im Tierreich haben immer nur die Hominiden selbst die rudimentärsten Fähigkeiten zur Herstellung, Kontrolle oder Verwendung von Feuer als regelmäßiges Merkmal ihres täglichen Lebens gezeigt.

Ohne ihre einzigartige zweifüßige Anatomie wären die Hominiden nie in der Lage gewesen, Feuer zu kontrollieren und zu benutzen. Wenn ein vierfüßiges Tier etwas trägt, trägt es dies normalerweise in seinem Maul, und da das Tragen eines brennenden Zweiges im Maul die Gefahr birgt, sich Mund und Gesicht zu verbrennen oder Augen und Nase mit Rauch zu füllen, tragen vierfüßige Tiere keine brennenden Zweige von einem Ort zum anderen. Menschenaffen und Affen haben zwar biegsame Vorderläufe mit Greifhänden, und sie sind in der Lage, kurze Strecken auf ihren Hinterbeinen zu laufen und dabei Dinge mit den Vorderläufen zu tragen. Aber bei keiner Menschenaffen- oder Affenart wurde jemals beobachtet, dass sie in freier Wildbahn Feuer benutzt oder kontrolliert.[32] Schließlich ist Feuer zerstörerisch für lebendes Gewebe, und alle Tiere fürchten und meiden es instinktiv. Alle Tiere, das heißt, außer den Hominiden.

Ein Hominide, der einen Speer kilometerweit tragen kann, kann auch einen brennenden Ast kilometerweit tragen. Lange bevor die Hominiden lernten, wie man Feuer macht, müssen sie gelernt haben, wie man es einfängt, transportiert, zu ihren Wohnstätten bringt und über Tage und Wochen am Leben erhält. Blitzeinschläge und die daraus resultierenden brennenden Bäume und Gräser waren im prähistorischen Afrika häufig, und diese waren höchstwahrscheinlich die Quelle der Feuer, die von den neu entstandenen Menschen vor fast zwei Millionen Jahren nach Hause gebracht und gepflegt wurden.

Einige der frühesten Beweise für den kontrollierten Einsatz von Feuer durch den *Homo erectus* vor einer Million Jahren oder älter stammen aus Höhlen in Süd- und Ostafrika. Viele dieser großen, trockenen Höhlen waren die bevorzugten Behausungen einiger der gefährlichsten prähistorischen afrikanischen Raubtiere, darunter Löwen, Leoparden, Bären und Schlangen. Doch keines dieser Tiere würde sich lange in einer Höhle aufhalten, die mit Feuer und Rauch gefüllt war. Als der *Homo erectus* lernte, in Höhlen Feuer zu machen, war er in der Lage, andere Tiere zu vertreiben, in diese ausgesuchten Behausungen zu ziehen und sie wochen- und monatelang als Heimstatt zu nutzen.

Findet man dagegen die Überreste früher Hominiden wie *Australopithecus* in Höhlen, so ist es in der Regel offensichtlich, dass ihre Körper von ihren natürlichen Feinden, vor allem den Großkatzen, die ihnen nachstellten, in diese Höhlen geschleppt worden waren. Ohne Feuer wäre kein Hominide in der Lage gewesen, sich lange in einer Höhle aufzuhalten. Doch in vielen der frühesten archäologischen Fundstätten, die Hinweise auf die Nutzung des Feuers durch neu entstandene Menschen liefern, gibt es keine Anzeichen dafür, dass dort Fleisch oder pflanzliche Lebensmittel gekocht wurden. Die Archäologen, die diese Stätten ausgegraben haben, sind zu dem Schluss gekommen, dass das Feuer in diesen Höhlen vor allem als Lichtquelle und zum Schutz vor Raubtieren brannte. Mit ihrer neu gewonnenen Fähigkeit, Feuer zu kontrollieren, waren die neu entstandenen Menschen nicht mehr gezwungen, nachts in den Bäumen zu schlafen. Zum ersten Mal wurden die Hominiden zu vollständig terrestrischen Wesen.

Die Fähigkeit, das Feuer zu kontrollieren, brachte den neu entstandenen Menschen zahlreiche Vorteile. Das Feuer vertrieb nicht nur große und gefährliche Raubtiere aus den Höhlen, sondern auch Insekten, Reptilien und krankheitsübertragendes Ungeziefer, das ebenfalls in den Höhlen lebte. Und durch das Anzünden eines mit dichtem Buschwerk bewachsenen Gebiets konnten die schädlichen Insekten, Reptilien und Giftschlangen, die in diesen Lebensräumen lebten, getötet oder aus ziemlich großen Gebieten vertrieben werden.

Das Entzünden von Buschwerk in der Savanne lichtete das Land, förderte das Wachstum zarter neuer Gräser und lockte Weidetiere wie Antilopen an, die zu den bevorzugten Beutetieren der Hominiden gehörten. Viele der Jäger- und Sammlergesellschaften, die in den Ebenen Afrikas, Asiens und des amerikanischen Westens bis in die Neuzeit überlebten, legten schon seit Menschengedenken absichtlich Feuer, um das Wachstum neuer Gräser zu fördern und um Wildtierherden in ihre Lager zu treiben, wo sie leichter gefangen und getötet werden konnten.

Das Feuer bot eine kontrollierbare Wärmequelle, die nicht nur die kalten, feuchten Höhlen bewohnbar machte, sondern es den neu entstandenen Menschen auch ermöglichte, in kältere Klimazonen auszuwandern. Schon früh in seiner langen und bemerkenswerten Geschichte wanderte der *Homo erectus* aus Afrika aus und tauchte vor mehr als 1,5 Millionen Jahren an vielen Orten in Europa und Asien auf – er war der erste Hominide, der den eurasischen Kontinent bewohnte. Schließlich ermöglichte das Feuer den neu entstandenen Menschen die Entwicklung fortschrittlicher Techniken zur Herstellung von Werkzeugen. Dazu gehörte das absichtliche Härten von Holzwerkzeugen und -waffen, eine Technik, die vor vierhunderttausend Jahren weit fortgeschritten war, wie die im vorigen Kapitel beschriebenen hölzernen Wurfspeere aus Schöningen zeigen.

Lange aufbleiben

Die meisten Primaten sind tagaktive Lebewesen, die tagsüber aktiv und nachts inaktiv sind. Wenn es dunkel wird, verstummen Menschenaffen und Affen in der Regel, hören auf sich zu bewegen, und bereiten sich auf den Schlaf vor. Dieses Verhalten, das bei fast allen nicht-menschlichen Primaten zu beobachten ist,[33] wird durch eine hormonelle Reaktion auf die Lichtmenge, die das Auge erreicht, gesteuert. Melatonin – ein Hormon, das von der winzigen Epiphyse (Zirbeldrüse) an der Basis des Gehirns ausgeschüttet wird – wird freigesetzt, wenn die Lichtmenge in der Umgebung mit dem nahenden Sonnenuntergang abnimmt.[34] Je höher die Melatoninkonzentration im Blut, desto schläfriger wird der Mensch. Umgekehrt sinkt die Melatoninproduktion der Epiphyse, wenn die Sonne aufgeht und die Umgebung mit Licht überflutet wird, und das im Blut verbleibende Melatonin wird über die Nieren aus dem Körper entfernt.

Als die neu entstandenen Menschen nach Sonnenuntergang begannen, Feuer zu verwenden, um Raubtiere abzuwehren, schufen sie eine künstliche Lichtquelle, die die Melatoninproduktion unterdrückte und den Beginn des Schlafs verzögerte. So befreite die Nutzung des Feuers die Hominiden von den alten Beschränkungen des zwölfstündigen tropischen Tages und verlängerte ihre normale Wachzeit bis weit in die Nacht hinein. Dies ist der Punkt in der menschlichen Evolution, an dem unsere Vorfahren begannen, lange aufzubleiben – und damit die Zeit des Wachseins weit über die durchschnittliche Tageslichtperiode hinaus verlängerten, die den zyklischen Rhythmus aller anderen tropischen Tiere bestimmt.

Das lange Aufbleiben verschaffte den neu entstandenen Menschen einzigartige neue Vorteile. Es bot zusätzliche Zeit zum Essen, zum Herstellen von Dingen und für das soziale Leben und die Kommunikation. Die Vorliebe der Menschen, nach Einbruch der Dunkelheit zu essen, im Schein des Feuers zu weben, Werkzeuge herzustellen und andere Arbeiten zu verrichten, zu tratschen, von den Ereignissen des Tages zu erzählen und Volksmärchen und Mythen zu rezitieren, waren einzigartige Verhaltensweisen, die keine andere Spezies nachahmen konnte. All diese Verhaltensweisen wurden möglich, als die neu entstandenen Menschen begannen, nachts Feuer zu machen und lange aufzubleiben, während die niederen Lebewesen schliefen oder Abstand hielten.

Das Rohe und das Gekochte

Die früheste Verwendung des Feuers mag darin bestanden haben, die Hominiden nachts vor Angriffen durch Raubtiere zu schützen, doch das regelmäßige Errichten und Aufrechterhalten von Feuern in den Wohnstätten der Hominiden sollte schließlich eine Verwendung finden, die weit über den einfachen Schutz hinausging. Und die wichtigste dieser Verwendungen – mit Folgen, die weit über die Bedürfnisse des Augenblicks hinausgingen und die Zukunft der menschlichen Evolution selbst tiefgreifend beeinflussten – war zweifellos die Entdeckung des Kochens.[35] In einer wissenschaftlichen Arbeit, die 2012 in den *Proceedings of the National Academy of Sciences* veröffentlicht wurde, berichtet ein internationales

Team von Wissenschaftlern, dass die mikroskopische Analyse von Ablagerungen aus der Wonderwerk-Höhle in Südafrika bestätigt, dass Hominiden vor mehr als einer Million Jahren tief in dieser Höhle Feuer machten und pflegten.[36] Und von den Hunderten von Knochen und Knochenfragmenten, die an der Fundstelle geborgen wurden, wiesen 80 Prozent Beweise dafür auf, dass sie in diesen Feuern verbrannt wurden. Mit anderen Worten: Sie haben ihr Fleisch gebraten.

In *Catching Fire* argumentiert Richard Wrangham, dass die Erfindung des Kochens letztlich für die meisten evolutionären Errungenschaften verantwortlich war, die zum Auftreten des modernen Menschen führten, einschließlich des Prozesses, durch den die Gehirne des modernen Menschen ihre heutige immense Größe erreichten. Wrangham beschrieb mindestens fünf wichtige Vorteile, die die ausschließlich von den neu entstandenen Menschen verzehrte gekochte Nahrung gegenüber der von den frühen Hominiden und allen anderen Tieren verzehrten Rohkost hatte.

Erstens wird beim Kochen von tierischem Fleisch das faserige Kollagen in den Muskelzellen abgebaut und in eine proteinreiche Gelatine umgewandelt, deren Verdauung viel weniger Zeit und Energie erfordert.

Zweitens desinfiziert das Kochen das Fleisch und macht es genießbar. Einige Anthropologen haben behauptet, dass die frühen Hominiden einen großen Teil des Fleisches in ihrer Ernährung durch Aasfressen von größeren Raubtieren wie Löwen und Leoparden gewonnen haben. Die prähistorischen Menschenaffen, die Vorfahren der frühen Hominiden, mit ihren großen Därmen, die für den langsamen, mühsamen Prozess der Verdauung von Blättern und anderer grober Pflanzennahrung ausgelegt sind, wären besonders anfällig für Krankheiten gewesen, die durch Lebensmittel übertragen werden. Schimpansen, die gerne frisches Fleisch essen, meiden und verschmähen Fleisch, das zu verwesen begonnen hat.

Der bakterielle Befall durch Krankheitserreger wie Botulismus, Milzbrand, Salmonellen und E. coli sowie durch Pilze und Viren hätte selbst bei den widerstandsfähigsten Individuen zu Krankheit und Tod geführt, da sich diese Organismen in den langen Därmen der prähistorischen Menschenaffen auf gefährliche und potenziell tödliche Werte vermehrt hätten. Das Kochen hingegen zerstört die Parasiten und Krankheitserreger, die sich innerhalb weniger Stunden nach dem Tod eines Tieres in seinem Kadaver rasch vermehren. Und durch die desinfizierende Wirkung des Kochens kann gekochtes Fleisch viel länger gelagert werden als rohes Fleisch. Das Kochen hätte die Beute der Jagd über einen viel längeren Zeitraum genießbar gehalten, so dass sich eine Gruppe von Hominiden tagelang an den Überresten eines großen Wildtiers laben konnte.

Drittens werden durch das Kochen pflanzlicher Lebensmittel die Zellwände der Pflanzen aufgebrochen und unverdauliche Zellulose in verdauliche Stärke und Zucker umgewandelt. Tatsächlich enthalten viele der pflanzlichen Lebensmittel, auf die Hominiden angewiesen waren – insbesondere die Wurzeln und Knollen, die sie mit ihren Grabstöcken ausgraben konnten – Giftstoffe, die sie nicht nur ungenießbar, sondern in vielen Fällen sogar unverdaulich machen. Durch das Kochen werden diese Giftstoffe abgebaut und entfernt, so dass eine ganze Reihe von pflanzlichen Lebensmitteln für den menschlichen Verzehr zugänglich wird, die sonst tabu wären. Tatsächlich haben Experimente mit Schimpansen, Gorillas und Orang-Utans ergeben, dass die Menschenaffen ihr Gemüse im Allgemeinen lieber gekocht als roh essen.[37]

Viertens: Gekochte Nahrung erfordert wesentlich weniger Zeit zum Kauen als Rohkost. Bei der Rohkosternährung von Schimpansen müssen sie stundenlang auf ihrer Nahrung herumkauen. Man schätzt, dass Schimpansen etwa 50 Prozent ihrer wachen Zeit damit verbringen, ihre Nahrung zu kauen. Im Gegensatz dazu verbringt der Mensch nur etwa 5 Prozent seiner wachen Zeit mit Kauen – nur ein Zehntel so viel Zeit wie der Schimpanse. Daher kann der Mensch einen weitaus größeren Teil seiner wachen Zeit anderen Beschäftigungen widmen, zum Beispiel der Jagd, der Herstellung von Werkzeugen und Waffen und dem Informationsaustausch mit anderen Gruppenmitgliedern.

Fünftens – und das ist das Wichtigste – ermöglichte die Erfindung des Kochens die außergewöhnliche Vergrößerung des menschlichen Gehirns im Zeitalter der neu entstandenen Menschen. Während das Gehirn eines Schimpansen im Durchschnitt etwa 400 Kubikzentimeter groß ist und das Gehirn der frühen Hominiden etwa 500 Kubikzentimeter groß war, hat sich die Größe des Gehirns der Hominiden in den letzten zwei Millionen Jahren fast verdreifacht und liegt jetzt im Durchschnitt zwischen 1.300 und 1.500 Kubikzentimeter. Ohne diese riesigen Gehirne wäre es dem modernen Menschen nicht möglich gewesen, die einzigartige Sprache, Kultur und technischen Fähigkeiten zu entwickeln, zu denen er schließlich fähig wurde. Und der größte Teil dieser enormen Vergrößerung des Hominidengehirns wurde von den neu entstandenen Menschen erreicht.

In keiner bekannten menschlichen Gesellschaft, sei sie auch noch so primitiv oder technologisch unausgereift, hat man je festgestellt, dass sie sich ausschließlich von Rohkost ernährt. Tatsächlich müssen Menschen in der modernen Gesellschaft, die sich rohköstlich ernähren, außerordentlich viel Zeit mit dem Kauen ihrer Nahrung verbringen, sie haben weniger Energie, verlieren an

Gewicht und sind praktisch ständig hungrig.[38] Es scheint, dass das Kochen von Lebensmitteln ein wesentlicher Bestandteil jeder menschlichen Ernährung ist. Tatsächlich scheint die Erfindung des Kochens eine wesentliche Voraussetzung dafür gewesen zu sein, dass unsere Spezies erfolgreich die enormen Gehirne entwickeln konnte, die uns zu Menschen gemacht haben und die uns so deutlich von allen anderen Tierarten unterscheiden.

Das teure menschliche Gehirn

Die Gründe dafür, dass eine Ernährung mit gekochten Lebensmitteln notwendig ist, um den Energiebedarf des modernen menschlichen Gehirns zu decken, werden in der „Hypothese des teuren Gewebes" zusammengefasst, die 1995 von den Anthropologen Leslie Aiello und Peter Wheeler[39] aufgestellt wurde, die ihre inzwischen klassische Studie mit der Feststellung begannen, dass das Gehirn in Bezug auf seine Größe und seinen Energiebedarf ein „teures" Gewebe ist.

Aiello und Wheeler stellten fest, dass die Größe des menschlichen Gehirns im Verhältnis zum Körpergewicht mehr als viermal so groß ist wie die des Gehirns eines durchschnittlichen Säugetiers. Das menschliche Gehirn wiegt etwa 1,36 Kilogramm – etwa 2 Prozent des gesamten Körpergewichts eines durchschnittlichen Erwachsenen. Doch wenn es aktiv ist, kann das menschliche Gehirn bis zu 20 Prozent der verfügbaren Energie des Körpers verbrauchen – etwa zehnmal so viel Energie, wie der menschliche Körper insgesamt verbraucht.

Außerdem ist das Gehirn nicht das einzige „teure Gewebe" im Körper. Zu den anderen Geweben mit ähnlich hohem Energiebedarf gehören Herz, Leber, Nieren und Verdauungsorgane. Das Gehirn und diese lebenswichtigen Organe machen zusammen weniger als 7 Prozent des Körpergewichts aus, verbrauchen aber im Ruhezustand des Körpers erstaunliche 60 bis 70 Prozent der verfügbaren Energie. Die zentrale Frage, die Aiello und Wheeler zu beantworten versuchten, lautet: Wie kann der menschliche Körper seinem riesigen Gehirn so große Mengen an Energie zuführen, ohne den Energiebedarf anderer Körperteile zu verringern?

Eine Verkleinerung der Muskeln, die einen Großteil der „billigeren" Gewebe des Körpers ausmachen, wäre völlig unpraktisch. Das liegt nicht nur daran, dass diese Gewebe normalerweise nur etwa ein Drittel der verfügbaren Energie des Körpers verbrauchen, sondern auch daran, dass 70 Prozent der Muskeln des menschlichen Körpers eliminiert werden müssten, um den erhöhten Energiebedarf des erweiterten menschlichen Gehirns auszugleichen. Dies würde es dem Menschen in seinem natürlichen Lebensraum erschweren, wenn nicht gar unmöglich machen, die für die Energieversorgung notwendige Nahrung überhaupt zu beschaffen.

Eine signifikante Verringerung der Größe oder der Aktivität des Herzens würde den Blutfluss auf ein Niveau reduzieren, das für das Gehirn, das eine ständige und reichliche Blutzufuhr benötigt, besonders gefährlich wäre. Wenn die Blutzirkulation signifikant abnimmt, kann das Gehirn nicht mehr effektiv arbeiten, was letztendlich zum Verlust des Bewusstseins führt.

Eine Verringerung der Größe oder Aktivität der Nieren würde eine ihrer wichtigsten Funktionen ernsthaft beeinträchtigen. Die Nieren verbrauchen den größten Teil ihrer Energie, wenn sie den Urin konzentrieren, indem sie ihm den wertvollen Wassergehalt entziehen und ihn in den Blutkreislauf zurückführen. Jede Einschränkung dieser Funktion könnte zu einem gefährlichen Grad an Dehydrierung führen, insbesondere bei der anstrengenden Tätigkeit des Jagens und Sammelns bei heißem Wetter.

Eine Verringerung der Größe oder Aktivität der Leber würde nicht nur die Fähigkeit dieses wichtigen Organs beeinträchtigen, das Blut von Giftstoffen und verschiedenen Abfallprodukten zu reinigen, sondern auch das Gehirn seiner wichtigsten Energiequelle berauben. Der Brennstoff, der die Aktivitäten des Gehirns antreibt, ist ein großes Zuckermolekül, das als Glykogen bekannt ist, und der Vorrat des Körpers an verfügbarem Glykogen wird in der Leber hergestellt.

Damit bleiben die Verdauungsorgane als einzige Kandidaten für eine Verringerung der Größe und des Energiebedarfs übrig. Es ist daher nicht überraschend, dass die menschlichen Verdauungsorgane – insbesondere Magen und Darm – im Verhältnis zum Körpergewicht die kleinsten aller Primaten sind. Die Fossilien der Hominiden belegen eindeutig, dass die Verdauungsorgane erheblich verkleinert wurden, als sich die frühen Hominiden zu neu entstandenen Menschen entwickelten, die das Feuer nutzten.

Die frühen Hominiden hatten breite und sich nach unten verbreiternde Brustkörbe sowie breitere und stärker verbreiterte Beckenknochen. Diese Merkmale deuten darauf hin, dass der Bauch dieser Kreaturen relativ groß war, ähnlich wie der Bauch der Menschenaffen – der Orang-Utans, Gorillas und Schimpansen. Doch mit dem Auftreten von *Homo ergaster* und *Homo erectus* wurde der Brustkorb unten deutlich schmaler und der Durchmesser des Beckens geringer. Beides deutet darauf hin, dass der *Homo erectus* den kleineren, kompakteren Bauch entwickelt hatte, der für den modernen Menschen charakteristisch ist – und das wäre das Ergebnis einer erheblichen Verkleinerung der Verdauungsorgane gewesen.

Parallel zu dieser Verkleinerung des Darms zeigen die vielen Fossilien neu entstandener Menschen, die im Laufe der Jahre ausgegraben wurden, eine tiefgreifende und stetige Zunahme der Gehirngröße, von etwa 600 Kubikzentimetern beim Auftauchen des *Homo habilis* vor fast zwei Millionen Jahren auf etwa 1.300 Kubikzentimeter bei den modernsten Formen des *Homo erectus*, der bis vor etwa 250.000 Jahren lebte. Diese massive Vergrößerung des Gehirns innerhalb von zwei Millionen Jahren ist ein Novum in der Evolution des Leben auf der Erde. Kein anderes Lebewesen hat dies geschafft, und die Hypothese des teuren Gewebes legt nahe, dass nur eine Ernährung mit gekochter Nahrung – und die dadurch ermöglichte erhebliche Verkleinerung des Verdauungssystems – diesen menschlichen Vorfahren in die Lage versetzt hätte, ein so „teures" Organ wie das moderne menschliche Gehirn zu unterhalten.[40]

Die Kochhypothese wird noch durch eine weitere wichtige anatomische Veränderung untermauert, die mit dem Auftreten des *Homo erectus* eintrat: Die Zähne und Kiefer der neu entstandenen Menschen wurden erheblich verkleinert. Sie werden sich daran erinnern, dass der Schimpanse, der sich ausschließlich von roher Nahrung ernährt, etwa 50 Prozent seiner wachen Zeit mit Kauen verbringen muss, während der moderne Mensch, der sich überwiegend von gekochter Nahrung ernährt, die gesamte für seine Ernährung notwendige Kauarbeit in 5 Prozent seiner wachen Zeit erledigen kann. Wie Sie sich vorstellen können, sind die Zähne und der Kiefer des Schimpansen notwendigerweise viel größer als die des Menschen.

Es überrascht nicht, dass die Fossilienfunde auch zeigen, dass die Zähne und Kiefer der Australopithecinen und anderer früher Hominiden sehr groß sind, während die der neu entstandenen Menschen deutlich kleiner sind. Gekochte Nahrung erfordert nicht nur weniger Zeit zum Kauen, sondern kann auch mit viel kleineren Zähnen und Kiefern ausreichend gekaut werden. All dies deutet darauf hin, dass der *Homo erectus* schon früh in seiner Geschichte den Umgang mit dem Feuer beherrschte und eine Lebensweise entwickelte, bei der gekochte Nahrung zum Hauptbestandteil seiner Ernährung wurde.

Die vielen verschiedenen Beweise aus archäologischen Stätten im prähistorischen Afrika deuten alle darauf hin, dass *Homo erectus*, der neu entstandene Mensch, der erste Hominide war, der den Umgang mit dem Feuer beherrschte. Physikalische und chemische Beweise zeigen, dass Feuer über lange Zeiträume tief in den von neu entstandenen Menschen bewohnten Höhlen gebrannt wurde. Physikalische und chemische Beweise zeigen auch, dass die meisten Knochen, die in einigen dieser Höhlen gefunden wurden, verbrannt worden waren, was darauf hindeutet, dass die neu entstandenen Menschen irgendwann, nicht lange nach der Beherrschung des Feuers, ihr Fleisch kochten.

Die anatomischen Beweise aus den Fossilien des *Homo erectus* zeigen, dass diese neu entstandenen Menschen körperlich nicht mehr in der Lage waren, nachts zur Sicherheit hoch in die Bäume zu klettern. Und die anatomischen Beweise zeigen auch, dass die neu entstandenen Menschen einen viel kleineren Verdauungsapparat, viel kleinere Kiefer und Zähne und viel größere Gehirne hatten als ihre Vorgänger. Alles in allem scheint *Homo erectus*, der neu entstandene Mensch, vor mehr als 1,5 Millionen Jahren gelernt zu haben, Feuer zu nutzen und zu kontrollieren – und es zu einem grundlegenden Bestandteil seiner natürlichen Lebensweise gemacht zu haben.

Der nackte Primat

Als die neu entstandenen Menschen das Feuer annahmen, wurden sie zum einzigen völlig nackten Primaten der Welt – und sind es geblieben.

Das Schlafen mit Feuer ist eine der universellsten menschlichen Verhaltensweisen. Es wurde bei jeder Jäger- und Sammlergesellschaft gefunden, die von Anthropologen untersucht wurde. Vor allem bei Jägern und Sammlern war es üblich, in unmittelbarer Nähe eines Lagerfeuers zu schlafen, das die ganze Nacht über brannte. Unnötig zu erwähnen, dass dieses Verhalten unmöglich gewesen wäre, wenn unsere Körper noch mit einer dicken Fellschicht bedeckt gewesen wären, denn mit den Flammen eines Lagerfeuers nur wenige Zentimeter entfernt hätten wir uns buchstäblich in Brand gesetzt.

Keine der Weisen, wie wir Menschen mit dem Feuer umgehen – brennende Fackeln von einem Ort zum anderen tragen, auf die heiße Glut blasen, um ein Anzündholz zu entzünden, Fleisch und Gemüse rösten, ein Lagerfeuer mit frischem Brennholz füttern und Arme und Beine über ein Feuer halten, um sie zu wärmen – wäre möglich, wenn wir das lange haarige Fell behalten hätten, das den Körper aller anderen Primatenarten bedeckt. Versuchen Sie sich vorzustellen, wie es wäre, mit einem dicken, langärmeligen Pelzmantel ein loderndes Lagerfeuer zu hüten, und Sie werden verstehen, wie schwierig es wäre, mit dickem Fell an Armen, Beinen und Oberkörper sicher mit dem Feuer umzugehen. Das ist zweifellos der Grund, warum der Schimpanse zwar lässig eine Zigarette oder Zigarre raucht – und in manchen Fällen sogar ein Feuerzeug bedient –, sich aber nicht wie der Mensch an ein loderndes Feuer setzt.

Als die neu entstandenen Menschen begannen, das Feuer als Licht-, Wärme- und Schutzquelle zu nutzen, waren diejenigen Individuen und Gruppen, die am wenigsten Haare am Körper hatten, am erfolgreichsten im Umgang mit dem Feuer, und an diesem Punkt der menschlichen Evolution wurden unsere Vorfahren zweifellos nackt. Der Verlust aller Millionen von Haarfollikeln, die Primaten seit 55 Millionen Jahren am ganzen Körper haben, hätte jedoch eine Reihe von bedeutenden genetischen Veränderungen erfordert. Solche Veränderungen fanden in der Tat statt, als die Vorfahren der Wale und Delfine eine Lebensweise im Wasser annahmen und sich zu den Körperformen von Fischen entwickelten. Aber die neu entstandenen Menschen erreichten im Wesentlichen das gleiche Ergebnis, indem sie praktisch alle Haarfollikel behielten, während sie die Leistung dieser Follikel reduzierten. Das Ergebnis ist, dass der Mensch nur ein sehr kurzes und feines Fell aus fast unsichtbarem Vellushaar besitzt, das zwar kaum zu sehen ist, aber dennoch fast den gesamten menschlichen Körper bedeckt.[41]

Der Verlust des dicken Fells hatte weitere Vorteile. Der vielleicht wichtigste davon war, dass die Hominiden ihren Körper durch Schwitzen effizienter kühlen konnten. Tatsächlich schwitzen Menschen leichter und intensiver als alle anderen Primaten. Die Fähigkeit der Hominiden, stark zu schwitzen, ermöglichte es ihnen, lange Strecken zurückzulegen, wenn sie ihr Lager verlegten oder Wild verfolgten, ohne dabei zu überhitzen. Während der Mensch etwa 155 Haarfollikel pro Quadratzentimeter hat – etwa so viele wie der Schimpanse – verfügt der menschliche Körper über durchschnittlich 100 Schweißdrüsen pro Quadratzentimeter. Das sind zehnmal so viele Schweißdrüsen wie bei nicht-menschlichen Primatenarten üblich. Schließlich half der Verlust des dicken Fells den Hominiden, die Populationen von Insektenparasiten zu kontrollieren, die sich im Bettzeug einer Spezies, die Nacht für Nacht am selben Ort schlief, wild vermehrt hätten.

Jenseits von Africa

Im Jahr 1887 kündigte ein junger niederländischer Arzt namens Eugène Dubois seine begehrte Stelle als Dozent für Anatomie an der Universität Amsterdam und trat – zur Bestürzung seiner entsetzten Kollegen – in die holländische Armee ein, um sich nach Niederländisch-Ostindien versetzen zu lassen, wo er hoffte, das sagenumwobene fehlende Bindeglied zwischen den Menschen und den Affen zu finden. Dubois war fasziniert von den Theorien über die menschliche Evolution, die damals in der europäischen Wissenschaftswelt in aller Munde waren, und er war besonders aufgeregt, als im Jahr zuvor in Belgien zwei fast vollständige Neandertaler-Skelette zusammen mit zahlreichen Steinwerkzeugen ausgegraben worden waren. Mit seiner jungen Frau und seinem Baby im Schlepptau verließ Dubois Europa und kam im Dezember 1887 auf der Insel Sumatra an.

Mit zwei Ingenieuren und mehreren Dutzend Arbeitern, die ihm von der niederländischen Regierung zur Verfügung gestellt worden waren, begann Dubois mit der Ausgrabung einiger Stätten in Sumatra, doch die Überreste, die er fand, waren vergleichsweise jungen Ursprungs. Außerdem waren die Bedingungen in Sumatra gelinde gesagt schwierig. Mehrere seiner Arbeiter wurden krank, andere liefen weg. Einer seiner Ingenieure erwies sich als unbrauchbar, ein anderer starb. Doch Dubois ließ nicht locker, und 1890, nach drei Jahren auf Sumatra mit wenig Erfolg, überzeugte er die Behörden, ihn auf die Insel Java zu versetzen, wo er hoffte, mehr Glück zu haben.

Auf Java wendet sich das Blatt für Dubois. Im Oktober 1891 gruben Dubois und seine Mitarbeiter eine intakte Schädeldecke aus einer mindestens siebenhunderttausend Jahre alten Lagerstätte aus, die im Jahr zuvor einen Teil eines Kiefers und einen Backenzahn geliefert hatte. Und im August des folgenden Jahres wurde nur wenige Meter entfernt der Oberschenkelknochen eines voll aufgerichteten Hominiden gefunden. Dubois war überzeugt, dass es sich um die Überreste des „fehlenden Glieds" handelte, und er nannte seinen neu entdeckten Hominiden *Pithecanthropus erectus*, den „aufrechten Menschenaffen" (siehe Abbildung 3.3 auf Seite 82).

Im Jahr 1894 veröffentlichte Dubois die Ergebnisse seiner Untersuchungen, und im folgenden Jahr kehrte er nach Europa zurück, um Vorträge zu halten und für seine Entdeckung zu werben. Doch wie bei so vielen anderen, die vor und nach ihm kamen, riefen auch Dubois' Entdeckungen vor allem Skepsis und Kontroversen hervor. Am Ende akzeptierten nur wenige Wissenschaftler Dubois' Behauptung, dass sein „Java-Mensch" ein prähistorischer Vorfahre von uns war. Die Erfahrung, von seinen Kollegen abgelehnt zu werden, verbitterte Dubois so sehr, dass er im Jahr 1900 seine Exemplare wegschloss und sich weigerte, sie zu diskutieren oder jemandem zu erlauben, sie zu untersuchen. In den folgenden dreiundzwanzig Jahren wurden sie nicht mehr gesehen.

Dubois' Exemplare werden heute allgemein als die fossilen Überreste von *Homo erectus* anerkannt, dem ersten der neu entstandenen Menschen, die ausgegraben und beschrieben wurden – und weitaus älter als die in Europa gefundenen Neandertaler-Fossilien, die weniger als hunderttausend Jahre alt waren. Zum Zeitpunkt seiner Entdeckung war der Java-Mensch nicht nur der erste fossile Hominide, der in Asien gefunden wurde, sondern auch der älteste fossile Hominide, der jemals gefunden wurde. Dubois starb 1940, ohne zu wissen, wie alt seine Entdeckung wirklich war. Jüngste Analysen ähnlicher *Homo erectus*-Fossilien aus Java datieren sie auf ein Alter von mehr als 1,5 Millionen Jahren, doppelt so alt wie von Dubois angenommen.

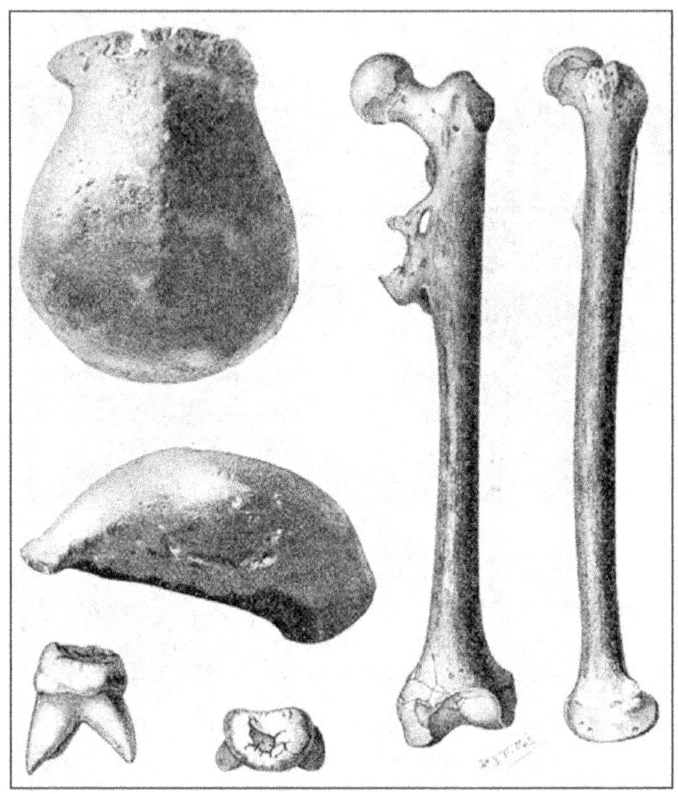

ABBILDUNG 3.3: Fossilien des *Homo erectus*, gesammelt von Eugène Dubois auf Java. Dies waren die ersten Fossilien des neu entstandenen Menschen *Homo erectus*, den Dubois als „Java-Mensch" bezeichnete. *Quelle: Wikimedia Commons.*

Die Australopithecinen und andere frühe Hominiden haben ihre gesamte Geschichte auf dem afrikanischen Kontinent verbracht. Weder in Europa noch in Asien wurden jemals Überreste der frühen Hominiden gefunden. Und obwohl sich die vielen Arten der frühen Hominiden an eine Vielzahl unterschiedlicher Lebensräume angepasst haben, darunter Grasland, Galeriewälder, Sümpfe, Flussufer und Wüsten, lagen alle diese Lebensräume in den tropischen Breiten Afrikas. Aber *Homo erectus* und andere neu entstandene Menschen wanderten vor mindestens 1,8 Millionen Jahren aus Afrika aus, und Beweise für ihre Besiedlung aus diesen alten Zeiträumen wurden in ganz Eurasien gefunden – in Großbritannien, Spanien, Frankreich, Südrussland, Pakistan, China und Indonesien.

In Ermangelung von Feuer waren die frühen Hominiden auf ihre Schlafbäume angewiesen, die ihnen nachts Schutz boten, und sie konnten sich nicht weit von den Bergen und Flusstälern entfernen, in denen Bäume in Hülle und Fülle wuchsen. Doch geologische und klimatische Veränderungen, die vor etwa acht Millionen Jahren begannen, führten zu einer enormen Ausdehnung des Graslandes in ganz Asien und Afrika, und vor drei Millionen Jahren waren die Savannenlebensräume der beiden Kontinente zu einem riesigen Graslandgürtel verschmolzen, der sich ohne Unterbrechung von Westafrika bis nach Nordchina erstreckte.[42] Und so konnten die neu entstandenen Menschen mit dem Feuer zu ihrem Schutz immer weiter in diese riesigen Graslandlebensräume vordringen und schließlich viele Tausend Kilometer von ihrer afrikanischen Heimat entfernt neue Lebensformen etablieren.

Ist der „Höhlenmensch" wirklich ausgestorben?

Im Jahre 1758, mehr als ein Jahrhundert vor der Veröffentlichung von Darwins *Origin of Species*, veröffentlichte der große schwedische Naturforscher Carolus Linnaeus die zehnte Auflage seines bahnbrechenden Werks *Systema Naturae*, das Ergebnis einer fünfundzwanzigjährigen akribischen Arbeit, in der er alle bekannten Lebewesen auf der Grundlage ihrer wahrgenommenen Verwandtschaft zueinander klassifiziert hatte. Linnaeus' System war so nützlich und elegant, dass es schnell von der biologischen Wissenschaft seiner Zeit übernommen wurde und bis heute die Grundlage der wissenschaftlichen Klassifizierung von Arten bildet.

Linnaeus selbst erfand den Begriff *Homo sapiens*, der bis heute die korrekte wissenschaftliche Bezeichnung für unsere Spezies ist, und er hielt die anatomischen Ähnlichkeiten zwischen Menschen, Affen und Menschenaffen für so offensichtlich, dass er sie alle in einer einzigen Säugetierordnung zusammenfasste, die er „Primaten" nannte. Diese wurden weiter in fünf verschiedene Familien unterteilt, und verschiedene Arten von Menschen – sowohl reale als auch mythische – wurden in die Familie der *Hominidae* eingeordnet (siehe Abbildung 3.4 auf Seite 84).

Im Vorgriff auf die Existenz des gerüchteweise existierenden „Höhlenmenschen" erkannte die zehnte Ausgabe der *Systema Naturae* zwei lebende Menschenarten an: *Homo sapiens* oder „denkender Mensch" und *Homo troglodytes* oder „Höhlenbewohner". Linnaeus' „Höhlenmensch" wurde nicht als eine ausgestorbene Spezies prähistorischer Menschen betrachtet (diese sollten erst in hundert Jahren entdeckt werden), sondern man glaubte, dass es sich um eine lebende Population kleiner Menschen handelte, die in Höhlen tief im Dschungel Südostasiens lebten. Den Beweis für die Existenz des *Homo troglody-*

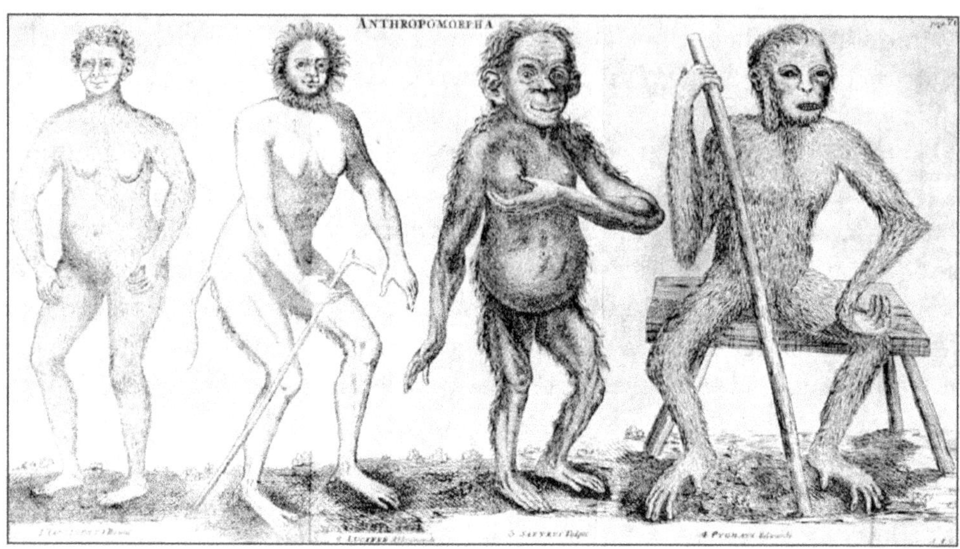

ABBILDUNG 3.4: Die Formen der verschiedenen Menschenarten, von denen man einst glaubte, dass sie existieren, wie sie in Carolus Linnaeus' *Systema Naturae* dargestellt wurden. *Quelle: Wikimedia Commons.*

tes lieferte mehr als hundert Jahre zuvor ein Arzt namens Bontius von der Niederländischen Ostindien-Kompanie, der aus Südostasien mit einer detaillierten Zeichnung und Beschreibung dieser mysteriösen Kreaturen zurückgekehrt war.

Mit der Zeit stellte sich heraus, dass es sich bei Bontius' Beschreibung nicht um einen Höhlenmenschen, sondern um einen Orang-Utan handelte – einen Menschenaffen, der nie in Höhlen gelebt hat und die meiste Zeit seines Lebens hoch oben in den Baumkronen des Regenwaldes verbringt. Als der Schimpanse 1776 von dem deutschen Physiologen Johann Friedrich Blumenbach zum ersten Mal identifiziert wurde, gab er dieser Art den Namen *Pan troglodytes* (der „höhlenbewohnende Satyr") – eine seltsame Wendung des Schicksals. Obwohl sich später herausstellte, dass Schimpansen nicht die übersexualisierten, in Höhlen lebenden Halbmenschen waren, die Blumenbach sich vorstellte, blieb der Name bestehen und ist bis heute die korrekte wissenschaftliche Bezeichnung für den gewöhnlichen Schimpansen.

Doch die hartnäckige Vorstellung, dass primitive menschenähnliche Wesen einst in Höhlen gelebt hatten, wurde unerwartet bestätigt, als 1865 das versteinerte Skelett eines höchst ungewöhnlichen, ganz anderen Menschentyps entdeckt wurde, der vor vierzigtausend Jahren in einer Höhle im Neandertal in der Nähe von Düsseldorf gelebt hatte. Der Neandertaler, wie diese Spezies später genannt wurde, blühte während der Eiszeiten in Europa und Asien auf, verschwand aber vor etwa vierzigtausend Jahren. Ursprünglich wurden die Neandertaler als „Untermenschen" betrachtet, doch schließlich erkannte man, dass sie dem modernen Menschen in Bezug auf die Gehirngröße und andere Merkmale so ähnlich sind, dass sie heute als Unterart des *Homo sapiens* gelten und den wissenschaftlichen Namen *Homo sapiens neanderthalensis* tragen. (Der wissenschaftliche Name für unsere eigene Unterart ist *Homo sapiens sapiens*).

Seit der Entdeckung der Neandertaler haben Paläontologen die versteinerten Überreste zahlreicher alter Hominiden in Höhlen in Europa, Asien und Afrika ausgegraben und damit die Ursprünge der aufrechten Körperhaltung und der zweifüßigen Fortbewegung immer weiter in die Vergangenheit verschoben. Eugène Dubois entdeckte im späten 19. Jahrhundert die Überreste des *Homo erectus* in den Höhlen von Java, Raymond Dart entdeckte in den 1920er Jahren die Überreste von *Australopithecus* in südafrikanischen Höhlen, und weitere Fossilien des *Homo erectus* wurden in den 1920er Jahren mit der Entdeckung der Überreste des „Peking-Menschen" in einer Reihe von Höhlen in der Nähe von Beijing, China, gefunden.

Die Besiedlung von Höhlen durch Hominiden begann mit der Beherrschung der Feuertechnik durch die neu entstandenen Menschen und setzt sich bis in die heutige Zeit fort. Die Cro-Magnons malten vor mehr als fünfundzwanzigtausend Jahren naturgetreue Tierbilder an die Wände von Höhlen in Frankreich und Spanien, die Bewohner des alten Israel hinterließen die Schriftrollen vom Toten Meer in Höhlen, die Pueblo-Indianer bauten ihre malerischen Felswohnungen vor tausend Jahren, indem sie die senkrechten Seiten natürlich vorkommender Felsen im amerikanischen Südwesten aushöhlten, und etwa dreitausend Gitano, die Roma oder Zigeuner Spaniens, leben noch immer in einem Höhlenkomplex nahe der heutigen Stadt Granada. Und schließlich leben auch heute noch Millionen von Menschen in den *Yaodongs* oder „Höhlenhäusern" im Norden Chinas, wo ganze Städte in die Hänge oder in Gruben in der weichen Erde gegraben wurden.

Denken Sie darüber nach. Wie die universelle menschliche Praxis, in geschlossenen Räumen mit festen Wänden und Dächern und kleinen Öffnungen zum Betreten und Verlassen zu leben, deutlich zeigt, liegt es in unserer menschlichen Natur, Höhlenbewohner zu sein. Wir Menschen, die Nachkommen von 55 Millionen Jahren baumbewohnenden Vorfahren, die in der freien Luft des Waldes lebten und starben, sind nicht mehr in der Lage, im Freien zu leben. Stattdessen sehnen wir uns nach einem „Dach über dem Kopf" in Form einer sicheren Überdachung, die uns nicht nur vor Wind, Regen und Schnee schützt, sondern auch eine geschlossene, höhlenartige Umgebung bildet, die die Wärme unserer Feuer einfängt und uns vor Angriffen durch Raubtiere schützt.

Es spielt keine Rolle mehr, dass die Löwen, Tiger, Leoparden, Hyänen, Bären und Wölfe aus prähistorischen Zeiten längst von fast allen Orten vertrieben wurden, an denen heute Menschen leben. Unsere haarlosen Körper verlangen nach Schutz vor den Elementen, und unsere Vorfahren haben schon vor langer Zeit aufgegeben, im Freien zu schlafen. Die Zelte und Hütten der Jäger und Sammler mögen den Häusern und Wohnungen der modernen Welt gewichen sein, aber alle diese Behausungen haben die grundlegenden Elemente der urzeitlichen Höhlenwohnungen beibehalten: ein festes Dach über dem Kopf und an den Seiten mit Öffnungen, die Licht hereinlassen und eine Möglichkeit bieten, unsere höhlenartigen Behausungen zu betreten und zu verlassen.

Wenn man sich die Architektur einer modernen Stadt objektiv ansieht, kann man leicht erkennen, dass sie aus zwei Arten von Strukturen besteht: 1. freistehende Gebäude und Häuser, die im Grunde höhlenartige Strukturen sind, die auf dem Boden neben anderen höhlenartigen Strukturen sitzen, und 2. Hochhäuser, die im Wesentlichen hohe, felsenartige Strukturen sind, die mit höhlenartigen Wohnungen durchsetzt sind. Diese Wohnungen sind an den Seiten mit Öffnungen für Licht und Luft (Fenster) sowie mit größeren Öffnungen (Türen) ausgestattet, die über ein Netz von Gängen und Treppen zu anderen Türen führen, die sich zur Außenwelt öffnen.

Allein die Tatsache, dass die meisten Menschen wenig oder gar kein Unbehagen empfinden, wenn sie aus Fenstern und von Balkonen schauen, die sich Hunderte von Metern über dem Boden befinden, ist ein Zeugnis dafür, dass die Menschheit seit jeher auf Bäumen wohnt. Und die Tatsache, dass wir uns nicht gefangen, sondern sicher und geborgen fühlen, wenn wir in einer geschlossenen höhlenähnlichen Struktur mit minimalen Licht-, Luft- und Fluchtöffnungen eingeschlossen sind, zeugt von der evolutionären Geschichte unserer Spezies, die in Höhlen lebte – zunächst in natürlich vorkommenden Höhlen und später in von uns selbst entworfenen und hergestellten Höhlen. Der Höhlenmensch ist nicht ausgestorben, sondern lebendig und lebt heute in den Häusern und Wohnungen der modernen Welt.

Als sich die neu entstandenen Menschen die Nutzung des Feuers aneigneten, setzten sie eine ganze Reihe neuer menschlicher Potenziale frei. Sie lösten sich endgültig von der baumartigen Lebensweise ihrer Vorfahren und wurden zu

Landbewohnern, die durch ihr Feuer und ihre Waffen vor den Raubtieren geschützt waren, die ihren vielfältigen Lebensraum teilten. Zum ersten Mal in ihrer Jahrmillionen alten Geschichte konnten die Hominiden in Höhlen hausen, geschützt vor den Elementen und gewärmt von ihren Lagerfeuern. Sie waren auch von dem fast starren Rhythmus des zwölfstündigen tropischen Tages und der Nacht befreit. Das Feuer ermöglichte es ihnen, bis tief in die Nacht wach zu bleiben, mit dem Licht, das es erzeugte, Dinge herzustellen und miteinander über die Ereignisse des Tages zu kommunizieren. Schließlich erweiterte das Feuer den Speiseplan der Hominiden beträchtlich, denn es ermöglichte ihnen, die von ihnen gesammelten Samen, Nüsse, Wurzeln und Knollen zu kochen und damit auch das genießbar zu machen, was zuvor aufgrund seiner Härte, seines bitteren Geschmacks und seiner gefährlichen Giftstoffe ungenießbar war.

Das Feuer ermöglichte es den Hominiden auch, das Fleisch zu kochen, das sie durch die Jagd – und durch das Stehlen der Beute anderer Raubtiere – erworben hatten. Durch die Anpassung an die gekochte Nahrung fanden die neu entstandenen Menschen einen Weg, den Zeit- und Energieaufwand für das Kauen und Verdauen ihrer täglichen Nahrung erheblich zu reduzieren. Auf diese Weise konnten sie ihr immer größeres und „teureres“ Gehirn versorgen. Die Technologie des Feuers war in der Tat die einzigartige Errungenschaft, mit der die neu entstandenen Menschen die immense Kluft, die die Menschheit seither vom Rest des Tierreichs trennt, entscheidend und unwiderruflich überwanden.

Im nächsten Kapitel werden wir das wahre Alter von Kleidung und Unterkünften untersuchen. Und wir werden uns mit den Beweisen dafür befassen, dass prähistorische Menschen sich in ihren künstlichen Höhlen und Körperbedeckungen warm und trocken gehalten haben, und zwar nicht erst seit Tausenden von Jahren – wie weithin angenommen wird -, sondern schon seit Hunderttausenden von Jahren. Denn es waren die Technologien der Kleidung und des Schutzes, die es den tropischen Hominiden ermöglichten, sich in den gemäßigten Zonen der nördlichen Breiten niederzulassen, die bitteren Winter zu überleben und schließlich praktisch jeden Lebensraum auf dem Planeten Erde zu besiedeln.

Bibliographie zu 3 –
Die Technologie des Feuers

Agustí, Jordi und David Lordkipanidzeb (2011). „How «African» was the early human dispersal out of Africa?" In: *Quaternary Science Reviews* 30, S. 1338–1342.

Aiello, Leslie C. und Peter Wheeler (1995). „The expensive-tissue hypothesis: The brain and the digestive system in human and primate evolution". In: *Current Anthropology* 36.2, S. 199–221.

Albert, Rosa M. u. a. (2003). „Quantitative phytolith study of hearths from the Natufian and Middle Palaeolithic levels of Hayonim Cave (Galilee, Israel)". In: *Journal of Archaeological Science* 30.4, S. 461–480.

Alperson-Afil, Nira (2008). „Continual fire-making by hominins at Gesher Benot Ya'aqov, Israel". In: *Quaternary Science Reviews* 27, S. 1733–1739.

Bellomo, Randy V. (1994). „Methods of determining early hominid behavioral activities associated with the controlled use of fire at FxJj 20 Main, Koobi Fora, Kenya". In: *Journal of Human Evolution* 27.1–3, S. 173–195.

Berna, Fransesco u. a. (2012). „Microstratigraphic evidence of in situ fire in the Acheulean strata of Wonderwerk Cave, Northern Cape province, South Africa". In: *Proceedings of the National Academy of Sciences* 109.20, S. 1215–1220.

Bird, M. (1995). „Fire, prehistoric humanity, and the environment". In: *Interdisciplinary Science Reviews* 20.2, S. 141–154.

Brain, Charles K. (2003). „Raymond Dart and our African origins". In: *A Century of Nature: Twenty-One Discoveries that Changed Science and the World*. Hrsg. von Laura Garwin und Tim Lincoln. Chicago: University of Chicago Press, S. 3–9.

Brain, Charles K. und A. Sillen (1989). „Evidence from the Swartkrans cave for the earliest use of fire". In: *Nature* 336, S. 464–466.

Brainard, George C. u. a. (2001). „Action spectrum for melatonin regulation in humans: Evidence for a novel circadian photoreceptor". In: *Journal of Neuroscience* 21.16, S. 6405–6412.

Brantingham, P. Jeffrey (2009). „Book review of The Palaeolithic Settlement of Asia by Robin Dennell". In: *Geoarchaeology: An International Journal* 25.5, S. 668–670.

Brink, A. S. (1957). „The spontaneous fire-controlling reactions of two chimpanzee smoking addicts". In: *South African Journal of Science* 53, S. 241–247.

Brown, Kyle S. u. a. (2009). „Fire as an engineering tool of early modern humans". In: *Science* 35.5942, S. 859–862.

Bullfinch, Thomas (1913). *The Age of Fable. Stories of Gods and Heroes*. 1-2 Bde. New York: Review of Reviews Company.

Burton, Frances D. (2009). *Fire: The Spark That Ignited Human Evolution*. Albuquerque: University of New Mexico Press.

Carmody, Rachel N. und Richard W. Wrangham (2009). „The energetic significance of cooking". In: *Journal of Human Evolution* 57, S. 379–391.

Clark, J. D. und J. W. K. Harris (1985). „Fire and its roles in early hominid lifeways". In: *The African Archaeological Review* 3, S. 3–27.

Dart, Raymond A. (1925). „*Australopithecus africanus*: the man-ape of South Africa". In: *Nature* 115, S. 195–199.

Dennell, Robin (2003). „Dispersal and colonisation, long and short chronologies: How continuous is the Early Pleistocene record for hominids outside East Africa?" In: *Journal of Human Evolution* 45.6, S. 421–440.

— (2009). *The Paleolithic Settlement of Asia*. Cambridge, United Kingdom: Cambridge University Press.

Domínguez-Rodrigo, Enrique (2002). „Hunting and scavenging by early humans: The state of the debate". In: *Journal of World Prehistory* 16.1, S. 1–54.

Dunbar, Robin, Clive Gamble und John Gowlett, Hrsg. (2010). *Social Brain, Distributed Mind*. Oxford: Oxford University Press for the British Academy.

Fish, Jennifer L. und Charles A. Lockwood (2003). „Dietary constraints on encephalization in primates". In: *American Journal of Physical Anthropology* 120.2, S. 171–181.

Foley, Robert (2002). „Adaptive radiations and dispersals in hominin evolutionary ecology". In: *Evolutionary Anthropology, Supplement* 1, S. 32–37.

Fontana, Luigi u. a. (2005). „Low bone mass in subjects on a long-term raw vegetarian diet". In: *Archives of Internal Medicine* 165, S. 684–689.

Gibbons, Ann (2013). „Stunning skull gives a fresh portrait of early humans". In: *Science* 342.6156, S. 297–298.

Goren-Inbar, Naama u. a. (2004). „Evidence of hominin control of fire at Gesher Benot Ya'aqov, Israel". In: *Science* 304.5671, S. 725–727.

Gowlett, John A. J. (2006). „The early settlement of Northern Europe: Fire history in the context of climate change and the social brain". In: *Human Paleontology and Prehistory* 5, S. 299–310.

Gowlett, John A. J. u. a. (1981). „Early archaeological sites, hominid remains, and traces of fire from Chesowanja, Kenya". In: *Nature* 294.5837, S. 125–129.

Hawkes, Kristen und Nicholas Blurton Jones (2005). *"Human Age Structures, Paleodemography, and the Grandmother Hypothesis'" in Grandmotherhood: The Evolutionary Significance of the Second Half of Female Life.* New Brunswick, New Jersey: Rutgers University Press, S. 118–140.

James, Steven R. (1989). „Hominid use of fire in the Lower and Middle Pleistocene: A review of the evidence". In: *Current Anthropology* 30.1, S. 1–11.

Leonard, William R. (2002). „Food for thought: Dietary change was a driving force in human evolution". In: *Scientific American* 287.6, S. 106–115.

Lévi-Strauss, Claude (1964). *The Raw and the Cooked: Mythologiques.* Bd. 1.

Lieberman, Daniel E., Gail E. Krovitz u. a. (2004). „Effects of food processing on masticatory strain and craniofacial growth in a retrognathic face". In: *Journal of Human Evolution* 46, S. 655–677.

Lieberman, Daniel E., Brandeis M. McBratney und Gail Krovitz (2002). „The evolution and development of cranial form in *Homo sapiens*". In: *Proceedings of the National Academy of Sciences* 99.3, S. 1134–1139.

Lordkipanidze, David u. a. (2013). „A complete skull from Dmanisi, Georgia, and the evolutionary biology of early *Homo*". In: *Science* 342.6156, S. 326–331.

Mgeladzea, Ana u. a. (2011). „Hominin occupations at the Dmanisi site, Georgia, Southern Caucasus: Raw materials and technical behaviours of Europe's first hominins". In: *Journal of Human Evolution* 60.5, S. 571–596.

Milton, Kahtarine (1993). „Diet and primate evolution". In: *Scientific American* 269, S. 86–93.

Milton, Katharin (1999). „A hypothesis to explain the role of meat-eating in human evolution". In: *Evolutionary Anthropology* 8, S. 11–21.

Organ, Chris u. a. (2011). „Phylogenetic rate shifts in feeding time during the evolution of Homo". In: *Proceedings of the National Academy of Sciences* 108.5, S. 1455–1459.

Pagel, Makr und Walter Bodmer (2003). „A naked ape would have fewer parasites". In: *Proceedings of the Royal Society of London B (Supplement)* 270, S117–S119.

Parfitt, Simon A. u. a. (2010). „Early Pleistocene human occupation at the edge of the boreal zone in northwest Europe". In: *Nature* 466, S. 229–233.

Pennisi, Elizabeth (1999). „Did cooked tubers spur the evolution of big brains?" In: *Science* 283.5410, S. 2004–2005.

Perles, Catherine (1981). „Hearth and home in the old stone age". In: *Natural History* 90.10, S. 38.

Potts, Richard (1998). „Environmental hypotheses of hominin evolution". In: *Yearbook of Physical Anthropology* 41, S. 93–138.

Preece, R. C. u. a. (2006). „Humans in the Hoxnian: Habitat, context, and fire use at Beeches Pit, West Stow, Suffolk, UK". In: *Journal of Quaternary Science* 21, S. 485–496.

Pruetz, J. (2001). „Use of caves by Savanna chimpanzees (*Pan troglodytes verus*) in the Tomboronkoto Region of southeastern Senegal". In: *Pan Africa News* 8.2, S. 26–28.

Ragir, Sonia (2000). „Diet and food preparation: Rethinking early hominid behavior". In: *Evolutionary Anthropology* 9.4, S. 153–155.

Reed, Kaye E. (1997). „Early hominid evolution and ecological change through the African Plio-Pleistocene". In: *Journal of Human Evolution* 32, S. 289–322.

Roebroeks, Wil (2006). „The human colonisation of Europe: Where are we?" In: *Journal of Quaternary Science* 21, S. 425–435.

Roebroeks, Wil und Paola Villa (2011). „On the earliest evidence for habitual use of fire in Europe". In: *Proceedings of the National Academy of Sciences* 108.3, S. 5209–5214.

Rowlett, Ralph M. (2005). „Letter: Did the use of fire for cooking lead to a diet change that resulted in the expansion of brain size in *Homo erectus* from that of *Australopithecus africanus*?" In: *Science* 283.5410.

Slurink, Pouwel (1993). „Ecological dominance and the final sprint in hominid evolution". In: *Human Evolution* 8.4, S. 265–273.

Spoor, F. u. a. (2007). „Implications of new early Homo fossils from Ileret, east of Lake Turkana, Kenya". In: *Nature* 448, S. 688–691.

Stahl, Ann B. (1984). „Hominid dietary selection before fire". In: *Current Anthropology* 25.2, S. 151–168.

Tobias, Phillip V. (1974). „Recent studies on Sterkfontein and Makapansgat and their bearing on hominid phylogeny in Africa". In: *South African Archaeological Society, Goodwin Series* 10.2, S. 5–11.

Twomey, Terrence (2013). „The cognitive implications of controlled fire use by early humans". In: *Cambridge Archaeological Journal* 23.1, S. 113–128.

Webb, John und Marian Domanski (2009). „Fire and stone". In: *Science* 325.5942, S. 829–821.

Welsh, Jennifer (22. Aug. 2011). *Man entered the kitchen 1.9 million years ago.* LiveScience. URL: http://www.livescience.com/15688-man-cooking-homo-erectus.html (besucht am 22. 05. 2013).

Wills, Christopher (1998). *Children of Prometheus: The Accelerating Pace of Human Evolution*. Reading, Massachusetts: Perseus Books.

Wobber, Victoria, Brian Hare und Richard Wrangham (2008). „Great apes prefer cooked food". In: *Journal of Human Evolution* 55, S. 343–348.

Wrangham, Richard (2009). *Catching Fire: How Cooking Made Us Human*. New York: Basic Books.

Wrangham, Richard und Rachel Carmody (2010). „Human adaptation to the control of fire". In: *Evolutionary Anthropology* 19, S. 187–199.

Wrangham, Richard und NancyLou Conklin-Brittain (2003). „The biological significance of cooking in human evolution". In: *Comparative Biochemistry and Physiology, Part A* 136, S. 35–46.

Wrangham, Richard, James Holland Jones u. a. (1999). „The raw and the stolen: Cooking and the ecology of human origins". In: *Current Anthropology* 40.5, S. 567–594.

Wynn, Jonathan G. u. a. (3. Juni 2013). „Diet of *Australopithecus afarensis* from the Pliocene Hadar Formation, Ethiopia". In: *Proceedings of the National Academy of Sciences*.

Zhua, Rixiang u. a. (2003). „Magnetostratigraphic dating of early humans in China". In: *Earth-Science Reviews* 61, S. 341–359.

✦

4

Die Technologien der Kleidung und des Schutzes:

Hüte, Hütten, Togas und Zelte

»*Dein Haus ist dein größerer Körper.*«

(Kahlil Gibran, *Der Prophet*)

Von allen Artefakten, die Archäologen aus den Lagerstätten prähistorischer Hominiden ausgegraben haben, wurden praktisch keine physischen Überreste von Behausungen oder Kleidung gefunden, die älter sind als die Zeit, als der anatomisch moderne Mensch vor weniger als fünfzigtausend Jahren in Europa auftauchte. Dieser Mangel an Beweisen hat viele Wissenschaftler zu der Schlussfolgerung veranlasst, dass Kleidung und Unterkünfte erst vor relativ kurzer Zeit in der Geschichte der Hominiden entstanden sind.

Die Technologie des Feuers ermöglichte es den neu entstehenden Menschen jedoch schon vor 1,75 Millionen Jahren, in Höhlen zu leben, und es gibt zahlreiche Beweise dafür, dass andere Populationen von neu entstehenden Menschen aus dieser Zeit an Orten lebten, an denen es keine geeigneten Höhlen gibt. Müssen wir daraus schließen, dass zahlreiche neu entstandene Menschen fast zwei Millionen Jahre lang nackt und ungeschützt lebten, ohne ein Fitzelchen Kleidung oder ein Dach über dem Kopf, das sie vor den Elementen geschützt hätte?

Aus der „Steinzeit" verschwunden

Zur Beantwortung dieser Frage sollten wir zunächst festhalten, dass alle Hominidenarten, die vor der Erfindung der Landwirtschaft und der Metallurgie lebten, nomadische Jäger und Sammler waren, die die meisten Gegenstände des täglichen Lebens nicht aus Stein, sondern aus Pflanzen und Tieren herstellten, die sie in ihrem natürlichen Lebensraum fanden. Keines dieser organischen Materialien kann sehr lange überleben, wenn es einmal in der Erde vergraben ist – schon gar nicht in der warmen, feuchten Erde der tropischen Umgebungen, in denen die meisten prähistorischen Hominiden lebten.

Die Überreste toter Pflanzen und Tiere sind die natürliche Nahrung unzähliger Arten von Insekten, Mollusken, Würmern, Pilzen und Bakterien. In tropischem Klima werden Artefakte aus diesen Materialien in der Regel innerhalb weniger Tage oder Wochen von diesen Organismen aufgefressen, und nach einigen Jahren sind sie vollständig verschwunden. Selbst in gemäßigten Klimazonen ist es unwahrscheinlich, dass solche Materialien länger als ein paar hundert Jahre überleben.[43] Es sollte daher nicht überraschen, dass nach Hunderttausenden von Jahren in den Überresten der ältesten archäologischen Stätten kaum noch Spuren von prähistorischer Kleidung oder Behausungen zu finden sind.

Die Jäger- und Sammlervölker, die bis in die Neuzeit überlebten und von Anthropologen untersucht wurden, zogen in der Regel mit dem Wechsel der Jahreszeiten und der sich ständig ändernden Verfügbarkeit von pflanzlichen und tierischen Nahrungsmitteln von Ort zu Ort. Die Behausungen, die sich diese Nomadenvölker bauten, wurden zumeist in provisorischen Lagern errichtet und nach einigen Wochen oder Monaten wieder verlassen. Aus diesem Grund mussten alle materiellen Besitztümer, die diese Menschen in ihrem täglichen Leben benutzten, klein und leicht genug sein, um von Ort zu Ort getragen werden zu können. Und fast alles, was sie herstellten, wurde aus den verderblichen organischen Materialien von Pflanzen und Tieren gefertigt.

Speere, Pfeile, Keulen, Grabstöcke, Wanderstöcke und das Gerüst für Hütten und Zelte wurden aus den Stämmen und Ästen von Bäumen und Sträuchern hergestellt. Die Wände und Dächer der Hütten, das Bettzeug und der Windschutz wurden aus Blattpflanzen wie Palmwedeln, Gräsern und Schilf gefertigt. Schnüre, Seile, Netze, Taschen und Hängematten wurden aus den Fasern von Weinstöcken, Wurzeln und Rinde gewebt. Behälter für Nahrung, Wasser, Werkzeuge, Waffen, Amulette, Medizin und Pigmente wurden aus ausgehöhlten Kürbissen und Samenkapseln sowie aus den hohlen Stängeln von Schilf, Sumpfgras und Bambus erzeugt. Hüte, Gewänder, Beinkleider, Schürzen, Stiefel, Sandalen, Nähgarn, Schnüre und Zeltplanen wurden aus den Häuten und Sehnen von Tieren gefertigt. Und aus den Hörnern, Knochen, Federn und Krallen von Vögeln und Tieren wurden Trinkbecher, Schmuck, Musikinstrumente und kleine Gefäße aller Art hergestellt.

Wie die zeitgenössischen Jäger und Sammler, die von Anthropologen untersucht wurden, verwendeten die prähistorischen Hominiden in ihrem täglichen Leben jedoch eine Art von Material – Stein –, das nicht zerfallen oder von prähistorischen archäologischen Stätten verschwinden konnte.[44] Aus diesem Grund hat das Überleben von zigtausenden von Steinobjekten aus prähistorischer Zeit einen übertriebenen Eindruck von der Bedeutung des Steins, in den von prähistorischen Menschen verwendeten Technologien, geschaffen. Die zahlreichen Steinwerkzeuge, die von den frühen Archäologen in den Überresten der prähistorischen Siedlungen gefunden wurden, führten schnell zur allgemeinen Verwendung des Begriffs „Steinzeit", um die gesamte Periode der menschlichen Geschichte vor der Erfindung der Metallurgie zu beschreiben.

Die Steinzeit war jedoch kein bestimmter Zeitraum oder ein bestimmtes Zeitalter, denn sie umfasst die gesamte Entwicklungsgeschichte der Hominiden, von ihrem ersten Auftreten vor mehreren Millionen Jahren bis zu den modernen Menschen der heutigen Welt. Dieser riesige Zeitraum umfasst viele der in diesem Buch beschriebenen Technologien, darunter die Domestizierung des Feuers, die Erfindung von Kleidung und Behausungen, die Entwicklung der Symbolik, die Einführung der Landwirtschaft und die Anfänge der städtischen Zivilisation. Tatsächlich begann die Steinzeit technisch gesehen erst zu enden, als vor einigen tausend Jahren die ersten Techniken der Metallurgie entwickelt wurden.

Wenn man bedenkt, dass die frühesten Steinwerkzeuge aus der Zeit vor etwa drei Millionen Jahren stammen, würde die Steinzeit damit etwa 99,8 Prozent der gesamten Menschheitsgeschichte ausmachen – und alle übrigen „Zeitalter" zusammen nur ein Fünftel von 1 Prozent der Zeit der Hominiden auf der Erde. Tatsächlich würden die Hochkulturen der Neuen Welt – einschließlich der Azteken, Maya und Inka, mit ihren großen städtischen Zentren, komplexen Religionen, fortgeschrittenen Hieroglyphenschriften, organisierten Bürokratien und bemerkenswerten Errungenschaften in Mathematik und Astronomie – wahrscheinlich als steinzeitliche Gesellschaften und Kulturen gelten, einfach weil diese komplexen und hochentwickelten Völker keine Metallwerkzeuge und Waffen herstellten oder verwendeten.[45]

Das Konzept der „Steinzeit" erweckte auch den falschen Eindruck, dass Steinwerkzeuge die häufigsten Artefakte waren, die die prähistorischen Menschen in ihrem täglichen Leben verwendeten. Doch obwohl Steinwerkzeuge zum Formen, Schnitzen und Schärfen anderer Materialien verwendet wurden, bestanden die meisten Artefakte der Vorzeit aus verderblichen Substanzen, die schnell aus den archäologischen Aufzeichnungen verschwanden. Es gibt jedoch noch andere Arten von Beweisen in Form von prähistorischen Migrationsmustern, den Abnutzungsmustern von Steinwerkzeugen und sogar der genetischen Geschichte der menschlichen Körperlaus. Doch bevor wir uns mit diesen anderen Beweisen befassen, sollten wir uns vergegenwärtigen, dass Tiere mit weitaus weniger Verstand als wir ihre eigenen Lebensräume schaffen.

Lebensräume, die Tiere schaffen

Primatologen, die das Verhalten wild lebender Menschenaffenpopulationen untersucht haben, konnten feststellen, dass alle diese Arten natürliche Materialien verwenden, um sich Schlafnester zu bauen, und in einigen Fällen bedecken sie sogar ihren Kopf und Körper mit Pflanzen, um sich vor den Elementen zu schützen. Und die großen Menschenaffen waren keineswegs die ersten oder die einzigen Tiere, die sich ihre eigenen Behausungen bauten. Das Errichten von Behausungen durch Tiere ist eine sehr alte Praxis in der Geschichte des tierischen Lebens auf der Erde.

Ameisen und Termiten – die vor zehn Millionen Jahren erstmals auf der Erde auftauchten und deren „Gehirn" kleiner ist als ein Stecknadelkopf – bauen aufwendige Nester für ihre Kolonien von Tausenden von Individuen, indem sie Gänge und Kammern in die Erde und in verrottendes Holz graben. Wespen und Hornissen bauen ihre Nester aus einem speziellen „Papier", das sie durch das Kauen von Holzfasern herstellen. Und Honigbienen bauen ihre erstaunlich geometrischen Bienenstöcke aus Wachs, das in winzigen Drüsen unter den Schuppen, die ihren Bauch bedecken, produziert wird.

Unter den höheren Tieren bauen fast alle der zehntausend lebenden Vogelarten Nester aus den natürlichen Materialien, die sie in ihrer Umgebung vorfinden – darunter Zweige, Äste, Schilf, Gräser, Schlamm und sogar ihre eigenen Federn –, die sie zum Schlafen, zum Ausbrüten ihrer Eier und zum Aufziehen ihrer Jungen nutzen. Und zahlreiche Nagetierarten und andere Kleintiere – darunter Mäuse, Ratten, Hamster, Eichhörnchen, Kaninchen, Präriehunde, Erdhörnchen und Murmeltiere – bauen sich Nester in hohlen Bäumen oder in unterirdischen Höhlen. Einige dieser Höhlen bestehen aus komplexen Netzwerken von Tunneln und Kammern, in denen ihre Bewohner schlafen, Nahrung lagern, fressen, ihren Nachwuchs gebären und einen Großteil ihres Erwachsenenlebens verbringen.

Nicht zuletzt fällt der Biber, ein Nagetier mit einem Gehirn, das nur wenig größer als eine Walnuss ist, routinemäßig kleine Bäume und schafft oder vergrößert durch die Kombination von kleinen Stämmen und Schösslingen mit Schlamm und Steinen Teiche und Feuchtgebiete, um seine eigenen speziellen Lebensräume mit hüfthohem Wasser zu schaffen. Nachdem er diese künstlichen Lebensräume geschaffen hat, baut der Biber seine eigenen Behausungen in Form von ausgeklügelten Lodges mit Unterwassereingängen, geschickt versteckten Atemlöchern zur Belüftung und trockenen, geräumigen Kammern zum Essen, Schlafen, Gebären und Aufziehen seiner Jungen (siehe Abbildung

ABBILDUNG 4.1: Eine Biberbehausung im Winter. Obwohl sein Gehirn nur wenig größer als eine Walnuss ist, baut der Biber eine komplexe Behausung mit geschickt versteckten Eingängen und Atemlöchern. *Illustration von Mike Storey. Nachdruck mit Genehmigung.*

4.1).

Es ist zwar naheliegend, dass die Fähigkeit zum Bau dieser Tierbehausungen genetisch vorprogrammiert ist, doch ihr zahlreiches Vorkommen beweist, dass eine Tierart keine zweibeinige Fortbewegung, keinen freien Gebrauch von Greifhänden und kein großes Gehirn benötigt, um aus natürlich vorkommenden Materialien in ihrer Umgebung Behausungen zu bauen. Der Bau von Behausungen durch Hominiden könnte sogar weitgehend auf einer uralten genetischen Veranlagung beruhen, die sowohl den Hominiden als auch den großen Menschenaffen gemeinsam ist und von einem gemeinsamen Vorfahren geerbt wurde.

Die Nester der großen Menschenaffen

Im Jahre 1985 veröffentlichten der biologische Anthropologe Colin P. Groves und der Primatologe Jordi Sabater-Pi eine faszinierende Studie über die Nester, die von allen drei lebenden Menschenaffenarten – Schimpansen, Gorillas und Orang-Utans – die alle zusammen mit dem Menschen zur Primatenfamilie *Hominidae* gehören, täglich gebaut werden. Die Nester der Menschenaffen dienen in erster Linie nachts zum Schlafen, werden aber auch gelegentlich tagsüber zum Ausruhen und Fressen genutzt. Groves und Sabater-Pi stellten fest, dass alle drei Menschenaffenarten Nestbauer sind, dass jede dieser Arten jeden Tag ein neues Nest baut, dass der Bau dieser Affennester beträchtliches Geschick erfordert und dass das Nest jeder Art ein vorhersehbares Design aufweist, das mit großer Regelmäßigkeit von allen erwachsenen Individuen wiederholt wird.[46]

Die Schimpansen und Gorillas im äquatorialen Afrika und die Orang-Utans in Südostasien leben mehrere tausend Kilometer voneinander entfernt, und ihre Vorfahren haben sich vor fünfzehn Millionen Jahren getrennt. Doch die Nestbaugewohnheiten aller drei Arten weisen viele Gemeinsamkeiten auf. Alle ihre Nester werden gebaut, indem sie an einer Stelle stehen, die Äste der sie umgebenden Blattvegetation herunterbiegen und diese Blätter und Äste mit den Hinterbeinen zertreten, bis ein großes, becherförmiges Nest mit einem Durchmesser von mehreren Metern entstanden ist. Diese Arten können auch andere Zweige von nahe gelegenen Bäumen und Sträuchern abbrechen und dem Haufen hinzufügen, und in vielen Fällen werden sie das Nest fertigstellen, indem sie es mit weicherer Vegetation auskleiden, um eine bequemere Unterlage zu schaffen.

Die Nester aller großen Menschenaffen haben in etwa die gleiche Größe und Form: Sie sind rund oder oval und haben einen Durchmesser zwischen zwei und vier Fuß. Alle drei Arten bauen jeden Tag neue Nester aus Pflanzenmaterial, das sie in der Nähe haben, und benutzen sie in der Regel nur einmal. Jedes erwachsene Mitglied der Gruppe baut sein eigenes Nest, und Schlafnester werden nur von Müttern und ihrem unreifen Nachwuchs und fast nie von zwei oder mehr Erwachsenen geteilt.[47] Und die Nester, die von den Mitgliedern einer einzigen Menschenaffengruppe gebaut werden, liegen in der Regel ziemlich dicht beieinander an einem einzigen Ort, dem so genannten „Neststandort". Diese Ähnlichkeiten legen nahe, dass die großen Menschenaffen instinktiv Nester zum Schlafen bauen, so wie Vögel instinktiv Nester bauen, in die sie ihre Eier legen und ihre Jungen aufziehen. Aber die Dinge sind komplizierter als das.

Es hat sich herausgestellt, dass nur diejenigen Menschenaffen, die in freier Wildbahn geboren und aufgewachsen sind – wo sie ihre Artgenossen jede Nacht beim Nestbau beobachtet haben und die ersten Jahre ihres Lebens mit ihren Müttern in Nestern geschlafen haben –, in Gefangenschaft offenbar in der Lage sind, selbst Nester zu bauen. In Gefangenschaft geborene und aufgewachsene Schimpansen bauen keine Nester, selbst wenn sie in Käfigen mit wild geborenen Schimpansen untergebracht sind, die jeden Tag Nester bauen. Menschenaffen haben zwar eine instinktive Veranlagung zum Nestbau, doch damit sich diese Veranlagung im Verhalten der Erwachsenen niederschlägt, müssen diese Tiere offenbar schon früh im Leben bestimmte Lernerfahrungen machen. Kurz gesagt, der Nestbau bei großen Menschenaffen enthält wesentliche Elemente sowohl des Lernens als auch der Vererbung.

Darüber hinaus zeigen zwei der drei Arten von großen Menschenaffen Verhaltensweisen, die auf die Verwendung von Kleidung durch Hominiden hinzuweisen scheinen. Schimpansen verwenden große Blätter als „Hüte", um ihren Kopf bei einem tropischen Regenguss zu schützen, und Orang-Utans bedecken ihren Körper nachts oft mit Blättern und Ästen – in einigen Fällen halten sie lose Äste über ihren Köpfen und bilden so eine Art primitives Dach. Tatsächlich bedecken Orang-Utans in Gefangenschaft ihren Kopf oft mit leeren Säcken und können sogar ihren ganzen Körper mit Stroh bedecken, wenn sie sich auf den Schlaf vorbereiten.

Nachdem sie die gemeinsame Vererbung des Nestbaus unter den großen Menschenaffen bewiesen hatten, gingen Groves und Sabater-Pi noch einen Schritt weiter. Sie wiesen darauf hin, dass sich die Vorfahren von Hominiden und Schimpansen vor etwa sieben Millionen Jahren voneinander trennten, also viel später als der gemeinsame Vorfahre von Hominiden und Schimpansen von den Orang-Utans, was vor etwa fünfzehn Millionen Jahren geschah. Daher sei es wahrscheinlich, dass die genetische Veranlagung zum Bau von Wohnräumen, die bei allen großen Menschenaffen so offensichtlich ist, auch in der DNS der Hominiden, sowohl der modernen als auch der prähistorischen, vorhanden ist.

„Wir müssen uns vollkommen im Klaren darüber sein", schrieben sie, „warum wir uns berechtigt fühlen, nach einem gemeinsamen Ursprung der Nist- und Campingmuster von großen Menschenaffen und Menschen zu suchen... Wenn vier Spezies – Orang-Utan, Schimpanse, Gorilla, Mensch – eine bestimmte Tätigkeit ausüben, deren motorische Komponenten und Endergebnis ähnlich sind, legt die Wahrscheinlichkeit nahe, dass ihr letzter gemeinsamer Vorfahre selbst etwas Ähnliches getan hat und dass seine Nachkommen dies seither getan haben... Da der Orang-Utan mit dem Gorilla und dem Schimpansen weniger eng verwandt ist als der Mensch, müsste dieses Verhalten auch beim Urmenschen vorhanden gewesen sein".[48] Die Autoren führen dann die Ähnlichkeiten zwischen den von den Menschenaffen und den von modernen Jägern und Sammlern errichteten Lebensräumen auf.

Jedes Nest eines Menschenaffen wird von einem einzelnen Individuum genutzt, hat eine runde oder ovale Form und einen durchschnittlichen Durchmesser von etwa einem halben bis einem Meter. Jede menschliche Behausung wird von einer einzigen Kernfamilie genutzt, hat eine runde oder ovale Form und einen durchschnittlichen Durchmesser von etwa eindreiviertel bis zweieinhalb Meter. (Behausungen mit quadratischen Seiten wurden von Jägern und Sammlern selten gebaut. Solche Behausungen kamen erst auf, als der anatomisch moderne Mensch vor etwa elftausend Jahren mit der Einführung der Landwirtschaft begann, sich dauerhafte Behausungen zu bauen). Sowohl die Nistplätze der Menschenaffen als auch die Lagerplätze der Menschen umfassen in der Regel zwischen zwanzig und achtzig Individuen. Beide sind in einem runden oder ovalen Bereich angelegt, der im Durchschnitt einen Durchmesser von neun bis achtzehn Metern hat. Und sowohl bei den Nistplätzen der Menschenaffen als auch bei den Lagerplätzen der Hominiden liegen die einzelnen Nester oder Behausungen in der Regel in einem Abstand von etwa dreieinhalb Metern voneinander.

Die Ähnlichkeiten zwischen den Nestern der großen Menschenaffen und den Behausungen der Hominiden – und die Tatsache ihrer gemeinsamen Abstammung – legen vier wahrscheinliche Schlussfolgerungen nahe. Erstens könnte eine genetische Komponente der DNS der Hominiden alle Hominiden dazu prädisponieren, Behausungen zu bauen. Zweitens wurde diese genetische Veranlagung wahrscheinlich von prähistorischen Menschenaffen vererbt, die Vorfahren sowohl der Hominiden als auch der großen Menschenaffen waren. Drittens: Wenn die Fähigkeit der Menschenaffen, Nester zu bauen, ein wesentliches Element des Lernens ist, sollte es nicht überraschen, dass ein ähnliches Element des Lernens auch für die Fähigkeit der Hominiden, Behausungen zu bauen, wesentlich ist. Und viertens könnte der Bau von Behausungen schon immer ein fester Bestandteil des Verhaltens von Hominiden gewesen sein und bereits gut entwickelt gewesen sein, als die frühesten Hominiden vor Millionen von Jahren erstmals eine zweifüßige Fortbewegung entwickelten.

Aber hier stoßen wir wieder auf die Vorsicht der Paläontologie, die dazu neigt, mangels gegenteiliger Beweise davon auszugehen, dass das Fehlen von Beweisen am besten als Beweis für das Fehlen angesehen wird. Denn trotz der gut dokumentierten Fähigkeit der großen Menschenaffen, Nester zu bauen – und der Schlussfolgerung der Primatologen, dass dieses Verhalten bei diesen Spezies universell ist – argumentieren viele Paläontologen weiterhin, dass die Hominiden nie ihre eigenen Behausungen gebaut haben, bis der anatomisch moderne Mensch vor weniger als fünfzigtausend Jahren in Europa auftauchte.

Für den *Homo erectus* mit seinem relativ großen und schnell wachsenden Gehirn wäre es nicht besonders schwierig gewesen, eine primitive Hütte zu bauen, indem er Stöcke und Pfähle zusammenflocht und dieses Gerüst mit Fellen oder mit Blättern und Zweigen bedeckte. Ebenso wenig wäre es für diese einfallsreiche Kreatur schwierig gewesen, aus Tierhäuten Hüte und Umhänge zu fertigen, um sich vor der sengenden Sonne und dem strömenden Regen in den Tropen zu schützen. Zwar wurden in den ältesten archäologischen Stätten keine materiellen Überreste solcher Artefakte gefunden, doch deuten andere Beweise darauf hin, dass prähistorische Hominiden tatsächlich Behausungen und Kleidung herstellten und benutzten, lange bevor der anatomisch moderne Mensch auf der Bildfläche erschien.

Die Behausungen der Hominiden

Obwohl aus sehr alten Zeiten nur wenige Spuren von hominiden Behausungen gefunden wurden, gibt es einige spannende Ausnahmen. Eine der interessantesten dieser Ausnahmen sind bestimmte Formationen von Steinen und anderen schweren Gegenständen, die in einigen der ältesten prähistorischen Wohnstätten unter freiem Himmel zu Kreisen oder Ovalen angeordnet gefunden wurden. Einige Paläontologen haben diese Steinkreise als Überreste von Fundamenten gedeutet, die prähistorische Hominiden zur Verankerung der Wände ihrer Behausungen aus einem Gerüst aus Stöcken errichteten, die sie mit Fellen bedeckten oder mit Palmwedeln, Schilf oder Gräsern bedeckten.

Der älteste – und umstrittenste – dieser Steinkreise ist eine Gruppe großer Basaltblöcke (ein vulkanisches Gestein), die von Louis Leakey in der Olduvai-Schlucht in Ostafrika (Tansania) gefunden wurde, in einer Ablagerung, die auf vor 1,8 Millionen Jahren datiert wurde. Das Gebiet innerhalb dieses Steinkreises ist fast völlig frei von Artefakten, während das Gebiet unmittelbar außerhalb des Kreises mit Resten von Werkzeugen und Knochen von Beutetieren übersät ist. Dies deutet darauf hin, dass die frühen Hominiden, die diese Stätte bewohnten, ihren Müll außerhalb ihrer Behausung entsorgten, während sie das Innere relativ frei von Abfällen hielten – ein Verhaltensmuster, das bei zeitgenössischen Jägern und Sammlern häufig beobachtet wurde.

Noch überzeugendere Beweise gibt es in Form von sorgfältig dokumentierten Steinkreisen, die mit prähistorischen Stätten in Europa verbunden sind. Eine dieser Stätten befindet sich in Terra Amata, einer Freiluftanlage in der Nähe von Nizza in Südfrankreich, und die andere in Bilzingsleben, einer Freiluftanlage in Mitteldeutschland. Das Alter beider Stätten wird auf 380.000 Jahre geschätzt – einer Warmzeit des globalen Klimas, in der sich die höher entwickelten Populationen des *Homo erectus* dauerhaft in Nordeuropa niedergelassen hatten.[49] Sowohl in Terra Amata als auch in Bilzingsleben wurden Gruppen von Steinen gefunden, die in einer charakteristischen kreisförmigen Formation angeordnet waren, und in beiden Fällen interpretierten die Wissenschaftler, die diese Stätten ausgruben, diese Steinkreise als Fundamente für kleine Hütten.

In Terra Amata an der französischen Mittelmeerküste fand der französische Archäologe Henry de Lumley in der Mitte jedes Steinkreises Reste von Asche, was darauf hindeutet, dass die Bewohner in ihren Hütten regelmäßig Feuer gemacht hatten. De Lumley entdeckte auch mehrere niedrige Mauern aus Steinen und Strandkieseln, die an der Nordwestseite jeder Feuerstelle errichtet worden waren, vermutlich um die Feuer vor den starken „Mistral"-Winden zu schützen, die in dieser Region häufig aus Nordwesten wehen. De Lumley glaubte, dass die Dächer der Terra-Amata-Hütten von einer Art „Zeltstange" in der Mitte der Hütte gestützt wurden, und er stellte die Theorie auf, dass jede der Hütten mit einem Loch im Dach ausgestattet war, um den Rauch des Feuers, das in ihnen brannte, abzulassen.

In Bilzingsleben haben die deutschen Archäologen Dietrich und Ursula Mania jahrelang eine riesige Wohnstätte unter freiem Himmel ausgegraben, die die zerbrochenen Knochen zahlreicher Wildtiere, zahlreiche Hinweise auf Feuer und Tausende von Werkzeugen aus Stein, Knochen, Geweihen und Elfenbein zutage gefördert hat. Die Manias fanden in Bilzingsleben die Umrisse von drei ovalen Ringen aus Stein und anderen schweren Gegenständen, von denen sie glauben, dass es sich um die Fundamente von Behausungen handelt. Die Öffnungen dieser Fundamente sind alle nach Südosten ausgerichtet, was darauf hindeutet, dass sie so gebaut wurden, dass sie den vorherrschenden Nordwestwinden abgewandt waren. Schließlich deuten, vor allen drei Ovalen, Spuren von verbranntem Material, darauf hin, dass die Bewohner von Bilzingsleben regelmäßig Feuer an den Eingängen dieser Behausungen machten.

Viel später, als die Neandertaler begannen, sich in Nordeuropa niederzulassen und während der jüngeren Eiszeiten Wollhaarmammut, Wollnashorn, Wildpferde und Wildrinder zu jagen, verwendeten sie Mammutknochen zum Bau von Mauern für ihre festungsartigen Behausungen. Die älteste dieser Stätten ist etwa fünfundvierzigtausend Jahre alt und befindet sich in Moldawien I in der Ukraine, wo die Kiefer, Schädel und großen Gliederknochen von mindestens fünfzehn Mammutskeletten zusammengefügt und in einem großen Kreis angeordnet wurden. Die Fundstelle Moldawien I ähnelt den Überresten anderer Mammutknochensiedlungen, die von modernen Menschen bis vor etwa fünfzehntausend Jahren errichtet wurden. Von den Wänden und Dächern dieser Struktur, die wahrscheinlich aus einem Gerüst aus Stöcken bestand und mit den Fellen der Megafauna – Mammuts, Nashörner, Bisons und Wildrinder – bedeckt war, die von ihren außergewöhnlichen Bewohnern gejagt wurden, ist nichts übrig geblieben.

Doch als die Wissenschaftler, die die Ausgrabungsstätten in Terra Amata, Bilzingsleben und Moldawien untersuchten, zu dem Schluss kamen, dass es sich bei diesen Stein- und Mammutknochenkreisen um die Überreste von Behausungen handelt, wurden ihre Interpretationen umgehend in Frage gestellt. Trotz der fortgeschrittenen Kenntnisse in der Holzbearbeitung, die die neu entstandenen Menschen bereits vor vierhunderttausend Jahren nachwiesen, hat das Fehlen von Wänden und Dächern viele Paläontologen dazu veranlasst, alternative Erklärungen für ihre Existenz vorzuschlagen. Dazu gehören Theorien, wonach die Kreise durch natürliche Bodenbewegungen oder durch die Beseitigung unerwünschter Abfälle entstanden sein könnten, oder sogar, dass sie von prähistorischen Menschen als Teil eines hypothetischen religiösen Rituals errichtet wurden.

Wenn man jedoch bedenkt, dass selbst die Überreste von Behausungen aus relativ jüngerer Zeit fast nic Hinweise auf Holzrahmen, Strohdächer oder Fellbedeckungen enthalten, die einst Teil ihrer ursprünglichen Konstruktion waren, gibt es keinen Grund zu erwarten, dass die Überreste von Behausungen, die Hunderte Male älter sind, solche Hinweise enthalten. Dies könnte ein weiterer Fall sein, in dem das Fehlen von Beweisen fälschlicherweise als Beweis für das Fehlen interpretiert wird.[50]

Es gibt jedoch zahlreiche Hinweise darauf, dass die Verarbeitung von Tierhäuten weit in die Vorgeschichte der Hominiden zurückreicht. Dies wurde durch die mikroskopische Untersuchung alter Steinwerkzeuge bestätigt, insbesondere der großen, flachen Schuppenwerkzeuge mit einer einzigen Schneide, die Schaber genannt werden. Betrachtet man die Schneide solcher Werkzeuge unter dem Mikroskop, kann man ein charakteristisches Abnutzungsmuster erkennen, und diese „Mikroabnutzung" deutet darauf hin, dass viele dieser Schaber zum Entfernen von Fleisch und Fett von der Unterseite von Tierhäuten verwendet wurden. Tatsächlich geht der Nachweis, dass Steinwerkzeuge zum Abschaben von Tierhäuten verwendet wurden, mindestens 780.000 Jahre zurück, und dieses Verhalten setzte sich in Jäger- und Sammlerkulturen ohne Unterbrechung fort, bis in der Neuzeit Metallwerkzeuge verfügbar wurden.

Das Entfernen des Fleisches von den Häuten ist ein notwendiger erster Schritt im Prozess der Verarbeitung von Tierhäuten zu Leder. Praktisch das gesamte von Jägern und Sammlern gegerbte Leder wurde für einen von drei Zwecken verwendet: erstens für die Dächer und Abdeckungen von Zelten und Hütten, zweitens für die Einstreu in den Behausungen der Hominiden und drittens für Gewänder, Umhänge, Hüte, Schuhe, Fäustlinge und alle anderen Kleidungsstücke, die die Hominiden seit ihrer ersten Besiedlung in den nördlichen Breitengraden getragen haben müssen. Der Nachweis, dass rohe Tierhäute zu Leder verarbeitet wurden, ist an sich schon ein indirekter Beweis dafür, dass prähistorische Menschen vor Hunderttausenden von Jahren Behausungen bauten und Kleidungsstücke herstellten.

Nicht länger nackt

Es gibt kaum einen Präzedenzfall für das Tragen von Kleidung bei anderen Tierarten als den Hominiden. Zusammen mit der kontrollierten Nutzung des Feuers gehört die Erfindung der Kleidung durch die Hominiden zu den einzigartigen Errungenschaften, die uns von allen anderen tierischen Lebensformen unterscheiden. Und die Verwendung von Leder und anderen natürlichen Materialien zur Bekleidung des hominiden Körpers reicht Hunderttausende von Jahren zurück bis in die Zeit der neu entstandenen Menschen.

Der stärkste Beweis dafür, dass neu entstandene Menschen Kleidung herstellten und benutzten, beruht auf der erwiesenen Tatsache, dass sie vor langer Zeit begannen, sich in geografischen Gebieten niederzulassen, die so weit nördlich lagen, dass ein Überleben in diesen Regionen ohne Kleidung praktisch unmöglich gewesen wäre. Denn obwohl Populationen des *Homo erectus* bereits vor fast zwei Millionen Jahren in den subtropischen Regionen Europas und Asiens siedelten, breiteten sie sich erst vor einer halben Million Jahren, also fast 1,5 Millionen Jahre später, in die nördlichen Breitengrade aus.

Warum sollte der *Homo erectus* über Tausende von Kilometern Grasland nach Osten gewandert sein, um sich in den subtropischen Gebieten Javas und Südchinas niederzulassen, aber nicht ein paar hundert Kilometer nach Norden in die wildreichen Gebiete Nordeuropas und Asiens gezogen sein? Und warum sollten mehr als eine Million Jahre zwischen dem Zeitpunkt, zu dem der *Homo erectus* seine afrikanische Heimat verließ, und dem Zeitpunkt seiner schließlichen Expansion in die nördlichen Länder vergangen sein? Die wahrscheinlichste Antwort ist, dass die Winter in den nördlichen Breitengraden einfach zu kalt für ein tropisches Tier waren, das sich im Zuge seiner Anpassung an das Leben mit Feuer nackt gemacht hatte. Tatsächlich hat man errechnet, dass kein Hominide in einem Klima, in dem die Temperaturen im Winter regelmäßig unter 11,5 Grad Celsius fielen, ohne Kleidung hätte überleben können.[51]

Obwohl der *Homo erectus* das Feuer zum Schutz vor Raubtieren, zur Verlängerung der Wachzeit und zum Kochen seiner Nahrung genutzt haben mag, wäre das Feuer nur dann ein wirksamer Kälteschutz gewesen, wenn die neu entstandenen Menschen nachts in ihren Lagern sicher waren. Tagsüber, wenn sie Wild jagten und Obst und Gemüse sammelten, wäre es nicht nur unpraktisch gewesen, Feuer im Freien zu machen, sondern auch wenig nützlich, um sich warm zu halten. Um ein nomadisches Leben als Jäger und Sammler in einem kalten Klima führen zu können, benötigten die Hominiden daher Kleidung: Hüte für den Kopf, Gewänder für den Körper, vielleicht auch Schuhe oder Stiefel für die Füße und Fäustlinge für die Hände. Irgendwann muss der *Homo erectus* gelernt haben, die meisten oder alle diese Dinge aus Tierhäuten herzustellen.

Sie werden sich daran erinnern, dass die in Deutschland lebenden *Homo erectus*-Populationen vor vierhunderttausend Jahren, wie die Schöningen Speere deutlich gezeigt haben, hochentwickelte hölzerne Objekte herstellten, die beträchtliches Geschick, Planung und einen komplexen mehrstufigen Herstellungsprozess erforderten. Es gibt keinen Grund anzunehmen, dass die Hersteller solcher Artefakte nicht auch in der Lage gewesen wären, Hüte, Gewänder, Fäustlinge und Schuhe für sich selbst zu fertigen. Das Auftauchen von Überresten des *Homo erectus* in Nordeuropa und Asien vor etwa fünfhunderttausend Jahren ist also höchstwahrscheinlich der Zeitpunkt in der Menschheitsgeschichte, an dem die Technologie der Behausungen und der Kleidung begann, ihren Platz neben den anderen Schlüsseltechnologien wie Speeren, Grabstöcken und Feuer einzunehmen. Und das war lange bevor der moderne Mensch auf der Bildfläche erschien.

Anthropologen, die den Energiebedarf der Neandertaler untersucht haben, die nach den neu entstandenen Menschen auftauchten und während der letzten Eiszeiten in Nordeuropa lebten, sind zu dem Schluss gekommen, dass die schweren, muskulösen Neandertaler zwar „kälteangepasst" waren, aber nur einen bescheidenen Vorteil gegenüber den modernen Menschen hatten, was das Überleben bei kaltem Wetter angeht. Es wurde sogar errechnet, dass die Neandertaler die Winter in den von ihnen bewohnten Regionen Nordeuropas nicht hätten überleben können, ohne zwischen 50 und 90 Prozent ihres Körpers mit irgendeiner Art von Kleidung zu bedecken.

Um die Wahrscheinlichkeit zu ermitteln, dass die Neandertaler Nordeuropas Kleidung herstellten und benutzten, führte der Anthropologe Nathan Wales eine umfassende Untersuchung der veröffentlichten Berichte über die Herstellung und das Tragen von Kleidung in 245 Jäger- und Sammlergesellschaften durch, die von Anthropologen in den letzten etwa hundert Jahren untersucht wurden. Wales fand heraus, dass der Anteil des Körpers, der von Jägern und Sammlern mit Kleidung bedeckt war, eng mit dem Winterklima in den von diesen Gesellschaften bewohnten Gebieten übereinstimmte.

Wales stellte fest, dass die Männer der Plains Cree in Alberta und Saskat-

ABBILDUNG 4.2: Der Sohn eines Häuptlings der Plains Cree in traditioneller Zeremonialkleidung. Beachten Sie die maßgeschneiderte Kleidung, die fast den gesamten Körper dieses Jägers und Sammlers aus den nordamerikanischen Ebenen bedeckt. *Quelle: Geraldine Moodie / Library and Archives Canada.*

chewan – einem Gebiet in den nördlichen Großen Ebenen (Great Plains) von Nordamerika, wo die Winter lang und kalt sind – typischerweise Lederhosen, Fellleggins, Mokassins mit Grasisolierung, einen Hut, der den Kopf teilweise bedeckt, und ein Büffelgewand über dem Oberkörper und einer Schulter trugen (siehe Abbildung 4.2). Wales errechnete, dass die traditionelle Kleidung der Cree 77,5 Prozent des Körpers bedeckte, und andere Kulturen mit kalten Wetterbedingungen zeigten ähnliche Ergebnisse. Die Tlingit-Frauen im pazifischen Nordwesten trugen maßgeschneiderte Hemden, Unterröcke aus Zedernrinde, Wolldecken aus Bergschaf und wasserdichte Hüte aus Wurzeln, die 77 Prozent des Körpers bedeckten – obwohl die Tlingit-Frauen an der Nordwestküste, wo die Wintertemperaturen selten deutlich unter den Gefrierpunkt sinken, in der Regel ihre Unterschenkel und Füße nicht bedeckten.

Ausgehend von seinen Berechnungen des Anteils des menschlichen Körpers, der in bekannten Jäger- und Sammlergesellschaften durch Kleidung bedeckt war, kam Wales zu dem Schluss, dass die meisten der in Europa lebenden Neandertalergruppen Kleidung tragen mussten, um zu überleben. Tatsächlich befinden sich viele der archäologischen Fundstellen mit Steinwerkzeugen, die von Neandertalern hergestellt und benutzt wurden, in Regionen, in denen die Bewohner im Winter zwischen 70 und 90 Prozent ihres Körpers bedecken mus-

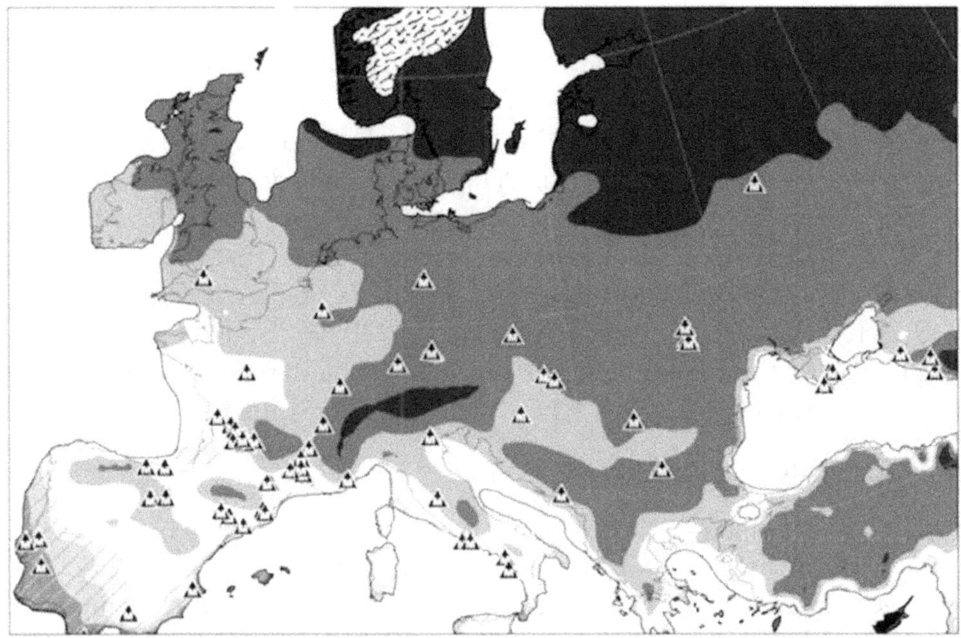

ABBILDUNG 4.3: Karte von Europa, die den Mindestprozentsatz des Körpers zeigt, den die Neandertaler mit Kleidung bedeckt haben müssen, um in Europa vor 70.000 bis 50.000 Jahren zu überleben. *Nachgedruckt aus Nathan Wales (2012). „Modeling Neandertal clothing using ethnographic analogues“. In:* Journal of Human Evolution *63.6, S. 781–795, hier Seite 786, mit Genehmigung von Elsevier.*

sten. Und viele dieser Fundstellen lagen in Regionen, in denen die Neandertaler in den kältesten Monaten wahrscheinlich auch ihre Hände und Füße bedeckt hatten (siehe Abbildung 4.3).

Wales stellte die Theorie auf, dass die Kleidung der Neandertaler aus den Fellen großer Tiere wie Wildrinder, Pferde und Mammuts hergestellt wurde. Gleichzeitig kam er zu dem Schluss, dass das Fehlen von Nähwerkzeugen wie Knochennadeln an den Neandertaler-Fundorten darauf hindeutet, dass die Neandertaler, im Gegensatz zu den modernen Jägern und Sammlern, wie den Cree und den Tlingit, ganze Tierhäute in der Art einer Toga[52] trugen, die mit Bändern aus Leder oder Sehnen am Körper befestigt waren.

Später, mit dem Auftauchen des anatomisch modernen Menschen in Europa, wurde die Kleidung wie bei den heutigen Jägern und Sammlern maßgeschneidert. Maßgeschneiderte Kleidung muss mit Nadel und Faden genäht und so an die Gliedmaßen und den Oberkörper angepasst werden, dass sie maximalen Schutz vor Kälte bietet. Die Überreste von Knochennadeln und andere Beweise aus den Stätten, die von Cro-Magnons und anderen anatomisch modernen Menschen bewohnt wurden, deuten darauf hin, dass maßgeschneiderte Kleidung ihren Ursprung bei unserer eigenen Art, dem *Homo sapiens sapiens*, hat. Doch die natürliche Geschichte eines winzigen Parasiten, der den menschlichen Körper befällt, liefert einen weiteren Beweis dafür, dass die früheste, nicht maßgeschneiderte Kleidung nicht während der Zeit der Cro-Magnons oder der Neandertaler vor Zehntausenden von Jahren entstand, sondern während der Zeit der neu entstandenen Menschen, vor Hunderttausenden von Jahren.

Eine Geschichte von drei Läusen

Schimpansen und Gorillas werden jeweils nur von einer einzigen Lausart befallen, aber der menschliche Körper beherbergt drei verschiedene Arten von Läusen. Die menschliche Kopflaus lebt in den Haaren der Kopfhaut, die menschliche Körperlaus lebt in der menschlichen Kleidung, und die menschliche Schamlaus lebt in den Schamhaaren und ist für die sexuell übertragbare Krankheit verantwortlich, die gemeinhin als „Filzläuse" bekannt ist (siehe Abbildung 4.4 auf Seite 109). In den 1990er Jahren führten einige Wissenschaftler eine Reihe anspruchsvoller genetischer Analysen dieser verschiedenen Läusearten durch, um ihre Evolutionsgeschichte zu rekonstruieren.

Die menschliche Kopflaus, *Pediculus humanus capitis*, und die menschliche Körperlaus, *Pediculus humanus humanus*, sind eng verwandte Unterarten. Beide stammen von der Schimpansenlaus (*Pediculus schaeffi*) ab, von der sie sich offenbar vor etwa sechs Millionen Jahren abgespalten haben. Das macht durchaus Sinn, denn es entspricht dem Zeitpunkt, an dem sich Hominiden und Schimpansen vermutlich von ihrem gemeinsamen Vorfahren (einem prähistorischen Affen, der noch nicht identifiziert werden konnte) abgespalten haben.

Die menschliche Schamlaus, *Pthirus pubis*, stammt dagegen von der Gorillalaus, *Pthirus gorillae*, ab, von der sie sich vor etwa drei Millionen Jahren abgespalten zu haben scheint. Dieses Datum ist äußerst merkwürdig, da sich die Hominiden vor mindestens sieben Millionen Jahren von ihrem gemeinsamen Vorfahren, dem Gorilla, abgespalten haben. Es ist zwar äußerst unwahrscheinlich, dass einige unserer hominiden Vorfahren vor drei Millionen Jahren Sex mit Gorillas hatten, aber die fraglichen Schamläuse sind wahrscheinlich von Gorillas auf Hominiden übergegangen, als einige der frühen Hominiden in verlassenen Gorillanestern schliefen.

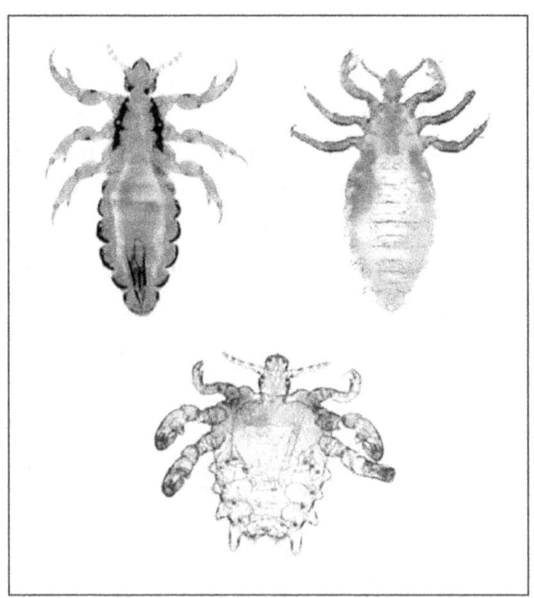

ABBILDUNG 4.4: Die drei Arten von Läusen, die den menschlichen Körper befallen. *Oben links:* die menschliche Körperlaus; *oben rechts:* die menschliche Kopflaus; *unten:* die menschliche Schamlaus. *Menschliche Kopfläuse: Creative Commons Attribution-ShareAlike 3.0 files; menschliche Körperlaus und Schamlaus: mit freundlicher Genehmigung von CDC DPDx – Centers for Disease Control – Laboratory Identification of Parasitic Diseases.*

Dieses drei Millionen Jahre alte Datum könnte jedoch eine noch interessantere Bedeutung haben. Da die Schamlaus weder auf dem Kopf noch auf dem Körper lebt, sondern nur in den Haaren der Schamgegend, könnte dies ein Beweis dafür sein, dass die Hominiden ihre Körperbehaarung bereits vor drei Millionen Jahren verloren haben. Wenn dies zutrifft, könnte dies die Technologie des Feuers noch weiter in die Vergangenheit zurückdrängen als die 1,75 Millionen Jahre, die wir in diesem Buch geschätzt haben.

Bei der Suche nach dem Zeitpunkt der Übernahme der Kleidung ist das wichtigste Ereignis in der Geschichte dieser drei Läuse der Zeitpunkt, an dem sich die Körperlaus von der Kopflaus abspaltete. Die Logik hinter dieser Annahme ist, dass die Körperlaus die Haut durchsticht, um sich von Blut zu ernähren, aber eigentlich nicht auf der Haut selbst lebt. Stattdessen lebt die Körperlaus in der Kleidung, die wir tragen. Daher kann sie sich erst entwickelt haben, als die Hominiden regelmäßig Kleidung trugen.

Die Schätzungen, wann sich die Körperlaus von der Kopflaus abspaltete, variieren von Studie zu Studie, aber alle Daten bewegen sich zwischen etwa 80.000 und 170.000 Jahren. Sie werden feststellen, dass dieses Datum viel jünger ist als der Zeitraum vor 500.000 Jahren, als die Populationen des *Homo erectus* begannen, sich in die nördlichen Breiten auszudehnen, aber es entspricht genau dem Zeitraum, in dem die frühesten Beweise für anatomisch moderne Menschen auftauchten. Zwei mögliche Erklärungen für diese abweichenden Daten wurden vorgeschlagen.

Eine Möglichkeit ist, dass die besonderen Läusestämme, die heute in lebenden menschlichen Populationen zu finden sind, modernere Stämme waren, die sich in den frühen Populationen des anatomisch modernen Menschen entwickelt hatten, während die älteren Läusestämme, die in den Köpfen und Körpern des *Homo erectus* und der anderen neu entstandenen Menschen lebten, einfach ausstarben, als die neu entstandenen Menschen selbst ausstarben. Die andere mögliche Erklärung beruht auf dem Unterschied zwischen der nicht maßgeschneiderten Kleidung der neu entstandenen Menschen und der Neandertaler und der maßgeschneiderten Kleidung, die in jüngerer Zeit von anatomisch modernen Menschen hergestellt wurde.

Als die Hominiden begannen, Kleidung zu tragen – was vor etwa einer halben Million Jahren geschehen sein muss, als sie sich in Umgebungen ansiedelten, die zu weit nördlich und zu kalt waren, um ohne Kleidung zu überleben –, bestand ihre Kleidung wahrscheinlich ursprünglich aus locker sitzenden Gewändern oder Mänteln aus Leder, die über den Körper drapiert und mit Leder- oder Sehnenbändern locker befestigt wurden. Solche Kleidungsstücke passten sich nicht an die Form der Gliedmaßen und des Rumpfes an und lagen nicht eng an der Haut an.

Aus diesem Grund könnte die nicht maßgeschneiderte Kleidung keine ausreichend schützende Umgebung geboten haben, um die Kopfläuse dazu zu verleiten, die Kopfhaut zu verlassen und auf dem relativ haarlosen Körper des Hominiden zu leben und sich zu vermehren. Die anatomisch modernen Menschen, die vor etwa fünfzigtausend Jahren in Nordeuropa auftauchten, trugen jedoch vollständig maßgeschneiderte Kleidung, die sich eng an ihren Körper anschmiegte, wie die Kleidung der Cree und Tlingit, die von heutigen Anthropologen untersucht werden. Dies geht aus den Beweisen für das Weben und Nähen hervor, die in den prähistorischen Ausgrabungsstätten des anatomisch modernen Menschen gefunden wurden.[53]

Es ist daher wahrscheinlich, dass die menschliche Körperlaus ihre hochspezialisierte ökologische Nische in der menschlichen Kleidung erst zu nutzen begann, als der moderne Mensch begann, die eng anliegenden Kleidungsstücke zu tragen, die einen sicheren Hafen zwischen seiner neu geschneiderten Kleidung und seiner warmen, nackten Haut boten. Wenn dies der Fall ist, würde dies erklären, warum die menschliche Körperlaus erst viel später auf der Bildfläche erschienen ist als die Technologie der Kleidung. Aber wie die menschliche Schamlaus von den Gorillas zu den Hominiden gekommen ist, ist eine Geschichte, die noch erzählt werden muss.

Der Schutz des „frühgeborenen" menschlichen Säuglings und seines massiven Gehirns

Die Technologie der Behausungen und der Kleidung gab den Hominiden einen Grad an Freiheit und Flexibilität im Umgang mit der Umwelt, den keine andere Tierart hatte. Sie waren nicht mehr darauf beschränkt, die Höhlen zu bewohnen, die in ihrer Umgebung natürlich vorkamen. Stattdessen waren die Hominiden in der Lage, ihre eigenen künstlichen Höhlen zu bauen, die es ihnen ermöglichten, sich überall dort niederzulassen, wo es reichlich Nahrung gab, wo sie durch ihre primitiven Hütten vor Wind und Regen geschützt und durch ihre nächtlichen Lagerfeuer vor Raubtieren sicher waren.

Wie wir im vorigen Kapitel gesehen haben, ermöglichte die Fähigkeit, das Feuer zu kontrollieren, den Hominiden auch, die Rohkostnahrung ihrer frühen hominiden Vorfahren durch eine Vielzahl von leichter verdaulichen, gekochten Nahrungsmitteln zu ersetzen. Das Kochen ermöglichte es den Hominiden, ihren Energiebedarf mit kleineren Verdauungsorganen zu decken und folglich immer größere Gehirne zu unterhalten. Aber das ist nur die Hälfte der Geschichte. Als sich das Gehirn der Hominiden ausdehnte, trat ein weiteres Problem auf, das sich von dem biochemischen Problem der Versorgung dieses zunehmend „teuren" Gewebes mit der für seine Funktion erforderlichen Energie völlig unterschied. Dieses neue Problem bestand in der schieren mechanischen Notwendigkeit, einen Weg zu finden, wie der schnell wachsende Kopf des Hominidenkindes sicher durch eine Beckenöffnung passen konnte, die im Wesentlichen in ihrer Größe festgelegt war.

Während der Evolution der Hominiden, von den frühesten Formen des *Homo erectus* bis zu den modernen Formen des *Homo sapiens*, hat sich die Größe des Gehirns mehr als verdoppelt, während die Größe des menschlichen Körpers in diesem Zeitraum überhaupt nicht zugenommen hat. Und da das sich rasch entwickelnde Hominidengehirn immer größer wurde, wuchs natürlich auch der Kopf des Hominidenkindes entsprechend an. Die Evolution der zweifüßigen Fortbewegung erforderte jedoch, dass die Beckenknochen kürzer und dicker wurden als die des Menschenaffen. Die Fähigkeit, aufrecht zu stehen, zu gehen und zu laufen, machte es erforderlich, das flexible, ringförmige Becken des Affen in einen soliden, etwa kreisförmigen Knochenring des Hominiden zu verwandeln, der stark und steif genug war, um das Gewicht des gesamten Oberkörpers zu tragen.

Die zweifüßige Fortbewegung setzte auch der Breite des Beckens gewisse Grenzen. Wenn der Beckengürtel zu breit wurde, wurden die Beine zu weit auseinander gestellt, was die zweibeinige Fortbewegung zunehmend schwerfällig und ineffizient machte. Bei den vierfüßigen Menschenaffen und Affen bilden die verlängerten Beckenknochen einen ovalen Geburtskanal. Während der Geburt dreht das Primatenkind seinen Kopf zur Seite, während es den Geburtskanal durchläuft, was eine relativ schnelle und einfache Geburt ermöglicht. Die kurzen, starren Beckenknochen der Hominiden – und die runde Form ihres Beckengürtels – bedeuteten jedoch, dass der Geburtskanal der Hominiden nicht in der Lage war, den Kopf eines größeren Säuglings während der Geburt aufzunehmen.

Die enorme Vergrößerung des Gehirns der Hominiden während der letzten Millionen Jahre führte also zu zunehmenden Schwierigkeiten bei der Geburt für die entstehenden Menschen, und dieses Problem wurde noch akuter, als sich die entstehenden Menschen zu modernen Menschen mit wirklich großen Gehirnen entwickelten. Wenn der Geburtskanal in seiner Größe unverändert blieb, während der Kopf des Säuglings und das darin befindliche Gehirn immer größer wurden, wie konnten die sich entwickelnden Hominiden dann weiterhin Babys mit immer größeren Köpfen gebären?

Die evolutionäre Lösung für dieses Problem bestand darin, dass mit zunehmender Größe des Gehirns die Hominidenbabys geboren wurden, bevor ihr Gehirn voll entwickelt war. Wenn man die normalen Regeln der fötalen Entwicklung bei Säugetieren auf den Menschen anwendet, würde die „normale" Schwangerschaftsdauer beim Menschen mindestens zwölf Monate betragen, nicht neun. Aber mit zwölf Monaten wäre das durchschnittliche Gehirn eines Säuglings einfach zu groß, um durch den durchschnittlichen menschlichen Geburtskanal zu passen, was eine menschliche Geburt mechanisch unmöglich machte.

Bei anderen Säugetieren, einschließlich aller anderen Primaten, ist die Entwicklung des Gehirns zum Zeitpunkt der Geburt bereits recht weit fortgeschritten, und nach der Geburt verlangsamt sich das Wachstum des Gehirns erheblich. Das menschliche Gehirn ist jedoch im Alter von neun Monaten im Vergleich zu den Gehirnen anderer Säugetiere (einschließlich anderer Primaten) nur schwach entwickelt, weshalb das Gehirn des menschlichen Säuglings in den ersten beiden Lebensjahren weiterhin schnell wächst.

Es ist in der Tat nicht schwer, sich vorzustellen, wie sich diese hominide „Lösung" entwickelt hat. Da das kindliche Gehirn immer größer wurde, konnten nur die Hominidenmütter, deren Kinder „zu früh" geboren wurden, diese Erfahrung überleben, ihre Kinder bis zur Reife aufziehen und ihre Gene an die nächste Generation weitergeben. Trotz dieses evolutionären Kompromisses dauert es in der Regel mehrere Stunden schwieriger Wehen, bis der menschliche Säugling bei der Geburt zum Vorschein kommt, und erst nach der quälend langsamen Passage des Kopfes durch den Geburtskanal kommt der Rest des Körpers zum Vorschein.

Jeder, der schon einmal die Geburt einer Katze, eines Hundes, eines Schweins, einer Kuh oder eines Pferdes gesehen hat, weiß, dass andere weibliche Säugetiere ihre Babys innerhalb weniger Minuten zur Welt bringen. Die Geburt eines menschlichen Säuglings ist jedoch der längste, schwierigste und gefährlichste Geburtsvorgang bei allen Säugetierarten. Vor der Einführung moderner medizinischer Techniken zu Beginn des zwanzigsten Jahrhunderts endete etwa eine von hundert menschlichen Geburten mit dem Tod der Mutter.[54]

Was bedeutet es für ein menschliches Kind, „verfrüht" geboren zu werden? Bedenken Sie, dass der Nachwuchs von grasenden Säugetieren wie Rindern, Schafen, Pferden, Giraffen und Elefanten bereits wenige Stunden nach der Geburt stehen und gehen kann, während der Nachwuchs von Affen und Menschenaffen seine Umgebung in den ersten Lebenstagen wahrnimmt und sich bereits wenige Stunden nach der Geburt erfolgreich am Fell seiner Mutter festhalten kann. Im Gegensatz dazu sind menschliche Säuglinge nicht einmal in der Lage, auf Händen und Knien zu krabbeln, bis sie mehrere Monate alt sind, und sie können in der Regel überhaupt nicht laufen, bis sie fast ein Jahr alt sind.

Es ist keine Übertreibung zu sagen, dass das hominide Kleinkind mit einem stark unterentwickelten Gehirn geboren wird. Es ist nicht in der Lage, sich mit seinen kleinen Zehen an den Haaren seiner Mutter festzuhalten, und wird in jedem Fall von einer Mutter geboren, die keine Körperbehaarung mehr hat, an der es sich festhalten kann. Haarlos, wehrlos, unfähig, sich selbständig fortzubewegen und sich seiner Umgebung nur schemenhaft bewusst, ist das „frühgeborene" menschliche Kind bei weitem das hilfloseste und verletzlichste unter den Primatenkindern.

Das bedeutet, dass die Hominidenmütter mit der Vergrößerung des Gehirns und der zunehmenden Unterentwicklung und Verletzlichkeit des Neugeborenen ein immer dringenderes Bedürfnis nach Kleidung und Schutz gehabt hätten. Selbst in den Tropen, wo es kein dringendes Problem ist, ein Baby warm zu halten, wäre es für ein Hominidenweibchen eine unmögliche Belastung gewesen, jedes ihrer Kinder in den ersten ein oder zwei Lebensjahren auf dem Arm zu tragen, während sie die meiste Zeit des Tages damit verbrachte, Nahrung zu sammeln – und sich wahrscheinlich gleichzeitig um ältere Kinder zu kümmern.

Die Buschmann-Mutter trägt ihr Baby in einem großen Ledermantel, der Kaross genannt wird, und eine ähnliche Strategie könnte auch der *Homo erec-*

tus angewandt haben. Als die ersten Menschen Afrika verließen und sich in den gemäßigteren Regionen Eurasiens niederließen, hätten ihre Babys zunehmend Schwierigkeiten gehabt zu überleben, wenn sie nackt und ungeschützt vor den Elementen geblieben wären. Doch tagsüber in Felle oder einen großen Mantel eingewickelt und nachts sicher in einer warmen Hütte untergebracht, hätten die zunehmend frühgeborenen und zunehmend hilflosen Hominidenbabys die ersten ein oder zwei verletzlichen Jahre ihres Lebens überleben können. Es ist daher wahrscheinlich, dass die entstehenden Menschen im Zuge ihrer Entwicklung und der Vergrößerung ihres Gehirns damit begonnen haben, Behausungen zu bauen und sich zu kleiden, noch bevor sie nach Norden in die Länder zogen, in denen die Winter lang und kalt waren.

Letztendlich haben die Technologie der Behausungen und der Kleidung sowie die Technologie des Feuers das Gehirn des Hominiden von seinen natürlichen Beschränkungen befreit und ihm ermöglicht, zu wachsen, bis es etwa dreimal so groß war wie die Gehirne anderer Tiere von vergleichbarer Größe. Ohne die Technologien des Feuers, der Behausungen und der Kleidung, wäre die Größe des Hominidengehirns nicht in der Lage gewesen, über die 650 Kubikzentimeter des Gehirns des *Homo ergaster*, des wahrscheinlichen Vorfahren des *Homo erectus*, hinauszuwachsen – und die Menschheit wäre bis heute kaum mehr als ein sehr intelligenter, fleischfressender, werkzeug-herstellender, waffen-tragender, zweibeiniger Menschenaffe geblieben.

Hominiden des eisigen Nordens

Während Hunderttausenden von Jahren, als die Eiszeiten kamen und gingen, wanderte der *Homo erectus* in den wärmeren geologischen Perioden nach Norden und zog sich in den kälteren geologischen Perioden, als das Polareis vorrückte, nach Süden zurück. Aus diesem Grund wurden die Überreste des *Homo erectus* in Nordeuropa und Asien nur während dieser relativ warmen „Zwischeneiszeiten" gefunden. Nördlich des 40. Breitengrades (eine Ost-West-Linie, die von Südspanien über die Südspitze Italiens, Griechenland und die Türkei durch Zentralasien bis zur koreanischen Halbinsel verläuft) gibt es seit mehr als einer Million Jahren keine Hinweise auf eine kontinuierliche Besiedlung durch den *Homo erectus*.

Als sie jedoch lernten, grobe Kleidungsstücke herzustellen, die sie warm hielten und ihre nackten Körper vor den Elementen schützten, begannen Populationen des *Homo erectus* und anderer neu entstandener Menschen allmählich, sich in den wildreichen Lebensräumen des hohen Nordens niederzulassen. Vor etwa einer halben Million Jahren begannen die Überreste des *Homo erectus* in

Regionen oberhalb des vierzigsten Breitengrades aufzutauchen, von den Britischen Inseln bis nach Nordchina. Bewaffnet mit Feuer, einfachen Hütten und grober Kleidung, die ihn warm hielt und seinen nackten Körper vor den Elementen schützte, ließ sich der *Homo erectus* in Lebensräumen nieder, in denen die Megafauna der Eiszeiten in Hülle und Fülle vorkam.

Schließlich wurden die *Homo erectus*-Populationen Europas und Asiens jedoch durch moderne Menschen unserer eigenen Art, *Homo sapiens*, ersetzt, die wahrscheinlich aus Afrika stammten und sich über den Nahen Osten nach Norden in Richtung Europa ausbreiteten. Die ersten dieser modernen Menschen – die so große Gehirne wie wir hatten und erfolgreich die Megafauna jagten – waren die Neandertaler, jene seltsame und erstaunliche Unterart, die der Wissenschaft als *Homo sapiens neanderthalensis* bekannt ist.

Die Neandertaler waren dickleibige, groß-knochige Hominiden mit großen und kräftigen Muskeln. Die Schädelknochen über den Augen wiesen schwere Stirnkämme auf, die an ältere und primitivere Hominiden erinnerten. In ihren langen, kugelförmigen Schädeln hatten die Neandertaler jedoch Gehirne, die genauso groß waren wie die Gehirne der heute lebenden modernen Menschen. Als Jäger von Großwild sind die Neandertaler in der Geschichte der Hominiden unübertroffen, und eine biochemische Analyse von Neandertalerknochen zeigt, dass sie sich fast ausschließlich von Fleisch ernährten. Eine Studie ergab, dass 58 Prozent der Nahrungsaufnahme der Neandertaler aus Wildrindern bestand – der Rest ihrer überwiegend fleischfressenden Ernährung bestand aus Pferde-, Nashorn-, Rentier- und Mammutfleisch.[55]

Nach der Ankunft der Neandertaler in Nordeuropa begann die Megafauna zahlenmäßig zu schrumpfen, und nach dem Auftreten der anatomisch modernen Cro-Magnon-Menschen vor etwa fünfzigtausend Jahren starb die eiszeitliche Megafauna aus. Als die letzte Eiszeit zu Ende ging, wurde das eurasische Klima deutlich wärmer, und die Klimaveränderung könnte zum Aussterben einiger dieser Arten beigetragen haben. Aber auch in Australien, Tasmanien, Japan, Nordamerika und Südamerika kam es kurz nach der Ankunft des modernen Menschen zu einem ähnlichen Aussterben der Megafauna, wobei die Klimaveränderungen dort weitaus geringer ausfielen.

Es scheint daher wahrscheinlich, dass die Megafauna vom modernen Menschen bis zur Ausrottung gejagt wurde. In der Tat markiert das Aussterben der Megafauna am Ende der letzten Eiszeit den Moment in unserer Evolutionsgeschichte, in dem unsere Spezies nicht nur die Herrschaft über die natürliche Umwelt erlangte, sondern auch begann, andere Lebensformen auszulöschen. Wie wir sehen werden, ist dies ein Prozess, der sich seitdem Jahrtausend für Jahrtausend beschleunigt hat.

Die Technologie der Kleidung und des Schutzes veränderte die Menschheit, indem sie eine Art von Freiheit ermöglichte, die keine andere Tierart genoss. Wenn es keine Höhlen gab, die Schutz vor dem strömenden Regen in den Tropen oder der brennenden Sonne in den Wüsten boten, konnten die Hominiden Unterschlüpfe aus der Vegetation ihrer Umgebung und den Fellen des von ihnen gejagten Wildes bauen. Wenn die Winter im eisigen Norden kalt waren, konnten sie ihre Körper mit Fellen und Häuten bedecken und sich an die Wärme ihres Lagerfeuers kuscheln. Wenn die Sommer heiß waren, konnten sie ihre Kleidung ablegen und sich durch die Feuchtigkeit ihrer reichlich vorhandenen Schweißdrüsen abkühlen.

Bewaffnet mit fortschrittlichen Waffen, geübt in der Beherrschung des Feuers und fähig, eine Vielzahl von Behausungen und Kleidungsstücken herzustellen, die es ihnen ermöglichten, in fast jedem Lebensraum zu leben, verbreiteten sich die anatomisch modernen Menschen mit ihren riesigen Gehirnen und ihrer unvergleichlichen Intelligenz bald über alle Kontinente der Welt und bevölkerten fast jeden denkbaren irdischen Lebensraum. Infolgedessen begann die Hominidenpopulation, die über Millionen von Jahren weitgehend stabil bei weniger als einer Million Individuen gelegen hatte, dramatisch anzusteigen. Man schätzt, dass vor fünfzehntausend Jahren, als der anatomisch moderne Mensch zur einzigen lebenden Hominidenart wurde, die Hominidenpopulation auf der Erde bereits auf mehrere Millionen Individuen angewachsen war.

Im nächsten Kapitel werden wir sehen, wie die massiven Gehirne der voll modernen Menschen durch die weit verbreitete Übernahme symbolischer Kommunikation einen Wandel in der Art und Weise, wie Menschen miteinander in Beziehung treten und wie die menschliche Gesellschaft organisiert ist, in Gang setzten. Denn es war die Verbreitung von Symbolen – in Sprache, Kunst, Design und Körperschmuck –, die unsere Spezies von der genetischen Konformität ihrer tierischen Ursprünge befreite. Symbole konnten nach Belieben erfunden, leicht von anderen übernommen und durch Lernen und Tradition an künftige Generationen weitergegeben werden. Die symbolische Kommunikation ermöglichte es uns, komplexe Kulturen und starke ethnische Identitäten zu erfinden, mit denen sich jeder Mensch identifizierte und denen er sich verpflichtet fühlte.

Indem sie den langsamen Prozess der biologischen Evolution durch den schnellen Prozess der kulturellen Evolution ersetzte, ermöglichte es die Technologie der symbolischen Kommunikation den anatomisch modernen Menschen, schnell und einfach auf die sich verändernden Klimabedingungen der letzten fünfzigtausend Jahre zu reagieren. Und die einzigartige Kombination von symbolischer Kommunikation mit der Spaltungs- und Fusionsgesellschaft ermöglichte es zahlreichen kleinen Gruppen, sich zu Gruppen zusammenzuschließen, die aus Hunderten oder sogar Tausenden von Individuen bestanden, was den anatomisch modernen Menschen in die Lage versetzte, unterschiedliche ethnische Gruppen zu bilden, die sich bis heute erhalten haben. Durch gemeinsame Jagd und Kriegsführung konnten diese großen Stammesgruppen die kleinen Gruppen der Verwandtschaft, die das soziale Leben der Neandertaler prägten, leicht verdrängen.

Wie in den folgenden Kapiteln deutlich wird, haben die nachfolgenden Schlüsseltechnologien immer größere Formen der menschlichen Gesellschaft hervorgebracht. Dieser Prozess begann mit der Herausbildung ethnischer Identitäten von Jäger- und Sammlerstämmen und gipfelte in den riesigen industriellen Nationalstaaten, die heute die Herrschaft über die gesamte Menschheit beanspruchen.

Bibliographie zu 4 – Die Technologien der Kleidung und des Schutzes

Aiello, Leslie C. und Peter Wheeler (2003). „Neandertal thermoregulation and the glacial climate". In: *Neandertals and Modern Humans in the European Landscape of the Last Glaciation: Archaeological Results of the Stage 3 Project*. Hrsg. von Tjerd van Andel und William Davies. Cambridge: McDonald Institute for Archaeological Research.

Ashton, Nich u. a. (2008). „New evidence for complex climate change in MIS 11 from Hoxne, Suffolk, UK". In: *Quaternary Science Review* 27.7-8, S. 652–668.

Balter, Vincent und Laurent Simon (2006). „Diet and behavior of the Saint-Césaire Neandertal inferred from biogeochemical data inversion". In: *Journal of Human Evolution* 51, S. 329–338.

Barnosky, Anthony D. und Emily L. Lindsey (2010). „Timing of Quaternary megafaunal extinction in South America in relation to human arrival and climate change". In: *Quaternary International* 217, S. 10–29.

Benton, Adam (13. Nov. 2012). „What did Neandertals wear?" In: *EvoAnth*. URL: http://evoanth.wordpress.com/2012/11/13/what-did-Neandertals-wear/ (besucht am 10. 12. 2013).

Bjorklund, David F. (1997). „The Role of Immaturity in Human Development". In: *Psychological Bulletin* 122.2, S. 153–169.

Chu, Wei (2009). „A functional approach to Paleolithic open-air habitation structures". In: *World Archaeology* 41.3, S. 348–362.

— (13. Apr. 2010). „The Use of Dwellings During the Middle Paleolithic in Northern Europe". In: *Paleoanthropology Society Meeting Abstracts*.

Demay, Laëtitia, Stéphane Péan und Marylène Patou-Mathis (2012). „Mammoths used as food and building resources by Neanderthals: Zooarchaeological study applied to layer 4, Molodova I (Ukraine)". In: *Quaternary International* 276-277, S. 212–226.

Diehl, Michael W. (1992). „Architecture as a material correlate of mobility strategies: Some implications for archeological interpretation". In: *Cross Cultural Research* 26.1-4, S. 1–35.

Feliks, John (7. Sep. 2006a). „The graphics of Bilzingsleben: Sophistication and subtlety in the mind of *Homo erectus*". In: *Proceedings of the 15th Congress of the International Union of Prehistoric and Protohistoric Sciences*.

Froehle, Andrew W. und Steven E. Churchill (2009). „Energetic competition between Neandertals and anatomically modern humans". In: *PaleoAnthropology*, S. 96–116.

Gilligan, Ian (2007). „Neandertal extinction and modern human behaviour: the role of climate change and clothing". In: *World Archaeology* 39.4, S. 499–514.

— (2010). „The Prehistoric Development of Clothing: Archaeological Implications of a Thermal Model". In: *Journal of Archaeological Method and Theory* 17, S. 15–80.

Gowlett, John A. J. (2001). „Out in the cold". In: *Nature* 413, S. 33–34.

Groves, Colin und Jordi Sabater-Pi (1985). „From ape's nest to human fixpoint". In: *Man* 20.1.

Hansen, Karen T. (2004). „The world in dress: Anthropological perspectives on clothing, fashion, and culture". In: *Annual Review of Anthropology* 33, S. 369–392.

Hardy, Karen u. a. (2012). „Neandertal medics? Evidence for food, cooking, and medicinal plants entrapped in dental calculus". In: *Naturwissenschaften* 99.8, S. 617–626.

Hirst, K. Kris (2014b). *Molodova I (Ukraine)*. URL: http://archaeology.about. com/od/mterms/g/molodova.htm (besucht am 23. 01. 2014).

Kittler, Ralph, Manfred Kayser und Mark Stoneking (2003). „Molecular evolution of Pediculus humanus and the origin of clothing". In: *Current Biology* 13, S. 1414–1417.

Leo, Natalie P. und Stephen C. Barker (2005). „Unravelling the evolution of the head lice and body lice of humans". In: *Parasitology Research* 98, S. 44–47.

Mania, Dietrich und Ursula Mania (2005). „The natural and socio-cultural environment of *Homo erectus* at Bilzingsleben, Germany". In: *The Hominid Individual In Context. Archaeological Investigations Of Lower And Middle Palaeolithic Landscapes, Locales And Artefacts*. Hrsg. von Clive Gamble und Martin Porr. New York: Routledge, S. 98–114.

Mcbrearty, Sally und Alison S. Brooks (2000). „The revolution that wasn't: A new interpretation of the origin of modern human behavior". In: *Journal of Human Evolution* 39.5, S. 453–563.

Müller, Werner und Clemens Pasda (2011). „Site formation and faunal remains of the Middle Pleistocene site Bilzingsleben". In: *Quartär* 58, S. 25–49.

Ogawa, Hideshi u. a. (2007). „Sleeping parties and nest distribution of chimpanzees in the savanna woodland, Ugalla, Tanzania". In: *International Journal of Primatology* 28, S. 1397–1412.

Partain, Gary (14. Dez. 2009). *Bilzingsleben: Providing a New View of the Lower Paleolithic.* Yahoo Voices. URL: http://voices.yahoo.com/bilzingsleben-providing-view-lower-paleolithic-5056010.html (besucht am 14. 01. 2014).

Péan, Stéphane und Marylène Patou-Mathis (2012). „Mammoths used as food and building resources by Neanderthals: Zooarchaeological study applied to layer 4, Molodova I (Ukraine)". In: *Quaternary International* 276-277, S. 212–226.

Reed, David L. u. a. (2007). „Pair of lice lost or parasites regained: The evolutionary history of anthropoid primate lice". In: *BMC Biology* 5, S. 7.

Roebroeks, Wil, Nicholas J. Conard und Thijs van Kolfschoten (1992). „Dense forests, cold steppes, and the Palaeolithic settlement of Northern Europe". In: *Current Anthropology* 33, S. 551–586.

Soffer, Olga (2004). „Recovering perishable technologies through use wear on tools: Preliminary evidence for Upper Paleolithic weaving and net making". In: *Current Anthropology* 45, S. 407–413.

Toups, Melissa A. u. a. (2011). „Origin of clothing lice indicates early clothing use by anatomically modern humans in Africa". In: *Molecular Biology and Evolution* 28, S. 29–32.

Trinkaus, Eric und Pat Shipman (1993). *The Neandertals: Changing the Image of Mankind.* New York: Alfred A. Knopf.

Trinkaus, Erik (2005). „Anatomical evidence for the antiquity of human footwear use". In: *Journal of Archaeological Science* 32.10, S. 1515–1526.

Villa, Paolo (1983). *Terra Amata and The Middle Pleistocene Archaeological Record of Southern France.* Berkeley: University of California Press.

Wales, Nathan (2010). „A fresh perspective on Neandertal clothing: inferring Pleistocene attire using modern analogues". In: *2010 Annual Meeting, Paleoanthropology Society Abstracts.*

— (2012). „Modeling Neandertal clothing using ethnographic analogues". In: *Journal of Human Evolution* 63.6, S. 781–795.

White, Mark J. (2006). „Things to do in Doggerland when you're dead : surviving OIS3 at the northwestern-most fringe of Middle Palaeolithic Europe". In: *World Archaeology* 38.4, S. 547–575.

✦

Die Technologie der symbolischen Kommunikation:

Musik, Kunst, Sprache und Ethnizität

> »*Es hat nie eine Jäger- und Sammlergesellschaft gegeben,
> die von* Homo sapiens *geschaffen wurde, die sich nicht als
> in einem stark symbolischen Bereich lebend betrachtete.*«
>
> (Brian Fagan, *Cro-Magnon*)

Die Verwendung von Bildern, Mustern, Worten und Musik zur Kommunikation von Gedanken und Ideen ist sicherlich eine der einzigartigsten menschlichen Verhaltensweisen. Während viele Tierarten mit einer Reihe ererbter Stimmlaute und Körpersprache kommunizieren können, steht es nur dem Menschen frei, unzählige Tausende von visuellen und vokalen Symbolen zum Zweck der Kommunikation zu erfinden. Und nur der Mensch ist in der Lage, diese erfundenen Symbole an seine Nachkommen – und an andere Gruppenmitglieder – weiterzugeben, und zwar ausschließlich durch den Prozess des Lehrens, Lernens und Nachahmens.

Im Gegensatz zu einigen anderen extrem alten Technologien, die es nur bei den Hominiden gibt und die wir in den vorangegangenen Kapiteln untersucht haben, ist es praktisch unmöglich, das wahre Alter der Verwendung von verbalen und visuellen Symbolen zur Kommunikation von Gedanken und Ideen zu bestimmen. Das liegt vor allem daran, dass – anders als bei der Entwicklung der Zweifüßigkeit oder dem Verlust der Eckzähne – alle Beweise, die auf den Gebrauch von Sprache hindeuten, wie zum Beispiel symbolische Zeichnungen, vergleichsweise jungen Ursprungs sind. Es gibt einfach keine Beweise dafür, dass die frühen Hominiden mit dem kommuniziert haben, was wir als echte gesprochene Sprache bezeichnen würden, und es gibt bestenfalls spärliche Hinweise darauf, dass die entstehenden Menschen zu diesem einzigartig menschlichen Verhalten fähig waren.

Obwohl es vernünftig erscheint anzunehmen, dass moderne Formen der menschlichen Sprache nicht plötzlich vor fünfzigtausend Jahren aus dem

Nichts aufgetaucht sind, ist die Vorstellung, dass primitivere Formen der Sprache von frühen Hominiden oder neu entstandenen Menschen verwendet wurden, zum jetzigen Zeitpunkt reine Spekulation. Erst mit dem Auftauchen des anatomisch modernen Menschen tauchten in den paläontologischen Aufzeichnungen zahlreiche Belege für symbolische Kommunikation auf – in Form von Zeichnungen in paläolithischen Höhlen. Aber ist es richtig, symbolische Kommunikation als Technologie zu bezeichnen?

Denkwerkzeuge

Im modernen Sprachgebrauch verwenden wir das Wort „Technologie" im Allgemeinen, um komplexe Maschinen wie Raumfahrzeuge und elektronische Geräte sowie komplexe Prozesse wie Computernetzwerke und Automatisierungssysteme zu beschreiben. In diesem Buch verwende ich das Wort „Technologie" jedoch in seiner weitesten und umfassendsten Bedeutung, d. h. für die bewusste Veränderung eines natürlichen Objekts oder einer Substanz mit dem Ziel, ein bestimmtes Ziel zu erreichen oder einem bestimmten Zweck zu dienen. Wenn ein Schimpanse einen Zweig abbricht, um damit Termiten aus einem Nest zu fischen, setzt er in diesem weiteren Sinne Technologie ein, ebenso wie die frühen Hominiden Technologie einsetzten, als sie einen Ast von einem Baum oder Strauch abtrennten und ihn anspitzten, um einen Speer herzustellen. Doch selbst in diesen Beispielen bezieht sich der Begriff „Technologie" ausschließlich auf die Herstellung und Verwendung materieller Dinge.

Wenn wir jedoch Technologie als „die Veränderung einer natürlichen Substanz mit dem Ziel, einen bestimmten Zweck zu erreichen" definieren, müssen wir die Verwendung von Pigmenten zum Zeichnen von Mustern und Bildern an Höhlenwänden und die Verwendung von Steinwerkzeugen zum Einritzen von Mustern in die Oberfläche von Knochen als Beispiele für Technologie einbeziehen – vor allem, wenn solche Verhaltensweisen als gemeinsame kulturelle Traditionen innerhalb einer sozialen Gruppe existieren. Solche Technologien werden zwar nicht unbedingt für materielle Zwecke eingesetzt – wie die Jagd auf Wild, die Herstellung von Kleidung oder den Bau von Behausungen –, aber sie werden definitiv mit Bedacht eingesetzt, um einen bestimmten Zweck zu erreichen: nämlich die Kommunikation menschlicher Gedanken und Ideen.

Wenn wir die Bedeutung des Begriffs „Technologie" etwas weiter fassen, kann auch die absichtliche Veränderung der menschlichen Stimme als eine Form der Technologie angesehen werden, denn die menschliche Stimme ist ein natürliches Phänomen, das wir absichtlich verändert haben, um die spezifischen Klänge zu erzeugen, die die symbolischen Darstellungen der menschlichen Gedanken sind. Dasselbe gilt für die Entwicklung von Musik, Tanz und Gesang, die in primitiven Formen bereits bei den frühen Hominiden und den neu entstehenden Menschen vorhanden gewesen sein könnten.

Kurz gesagt, alle Formen der erlernten und kulturell überlieferten Symbolik sind eigentlich Denkwerkzeuge, die mit Bedacht geschaffen und bewusst eingesetzt werden, um das gemeinsame Wissen einer bestimmten menschlichen Gesellschaft an alle ihre lebenden Mitglieder weiterzugeben. Dies gilt unabhängig davon, ob diese Werkzeuge zur Schaffung visueller Symbole – wie Zeichnungen, Entwürfe, Ikonen oder geschriebene Worte – oder zur Schaffung auditiver Symbole – wie gesprochene Worte, Lieder oder Musik – verwendet werden. Kurz gesagt, es war die Technologie der Symbolik, die die Menschen von den Grenzen der vorprogrammierten Kommunikation befreite.

Das Aufblühen der symbolischen Kommunikation

Wir sollten beachten, dass so primitive Tiere, wie soziale Insekten, ausgeklügelte Methoden entwickelt haben, um einander Informationen zu übermitteln. Ameisen kommunizieren das Vorhandensein von Nahrung und Gefahr, indem sie Hormone aus ihrem Körper freisetzen, die von anderen Ameisen sofort erkannt werden. Honigbienen kommunizieren den Standort blühender Blumen in ihrer Umgebung, indem sie an den Wänden ihres Bienenstocks spezielle Schwänzeltänze aufführen, die diese Nektar- und Pollenquellen sowie deren genaue Richtung und Entfernung vom Bienenstock beschreiben. Und alle Arten von Tieren – von Insekten bis hin zu Menschenaffen – produzieren eine enorme Vielfalt an Lauten, um anderen Mitgliedern ihrer Art Informationen mitzuteilen.

Die meisten warmblütigen Tiere benutzen ihre Lungen und ihren Stimmapparat, um bestimmte Laute zu erzeugen, die bestimmte Botschaften übermitteln – wie zum Beispiel Warnung, Territorialität, Balz, Gefahr und Not. Und die Verwendung von Stimmlauten zur Übermittlung bestimmter Botschaften ist besonders bei Arten verbreitet, die auf Bäumen leben, wie Vögel und Primaten. Viele Vogelarten – darunter Papageien, Spottdrosseln, Krähen und Raben – sind in der Lage, eine Vielzahl verschiedener Laute von sich zu geben, von denen jeder eine bestimmte Art von Botschaft vermitteln soll. Dasselbe gilt für die meisten Menschenaffenarten und Affen. Die meisten dieser stimmlichen Mitteilungen sind jedoch instinktiver Natur und erfordern wenig oder gar kein Lernen.

Es gibt zwar keine Beweise dafür, dass die frühen Hominiden irgendeine Form der symbolischen Kommunikation verwendeten, aber es gibt einige Hinweise darauf, dass die entstehenden Menschen bereits mit Zeichnungen und Mustern zu experimentieren begannen. In mindestens zwei der *Homo erectus*-Fundstellen aus der letzten halben Million Jahre haben Paläontologen einige einfache Zeichnungen auf Knochen und Muscheln gefunden, die als Symbole interpretiert werden können. Wir werden diese Beweise später in diesem Kapitel untersuchen.

Selbst die Neandertaler, die moderne Menschen mit vollwertigen Gehirnen waren, hinterließen nur wenige Artefakte, die darauf hindeuten, dass sie gerade erst begannen, Objekte mit symbolischer Bedeutung zu verstehen und mit ihnen zu experimentieren. Die Beweise für symbolisches Verhalten bei den Neandertalern bestehen hauptsächlich aus Muscheln, in die Löcher gebohrt und die mit natürlichen Pigmenten bemalt wurden, wahrscheinlich um sie als Halsketten zu tragen.

Doch als der anatomisch moderne Mensch vor etwa fünfzigtausend bis vierzigtausend Jahren in Europa auftauchte, war das Leben der prähistorischen Menschen plötzlich reich an Symbolik. Menschenfiguren wurden aus Stein oder Elfenbein geschnitzt und aus Ton geformt. Gegenstände zum persönlichen Schmuck wurden aus Muscheln und Tierzähnen hergestellt, die mit Löchern versehen, mit Pigmenten gefärbt und als Perlen an Armbändern und Halsketten getragen wurden. Gebrauchsgegenstände wie Speerschleudern[56] wurden mit kunstvollen Mustern verziert und in Form von Tieren geschnitzt. Und die Wände zahlreicher Höhlen in Europa waren reich verziert mit einer Fülle von Handabdrücken, Hunderten von erstaunlich realistischen Malereien von Wildtieren und Tausenden von geschnitzten oder gemalten Mustern in Form von Symbolen oder Ikonen, den so genannten Petroglyphen.[57]

Die plötzliche Fülle der Symbolik ist auch ein Beweis dafür, dass die Hominiden zum ersten Mal begannen, eigene Kulturen und Ethnien zu entwickeln. Die Figuren, Verzierungen, Felszeichnungen und Höhlenmalereien dieser Epoche unterscheiden sich in Stil und Form von einer Region zur anderen und von einer Zeitperiode zur anderen deutlich. Diese Unterschiede haben es möglich gemacht, bestimmte Kulturen in Zeit und Raum zu identifizieren. Zum ersten Mal ist es möglich, in den Überresten prähistorischer Menschengruppen eindeutige Stammes- und ethnische Identitäten zu erkennen.

Schließlich war dies zweifellos die Zeit in der Vorgeschichte, in der Sprache und Musik – die symbolische Verwendung von Klängen – voll entwickelt waren. Die Überreste prähistorischer Flöten aus Knochen und Elfenbein sind ein konkreter Beweis dafür, dass der anatomisch moderne Mensch schon vor Zehntausenden von Jahren musizierte – und wahrscheinlich auch sang und tanzte.

Da Sprache jedoch immateriell ist, hinterlässt sie keine physischen Beweise, die der Prähistoriker identifizieren könnte, und es gibt keine Möglichkeit, genau zu wissen, wann Hominiden zu sprechen begannen. Einige Wissenschaftler sind der Ansicht, dass frühe Formen der Sprache von den neu entstandenen Menschen und möglicherweise sogar von den frühen Hominiden gesprochen wurden, aber diese Frage ist noch lange nicht geklärt.

Es ist wichtig, darauf hinzuweisen, dass die Fähigkeit zum Erlernen und Erschaffen von Symbolen zwar in der DNS des anatomisch modernen Menschen vorhanden ist, die Form und Bedeutung der vom modernen Menschen erfundenen Symbole jedoch rein kulturell ist und keine biologische Grundlage hat. Alle Bedeutungen, die in der symbolischen Kommunikation enthalten sind, ob visuell oder auditiv, müssen in der Kindheit erlernt, im Erwachsenenalter erinnert und als gemeinsames kulturelles Wissen der sozialen Gruppe über die Generationen weitergegeben werden. Wenn wir prähistorische Menschen lachen hören könnten, wüssten wir, dass sie glücklich waren. Wenn wir sie weinen hören könnten, wüssten wir, dass sie traurig waren. Aber wenn wir sie sprechen hören könnten, wüssten wir nicht, was sie sagten – so wie wir, wenn wir uns die Felszeichnungen ansehen, die sie in die Wände ihrer Höhlen geritzt und gemalt haben, buchstäblich keine Ahnung haben, was diese sorgfältig ausgeführten Zeichnungen bedeuten sollten.

Gegen Ende dieses Kapitels werden wir den Prozess untersuchen, durch den die gesamte Menschheit in viele deutlich unterschiedliche ethnische Gruppen aufgeteilt wurde, ein Prozess, der begann, als der anatomisch moderne Mensch symbolische Kommunikation als integralen Bestandteil seines täglichen Lebens annahm. Der springende Punkt ist jedoch, dass diese kulturell bedingten Lebensweisen, da sie erfunden und nicht vererbt wurden, neu erfunden, modifiziert und verändert werden konnten, als sich das Klima und die Umwelt der prähistorischen Zeiten – manchmal recht schnell – änderten, als die Eiszeiten kamen und gingen und sich das Klima der Erde immer wieder änderte.

Während der langen prähistorischen Periode, in der die Anpassung der Hominiden an ihre Umwelt weitgehend auf genetisch vererbten Veranlagungen beruhte, veränderten sich die grundlegenden Lebensweisen der Hominiden hauptsächlich durch den sehr langsamen Prozess der biologischen Evolution. Dies scheint während des größten Teils der Evolutionsgeschichte der Hominiden der Fall gewesen zu sein, von den frühesten Tagen der Australopithecinen vor Millionen von Jahren bis kurz vor dem Auftreten des anatomisch modernen Menschen in Europa vor weniger als fünfzigtausend Jahren.

Aber die Erfindung der symbolischen Kommunikation befreite die Menschheit davon, ihre Umweltanpassungen in erster Linie auf die erlernten Verhaltensweisen der Kultur und Tradition zu stützen. Und als die modernen Menschen begannen, hauptsächlich nach den Regeln der Kultur zu leben, konnten ganze Lebensweisen innerhalb von ein oder zwei Generationen durch den enorm schnellen Prozess der kulturellen Evolution verändert werden – ein Prozess, den wir später in diesem Kapitel noch genauer untersuchen werden.

Die weitaus flexibleren kulturellen Anpassungsformen verschafften den Cro-Magnons und ihren Zeitgenossen einen entscheidenden Vorteil nicht nur gegenüber den Neandertalern, sondern auch gegenüber einigen der neu entstandenen Menschen, denen es gelang, bis in die jüngste Zeit zu überleben. Dazu gehören eine isolierte Population des *Homo erectus*, die noch vor dreißigtausend Jahren auf Java lebte,[58] sowie ein *Homo floresiensis*, ein Zwergmensch mit einer Statur und einer Gehirngröße, die der der frühen Hominiden verblüffend ähnlich ist, der noch vor zwölftausend Jahren auf der Insel Flores in Indonesien lebte.[59] Die Schnelligkeit und Flexibilität der kulturellen Evolution ist wahrscheinlich der Grund dafür, dass der anatomisch moderne Mensch während der letzten Eiszeit gedieh, während die Neandertaler und alle anderen überlebenden Hominiden zusammen mit dem Großteil der arktischen Megafauna schnell ausstarben.[60]

Entdeckung der paläolithischen Kunst

Das Hügelland Kantabriens an der Nordostküste Spaniens ist reich an Wildtieren und üppig mit reichlich Regenfällen. Mit seinen Süßwasserbächen, der Nähe zum Meer, den Wiesen im Hochland, den Bergwäldern und den zahlreichen Höhlen und Felsunterkünften war das prähistorische Kantabrien die Heimat einer großen Population anatomisch moderner Menschen, die eine der reichhaltigsten Sammlungen paläolithischer oder „altsteinzeitlicher" archäologischer Stätten hinterließen, die je gefunden wurden.

Das Paläolithikum umfasst drei lange Epochen in der Evolutionsgeschichte der Hominiden. Die älteste Epoche ist das Unterpaläolithikum, das vor etwa drei Millionen Jahren mit den frühen Hominiden begann und sich bis in die Zeit der neu entstandenen Menschen fortsetzte. Das nächstälteste ist das Mittelpaläolithikum, das vor etwa 250.000 Jahren begann und der Ära der Neandertaler entspricht. Das jüngste ist das Jungpaläolithikum, das vor etwa 50 000 Jahren begann und mit den Cro-Magnons und anderen anatomisch modernen Menschen in Verbindung gebracht wird. Ich habe den Begriff „Jungpaläolithikum" in diesem Kapitel ausgiebig verwendet, um den Zeitraum zu bezeichnen, in dem der anatomisch moderne Mensch in Europa vor 50.000 bis 11.000 Jahren lebte, weil er hilft, ihn von den nahrungsproduzierenden Gesellschaften des Neolithikums zu unterscheiden, die im nächsten Kapitel beschrieben werden.[61]

Vor 17.000 bis 11.000 Jahren war Kantabrien von den europäischen Magdalenen[62] bewohnt, die sehr fein gearbeitete Steinklingen herstellten, die als Handwerkzeuge und Geschossspitzen verwendet werden konnten. Neben vielen schönen Beispielen von Werkzeugen und Waffen aus Stein, Knochen und Geweih, haben die Magdalenen in Kantabrien auch zahlreiche Beweise dafür hinterlassen, dass sie in der Lage waren, ihre Gedanken und Ideen durch die Symbolik des künstlerischen Ausdrucks zu äußern.

Als die Paläontologen des späten 19. Jahrhunderts begannen, die Wohnstätten der Magdalenen in Frankreich und Spanien zu untersuchen, entdeckten sie eine Art prähistorischer Überreste, die der modernen Wissenschaft bis dahin völlig unbekannt waren: reiche Sammlungen von Zeichnungen, Malereien, Symbolen und Ikonen, die dieses bemerkenswerte Volk an den Wänden und Decken der von ihnen bewohnten Höhlen hinterlassen hatte.

Eines Tages im Jahr 1868 verfolgten der spanische Jäger Modesto Peres und sein Hund einen Fuchs an einem Ort namens Altamira in den Hügeln Kantabriens, als der Hund plötzlich aus dem Blickfeld verschwand. Schließlich entdeckte Modesto, dass der Hund durch eine kleine, von Felsen und Vegetation verdeckte Felsspalte gefallen und im Inneren einer großen Höhle gelandet war, von deren Existenz niemand wusste. Nachdem er den Hund gerettet hatte, kehrte Modesto nach Hause zurück und meldete seine Entdeckung dem Besitzer des Grundstücks, dem spanischen Adligen Marcelino Sanz de Sautuola. Doch die Hügel in der Nähe von Altamira waren von Höhlen durchzogen, und de Sautuola schenkte dieser Entdeckung zunächst wenig Beachtung.

Im Laufe der Jahre interessierte sich Marcelino de Sautuola jedoch für die neue Wissenschaft der Paläontologie und die wachsende Zahl prähistorischer Überreste, die in europäischen Höhlen entdeckt wurden. 1875 begann er, die Sedimente auszugraben, die sich in der Nähe des Höhleneingangs von Altamira angesammelt hatten. De Sautuola fand bald zahlreiche Beweise für menschliche Behausungen aus der Magdalenenkultur, die in Europa vor siebzehn- bis elftausend Jahren blühte, und er begann, die Höhle von Altamira häufiger zu besuchen, bis er es sich zur Gewohnheit machte, seine fünfjährige Tochter Maria mitzunehmen, um ihr Gesellschaft zu leisten (siehe Abbildung 5.1 auf Seite 128). Maria, ein neugieriges Kind, bat ihren Vater immer wieder um die Erlaubnis, das dunkle Innere der Höhle zu erforschen, doch de Sautuola lehnte dies stets ab, da er darauf bestand, dass die Bewohner der Höhle nur in der Nähe des Höhlenmundes gelebt hätten und im Inneren der Höhle nichts von Interesse

Abbildung 5.1: Marcelino Sanz de Sautuola und seine Tochter Maria, die gemeinsam eine der weltweit größten und schönsten Sammlungen prähistorischer Kunst in der Höhle von Altamira, Spanien, entdeckten. *Maria Sanz de Sautuola: Museum für Vorgeschichte in Santander.*

zu finden sei.

Im Jahre 1878 reiste de Sautuola nach Frankreich, um an der Pariser Weltausstellung teilzunehmen, und in Paris konnte er einige der Cro-Magnon-Reste untersuchen, die Louis Lartet in der Höhle von Les Eyzies ausgegraben hatte. Im folgenden Sommer, zurück in der Altamira-Höhle, bat Maria erneut um die Erlaubnis, das Innere der Höhle zu erforschen. Als de Sautuola schließlich nachgab, gab er ihr eine Kerze und mahnte sie, vorsichtig zu sein, wo sie hinginge. Maria verschwand in der Dunkelheit. Einige Minuten später ertönte plötzlich der Schrei von Maria „Toros! Toros!", der plötzlich aus dem Inneren der Höhle widerhallte. Als de Sautuola in das dunkle Innere der Höhle eilte, fand er Maria in einer großen Galerie stehen und zur Decke blicken. Dort sah er zu seinem Erstaunen die lebendigen Bilder von ausgestorbenen Bisons, die mit unheimlichem Realismus an die Decke der Höhle gemalt waren (siehe Abbildung 5.2 auf Seite 129).

De Sautuola wandte sich an seinen Freund Juan Vilanova y Piera, Professor für Geologie und Paläontologie an der Universität Madrid, und schon bald

ABBILDUNG 5.2: Ein Gemälde eines ausgestorbenen Bisons, das von Maria de Sautuola in der Höhle von Altamira gefunden wurde. Ursprünglich von Paläontologen abgelehnt, gehören diese Gemälde heute zu den am meisten geschätzten Beispielen prähistorischer Kunst. *Quelle: Wikimedia Commons.*

reiste Vilanova nach Altamira, um sich die Malereien selbst anzusehen. Vilanova war von dem Reichtum und der Einzigartigkeit der Kunstwerke beeindruckt und davon überzeugt, dass sie tatsächlich von paläolithischen Höhlenbewohnern geschaffen worden waren. Die beiden Männer erstellten einen wissenschaftlichen Bericht über diese außergewöhnliche Entdeckung und veröffentlichten die Ergebnisse 1880 in mehreren spanischen Zeitschriften. Die meisterhafte paläolithische Kunst, die sie beschrieben, fand in der spanischen Öffentlichkeit großen Anklang und wurde schnell zum Gesprächsthema in ganz Europa. Später im selben Jahr stellte Professor Vilanova seine Beschreibung der Altamira-Kunst auf dem prähistorischen Kongress in Lissabon (Portugal) den versammelten Paläontologen aus ganz Europa offiziell vor.

Am Ende von Vilanovas Vortrag herrschte jedoch eine bedrohliche Stille im

Saal. Keiner der auf dem prähistorischen Kongress anwesenden Paläontologen war bereit zu glauben, dass prähistorische Höhlenmenschen, die sie als ungehobelte und primitive Wilde ansahen, möglicherweise Kunstwerke dieses Kalibers geschaffen haben könnten, und sie stellten die Echtheit der Altamira-Malereien sofort in Frage. Angeführt von dem französischen Anthropologen Gabriel de Mortillet machten sich die wissenschaftlichen Behörden über die Schlussfolgerungen von Vilanova und de Sautuola lustig und bezeichneten ihre Veröffentlichungen als „Werke der Falschheit und des Wahnsinns".

Damals war es unter den Intellektuellen des viktorianischen Europas ein Glaubensartikel, dass keine Gruppe prähistorischer „Primitiver" in der Lage gewesen wäre, Kunst zu schaffen, die den Realismus, die Raffinesse und die Beherrschung der Technik aufwies, die die Höhlenmalereien von Altamira auszeichneten. Die Paläontologen des prähistorischen Kongresses lehnten es entschieden ab, dass die Malereien von Altamira aus prähistorischer Zeit stammen, und kamen zu dem Schluss, dass sie von zeitgenössischen Künstlern geschaffen worden sein müssen. Einige Teilnehmer des Kongresses vermuteten sogar, dass es sich bei der „Entdeckung" von de Sautuola um eine absichtliche Fälschung handelte, die von einem zeitgenössischen spanischen Künstler im Auftrag von de Sautuola ausgeführt worden war.

De Sautuola war am Boden zerstört. Marcelino de Sautuola kehrte auf sein Landgut zurück, wo er zum Objekt von Mitleid und Spott wurde. Bis zu seinem Tod acht Jahre später litt er unter Depressionen und einer schwindenden Gesundheit. Der Eingang zur Höhle von Altamira wurde versiegelt, und Maria de Sautuola ließ jahrelang niemanden hinein.

Doch in den folgenden Jahren wurden an zahlreichen anderen prähistorischen Stätten in Frankreich und Spanien Beispiele prähistorischer Kunst aus denselben paläolithischen Epochen entdeckt. Und viele dieser prähistorischen Kunstwerke enthielten Höhlenmalereien, die mit vergleichbarer Kunstfertigkeit und Kunstfertigkeit wie die von Altamira ausgeführt wurden.[63] Schließlich beschloss der französische Archäologe Émile Cartailhac, der auf dem Kongress in Lissabon zu den größten Skeptikern von de Sautuola gehört hatte, im Jahr 1902 zusammen mit dem renommierten französischen Paläontologen Abbé Breuil nach Spanien zu reisen, um die Malereien von Altamira mit eigenen Augen zu sehen.

In Altamira angekommen, überredeten die beiden Wissenschaftler Maria de Sautuola, ihnen zu erlauben, die Höhle zu betreten und die Malereien zu untersuchen. Fassungslos über das, was er sah, revidierte Cartailhac umgehend seinen Standpunkt und veröffentlichte eine offizielle Entschuldigung in der französischen Fachzeitschrift L'Anthropologie. Doch weder de Sautuola noch Professor Vilanova, der neun Jahre zuvor gestorben war, erlebten, dass ihre Behauptungen bestätigt oder ihre Berufsehre wiederhergestellt wurde. Nichtsdestotrotz wurde die Höhle von Altamira als die Sixtinische Kapelle der paläolithischen Kunst bezeichnet und gilt heute als eine der größten und wichtigsten Sammlungen prähistorischer Kunst, die je gefunden wurde.

Vergleichbare Kunstwerke wurden seitdem in vielen anderen Höhlen auf der ganzen Welt entdeckt – in Osteuropa, Indien, Südostasien und Afrika sowie in Nord- und Südamerika. Allein in Frankreich und Spanien haben Prähistoriker inzwischen mehr als dreihundert Höhlen mit prähistorischen Kunstwerken dokumentiert, von denen die meisten zwischen 18.000 und 11.000 Jahren von Magdalenen bewohnt waren.

Die berühmtesten dieser Sammlungen prähistorischer Kunst wurden in der Höhle von Niaux (1907 von demselben Émile Cartailhac erforscht), in der Höhle von Pech Merle (1922 zufällig von Jugendlichen entdeckt) und in der Höhle von Lascaux (1940 ebenfalls zufällig von Jugendlichen entdeckt) gefunden. Die ältesten Beispiele prähistorischer Kunst, die bisher gefunden wurden, stammen aus der Chauvet-Höhle, die 1994 von Höhlenforschern in Frankreich entdeckt wurde. Die Chauvet-Höhle enthält zahlreiche naturgetreue Malereien von Wildtieren und Raubtieren und stammt aus der Zeit vor dreißigtausend Jahren, also mindestens zehntausend Jahre vor dem ersten Auftreten der Magdalenenkultur.

Während die wahren Ursprünge und das hohe Alter der paläolithischen Kunst inzwischen zweifelsfrei feststehen, bleiben zwei wichtige Fragen offen.

Erstens: Warum malten die paläolithischen Jäger diese Szenen tief im Inneren dieser Höhlen – in einigen Fällen Hunderte von Metern von ihren Mündungen entfernt – an Orten, die schwer und zeitaufwendig zu erreichen waren, wo das Tageslicht nicht eindringen konnte und wo das einzige Licht, das den prähistorischen Künstlern zur Verfügung stand, von den flackernden Flammen der Fackeln kam?

Zweitens: Warum zeigen so viele dieser Gemälde Tierarten – wie Mammuts, Nashörner und Bisons –, die nicht nur relativ selten, sondern auch schwierig und gefährlich zu jagen waren? Warum haben sie nur selten Hirsche, Rentiere und kleinere Wildtiere gemalt, die die Mehrheit der von diesen Menschen gejagten Tiere ausmachten und die die Hauptgrundlage ihrer Ernährung bildeten?

Die häufigste Antwort auf die erste Frage lautet, dass die paläolithische Kunst tief im Inneren von Höhlen verborgen war, weil sie als eine Form der Magie gedacht war, um den Erfolg bei der Jagd zu sichern. Die Malereien könnten im Rahmen von Ritualen entstanden sein, die so geheim waren, dass sie nur an den unzugänglichsten Orten durchgeführt werden konnten, die den Menschen jener Zeit bekannt waren, weit weg von den neugierigen Augen und Ohren der Uneingeweihten. Tatsächlich haben Anthropologen, die die Kulturen von Jägern und Sammlern studiert haben, immer wieder festgestellt, dass die wichtigsten und heiligsten Rituale dieser Völker in der Regel unter großer Geheimhaltung durchgeführt werden. Die Pfeilererneuerungszeremonie der Cheyenne, die später in diesem Kapitel beschrieben wird, ist nur eines von Tausenden von Beispielen für diese nahezu universellen menschlichen Bräuche.

Die zweite Frage ist schwieriger zu beantworten, aber einen wichtigen Hinweis lieferte eine Beobachtung des bahnbrechenden Anthropologen Bronislaw Malinowski, der von 1914 bis 1918 im Südpazifik mit dem Seefahrervolk der Trobriand-Inseln lebte. Malinowski stellte fest, dass die Trobriander stets bestimmte magische Rituale durchführten, die zu den wichtigen Aufgaben gehörten, von denen ihr Lebensunterhalt abhing, wie etwa das Anlegen von Gärten, der Bau von Einbäumen und der Fischfang auf dem offenen Meer. Er wies darauf hin, dass alle diese Tätigkeiten mit einem erheblichen Unsicherheitsfaktor verbunden waren, da Gärten scheitern konnten, Einbäume Schiffbruch erleiden konnten und Fangexpeditionen auf hoher See nicht nur gefährlich waren, sondern auch oft mit leeren Händen endeten.

Aber wenn die Trobriander in den ruhigen Gewässern ihrer Insellagunen fischten, benutzten sie ein einheimisches Gift, das immer zu einem völlig vorhersehbaren Ergebnis führte – einem reichlichen Fang. Bezeichnenderweise wurde vor einer Fangexpedition in der Lagune keine Magie angewendet. Es ist daher wahrscheinlich, dass die Menschen des Jungpaläolithikums keine Notwendigkeit sahen, magische Rituale für Wild zu vollziehen, das reichlich vorhanden und leicht zu fangen war, während die Jagd auf seltene und gefährliche Wildarten ein unsicheres Unterfangen war, das erhebliche Risiken und Belohnungen mit sich brachte und bei dem die Ausübung ritueller Magie unabdingbar schien.[64]

Die „Venus-Figuren" der Cro-Magnons

Zu den bekanntesten Beispielen prähistorischer Kunst, die aus der Paläolithischen Zeit erhalten geblieben sind, gehören neben den naturgetreuen Malereien und Zeichnungen von Wildtieren die so genannten Venusfiguren. Diese üppigen und symbolträchtigen Statuetten prähistorischer Frauen, die nur wenige Zentimeter groß sind, haben in der Regel keine menschlichen Gesichter, und ihre Beine und Arme sind weder realistisch noch detailliert. Dennoch wurden sie

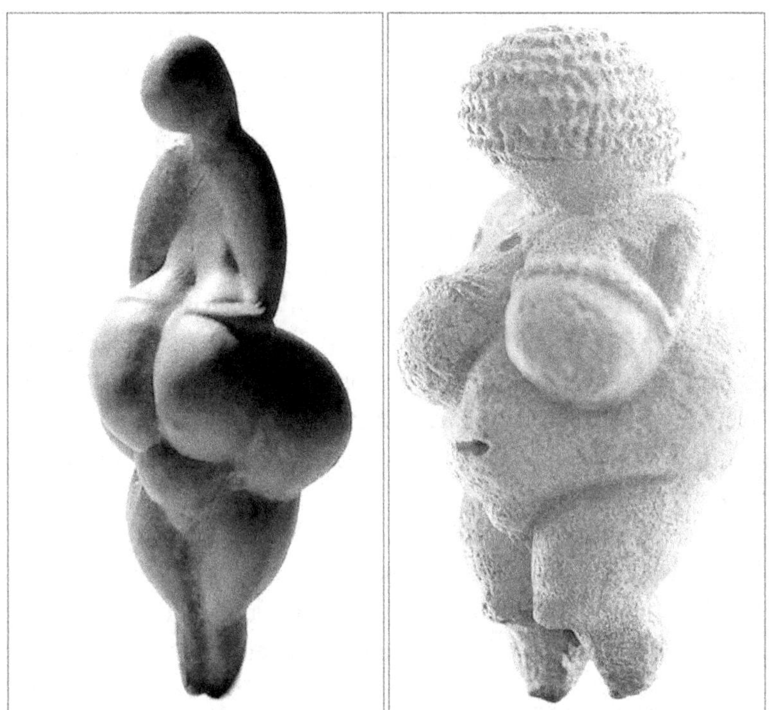

ABBILDUNG 5.3: Die Venus von Lespegue aus Frankreich (*links*) und die Venus von Willendorf aus Österreich (*rechts*) stammen aus demselben Zeitraum, doch ihre künstlerischen Stile spiegeln die unterschiedlichen Kulturen dieser beiden verschiedenen paläolithischen Gesellschaften wider. *Venus von Willendorf Foto von Matthias Kabel, Creative Commons.*

mit übertriebenen Darstellungen der Teile des weiblichen Körpers versehen, die mit Sex und Fortpflanzung in Verbindung gebracht werden: riesige hängende Brüste, geschwollene Bäuche, massive Schenkel, riesige Gesäßbacken und hervorstehende Genitalien.

Die Vorstellung, dass es sich bei diesen Figuren um Venusfiguren – also um Darstellungen der Liebesgöttin – handelt, ist ein modernes Fantasiegebilde, obwohl es kaum Zweifel daran gibt, dass diese Skulpturen in den prähistorischen Vorstellungen über Sex und Fortpflanzung eine wichtige Rolle spielten. Und dass die Venusfiguren für die Cro-Magnon-Gesellschaften des oberen Paläolithikums eine symbolische Bedeutung hatten, ist unbestritten (siehe Abbildung 5.3).

Die vielleicht bemerkenswerteste Tatsache über diese Figuren ist ihre unglaublich weite Verbreitung in Zeit und Raum. Sie wurden in paläolithischen Stätten gefunden, die sich von Südwestfrankreich im Westen bis nach Sibirien im Osten erstrecken – eine Entfernung von über sechseinhalbtausend Kilometern –, und sie stammen aus Zeiträumen, die bereits vor vierzigtausend Jahren begannen und erst vor zehntausend Jahren endeten. Diese unglaubliche Zeit- und Raumspanne beinhaltet fast die gesamte prähistorische Geschichte des anatomisch modernen Menschen in Europa. Dennoch wurde jede der Venusfiguren aus jeder prähistorischen Zeit und jedem prähistorischen Ort in einem bestimmten, identifizierbaren Stil ausgeführt. Und die Tatsache, dass sich dieser Stil von einem Beispiel zum anderen erheblich unterscheidet, ist ein Beweis dafür, dass sich die Menschheit vor Zehntausenden von Jahren in verschiedene Kulturen aufgeteilt hatte, die jeweils mit einer bestimmten Zeit und einem bestimmten Ort verbunden waren.

Neben der überzeichneten Sexualsymbolik der Venusfiguren schufen die Cro-Magnons auch andere, sehr realistische Objekte aus dem Elfenbein, das sie von erlegten Mammuts erbeuteten, und aus den Geweihen, die sie den gejagten Rentieren abnahmen. Dazu gehören viele reich verzierte Speerschleudern und einige meisterhafte Skulpturen von Menschen und Tieren. Eine der bekanntesten Skulpturen ist das geschnitzte Abbild eines Frauenkopfes, bekannt als La Dame à la Capuche oder „Die Dame mit der Haube" (Venus von Brassempouy), 25.000 Jahre alt, das 1892 in einer Höhle in Südwestfrankreich gefunden wurde. Ein weiteres Beispiel ist ein aus Rentiergeweih geschnitzter Pferdekopf von unglaublichem Realismus, der in der Höhle von Mas d'Azil in den französischen Pyrenäen ausgegraben wurde (siehe Abbildung 5.4 auf Seite 135).

Diese und andere schöne Beispiele paläolithischer Kunst zeigen, dass die Cro-Magnons ihre sich rasch entwickelnden künstlerischen Fähigkeiten einsetzten, um die Tiere und Menschen darzustellen, die ihr Universum bevölkerten. Aber die Menschen dieser Epoche verwendeten auch grafische Entwürfe von eher obskurer Natur, um Informationen, Gedanken und Ideen aufzuzeichnen und zu kommunizieren. Vielleicht ist nichts aus prähistorischer Zeit erhalten geblieben, das suggestiver und geheimnisvoller ist als die symbolischen Zeichnungen, die Petroglyphen genannt werden und an die Wände paläolithischer Höhlen gemalt und geritzt wurden. Wir werden das Thema Petroglyphen später in diesem Kapitel ausführlich behandeln. Doch zunächst müssen wir uns mit der Frage auseinandersetzen, wie der Mensch überhaupt dazu kam, visuelle Muster zur Darstellung von Gedanken und Ideen zu verwenden.

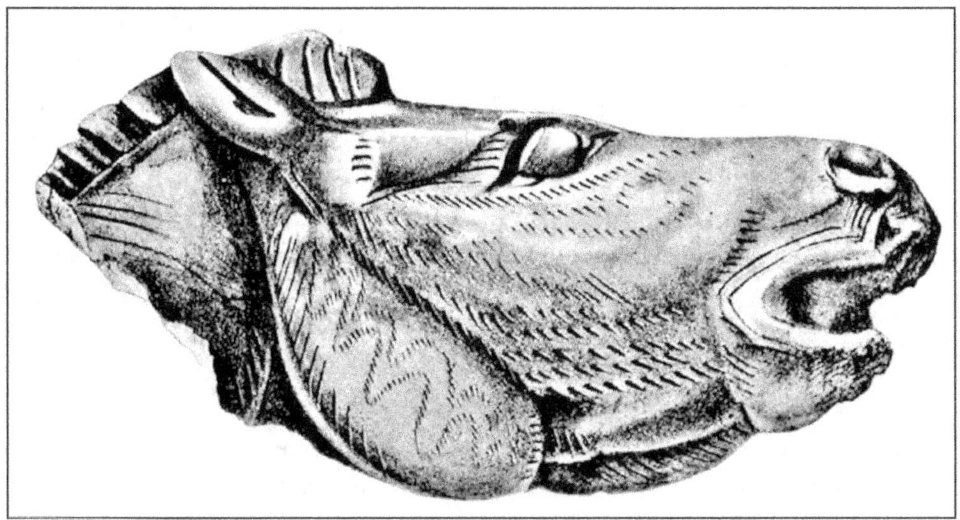

ABBILDUNG 5.4: Dieser Pferdekopf, der aus einem Stück Rentiergeweih geschnitzt wurde, ist fünfzehntausend Jahre alt. Er zeigt die hohe Kunstfertigkeit der prähistorischen Künstler bei der Wiedergabe von Tiergestalten. *Quelle: Wikimedia Commons.*

Die Symbolik von Tierspuren

Für alle Primaten, einschließlich der Hominiden, ist das Sehen der wichtigste aller Sinne. Nach Millionen von Jahren der Anpassung an ein Leben in den Bäumen verließen sich unsere Primatenvorfahren weit mehr auf den Sehsinn als auf den Geruchssinn. Tiere, die auf dem Boden leben, wo es viele Gerüche gibt, haben in der Regel einen hoch entwickelten Geruchssinn, was insbesondere für Säugetiere gilt. Doch in den luftigen Höhen der Bäume werden Gerüche oft vom Wind verweht, während es lebenswichtig ist, die Bewegung eines Raubtiers oder die Farbe reifer Früchte über große Entfernungen zu erkennen. Infolgedessen verloren unsere Vorfahren, die in den Bäumen lebten, nach und nach einen Großteil ihres Geruchssinns, erlangten aber einen stark verbesserten Sehsinn, der mit einem Farbensehen und der Fähigkeit, dreidimensional zu sehen, einherging.

Als die frühen Hominiden die Raubtierstrategie des Jagens zu ihrer ursprünglichen Strategie der Nahrungssuche hinzufügten, verfügten sie nur über einen eingeschränkten Geruchssinn, den sie von ihren baumlebenden Vorfahren geerbt hatten. Anstatt also ihre Beute mit einem hoch entwickelten Geruchssinn aufzuspüren, wie es für die meisten anderen Raubsäugetiere typisch ist, nutzten die Hominiden stattdessen ihren hoch entwickelten Sehsinn.

Anthropologen, die Jäger- und Sammlergesellschaften untersucht haben, haben immer wieder festgestellt, dass die nomadischen Jäger meisterhafte visuelle Spurenleser sind. Der unscheinbarste abgebrochene Zweig, der leicht geknickte Grashalm oder die geringste Spur eines Fußabdrucks in der feuchten Erde kann von einem erfahrenen Jäger so leicht gelesen werden wie Sie und ich eine Zeitungsschlagzeile. Und wenn sie ihre Beute aufgespießt oder vergiftet haben – auch wenn sie außer Sichtweite davon galoppiert –, verrät der kleinste Blutstropfen in einem Meer von Gräsern oder die subtilste Veränderung in der Farbe ihres Kots dem Auge des erfahrenen Jägers die Spur des Tieres, das sie verwundet haben.

Im Laufe der letzten Millionen Jahre, als sich die neu entstandenen Menschen zu immer geschickteren Jägern entwickelten, wurde die Interpretation von Tierspuren zu einer hohen Kunst. Sie waren nicht mehr darauf angewiesen, ihre Beute tatsächlich zu sehen, sondern lernten, die Anwesenheit ihrer Beute zu spüren und ihre Bewegungen zu verfolgen, indem sie die verräterischen Zeichen erkannten, die die in ihrer Nähe lebenden und durch ihr Gebiet ziehenden Wildtiere in der Umwelt hinterließen.

Als sie immer geschickter darin wurden, die visuellen Zeichen von Tierspuren mit der Identität und dem Zustand der Wildschweine, Hirsche, Antilopen, Rentiere, Pferde, Bisons und Wildrinder, die sie verfolgten, in Verbindung zu bringen, entwickelten die neu entstandenen Menschen zusätzlich zu ihrer ungeheuer sensiblen und differenzierten visuellen Wahrnehmung auch die einzigartige Fähigkeit, bestimmte visuelle Muster mit den Aktivitäten von Tieren und Menschen, ihren Zuständen und den Handlungen, die diese Muster repräsentierten, in Verbindung zu bringen.

Die Neandertaler, die äußerst begabte Jäger waren, müssen eine sehr fortschrittliche Fähigkeit zur visuellen Verfolgung besessen haben. Aber es waren die Cro-Magnons und die anderen anatomisch modernen Menschen, die den nächsten logischen Evolutionsschritt machten und ihre eigenen Zeichen und Symbole erfanden, um bestimmte Tiere, Menschen, Zustände, Verhaltensweisen und Handlungen darzustellen. Nachdem sie diesen entscheidenden Schritt getan hatten, entwickelten die anatomisch modernen Menschen die Technologie der symbolischen Kommunikation in einem Ausmaß weiter, wie es in der Geschichte der Hominiden noch nie dagewesen war. Damit lösten sie einen weiteren grundlegenden Wandel im menschlichen Leben und in der Gesellschaft aus.

Die ältesten Beweise für die Verwendung von Symbolen

Die Höhlenmalereien und Petroglyphen der Cro-Magnons sind vielleicht das reinste Beispiel für die symbolische Kommunikation, die prähistorische Menschen hinterlassen haben, aber es gibt auch einige verlockende Beweise aus der Zeit lange vor dem Auftreten des *Homo sapiens*. Diese Beweise deuten darauf hin, dass der *Homo erectus* und andere neu entstandene Menschen bereits vor Hunderttausenden von Jahren damit begonnen haben, Muster auf Knochen und Muscheln zu zeichnen.

Aus Eugène Dubois' Sammlung von Artefakten von der indonesischen Insel Java aus dem Jahr 1891 haben die niederländische Archäologin Josephine Joordens und ihre Kollegen kürzlich Süßwassermuscheln identifiziert, die absichtlich mit geometrischen Mustern graviert worden waren. Und 1969 wurde eine Reihe auffälliger Artefakte in einer prähistorischen Stätte in Bilzingsleben, Deutschland, gefunden, die von dem aufstrebenden Menschen *Homo heidelbergensis* bewohnt wurde.[65] (An dieser Stätte wurden auch die Steinkreise gefunden, bei denen es sich offenbar um die Fundamente sehr alter Behausungen handelt). Die Fundstelle in Bilzingsleben stammt aus der Zeit vor 380.000 bis 400.000 Jahren und enthält Hinweise darauf, dass der *Homo heidelbergensis* eine primitive Form der Symbolik zur Aufzeichnung von Zahlen oder Mengen verwendet haben könnte.

Eines der vielen Artefakte aus Bilzingsleben, die absichtliche Markierungen tragen, ist ein Schlagwerkzeug aus Elefantenknochen, eines von vielen derartigen Werkzeugen, die von den neu entstehenden Menschen verwendet wurden, um ihren klassischen Acheuléen-Handäxten den letzten Schliff zu geben. Das Werkzeug aus Elefantenknochen ist etwa sechzehn Zentimeter lang und trägt einundzwanzig Schnittspuren, die eine Art Zählvorgang zu bedeuten scheinen. Die Markierungen sind in zwei Gruppen unterteilt, wobei sieben Markierungen in der oberen Gruppe und vierzehn Markierungen in der unteren Gruppe zu finden sind.

Dietrich und Ursula Mania, die Paläontologen, die diese Fundstelle ausgruben, stellten fest, dass das untere Drittel des Werkzeugs abgebrochen war, und schlugen eine Rekonstruktion vor, bei der dieses fehlende Drittel eine Reihe von sieben Markierungen trug, die denen des oberen Drittels ähnelten. Die Manias schlugen weiter vor, dass dieser rekonstruierte Elefantenknochen mit achtundzwanzig Markierungen der symbolische Ausdruck eines Mondkalenders war, bei dem jede Markierung einen einzelnen Tag im achtundzwanzigtägigen Mondzyklus darstellt. Wenn dies stimmt, würden die ersten sieben Markierungen den Sieben-Tage-Zeitraum vom Neumond bis zum zunehmenden Halbmond darstellen, die nächsten vierzehn Markierungen den Vierzehn-Tage-Zeitraum vom zunehmenden Halbmond über den Vollmond bis zum abnehmenden Halbmond und die letzten sieben Markierungen den Zeitraum vom abnehmenden Halbmond bis zum folgenden Neumond.

Das Schlagwerkzeug aus Elefantenknochen ist nur eines von vielen solchen Objekten aus Bilzingsleben, die ähnliche Markierungen tragen, und ihre Fülle hat den unabhängigen Gelehrten John Feliks zu der Behauptung inspiriert, dass der *Homo erectus* nicht nur eine gesprochene Sprache besaß, sondern auch hochentwickelte musikalische und mathematische Kenntnisse.[66] Das völlige Fehlen anderer Beweise dafür, dass der *Homo erectus* intellektuelle Fähigkeiten besaß, die mit denen des modernen Menschen vergleichbar sind, deutet jedoch darauf hin, dass Feliks seine Behauptung möglicherweise übertrieben hat.

Während die Frage nach der möglichen Verwendung von Symbolen durch den *Homo erectus* ungeklärt bleibt, gibt es solide Beweise dafür, dass die Neandertaler primitive Formen von Schmuck wie Halsketten, Haarschmuck und möglicherweise Ohrringe lange vor der Ankunft des anatomisch modernen Menschen herstellten. Diese persönlichen Schmuckstücke dienten nicht dazu, den Körper warm zu halten oder ihn vor den Elementen zu schützen. Sie wurden als Statussymbole, als magische Zaubersprüche zur Abwehr von Krankheiten oder Verletzungen oder einfach als Schönheitsobjekte getragen. Sie dienten nicht einem praktischen Zweck, sondern waren rein symbolisch.

In zwei Neandertaler-Höhlen im Südosten Spaniens wurden zahlreiche Muscheln gefunden, die mit Löchern versehen waren, so dass sie als Halsketten aufgereiht oder an den Haaren oder der Kleidung befestigt werden konnten. Die Höhlenfunde enthielten auch rote und gelbe Pigmente, mit denen die Muscheln in leuchtenden Farben bemalt wurden. Und in einer Höhle in Norditalien, die von Neandertalern genutzt wurde, zeigen Überreste von Flügelknochen von Geiern, Adlern, Tauben und Krähen deutliche Hinweise darauf, dass die großen Federn an ihren Flügeln absichtlich entfernt wurden. Da es keine Beweise dafür gibt, dass die Neandertaler jemals eine dieser Tierarten als Nahrung verwendet haben, rupften sie ihnen eindeutig diese Flügelfedern aus, um sie als Schmuckstücke zu tragen, möglicherweise als Ohrringe oder Kopfschmuck.

Schließlich sind die Neandertaler die ersten prähistorischen Menschen, von denen bekannt ist, dass sie ihre Toten begraben haben. Die Neandertalergräber, die in Europa gefunden wurden, weisen alle ein ähnliches Muster auf: Der Körper des Verstorbenen liegt in einem kleinen, flachen Grab in Fötusstellung, mit nach oben gebeugten Knien und nach vorne gebeugtem Kopf. In einem etwa fünfundsiebzigtausend Jahre alten Neandertalergrab, das in den 1950er Jahren in der Shanidar-Höhle im heutigen Irak ausgegraben wurde, fanden Paläontologen die Reste von Pollen blühender Pflanzen, die für ihre medizinischen Eigenschaften bekannt waren. Es wurde vermutet, dass Sträuße dieser Blumen absichtlich auf den Körper des Verstorbenen gelegt worden waren, eine Praxis, die an den modernen europäischen Brauch erinnert, Blumen auf Grabstätten zu legen.

Die Shanidar-Bestattungen wurden von einigen Wissenschaftlern als Beweis dafür interpretiert, dass die Neandertaler an ein Leben nach dem Tod glaubten – ein Glaube, der in der gesamten Menschheitsgeschichte mit Symbolik und der Einhaltung religiöser Rituale verbunden ist. Andere Paläontologen, die neuere Analysen dieses Grabes durchführten, kamen jedoch zu dem Schluss, dass die Pollen im Shanidar-Grab möglicherweise einfach mit dem Wind in das Grab geweht oder von kleinen, am Boden lebenden Nagetieren hineingetragen wurden.

Dennoch wurden Spuren von rotem Ocker – einem natürlich vorkommenden Pigment, das von vielen Jäger- und Sammlervölkern bei rituellen Handlungen verwendet wurde – in vielen Grabstätten der Neandertaler gefunden, von denen einige bis zu zweihunderttausend Jahre alt sind. Dies deutet darauf hin, dass zumindest diese prähistorischen Menschen den Tod als einen wichtigen Meilenstein im menschlichen Leben betrachteten und dass der Tod eines Gruppenmitglieds durch Rituale begangen wurde, bei denen die Verwendung von symbolischen Substanzen, wie rotem Pigment, eine wichtige Rolle spielte.

Mit der Ankunft des anatomisch modernen Menschen in Europa ist die Symbolik in ihrer reinsten Form in den paläontologischen Aufzeichnungen plötzlich reichlich vorhanden. Die vielleicht fantastischste Sammlung prähistorischer Symbolik weltweit sind die Tausende von Petroglyphen, die in einer anderen spanischen Höhle in Kantabrien, der Höhle von La Pasiega, gefunden wurden.

Die Geheimnisse von La Pasiega

Im Herzen Kantabriens, weniger als dreiundzwanzig Kilometern südöstlich der Höhle von Altamira, wurde die Höhle von La Pasiega erstmals 1911 von dem Schweizer Anthropologen und Prähistoriker Hugo Obermaier untersucht. La Pasiega wurde über einen Zeitraum von etwa sechs Jahrtausenden, von etwa zwanzig- bis vierzehntausend Jahren, zunächst von den Solutreern und später von den Magdalenen bewohnt und enthält eine der reichsten Ansammlungen von Felszeichnungen, die je gefunden wurden.

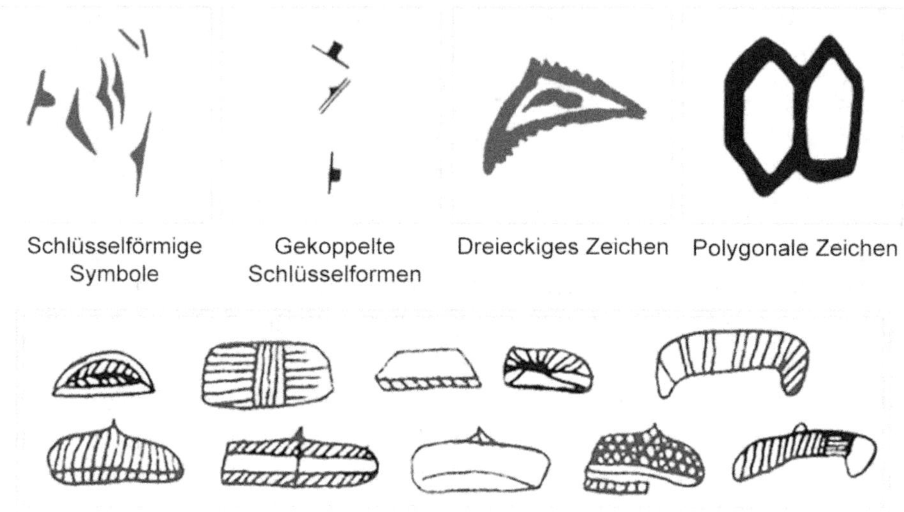

Abbildung 5.5: Die sorgfältig ausgeführten Zeichnungen in diesen Petroglyphen aus der La Pasiega-Höhle lassen kaum Zweifel daran, dass sie geschaffen wurden, um bestimmte Informationen in symbolischer Form aufzuzeichnen und zu vermitteln.

Einige der Petroglyphen in La Pasiega stellen Tiere oder Menschen dar, andere scheinen Zahlen oder Mengen zu repräsentieren, und wieder andere bleiben völlig rätselhaft. In La Pasiega gibt es Tausende von Felszeichnungen, aber abgesehen von einigen Abbildungen von Wildtieren wurde keine der Felszeichnungen jemals entschlüsselt. Auch wenn wir vielleicht nie in der Lage sein werden, die Geheimnisse dieser Petroglyphen zu entschlüsseln, so ist doch klar, dass sie symbolischer Natur sind. Es handelt sich nicht um bedeutungslose Linien und Punkte, die wahllos und ohne Grund hingekritzelt wurden.

Bei den in La Pasiega gefundenen Petroglyphen handelt es sich um sorgfältig ausgeführte Formen und Muster, in denen bestimmte grafische Elemente wiederholt, aber nicht zufällig vorkommen. In dieser Hinsicht ähneln sie den Alphabeten, die in der echten Schrift der zivilisierten Kulturen verwendet werden (siehe Abbildung 5.5). Die Petroglyphen unterscheiden sich auch deutlich von den rein dekorativen Mustern, die in der Töpferei und Korbflechterei der vorindustriellen Gesellschaften zu finden sind, wo ein einziges Muster oft eine große Fläche mit wenig oder gar keiner Variation bedeckt. Die sorgfältig ausgeführten Muster in diesen Felszeichnungen aus der La Pasiega-Höhle lassen kaum Zweifel daran, dass sie geschaffen wurden, um bestimmte Informationen

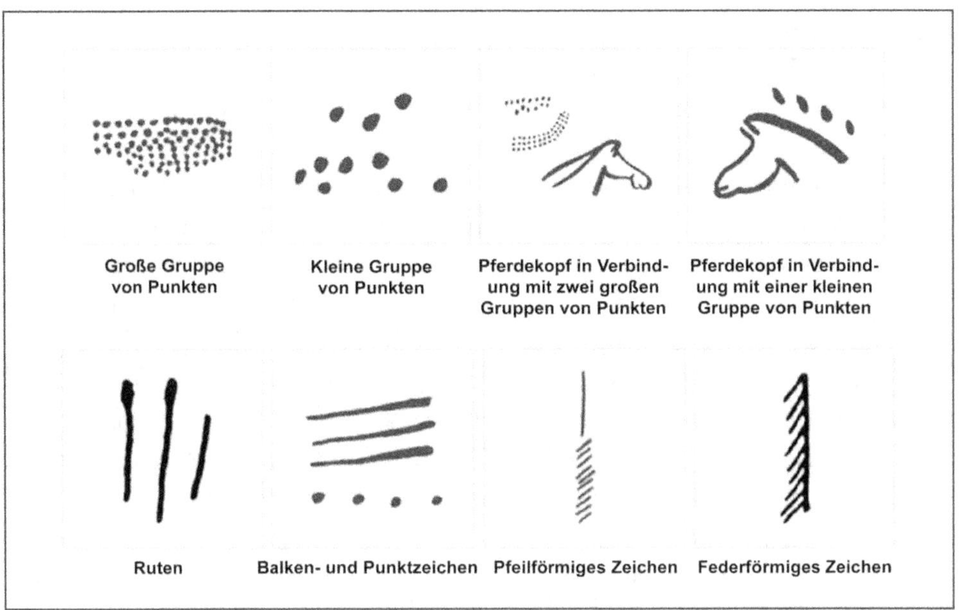

ABBILDUNG 5.6: Viele der Petroglyphen von La Pasiega enthalten Punkte oder Balken, die möglicherweise eine Anzahl oder Menge bedeuten.

in symbolischer Form aufzuzeichnen und zu übermitteln. Außerdem wurden die Petroglyphen tief in unzugängliche Bereiche der Höhlen gezeichnet, was darauf schließen lässt, dass sie nicht zufällig gezeichnet wurden. Schließlich wissen wir aus zeitgenössischen ethnografischen Studien, dass Höhlenmalereien und Petroglyphen von Jägern und Sammlern als Formen der Magie angesehen werden und oft mit religiösen Ritualen verbunden sind.

Aus all diesen Gründen müssen Petroglyphen als Entwürfe betrachtet werden, die absichtlich gezeichnet wurden, um bestimmte Bedeutungen zu vermitteln und bestimmte Dinge und Ereignisse in Zeit und Raum darzustellen (siehe Abbildung 5.6). Aber was genau waren diese Dinge und Ereignisse? Leider haben wir keine Ahnung.

Es gibt keinen Stein von Rosette, der die Geheimnisse der Felszeichnungen in Schriftsprachen offenbart, die wir übersetzen und verstehen können. Es gibt keine noch lebenden Magdalenen oder Solutreer, die uns ihre Bedeutung erklären könnten. Wir wissen nicht nur nicht, welche Sprache diese Menschen gesprochen haben, sondern selbst wenn wir sie sprechen hören könnten, wüssten wir immer noch nicht, was sie gesagt haben. Denn die Bedeutungen, die in Form von symbolischen Mitteilungen kodiert sind, hängen naturgemäß von der lebendigen Erinnerung derjenigen ab, die in den Kulturen aufgewachsen sind und gelebt haben, die sie geschaffen haben. Und wenn alle diese Menschen verschwinden und ihre Kulturen in Vergessenheit geraten, haben wir wenig oder nichts, worauf wir uns stützen können.

Wir wissen vielleicht nicht genau, warum die Magdalenen und andere Cro-Magnon-Menschen die meisterhaften Höhlenmalereien von Altamira, Lascaux und Chauvet anfertigten. Aber zumindest wissen wir, dass diese naturgetreuen Malereien echte Tierarten darstellten, die eindeutig identifiziert werden können. Nicht so bei den Petroglyphen. Es besteht kaum ein Zweifel daran, dass Petroglyphen eingeritzt und gemalt wurden, um Informationen aufzuzeichnen und sie anderen in Zeit und Raum zu vermitteln. Um welche Informationen es sich dabei handelt und wie sie in eine symbolische Form übersetzt wurden, bleibt jedoch ein Geheimnis, das auch die besten Köpfe der modernen Paläontologie nicht entschlüsseln konnten.

Wenn das geschriebene Wort – das sowohl einfache Formen, wie die Keilschrift oder das römische Alphabet als auch komplexe Formen wie die ägyptischen Hieroglyphen und die Maya-Glyphen umfasst – die symbolische Darstellung von Informationen ist, die in menschlicher Sprache ausgedrückt werden, dann sind die Petroglyphen des Paläolithikums die frühesten und ältesten jemals gefundenen Formen menschlicher Schrift. Darüber hinaus sind sie der beste denkbare Beweis dafür, dass die Menschen, die diese Petroglyphen schufen, eine Sprache benutzten. Einige Wissenschaftler sind sogar der Meinung, dass die Fähigkeit der prähistorischen Menschen, überhaupt aussagekräftige Bilder zu zeichnen, ein Beweis dafür ist, dass ihre Kulturen über gemeinsame Bedeutungssysteme verfügten, die in Form von tatsächlich gesprochenen Sprachen ausgedrückt wurden.[67] Doch während die Möglichkeit, Menschen diese prähistorischen Sprachen sprechen zu hören, für immer verloren gegangen ist, sind in den fossilen Überresten von Hominidenskeletten einige faszinierende Hinweise auf die Ursprünge der menschlichen Sprache erhalten geblieben.

Der Zungenbeinknochen und die Ursprünge der Sprache

In den vorangegangenen Kapiteln haben wir gesehen, wie die fossilen Zeugnisse der menschlichen Anatomie wichtige Hinweise auf das Verhalten prähistorischer Hominiden geben können, selbst wenn das fragliche Verhalten lange zurückliegt und nicht direkt beobachtet werden kann. Dies wirft die interessante Frage auf, ob die fossilen Überreste ausgestorbener Hominiden Aufschluss darüber geben könnten, wann sie zum ersten Mal mit der gesprochenen Sprache begannen. Da die Zunge, der Kehlkopf und der obere Rachenraum – die pri-

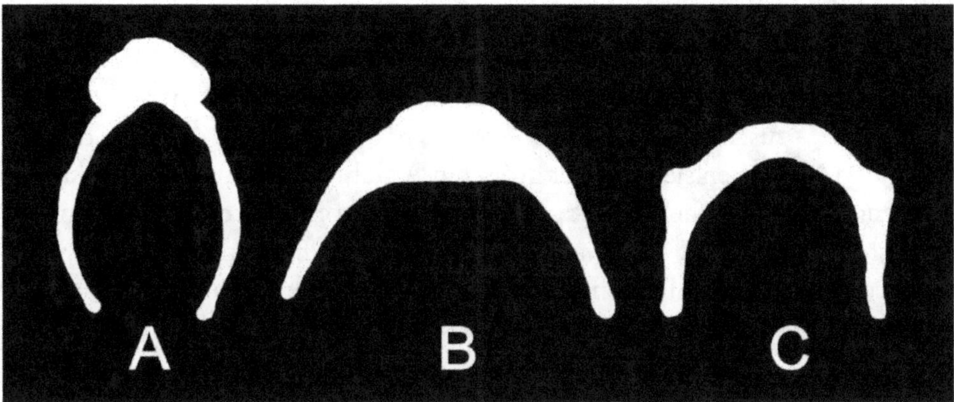

Abbildung 5.7: Die Form des Zungenbeins des Schimpansen (A) unterscheidet sich stark von den sehr ähnlichen Formen der Zungenbeine des Neandertalers (B) und des modernen Menschen (C), was darauf hindeutet, dass die Neandertaler möglicherweise Sprachen gesprochen haben, die mit unseren vergleichbar sind.

mären Sprechorgane – fast ausschließlich aus Weichteilen bestehen, hat keines dieser Gewebe die immensen Zeiträume überdauert, die im Laufe der menschlichen Evolution verstrichen sind.

Aber es gibt tatsächlich einen sehr kleinen Knochen – im oberen Bereich des menschlichen Rachens, direkt über dem Kehlkopf und mit diesem verbunden – der eine wichtige Rolle bei den Bewegungen der Zungen- und Rachenmuskeln spielt, die die Laute der menschlichen Sprache formen. Dieser Knochen, der die Form eines Hufeisens hat und etwas weniger als vier Zentimeter breit ist, wird „Zungenbein" genannt.

Während sich das Zungenbein des modernen Menschen in seiner Form drastisch vom Zungenbein eines Schimpansen unterscheidet, ist es nahezu identisch mit dem Zungenbein der Neandertaler und sehr ähnlich mit dem des entstehenden Menschen *Homo heidelbergensis* (siehe Abbildung 5.7). Es scheint daher möglich, dass die menschliche Sprache vor Hunderttausenden von Jahren in einer Population von *Homo heidelbergensis* entstand und dass die Neandertaler eine fortgeschrittene Form der Sprache sprachen, die unserer modernen Sprache ähnelt. Es besteht kaum ein Zweifel daran, dass die anatomisch modernen Menschen, die zahlreiche Beweise dafür hinterlassen haben, dass sie routinemäßig visuelle Symbole verwendeten, um Informationen aufzuzeichnen und mitzuteilen, in vollem Umfang zur menschlichen Sprache fähig waren.

Einige Wissenschaftler sind der Ansicht, dass sich die Sprache erst entwickelte, als die Hominiden begannen, größere Gruppen zu bilden als die kleine Anzahl von Individuen, die für die sozialen Gruppen von Affen, Menschenaffen und frühen Hominiden typisch ist. Nach dieser Ansicht entwickelte sich die Sprache – zusammen mit einem immer größeren Gehirn – so, dass die entstehenden Menschen sich mit der größeren Anzahl von Individuen, die sich in den jüngeren menschlichen Gruppen bildeten, verbinden konnten. Affen und Menschenaffen binden sich zwar durch körperliche Pflege an andere Gruppenmitglieder, aber die Zahl der Individuen, die man pflegen kann, ist begrenzt. Die Sprache ermöglicht es, diese Zahl drastisch zu erhöhen.[68]

Prähistorische Musik

Die Lieder, die der Mensch singt, sind nicht mit den Liedern vergleichbar, die von Tausenden von Vogelarten oder den wenigen Säugetieren wie Gibbons und Walen im Laufe ihres täglichen Lebens gesungen werden. Die „Lieder" dieser Tiere unterscheiden sich nur geringfügig von einem Individuum oder einer Population zu einer anderen innerhalb jeder Art, was darauf hindeutet, dass sie weitgehend instinktiv und durch genetische Vererbung vorprogrammiert sind.

Die Gesänge der Menschen unterscheiden sich jedoch dramatisch von einer Menschengruppe zur anderen und von einem Individuum zum anderen. Es scheint also, dass das Singen, ebenso wie die Sprache, zu den Verhaltensweisen gehört, die zwar für die menschliche Natur charakteristisch sind, aber ebenso wie die Sprache erlernt werden müssen. Und die Musik, die der Mensch durch den Einsatz von Technologie zur Herstellung von Musikinstrumenten macht, ist eine weitere Verhaltensweise, die unserer Spezies völlig eigen ist.

Paläontologen haben nie feststellen können, wann die prähistorischen Menschen zu musizieren begannen, aber wahrscheinlich entwickelten sie zuerst die Fähigkeit zu singen und erfanden erst später die Technik der Musikinstrumente. Wenn das Singen mit dem Gebrauch der Sprache begann, könnte es bereits vor dreihunderttausend Jahren eingesetzt haben. Und wenn – was immer wahrscheinlicher wird – die Neandertaler bereits eine gesprochene Sprache besaßen, als sie sich vor mehr als hunderttausend Jahren im prähistorischen Europa niederließen, ist das Singen wahrscheinlich mindestens genauso alt.

Die ältesten bisher gefundenen Musikinstrumente sind die Überreste mehrerer kleiner „Flöten" mit einer Länge zwischen dreizehn und dreiundzwanzig Zentimetern, die vor etwa fünfunddreißigtausend Jahren von anatomisch modernen Menschen aus der Aurignacien-Kultur hergestellt wurden. Die Aurignacianer stellten die meisten dieser Instrumente her, indem sie Fingerlöcher in die hohlen Flügelknochen von Schwänen und Geiern bohrten. Mehrere dieser Aurignacien-Flöten wurden in altsteinzeitlichen Höhlen in den Flusstälern Südwestdeutschlands ausgegraben. Als eine dieser Vogelknochenflöten rekonstruiert wurde, konnten die Forscher mit ihnen die Töne H, C, D und F erzeugen.

Einige der Flöten aus dem Aurignacien, die an diesen Fundstellen gefunden wurden, waren aus Elfenbein gefertigt. Dies erforderte ein kompliziertes Herstellungsverfahren, bei dem ein Stück Mammutelfenbein in zwei Hälften geteilt wurde, jede der Hälften entlang ihrer Länge ausgehöhlt wurde, an bestimmten Stellen Grifflöcher geschnitzt wurden und die beiden Hälften zusammengeklebt wurden, um eine perfekte, luftdichte Abdichtung zu bilden. Die Zeit, Sorgfalt und Kunstfertigkeit, die für die Herstellung dieser filigranen Instrumente aus Knochen und Elfenbein erforderlich waren, lassen wenig Zweifel daran, dass Musik – und das Handwerk des Musikinstrumentenbaus – schon vor Zehntausenden von Jahren als wichtiger Bestandteil des Lebens angesehen wurde.

Die Lieder und Tänze der Aurignacier, Gravettier, Solutreer und Magdalenen dienten im prähistorischen Leben wahrscheinlich demselben Zweck wie im modernen Leben heute: als Mittel zur emotionalen Entspannung, als Mittel zur Schaffung von Gefühlen der Kameradschaft und Zugehörigkeit unter den Mitgliedern einer sozialen Gruppe und als Mittel zum Ausdruck der eigenen kulturellen Identität. Es ist kein Zufall, dass jeder moderne Nationalstaat eine Nationalhymne hat, die seine Mitglieder gemeinsam singen, um ihre Solidarität als Bürger ihrer nationalen Kulturen auszudrücken und ihre gemeinsame Identität als Mitglieder dieser großen menschlichen Gruppen zu stärken.

Gemeinsame Symbole und ethnische Identität

Es ist Juni in den Great Plains im Westen Nordamerikas zu Beginn des 19. Jahrhunderts. Die Hitze des Sommers kommt schnell näher, und die verstreuten Gruppen der Cheyenne-Indianer – die berühmten Büffeljäger der nordamerikanischen Prärie – wandern langsam aus dem Schutz ihrer Winterlager in den bewaldeten Tälern in Richtung des großen Lagerkreises, der bald auf einem offenen Feld am Ufer des Platte entstehen wird. Dort werden am Morgen der Sommersonnenwende tausend Tipis, die den gesamten Stamm der Cheyenne repräsentieren, auf einem großen offenen Feld aufgestellt, wo die Pfeilerneuerungszeremonie stattfinden wird.

Die meiste Zeit des Jahres lebten die vielen verschiedenen Cheyenne-Stämme in weit verstreuten Lagern, jagten und sammelten ihre Nahrung in Gruppen, die aus lose miteinander verbundenen Familien bestanden. Doch als die Macht des Stammes ihren Höhepunkt erreichte, beherrschten weniger als viertausend Cheyenne eine Hunderte von Kilometern breite Prärie, die sich von Montana (USA) im Norden bis nach Kansas (USA) im Süden erstreckte – ein Gebiet, das doppelt so groß war wie Texas (USA). Wie gelang es den Cheyenne, dieses riesige Gebiet gegen andere Stämme der Plains-Indianer zu verteidigen, die ihre Jagdgründe begehrten und die nicht nur größer waren als die Cheyenne, sondern auch ebenso geschickt in der Kriegskunst? Die Antwort scheint darin zu liegen, dass die Cheyenne die unter den Stämmen der nordamerikanischen Prärie vergleichsweise seltene Fähigkeit entwickelt hatten, ihren Feinden mit einer geschlossenen Front entgegenzutreten.

Die Cheyenne waren beeindruckende Büffeljäger und Krieger, die in der Kunst der tödlichen Gewalt geübt waren. Bei den Cheyenne galt es als große Leistung, einen Angehörigen eines feindlichen Stammes zu töten oder zu verwunden, eine Tat, mit der man sich für den Rest seines Lebens rühmen konnte. Aber unter Männern, die zu töten wissen, besteht immer die Gefahr, dass ein Konflikt um Territorium, Eigentum oder Frauen in Gewalt eskaliert und zu Verletzungen oder Tod innerhalb des Stammes führt. Solche Konflikte waren bei vielen indianischen Stämmen an der Tagesordnung, und es war nicht ungewöhnlich, dass die Mitglieder dieser anderen Stämme in Zyklen von Rache und Gegenangriff verwickelt wurden, die Mitglieder desselben Stammes gegeneinander aufbrachten.

Der Vorteil der Cheyenne gegenüber anderen Stämmen der Plains-Indianer beruhte auf ihrer einzigartigen Kultur und ihrem Wertesystem, in dem die Stammessolidarität als oberste Tugend galt und in dem Mord – definiert als die Tötung eines Cheyenne durch einen anderen – die Heiligen Pfeile, ihre wichtigsten Symbole der Stammeseinheit, „beschmutzte". Ein Mord brachte den gesamten Stamm in moralische Gefahr und beraubte ihn des Schutzes der göttlichen Geister und der magischen Kräfte der Pfeile selbst. Die Cheyenne glaubten, dass der Körper eines Mörders langsam innerlich verfaulte und faulig wurde, bis der Mörder einen langsamen, langwierigen Tod starb. Diese Auswirkungen konnten nur rückgängig gemacht werden, wenn der Mörder für seine Sünde büßte, indem er eine Pfeilererneuerungszeremonie sponserte – eine mühsame Aufgabe, die monatelange Reisen zu Pferd erforderte, um alle Cheyenne-Banden im riesigen Gebiet ihrer Stammesjagdgründe zu besuchen und zu informieren.

Der Zweck der Pfeilerneuerungszeremonie war die symbolische „Reinigung" der vier Heiligen Pfeile – durch tagelanges Fasten, Beten und rituelle Zeremonien –, die von dem mythischen Cheyenne-Helden Sweet Medicine, der sie vor langer Zeit vom Großen Geist erhalten hatte, über die Generationen hinweg weitergegeben worden waren. Alle paar Jahre kamen alle Mitglieder des Cheyenne-Stammes zusammen, um die Heiliger Pfeil-Erneuerungszeremonie durchzuführen, bei der der gesamte Cheyenne-Stamm die Geister seiner Vorfahren anrief, um die Erde zu erneuern, die Sünden der Vergangenheit abzuwaschen und die Bande der Brüderlichkeit zwischen allen Cheyenne wiederherzustellen – und so für Wild in Hülle und Fülle und den Sieg im Krieg zu sorgen.

Am ersten Tag der Pfeilererneuerungszeremonie – dem Tag der Sommersonnenwende – wurden tausend Tipis von tausend Cheyenne-Familien errichtet, die den Bogen eines großen Halbmondes bildeten, der der aufgehenden Sonne zugewandt war, wobei die Tür jedes Tipis so ausgerichtet war, dass sie die ersten Strahlen einfing, die über dem Horizont erschienen. In der Mitte dieser Sichel wurde ein riesiges Gemeinschaftstipi, die Medizinpfeil-Loge, errichtet, in dem die Heiligen Pfeile erneuert und gereinigt werden sollten.

Am zweiten Tag nahmen die Priester ihre Plätze in der Medizinpfeil-Loge ein. Opfergaben wurden vor einem Altar in der Mitte der Hütte niedergelegt, und nach der sorgfältigen Durchführung geheimer Rituale, dem Singen heiliger Lieder und der Darbringung von Gebeten wurde das Bündel mit den Heiligen Pfeilen geöffnet und untersucht. Dieser Moment war so heilig, dass alle Cheyenne außer denjenigen, die tatsächlich an der Zeremonie teilnahmen, vollkommen still und ruhig in ihren Tipis bleiben mussten, während das Gelände des großen Lagerkreises von den Mitgliedern der Cheyenne Kriegergesellschaft wachsam bewacht wurde. Wenn ein Kind zu weinen begann, wurde es schnell zum Schweigen gebracht. Wenn ein Hund bellte, wurde er sofort mit einem schnellen Schlag mit der Keule eines Kriegers getötet.

Am dritten Tag der Zeremonie wurden die Heiligen Pfeile gereinigt und repariert, und für jede Cheyenne-Familie wurde ein langer Weidenstock geschnitten. Ein Weidenstock nach dem anderen wurde von den Stammespriestern im Rauch des Weihrauchs gesegnet, um jeder Familie neues Wohlergehen zu schenken. Und jede Familie bewahrte ihren Weidenstock das ganze Jahr über sorgfältig auf, um sich daran zu erinnern, dass sie Cheyenne waren und dass sie zu etwas gehörten, das größer war als sie selbst, größer als ihre Familien – und größer als die örtliche Gruppe verwandter Familien, die zusammen lebten und reisten und in ihren jeweiligen Gebieten jagten und sammelten.

Auf diese Weise machten sich die Cheyenne die emotionale Kraft der symbolischen Kommunikation zunutze, um Dutzende kleiner Nomadengruppen zu einer einzigen Stammeseinheit zu verschmelzen, die in der Lage war, sich in kürzester Zeit zu einer Kampftruppe von Tausenden zusammenzuschließen. Mit einer gemeinsamen Sprache und einem gemeinsamen Bekenntnis zur Macht der Heiligen Pfeile und anderer Stammessymbole konnten die vielen Cheyenne-Banden schnell zu einer einzigen großen Gruppe organisiert werden, die die meisten Mitglieder des Stammes umfasste. Auf diese Weise wurde die Spaltungs- und Fusionsgesellschaft, die sowohl Schimpansen als auch Hominiden von ihren gemeinsamen Vorfahren geerbt haben, zu einer mächtigen sozialen Kraft, die in der Lage war, unter den Mitgliedern vieler verstreut lebender Nomadengruppen ein Gefühl der Stammessolidarität zu schaffen.

Die Spaltungs- und Fusions-Gesellschaft

Während der kurzen Perioden, in denen zwei verschiedene Schimpansengruppen vorübergehend zu einer verschmelzen, mischen sich die Mitglieder beider Gruppen mit wenig oder gar keiner offenkundigen Gewalt oder Konflikten unter einander. Während dieser Verschmelzungsphase zeigen die Individuen beider Gruppen jedoch Anzeichen von emotionalem Stress, der sich in Form von Schreien, „Dominanz"-Darstellungen, wie dem Brechen von Ästen und allgemeinem Herumtoben in großer Aufregung, äußern kann. Die emotionale Belastung durch den engen Kontakt mit Mitgliedern einer anderen Gruppe fordert jedoch unweigerlich ihren Tribut. Nachdem sie sich ein oder zwei Tage lang vermischt haben, sortieren sich die Schimpansen in ihre ursprünglichen Gruppen und ziehen in ihre Heimatgebiete zurück.

Der Mensch hat das Spaltungs- und Fusionsmodell jedoch noch einen Schritt weiter entwickelt, indem er den Fusionszyklus zu einem integralen Bestandteil seiner saisonalen Umweltanpassung gemacht hat. Die Inuit-Eskimos verbrachten die vergleichsweise warmen Monate des kurzen arktischen Sommers in kleinen Familiengruppen, die in der Regel aus zwei bis zwölf Individuen bestanden, während sie durch die Tundra wanderten, Vogeleier sammelten und Kaninchen erlegten. Im Winter jedoch, wenn sie auf der Jagd nach größerem Wild – wie Karibu, Robbe und Walross – waren, das die Zusammenarbeit einer größeren Gruppe von Jägern erforderte, schlossen sich die Inuit in viel größeren Gruppen zusammen. Wenn sie sich für den Winter an einem Ort niederließen, baute jede Inuit-Familie oder -Großfamilie ihr eigenes Iglu und schuf so Siedlungen, die aus mehreren Iglus bestanden, in denen fünfzig oder mehr Menschen lebten.

Die Buschmänner der Kalahari-Wüste zeigten ein ähnliches Fusionsmuster: Sie versammelten sich während der Trockenzeit in relativ großer Zahl in der Nähe einiger permanenter Wasserlöcher und zerstreuten sich während der Regenzeit in kleine Familiengruppen, wenn die Nahrung reichlich vorhanden war und in der Wüste verstreut gefunden werden konnte.

Als der anatomisch moderne Mensch die symbolische Kommunikation in sein tägliches Leben integrierte, entfaltete er die volle Kraft der Fusionsgesellschaft. Durch die Annahme unterschiedlicher kultureller Identitäten – und die Stärkung dieser Identitäten durch die gemeinsame Nutzung von Sprache, Musik, Tanz, Kunst, Design und anderen Formen der symbolischen Kommunikation – waren die modernen Menschen in der Lage, die kleinen nomadischen Gruppen, in denen sie die meiste Zeit des Jahres lebten, zu großen Gruppen zu verschmelzen, die je nach Bedarf und Gelegenheit bei der Jagd und der Kriegsführung zusammenarbeiten konnten.

Während kleine Gruppen prähistorischer Nomaden ideal für die Jagd auf Kleinwild und das Sammeln essbarer Pflanzen geeignet waren, eigneten sich größere Gruppen besser für die gemeinschaftliche Jagd auf große Tiere, wie die prähistorische Megafauna der Mammuts, Nashörner, Bisons und Wildrinder. Obwohl die Megafauna von den Neandertalern erbarmungslos gejagt wurde, gediehen sie noch Zehntausende von Jahren Seite an Seite mit den Neandertalern. Als jedoch der anatomisch moderne Mensch auf der Bildfläche erschien, wurde die Megafauna innerhalb weniger tausend Jahre offenbar bis zur Ausrottung gejagt. Mit ihren Stammeskulturen und ihrer Fähigkeit, sich bei Bedarf in großen Gruppen zu organisieren, zeigte sich, dass die tödliche Effizienz der gemeinschaftlichen Jagd der Megafauna, die während der Eiszeiten die nördlichen Breitengraden durchstreift hatte, nicht gewachsen war.

Vor fünfundsiebzigtausend Jahren hatten sich die Neandertaler in Westeuropa fest etabliert und lebten dort mindestens fünfunddreißigtausend Jahre lang. Doch einige tausend Jahre nach der Ankunft des anatomisch modernen Menschen waren die Neandertaler vollständig verschwunden. Im Gegensatz zu den anatomisch modernen Menschen hinterließen die Neandertaler nur wenige Hinweise auf symbolische Kommunikation und keinerlei Hinweise auf ausgeprägte kulturelle Traditionen oder ethnische Identitäten. Trotz ihrer überlegenen Körperkraft wären die kleinen Gruppen einzelner Neandertaler einer organisierten Kampftruppe aus Hunderten oder gar Tausenden von versammelten Châtelperroniern oder Aurignaciern nicht gewachsen gewesen.

Die Macht der Erzählung

Der vielleicht bedeutendste Fortschritt in der symbolischen Kommunikation trat ein, als die Menschen begannen, Wortgruppen aneinanderzureihen, um Ereignisse zu beschreiben, die in einer bestimmten Abfolge über einen bestimmten Zeitraum hinweg stattfanden. Diese Sequenzen sind gemeinhin als „Erzählungen" bekannt.

„Fang am Anfang an", sagte der König zum weißen Kaninchen, „und geh weiter, bis du zum Ende kommst; dann hör auf."[69] Diese täuschend einfache Formel beschreibt eine mächtige Form der Kommunikation, zu der keine andere Spezies fähig ist. Während die Urmenschen möglicherweise eine primitive Form der Sprache besaßen und die Neandertaler mit ziemlicher Sicherheit der gesprochenen Sprache fähig waren, könnten die tiefgreifenden Veränderungen im menschlichen Leben, die durch die anatomisch modernen Menschen eingeleitet wurden, auf ihre einzigartige Fähigkeit zurückzuführen sein, eine Geschichte in erzählerischer Form zu vermitteln.

Die Macht der Erzählung ermöglichte es den männlichen Jägern, die mit ihrer begehrten Fleischbeute zu ihrer Heimatbasis zurückkehrten, die Geschichte zu erzählen, wie sie ihre Beute gefunden, aufgespürt, in die Enge getrieben, getötet und geschlachtet hatten. Die Erzählung ermöglichte es den weiblichen Sammlern zu beschreiben, wie sie von ihrem Heimatgebiet zu dem genauen Ort reisten, an dem sie erlesene Früchte, Wurzeln, Knollen und andere Nahrungsmittel finden konnten. Die Erzählung ermöglichte es, den schrittweisen Prozess der Herstellung von Werkzeugen, Waffen, Behältern, Behausungen, Kleidung und all den anderen unzähligen Dingen zu beschreiben, auf die Jäger und Sammler angewiesen waren. Die Erzählung ermöglichte es den Schamanen und *Curanderas*, die Ursachen von Krankheiten zu erklären und ihren Lehrlingen beizubringen, wie sie die Traditionen der Heilung von Kranken und Verwundeten weiterführen können.

Neben vielen anderen wichtigen Beiträgen zur menschlichen Kultur ermöglichte es die Kraft der Erzählung den Erzählern der Stämme, das Leben und die Taten der Vorfahren und der Stammesgötter zu schildern, die Entstehung des Universums zu erklären und die heiligen Lieder und Rituale zu rezitieren, die dem Stammesleben Sinn und Reichtum verliehen. Die Summe all dieser Erzählungen bildete die „mündlichen Traditionen", die Anthropologen in allen von ihnen untersuchten vorindustriellen Kulturen aufgezeichnet haben. Diese mündlichen Überlieferungen dienten bis zur Entstehung der Zivilisation und der Erfindung des geschriebenen Wortes als Aufbewahrungsort für die Erfahrungen und die kollektive Weisheit jeder menschlichen Gesellschaft.

Schließlich gab die Macht der Erzählung dem anatomisch modernen Menschen eine Möglichkeit, nicht nur zu verstehen, wie sich Ereignisse in der Vergangenheit entwickelt haben, sondern auch, wie sie sich in der Zukunft entwickeln würden. Auf diese Weise gab die Erfindung der Erzählung unserer Spezies die einzigartige Fähigkeit, den Lauf der Zeit zu begreifen und sich auf Ereignisse vorzubereiten, die erst Tage, Wochen oder Monate in der Zukunft stattfinden würden.

Es ist daher kein Zufall, dass, als die Neandertaler durch moderne Menschen ersetzt wurden, die über Kulturen verfügten, die reich an symbolischer Kommunikation waren – und die durch die gemeinsame Symbolik der Sprache und der mündlichen Überlieferung Zugang zu weitaus mehr Informationen darüber hatten, wie man leben sollte –, sich die menschliche Bevölkerung Europas innerhalb weniger tausend Jahre vervielfachte, bis sie zehnmal so groß war wie zur Zeit der Neandertaler.

Die Macht der kulturellen Evolution

Der wesentliche Mechanismus der biologischen Evolution besteht aus drei grundlegenden Prozessen. Erstens erbt jede Generation die Merkmale ihrer Eltern durch Informationen, die in dem von Mutter und Vater eingebrachten genetischen Material kodiert sind. Zweitens geht ein Teil dieser Informationen unweigerlich verloren oder wird durch einen weitgehend zufälligen Prozess verändert, den wir „Mutation" nennen. Drittens haben die meisten Mutationen entweder keine Auswirkung auf die Entwicklung des Organismus oder sie sind schädlich oder unangepasst und machen den Individuen, deren DNS verändert worden ist, das Leben schwer.

Dennoch erweisen sich einige wenige Zufallsmutationen als vorteilhaft und helfen dem einzelnen Organismus, sich besser an seine Umwelt anzupassen. Infolgedessen werden die vorteilhafteren Mutationen in einer Zuchtpopulation immer häufiger und werden – wenn sie ausreichend anpassungsfähig sind – schließlich zur neuen Normalität innerhalb der Zuchtpopulation. Dies ist der grundlegende Prozess, der die Fähigkeit hervorgebracht hat, auf zwei Beinen zu gehen und zu laufen, Feuer zu benutzen, Nahrung zu kochen, Behausungen zu bauen, Kleidung zu tragen und so weiter.

Aber die biologische Evolution hat ihre Grenzen. Zunächst einmal ist sie außerordentlich langsam. Es dauerte Millionen von Jahren, bis unsere prähistorischen Vorfahren eine aufrechte Körperhaltung und eine echte zweifüßige Fortbewegung entwickelten, und es dauerte weit über eine Million Jahre, bis das Gehirn der Hominiden seine heutige immense Größe erreichte. Im Prozess der biologischen Evolution können neue und vorteilhaftere genetische Informationen nur von einem Elternteil an seine biologischen Nachkommen weitergegeben werden. Das bedeutet, dass viele Generationen erforderlich sind, bevor sich ein vorteilhaftes Gen in einer Zuchtpopulation verbreiten kann. Und bevor es sich durchsetzen kann, müssen die Kinder, Enkel und Urenkel des ersten Individuums, das dieses neue genetische Material besaß, die Kinder, Enkel und Urenkel der anderen Mitglieder der Gruppe ständig übertreffen – und schließlich zahlenmäßig überlegen sein.

Die DNS einer Art ist der vollständige Satz von Anweisungen für den Aufbau aller Teile des lebenden Organismus, wie das Rezept für einen Kuchen oder der Bauplan für ein Gebäude. Wenn eine dieser Anweisungen geändert wird, wird der Kuchen, das Gebäude oder der Organismus nicht wie geplant gebaut. Und wenn diese Änderungen einfach nur zufällige Fehler bei der Reproduktion der Anweisungen sind, werden sie als „Fehler" im Endprodukt erscheinen. Eine Population von Lebewesen muss also Tausende von schädlichen Mutationen verwerfen, bevor eine einzige vorteilhafte Mutation auftaucht, die durch den Prozess der natürlichen Selektion erhalten werden kann.

Die kulturelle Evolution hat jedoch keine dieser Einschränkungen. Ein neuartiges Verhalten kann von einem einzelnen Individuum ausgehen und durch Lernen und Nachahmung schnell auf andere Individuen übertragen werden. Wenn dieses neue Verhalten dem Individuum hilft, sich erfolgreicher an seine Umwelt anzupassen, kann es sich innerhalb einer einzigen Generation leicht in einer ganzen sozialen Gruppe verbreiten.

Darüber hinaus kommen verschiedene Gruppen von Menschenaffen, Affen und Menschen gelegentlich miteinander in Kontakt, und wenn diese Kontakte freundschaftlich sind, können sich Individuen der beiden Gruppen vermischen. Dies gibt den Mitgliedern der einen Gruppe die Möglichkeit, die Verhaltensweisen von Individuen der anderen Gruppe zu beobachten und zu imitieren. Auf diese Weise können sich neue Verhaltensweisen nicht nur innerhalb einer einzelnen sozialen Gruppe, sondern auch von einer sozialen Gruppe zur anderen ausbreiten – und sich auf diese Weise schließlich in der Bevölkerung einer ganzen geografischen Region verbreiten.

Schließlich entstehen kulturelle Innovationen selten zufällig. Im Gegensatz zu genetischen Mutationen sind die Verhaltensänderungen, die die kulturelle Evolution vorantreiben, in der Regel zielgerichtet und absichtlich, und aus diesem Grund sind sie viel wahrscheinlicher vorteilhaft und anpassungsfähig als die Mutationen, die die biologische Evolution vorantreiben. Dies gilt nicht nur für die Erfindung des Kartoffelwaschens durch japanische Makaken, sondern auch für die Erfindung der Höhlenkunst, die Domestizierung von Pflanzen und Tieren, die Entwicklung der Präzisionsbearbeitung und die Erfindung des Computers. Es ist leicht zu erkennen, warum die kulturelle Evolution schneller und effizienter ist als die biologische Evolution, wenn man den zielgerichteten Charakter kultureller Innovationen mit ihren sehr schnellen Mitteln der Übertragung und Verbreitung kombiniert.

Mit dem Aufkommen der Stammeskulturen – ein Meilenstein, der durch das Aufkommen der gemeinsamen symbolischen Kommunikation in ihren vielen Formen ermöglicht wurde – begann die Menschheit, sich zu immer größeren Gesellschaften und sozialen Gruppen zusammenzuschließen. Und mit jedem Schritt auf diesem Weg – vom landwirtschaftlichen Dorf über den städtischen Stadtstaat bis hin zum industriellen Nationalstaat – wuchs die Größe der menschlichen Gruppe exponentiell. Ohne symbolische Kommunikation wäre dieses exponentielle Wachstum niemals möglich gewesen. Mit symbolischer Kommunikation war es wahrscheinlich unvermeidlich.

Als sich die soziale Gruppe des Menschen, die über Millionen von Jahren aus nicht mehr als ein paar Dutzend Individuen bestand, von ihrem Primatenerbe befreite und sich zu Stämmen von Tausenden ausdehnte, begann ein Prozess der Verschmelzung, der in der Bildung riesiger Nationalstaaten gipfelte, die aus Millionen von Individuen bestehen und die Herrschaft über die gesamte Landfläche der Erde beanspruchen. Ob unsere Spezies zu einem letzten Akt der Verschmelzung fähig ist – bei dem alle lebenden Menschen eine gemeinsame Identität als Mitglieder einer einzigen globalen Kultur und Zivilisation erlangen – ist eine Frage, die nicht nur die Zukunft unserer eigenen Spezies, sondern auch die der meisten Lebensformen auf der Erde bestimmen wird. Dies ist in der Tat die Frage, die im Mittelpunkt dieses Buches steht.

Bibliographie zu 5 – Die Technologie der symbolischen Kommunikation

Aiello, Leslie C. (2010). „Five Years of *Homo floresiensis*". In: *American Journal of Physical Anthropology* 142.2, S. 167–179.

Aiello, Leslie C. und R. I. M. Dunbar (1993). „Neocortex size, group size, and the evolution of language". In: *Current Anthropology* 34.2, S. 184–193.

Arensburg, B. u. a. (2005). „A reappraisal of the anatomical basis for speech in Middle Palaeolithic hominids". In: *American Journal of Physical Anthropology* 83.2, S. 137–146.

Bednarik, Robert G. (1998). „The 'Australopithecine' cobble from Makapansgat, South Africa". In: *South African Archaeological Bulletin* 53, S. 4–8.

— (2001). „Beads and pendants of the Pleistocene". In: *Anthropos* 96, S. 545–555.

— (2005). „Middle Pleistocene beads and symbolism". In: *Anthropos* 100, S. 537–552.

Bicho, Nuno u. a. (2007). „The Upper Paleolithic rock art of Iberia". In: *Journal of Archaeological Method and Theory* 14.1, S. 81–151.

Brown, P. T. Sutikna u. a. (2004). „A new small-bodied hominin from the Late Pleistocene of Flores, Indonesia". In: *Nature* 431.7012, S. 1055–1061.

Calvin, William H. (1990). „Hand-ax heaven: The ambitious ape's guide to a bigger brain". In: *The Ascent of Mind: Ice age climates and the evolution of intelligence*. Chapter 8. New York: Bantam Books.

Carroll, Lewis (1961). *Alice's Adventures in Wonderland and Through the Looking Glass*. London: The Folio Society.

Cerpa, Juan Antonio (2013). *Altamira, un calvario para Marcelino Sanz de Sautuola. Red Española de Historia y Arqueología*. URL: http : / / www . historiayarqueologia.com/profiles/blog/show?id=3814916%3ABlogPost%3A295493&commentId=3814916%3AComment%3A295461&xg_source=activity (besucht am 06. 02. 2014).

César, González Sainz und Roberto Cacho Toca (2002). *Paleolithic Cave Arts in Cantabria*. URL: http://www.muse.or.jp/spain/eng/cantabria/cantabria_top.html (besucht am 10. 02. 2014).

Chazine, Jean-Michel (2005). „Rock art, burials, and habitations: caves in East Kalimantan". In: *Asian Perspectives* 44.1, S. 219–230.

Conard, N. J., M. Malina und S. C. Munzel (2009). „New flutes document the earliest musical tradition in southwestern Germany". In: *Nature* 460.7256, S. 737–740.

d'Errico, Francesco u. a. (2003). „Archaeological evidence for the emergence of language, symbolism, and music – An alternative multidisciplinary perspective". In: *Journal of World Prehistory* 17.1, S. 1–70.

Davidson, Iain und William Noble (1989). „The archaeology of perception: Traces of depiction and language". In: *Current Anthropology* 30.2, S. 125–156.

Dediu, Dan und Stephen C. Levinson (2013). „On the antiquity of language: The reinterpretation of Neandertal linguistic capacities and its consequences". In: *Frontiers in Psychology* 4.397, S. 1–17.

Deutscher, Guy (2010). *Through the Language Glass: Why the World Looks Different In Other Languages*. New York: Metropolitan Books.

Douka, Katerina u. a. (2013). „Chronology of Ksar Akil (Lebanon) and implications for the colonization of europe by anatomically modern humans". In: *PLOS ONE* 8.9, e72931.

Duchin, Linda E. (1990). „The evolution of articulate speech: Comparative anatomy of the oral cavity in Pan and Homo". In: *Journal of Human Evolution* 19.6-7, S. 687–697.

Eriksson, Anders u. a. (2012). „Late Pleistocene climate change and the global expansion of anatomically modern humans". In: *Proceedings of the National Academy of Sciences of the United States of America* 109.40, S. 16089–16094.

Fagan, Brian (2010). *Cro-Magnon: How the Ice Age Gave Birth to the First Modern Humans*. New York: Bloomsbury Press.

Feliks, John (2006b). *The graphics of Bilzingsleben: Sophistication and subtlety in the mind of* Homo erectus. URL: http://www-personal.umich.edu/~feliks/graphics-of-bilzingsleben/index.html (besucht am 02. 02. 2014).

— (2011). „Golden Flute of Geissenklösterle: Mathematical Evidence for a Continuity of Human Intelligence as Opposed to Evolutionary Change Through Time". In: *Aplimat – Journal of Applied Mathematics* 4.4, S. 157–162.

Finlayson, Clive u. a. (2008). „Gorham's Cave, Gibraltar – The persistence of a Neanderthal population". In: *Quaternary International* 181, S. 64–71.

Foley, Robert und Marta Lahr (1997). „Mode 3 technologies and the evolution of modern humans". In: *Cambridge Archaeological Journal* 7.1, S. 3–36.

Gilligan, Ian (2010). „The Prehistoric Development of Clothing: Archaeological Implications of a Thermal Model“. In: *Journal of Archaeological Method and Theory* 17, S. 15–80.

Greenspan, Stanley und Stuart Shanker (2006). *The First Idea: How Symbols, Language, and Intelligence Evolved from Our Primate Ancestors to Modern Humans*. Cambridge, Massachusetts: Da Capo Press.

Harrod, J. (2004). *Deciphering later Acheulian period marking motifs (LAmrk): Impressions of the later Acheulian mind*. URL: http : / / originsnet . org / publications.html#Deciphering%20LAmrk (besucht am 19. 02. 2014).

Hauser, Marc D. (2000). „A primate dictionary? Decoding the function and meaning of another species’ vocalizations“. In: *Cognitive Science* 24.3, S. 445–475.

Higham, Thomas u. a. (2012). „Testing models for the beginnings of the Aurignacian and the advent of figurative art and music: The radiocarbon chronology of Geißenklösterle“. In: *Journal of Human Evolution* 62.6, S. 664–676.

Hirst, K. Kris (2014a). *Geißenklösterle (Germany): Aurignacian Site in the Swabian Jura of Germany*. URL: http://archaeology.about.com/od/gterms/qt/Geissenklosterle-Germany.htm (besucht am 30. 01. 2014).

Hoebel, E. Adamson (1960). *The Cheyennes: Indians of the Great Plains*. New York: Holt, Rinehart und Winston.

Huffman, O. Frank u. a. (2010). „Provenience reassessment of the 1931–1933 Ngandong *Homo erectus* (Java), confirmation of the bone-bed origin reported by the discoverers“. In: *PaleoAnthropology*, S. 1–60.

Klein, Richard G. (1992). „The archaeology of modem human origins“. In: *Evolutionary Anthropology* 1, S. 5–14.

— (1995). „Anatomy, behaviour, and modern human origins“. In: *Journal of World Prehistory* 9.2, S. 167–98.

Knight, Chris, Camilla Power und Ian Watts (1995). „The human symbolic revolution: a Darwinian account“. In: *Cambridge Archaeological Journal* 5.1, S. 75–114.

Kuhn, Steven L. u. a. (2009). „The early Upper Paleolithic occupations at Üçağızlı Cave (Hatay, Turkey)“. In: *Journal of Human Evolution* 56, S. 87–113.

Lieberman, Philip u. a. (1992). „The anatomy, physiology, acoustics and perception of speech: Essential elements in analysis of the evolution of human speech“. In: *Journal of Human Evolution* 23, S. 447–467.

Malinowski, Bronislaw (1954). *Magic, Science, and Religion*. Garden City, NY: Doubleday & Company, S. 30–31.

Mania, Dietrich und Ursula Mania (1988). „Deliberate engravings on bone artefacts of *Homo erectus*". In: *Rock Art Research* 5, S. 91–107.

— (2005). „The natural and socio-cultural environment of *Homo erectus* at Bilzingsleben, Germany". In: *The Hominid Individual In Context. Archaeological Investigations Of Lower And Middle Palaeolithic Landscapes, Locales And Artefacts*. Hrsg. von Clive Gamble und Martin Porr. New York: Routledge, S. 98–114.

Martínez, I., M. Rosa, J.-L. Arsuaga u. a. (2004). „Auditory capacities in Middle Pleistocene humans from the Sierra de Atapuerca in Spain". In: *Proceedings of the National Academy of Sciences of the United States of America* 101.27, S. 9976–9981.

Martínez, I., M. Rosa, R. Quam u. a. (2013). „Communicative capacities in Middle Pleistocene humans from the Sierra de Atapuerca in Spain". In: *Quaternary International* 295, S. 94–101.

McPherron, Shannon Patrick (2000). „Handaxes as a measure of the mental capabilities of early hominids". In: *Journal of Archaeological Science* 27, S. 655–663.

Mellars, Paul (1991). „Cognitive changes and the emergence of modern humans in Europe". In: *Cambridge Archaeological Journal* 1.1, S. 63–76.

Morwood, M. J. und W. L. Jungers (2009). „Conclusions: Implications of the Liang Bua Excavations for Hominin Evolution and Biogeorgraphy". In: *Journal of Human Evolution* 57.313, S. 640–648.

Münzel, S., F. Seeberger und W. Hein (2002). „The Geissenklösterle Flute – Discovery, Experiments, Reconstruction". In: *The Archaeology of Sound: Origin and Organisation*. Rahden/Westfalen: Verlag Marie Leidorf, S. 107–118.

Noble, William und Iain Davidson (1991). „The evolutionary emergence of modern human behavior: language and its archaeology". In: *Man (New Series)* 26, S. 223–253.

Peresania, Marco u. a. (2011). „Late Neandertals and the intentional removal of feathers as evidenced from bird bone taphonomy at Fumane Cave 44 ky B.P., Italy". In: *Proceedings of the National Academy of Sciences of the United States of America* 108.10, S. 3888–3893.

Pike, A. W. G. u. a. (2012). „U-series dating of Paleolithic art in 11 caves in Spain". In: *Science* 336, S. 1409–1413.

Roebroeks, Wil, Mark J. Siera u. a. (2012). „Use of red ochre by early Neandertals". In: *Proceedings of the National Academy of Sciences of the United States of America* 109.6, S. 1889–1894.

Schlesier, Karl H. (2001). „More on the 'Venus' figurines". In: *Current Anthropology* 42.3, S. 410.

Schmid, Randolph E. (22. Juni 2006). „Ancient shells may be oldest jewelry". In: *LiveScience*.

Service, Elman R. (1978a). „The Cheyenne of the North American Plains". In: *Profiles in Ethnology*. 3. Aufl. New York: Harper & Row.

Shipman, Pat (2015). *The Invaders: How Humans and Their Dogs Drove Neanderthals to Extinction*. Cambridge, MA: Harvard University Press.

Swisher, III Carl C. u. a. (1996). „Latest *Homo erectus* of Java: potential contemporaneity with *Homo sapiens* in southeast Asia". In: *Science* 274.5294, S. 1870–1874.

Trinkaus, Eric und Pat Shipman (1993). *The Neandertals: Changing the Image of Mankind*. New York: Alfred A. Knopf.

Vanhaeren, Marian u. a. (2006). „Middle Paleolithic Shell Beads in Israel and Algeria". In: *Science* 312.5781, S. 1785–1788.

White, Randall (2001). *Personal Ornaments from the Grotte du Renne at Arcy-sur-Cure*. URL: http://www.athenapub.com/8white1.htm (besucht am 29. 01. 2014).

Zilhão, Joã u. a. (2010). „Symbolic use of marine shells and mineral pigments by Iberian Neandertals". In: *Proceedings of the National Academy of Sciences of the United States of America* 107.3, S. 1023–1028.

✦

Die Technologie der Landwirtschaft

Dauerhafte Dörfer und die Anhäufung von Reichtum

> *»Der Übergang von der Nahrungssuche zum Ackerbau war die tiefgreifendste Revolution in der Geschichte der Menschheit.«*
>
> (Graeme Barker,
> *The Agricultural Revolution in Prehistory*)

VOR achtzehntausend Jahren war die letzte Eiszeit auf ihrem Höhepunkt. Massive Eisschichten von mehreren hundert Metern Dicke bedeckten die nördlichen Breiten Europas, Asiens und Amerikas. Der Meeresspiegel lag dreihundert Meter unter dem heutigen Niveau. Riesige Wüsten erstreckten sich über Afrika und Asien, und der Regenwald war nur ein Bruchteil seiner heutigen Größe. Doch große Veränderungen standen bevor. Mit dem Abklingen der Eiszeiten und der Erwärmung der Erde stand die Menschheit vor ihrer nächsten großen Metamorphose.

Jede der vier Metamorphosen, die bereits stattgefunden hatten, hatte die Biologie unserer Vorfahren in bedeutender Weise verändert. Die Technologie der Speere und Grabstöcke verwandelte uns von vierfüßigen in zweifüßige Tiere. Die Technologie des Feuers und des Kochens führte zum Verlust unserer Körperbehaarung, zu einer massiven Vergrößerung unseres Gehirns und zum Verschwinden unserer Anatomie des Baumkletterns. Die Technologie der Kleidung und des Schutzes ermöglichte es uns, aus den Tropen auszuwandern, und machte es unseren „frühgeborenen" Neugeborenen möglich, in kalten Klimazonen zu überleben. Und die Technologie der symbolischen Kommunikation brachte bedeutende Veränderungen in unseren Gehirnen mit sich, die uns vom langsamen Tempo der biologischen Evolution befreiten und es uns ermöglichten, die Geschwindigkeit und Flexibilität der kulturellen Evolution zu nutzen.

Doch während der Millionen von Jahren, die für all diese wichtigen biologischen Veränderungen nötig waren, hat sich weder die Art der hominiden

Gesellschaft noch das Verhältnis der Hominiden zu ihrer natürlichen Umgebung wesentlich verändert. Tagsüber gingen die erwachsenen Männchen weiterhin auf Raubjagd, während die erwachsenen Weibchen weiterhin nach essbaren Pflanzen suchten. Nachts versammelten sich kleine Gruppen von Verwandten zum Schutz vor Raubtieren in ihrer Heimatbasis. Und von Zeit zu Zeit verließ die Hominidengruppe ihre Heimatbasis und zog an einen neuen Ort, um nach reichhaltigeren Nahrungsquellen zu suchen.

Doch als die Altsteinzeit mit dem Abklingen der letzten großen Eiszeit zu Ende ging, befreite sich die Menschheit von der Notwendigkeit, ständig auf der Suche nach Nahrung zu sein, die das Leben aller anderen Tiere begrenzt und einschränkt. Als die Technologie der Landwirtschaft es der Menschheit ermöglichte, ihre eigene Nahrung zu produzieren und für die Zukunft zu speichern, legte unsere Spezies eine Last ab, die sie zusammen mit allen anderen Tieren seit ihren Anfängen getragen hatte.

Entbunden von der täglichen Nahrungssuche ließen sich unsere Vorfahren in dauerhaften Siedlungen nieder, die aus Hunderten und sogar Tausenden von Menschen bestanden, lernten, sich in Kunst und Handwerk zu spezialisieren, und begannen, sich zu vermehren. Neue und leistungsfähige Transport- und Kommunikationstechnologien ermöglichten es uns, Städte zu bauen und uns noch weiter zu vermehren, so dass riesige Zivilisationen mit Hunderttausenden von Menschen entstanden. Die Technologie der Präzisionsmaschinen ermöglichte es uns, moderne Industrienationen mit Millionen von Menschen zu schaffen, und infolgedessen haben wir uns so schnell vermehrt, dass unsere langfristige Zukunft nun in Gefahr ist. Und die jüngste Entwicklung der digitalen Technologie – die es uns ermöglicht, mit allen Mitgliedern der menschlichen Spezies Handel zu treiben, sie zu besuchen und mit ihnen zu kommunizieren – hat es zum ersten Mal in unserer Geschichte möglich gemacht, dass die Menschheit zu einer einzigen globalen Gesellschaft verschmilzt.

Keine dieser gesellschaftlichen Metamorphosen hätte jemals stattgefunden, wenn die Menschen weiterhin als Jäger und Sammler gelebt hätten, wie es am Anfang unserer Spezies der Fall war. Doch die Ursachen für das plötzliche Auftreten der Landwirtschaft, die es der menschlichen Gesellschaft ermöglichte, diesen Weg tiefgreifender sozialer Veränderungen einzuschlagen, bleiben eines der großen Rätsel der Menschheitsgeschichte.

Das Mysterium der Landwirtschaft

Vor zwölftausend bis viertausend Jahren gaben verschiedene menschliche Gesellschaften, die an weit voneinander entfernten Orten lebten, ihre frühere Le-

bensweise als Jäger und Sammler auf und begannen, ihre eigene Nahrung anzubauen. Wissenschaftler haben viele verschiedene und oft konkurrierende Theorien zur Erklärung dieses bemerkenswerten Zufalls aufgestellt, aber nach jahrzehntelangen Diskussionen besteht kaum Einigkeit darüber, warum die Menschen auf der ganzen Welt zu diesem Zeitpunkt den umfassenden Übergang
vom Jagen und Sammeln zur Landwirtschaft vollzogen.

Später in diesem Kapitel werde ich erklären, warum es möglicherweise die
Aneignung der Sprache – und insbesondere die Macht der Erzählung – war, die
der Menschheit den Übergang von der Nahrungssuche zum Ackerbau in diesem besonderen Moment ihrer Geschichte ermöglichte. Doch zunächst müssen wir uns mit den zahlreichen Theorien befassen, die in den letzten Jahren
aufgestellt wurden, um die neuartige Technologie der Nahrungsmittelproduktion zu erklären. Auch wenn sich die Wissenschaftler über die Ursachen nicht
einig sind, so stimmen sie doch darin überein, dass die Landwirtschaft vor etwa
elftausend Jahren im Nahen Osten begann, in einem gut bewässerten Land-
streifen, dem so genannten „Fruchtbaren Halbmond" (siehe Abbildung 6.1 auf
Seite 162). Hier beginnt unsere Geschichte.

Der Fruchtbare Halbmond ist etwa 160 Kilometer breit und etwa 1600 Kilometer lang. Er beginnt in Ägypten, am östlichen Ende des Mittelmeers, und
endet im Irak, am nördlichen Ende des Persischen Golfs. Der Fruchtbare Halbmond liegt direkt auf dem Weg zwischen Afrika und Eurasien und ist die Heimat der frühesten antiken Zivilisationen. Er hat in der Geschichte der Menschheit eine überragende Rolle gespielt, seit die neu entstandenen Menschen vor
mehr als 1,5 Millionen Jahren nach Europa und Asien eingewandert sind.

Eine der ersten Theorien zur Erklärung der Entwicklung des Ackerbaus
besagt, dass die Landwirtschaft im Fruchtbaren Halbmond entstand, weil die
Umwelt in dieser Region austrocknete und die schwindende Zahl von Menschen und Tieren dazu führte, dass sie in Oasen zogen, wo sie gezwungen waren, auf engem Raum miteinander zu leben, und wo die Menschen begannen,
diese Tiere zu züchten.

Eine spätere Theorie besagt jedoch, dass die Nahrungsmittelproduktion
nicht in den Oasen, sondern in den hügeligen Randgebieten des Fruchtbaren
Halbmonds begann, da in diesem Gebiet die wilden Vorfahren einiger der ersten domestizierten Pflanzen und Tiere lebten, darunter Weizen, Gerste, Flachs,
Erbsen, Linsen, Rinder, Ziegen, Schafe und Schweine.

Eine noch spätere Theorie besagt, dass der Ackerbau entstand, weil der
Fruchtbare Halbmond überbevölkert war und die Nahrung knapp wurde.

Eine weitere Theorie besagte, dass die Menschen von bestimmten Pflanzen-

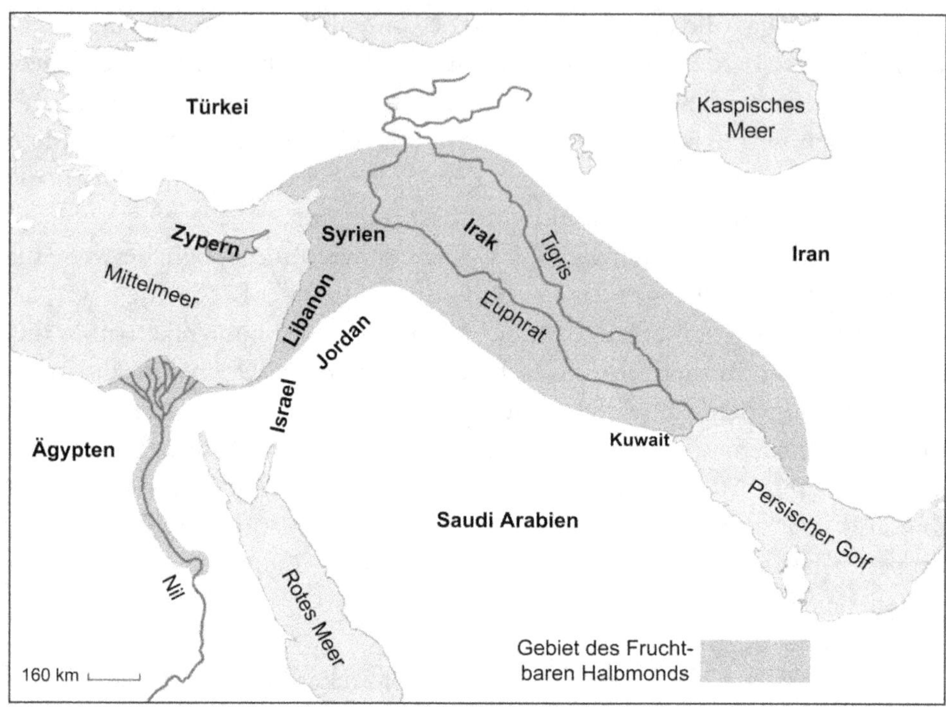

ABBILDUNG 6.1: Der Fruchtbare Halbmond, der sich vom Nil im Westen bis zum Persischen Golf im Osten erstreckt, ist der Ort, an dem die ersten Beweise für die Landwirtschaft auftauchten.

und Tierarten abhängig geworden waren, die sich wiederum zu so nützlichen Formen entwickelten, dass die Menschen begannen, sie zu schützen und zu vermehren.

Es folgte die Theorie, dass die vorlandwirtschaftlichen Gesellschaften einen Überschuss an Nahrungsmitteln erzeugten, der es den Herrschenden ermöglichte, durch immer üppigere Festmahle um Ansehen und Macht zu konkurrieren – und dass die Notwendigkeit, überschüssige Nahrungsmittel für solche Festmahle zu produzieren, die Entwicklung der Landwirtschaft förderte.

Eine neue Theorie schließlich besagt, dass nach dem Ende der Eiszeiten das Klima in den nördlichen Breitengraden pflanzen-freundlicher wurde, was die Menschen dazu veranlasste, ihre frühere nomadische Lebensweise aufzugeben, da sie es schlichtweg einfacher fanden, ihre eigene Nahrung anzubauen, als sie zu jagen und zu sammeln.[70]

Und dies sind nur sechs der bekanntesten und am meisten diskutierten

Theorien. In seiner umfassenden Studie über die Ursprünge der Landwirtschaft hat der Archäologe Graeme Barker nicht weniger als neununddreißig Gründe aufgelistet, die im Laufe der Jahre vorgeschlagen wurden, um den Übergang von der Nahrungssuche zum Ackerbau zu erklären, darunter große Männer, Klimawandel, Wettbewerb, Wüstenbildung, Diffusion, Energetik, Fettaufnahme, Schlemmen, Hormone, Intelligenz, Gemüseanbau, Landbesitz, marginale Umgebungen, natürliche Selektion, Ernährungsstress, Oasen, Pflanzenwanderung, Bevölkerungsdruck, zufällige genetische Kicks, Ressourcenkonzentration, reiche Umgebungen, Rituale, Sesshaftigkeit, Lagerung, technologische Innovation, Wasserzugang, Fremdenfeindlichkeit und zoologische Vielfalt.[71]

Es gibt zwei große Probleme mit diesen Theorien. Das erste Problem ist, dass einige der Erklärungen einander zu widersprechen scheinen. So geht eine Theorie davon aus, dass die Nahrungsmittelproduktion aus einem Mangel an Nahrungsmitteln entstanden ist, während eine andere behauptet, dass sie aus einem Überfluss an Nahrungsmitteln entstanden ist. Das zweite Problem besteht darin, dass die Ereignisse und Bedingungen, die als Auslöser für den Beginn der Nahrungsproduktion gelten, alle schon früher in der Geschichte der Hominiden aufgetreten sind. Und wenn dieselben Ereignisse und Bedingungen schon einmal vorgekommen sind, ohne dass sie zu denselben Ergebnissen geführt haben, liegt es auf der Hand, dass keine dieser Bedingungen allein ausgereicht hat, um die tiefgreifende Metamorphose herbeizuführen, die mit der Erfindung der Landwirtschaft durch den Menschen stattfand. Dennoch wurde die Landwirtschaft innerhalb weniger tausend Jahre an mindestens elf verschiedenen Orten der Welt erfunden (siehe Abbildung 6.2 auf Seite 164).

Die frühesten Belege für den Ackerbau wurden vor elf- bis achttausend Jahren mit der Domestizierung von Weizen, Gerste, Flachs, Erbsen, Linsen, Rindern, Ziegen, Schafen und Schweinen im Fruchtbaren Halbmond gefunden. Doch schon kurz danach – vor neun- bis achttausend Jahren – wurden in den Flussgebieten Ostchinas Reis, Hühner, Schweine, Rinder und Wasserbüffel domestiziert, und in Nordchina wurde Hirse gezüchtet.

Mais[72] und Kürbis wurden im Tal von Mexiko vor acht- bis sechstausend Jahren domestiziert, während Yamswurzeln, Taro und Bananen im Hochland von Neuguinea vor etwa siebentausend Jahren domestiziert wurden. Etwa zur gleichen Zeit wurden Yamswurzeln, Baumwolle und Süßkartoffeln in der Äquatorialzone des heutigen Ecuador und Kolumbien domestiziert, während Erdnüsse, Chilischoten und Maniok (auch bekannt als Kassava- und Tapiokawurzel) im tropischen Tiefland des Amazonasbeckens domestiziert wurden.

Kartoffeln und Quinoa wurden im Hochland des heutigen Peru und Bolivi-

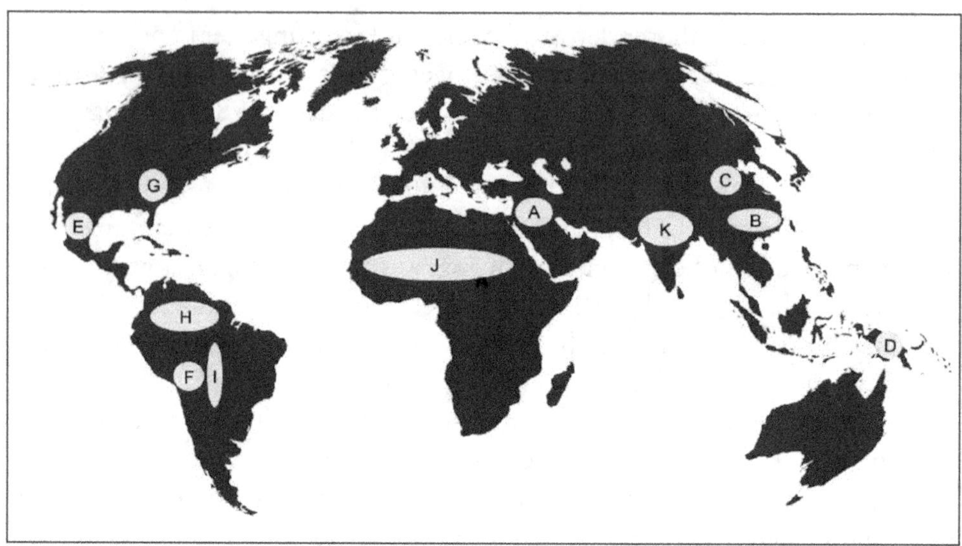

ABBILDUNG 6.2: Die Domestizierung von Pflanzen und Tieren begann vor elf- bis viertausend Jahren an mindestens elf verschiedenen Orten auf allen großen Kontinenten außer Europa. A-Der Fruchtbare Halbmond; B-Zentralchina; C-Nordchina; D-Neuguinea; E-Das Tal von Mexiko; F-Die Anden; G-Östliches Nordamerika; H-Äquatoriales Südamerika; I-Das westliche Amazonasbecken; J-Subsahara-Afrika; und K-Nordindien.

en vor sieben- bis fünftausend Jahren domestiziert. Sonnenblumen, Flaschenkürbisse und Speisekürbisse wurden im östlichen Nordamerika vor fünf- bis viertausend Jahren domestiziert, während etwa zur gleichen Zeit Hirse, Sorghum, Yamswurzeln und Kaffee in Afrika südlich der Sahara und das Pferd in Zentralasien domestiziert wurden.[73]

Warum hat sich das Verhältnis zwischen Mensch und Natur vor elf- bis viertausend Jahren überall auf der Welt so grundlegend verändert? Warum entstand der Ackerbau fast gleichzeitig an so vielen verschiedenen Orten der Welt? Und warum begann der Ackerbau in jeder Region mit einer anderen Mischung von Pflanzen und Tieren als die, die im Fruchtbaren Halbmond domestiziert wurden, anstatt sich von einem einzigen Ursprungsort im Nahen Osten auszubreiten? Die Frage bleibt also bestehen: Was war neu oder anders an den Menschen des Neolithikums? Über welche Fähigkeiten verfügten sie, die es ihnen ermöglichten, eine radikal andere Lebensweise zu erfinden, Fähigkeiten, die die Hominiden der früheren Perioden nicht besaßen?

War eine gesprochene menschliche Sprache die fehlende Zutat?

„Die Neigung, auf unerwartete Weise in die Umwelt einzugreifen", schrieb der renommierte Archäologe Andrew Sherratt 1997, „scheint ein inhärentes Merkmal des modernen Menschen gewesen zu sein; aus dieser Perspektive haben die " ´Ursprünge der Landwirtschaft" ebenso viel mit dem Aufkommen von Sprache und symbolischen Systemen zu tun, wie mit den klimatischen Veränderungen".[74]

War die Technologie der symbolischen Kommunikation das entscheidende Element, das den menschlichen Kulturen in den älteren Perioden der Vorgeschichte der Menschheit fehlte? War „das Auftreten von Sprache und symbolischen Systemen" in Verbindung mit der Erwärmung der Erde die wesentliche Kombination von Faktoren, die es der Menschheit ermöglichte, endlich ihre eigene Nahrung zu produzieren?

Die aus den Kulturen des Jungpaläolithikums in Europa überlieferten Zeugnisse deuten darauf hin, dass die symbolische Kommunikation selbst bei anatomisch modernen Menschen bis vor dreißig- oder vierzigtausend Jahren nicht über ein rudimentäres Stadium hinaus entwickelt war – danach nehmen die Zeugnisse von Musik, Kunst, Design und Symbolik in Umfang und Vielfalt stetig zu. Doch während der gesamten Epoche des Jungpaläolithikums wurde das Klima der Erde von den Auswirkungen der letzten Eiszeit beherrscht, und die Lebensräume, in denen diese prähistorischen Menschen lebten, waren im Allgemeinen zu kalt und zu trocken, um ein günstiges Umfeld für den Anbau von Kulturpflanzen zu bieten.

Der Höhepunkt der letzten Eiszeit – auch bekannt als letztes glaziales Maximum – fand vor etwa 18.000 Jahren statt. Danach wurde es auf der Erde allgemein wärmer, die Niederschläge wurden ergiebiger und die Bedingungen für den Anbau von Nahrungsmitteln günstiger. Das vorangegangene glaziale Maximum fand vor etwa 140 000 Jahren statt, und die darauf folgende warme Zwischeneiszeit dauerte etwa zehntausend Jahre. Das war jedoch lange bevor der anatomisch moderne Mensch in Europa auftauchte – und wahrscheinlich lange bevor die Hominiden die echten gesprochenen Sprachen entwickelt hatten, die heute alle Menschen sprechen. Wenn die Sprache für die Entwicklung der Landwirtschaft notwendig war, würde dies erklären, warum die Landwirtschaft nicht während der Zwischeneiszeit vor etwa 130.000 bis 120.000 Jahren begann.

Doch zur Zeit des letzten glazialen Maximums waren die Kulturen des Jungpaläolithikums reich an Sprache und Symbolik – eine Entwicklung, die sich deutlich in den zahlreichen Überresten von Malereien, Skulpturen und Petroglyphen zeigt, die die Menschen des Jungpaläolithikums hinterließen. Die zunehmende Komplexität und Ausarbeitung der gesprochenen Sprache bedeutete nicht nur, dass diese Menschen die Fähigkeit entwickelt hatten, große Mengen komplexer Informationen auszutauschen und zu kommunizieren, sondern auch – mit der Entwicklung der Erzählung, die den zeitlichen Ablauf von Ereignissen beschreibt –, dass sie in der Lage waren, auszudrücken, wie Ereignisse in vorhersehbaren Abfolgen aufeinander folgen können.

Als die Menschen voll entwickelte Sprachen entwickelten, wurde das gesamte detaillierte Wissen über die Lebenszyklen und das Verhalten der Pflanzen und Tiere in der Umgebung einer Gesellschaft – das zuvor auf das Wissen beschränkt war, das ein einzelnes Individuum in einem einzigen Leben anhäufen konnte – zum gesammelten Wissen ganzer Kulturen. Da dieses komplexe Wissen in die mündlichen Überlieferungen der paläolithischen Gesellschaften einfloss, wurde es zum kollektiven Wissen Tausender von Individuen, das über viele Generationen hinweg zusammengetragen wurde.

Die schiere Menge an Informationen, die für den erfolgreichen Anbau von Feldfrüchten und die Aufzucht von Haustieren erforderlich ist, könnte einfach die Fähigkeit eines einzelnen Individuums überstiegen haben, sie sich anzueignen und zu merken. Es ist daher möglich, dass die Bündelung des gesamten Wissens und der Erfahrung von Tausenden von Individuen in Form von mündlichen Überlieferungen in Verbindung mit dem wärmeren und feuchteren Klima, das sich vor elftausend Jahren entwickelt hatte, die schicksalhafte Kombination von Faktoren war, die den Übergang von der Nahrungssuche zur Landwirtschaft ermöglichte.

Es gab jedoch noch ein weiteres wesentliches Element, das zu dieser Mischung hinzugefügt werden musste, bevor die vollständige Umstellung auf eine landwirtschaftliche Lebensweise erfolgen konnte: Die Menschen jener Zeit mussten ihr Wanderleben aufgeben und beginnen, dauerhaft an einem Ort zu leben. Obwohl es sinnvoll wäre, anzunehmen, dass die Menschen erst dann anfingen, an einem Ort zu leben, als sie begannen, ihre eigenen Nahrungsmittel anzubauen, zeigen die archäologischen Funde aus dem Fruchtbaren Halbmond genau das Gegenteil: Die Menschen lebten zuerst an einem Ort und begannen erst danach, Landwirtschaft zu betreiben. Tatsächlich tauchen die bäuerlichen Gemeinschaften des Neolithikums in den archäologischen Aufzeichnungen erst fast tausend Jahre, nachdem die Menschen begannen, an einem Ort zu leben, auf.

Leben an einem Ort

Vor der Metamorphose des Ackerbaus, als eine Gruppe von nomadischen Jägern und Sammlern günstige Lebensbedingungen vorfand und begann, größer als ein paar Dutzend Menschen zu werden, wären die normalen Muster des Teilens und der Zusammenarbeit zunehmend unhandlich geworden. Die Menschen hätten dazu geneigt, sich in Fraktionen aufzuteilen, und Konflikte zwischen verschiedenen Fraktionen wären offener und häufiger geworden. Schließlich neigten diese übergroßen nomadischen Gruppen dazu, sich in zwei oder mehr Gruppen aufzuspalten und getrennte Wege zu gehen – ein Beispiel für den Prozess der „Spaltung", der von Zeit zu Zeit in der für Menschen und andere Primaten typischen Spaltungs- und Fusions-Gesellschaft auftritt. Die nomadische Lebensweise machte es den Gruppen leicht und natürlich, in neue Gebiete weiterzuziehen, und der Prozess der Spaltung hielt die Größe der Jagd- und Sammelgruppe relativ klein, was die Aufrechterhaltung der Solidarität und die Zusammenarbeit zwischen den Mitgliedern der Gruppe erleichterte.

Aber Agrargesellschaften haben diesen Luxus nicht. Da sie von bestimmten Feldfrüchten abhängig sind, die jedes Jahr an bestimmten Orten wachsen, ist es aus Eigeninteresse erforderlich, dass die Menschen in der Landwirtschaft an einem Ort bleiben. Nachdem sie unzählige Stunden in den Bau ihrer großen, dauerhaften Häuser investiert haben, können sie nicht einfach aufgeben und zu besseren Jagdgründen weiterziehen. Ihre Siedlungen bleiben also an einem Ort, und wenn es reichlich Nahrung gibt, werden ihre sozialen Gruppen immer größer und können sich nicht einfach auflösen.

Bereits vor siebzehntausend Jahren begannen einige isolierte Gruppen moderner Menschen, die „Natufianer" genannt wurden – die meisten von ihnen lebten im oder in der Nähe des Fruchtbaren Halbmonds –, große Mengen an Wildgetreide zu ernten und dieses Getreide für lange Zeiträume zu lagern. Und die archäologischen Überreste, die sie hinterließen, waren anders als die aller anderen Menschengruppen vor ihnen.

Die Häuser der Natufianer waren solide Konstruktionen aus Lehmziegeln, die mit einer zementähnlichen Substanz aus Kalk, flach und glatt gestampft, ausgekleidet waren. Sie stellten Sicheln aus kleinen, scharfen Mikrolithen her – extrem kleine Steinwerkzeuge, kaum größer als Briefmarken -, die sie in gebogene Holzgriffe zementierten, und sie benutzten diese Sicheln, um den wilden Emmer- und Einkornweizen zu ernten, der in den Hügeln des Fruchtbaren Halbmonds in Hülle und Fülle wuchs. Aus großen Vulkansteinen fertigten sie schwere Mörser, mit denen sie das wilde Getreide zu Mehl mahlten. Und sie errichteten spezielle Bauten, die als Kornspeicher für die Lagerung großer Getreidemengen dienten, mit Bretterböden, die über der Erde lagen, um ihre kostbaren Vorräte vor Insekten und Nagetieren zu schützen.

All diese Beweise deuten darauf hin, dass die Natufianer begannen, das ganze Jahr über an einem Ort zu leben – eine Lebensweise, die Anthropologen als „sesshaft" bezeichnen (vom lateinischen Wort *sedentarius* für „sitzen"). Mit der Aufgabe des Nomadentums – auch wenn sie weiterhin jagten und sammelten – machten die Natufianer den ersten entscheidenden Schritt auf dem Weg zur Nahrungsmittelproduktion. Aber sie blieben Jäger und Sammler. Die Körner, die sie ernteten, wuchsen wild; es gibt keine Hinweise darauf, dass sie den Boden vorbereiteten oder die Samen für ihre Getreidekulturen anbauten. Auch die Tiere, die sie töteten und aßen, waren Wildtiere; es gibt keine Hinweise darauf, dass sie Tiere in Ställen hielten und mästeten, um sie später zu schlachten.

Aber als sie sesshaft wurden und begannen, in festen Häusern zu leben, ihre Nahrung in festen Vorratslagern aufzubewahren, ihre Nahrung mit Geräten zu verarbeiten, die zu schwer waren, um sie von Ort zu Ort zu transportieren, und feste Dörfer zu errichten, die über Generationen hinweg an einem Ort blieben, begannen die Natufianer eine Lebensweise, die schließlich die Anfänge der Landwirtschaft ermöglichte. Und als sie dazu übergingen, Nahrung zu produzieren, anstatt sie nur zu jagen und zu sammeln, hatten die Nachkommen der Natufianer kaum eine andere Wahl, als an einem Ort zu bleiben.

Sobald sich die landwirtschaftliche Lebensweise durchgesetzt hatte, war es notwendig, den Boden für die Bepflanzung vorzubereiten, Samen zu säen, Unkraut zu jäten und (in einigen Fällen) die wachsenden Setzlinge zu bewässern und schließlich die reifen Pflanzen zu ernten. Nach der Ernte war es notwendig, ausreichende Mengen an Lebensmitteln für die nächste Vegetationsperiode zu lagern und an einem Ort zu bleiben, um die gelagerten Lebensmittel vor dem Appetit von Tieren und anderen Menschen zu schützen.

Bereits vor 11.000 Jahren gab es eindeutige Hinweise darauf, dass bestimmte Gesellschaften im Fruchtbaren Halbmond bewusst eigene Feldfrüchte anbauten und die geernteten Wildgetreide nach und nach durch domestizierte Sorten ersetzt wurden. Die domestizierten Getreidesorten hatten mehr Körner auf jedem Halm und brachten größere Erträge. Außerdem zerbrachen die Ähren von domestiziertem Getreide bei der Ernte nicht so leicht wie die Ähren von Wildgetreide. So konnten die Bauern der Antike die reifen Halme ernten, ohne befürchten zu müssen, dass die Körner auf dem Boden verstreut würden, bevor sie zum Dreschen ins Dorf zurückgebracht werden konnten.

Das Streben nach materiellem Wohlstand

Die Menge an materiellen Gütern, die Nomaden anhäufen können, ist begrenzt, denn Menschen, die ständig unterwegs sind, können nicht mehr materielle Güter aufbewahren, als sie von Ort zu Ort mitnehmen können. Und da die Mitglieder einer Nomadengruppe in der Regel bei vielen Aspekten des Jagens und Sammelns zusammenarbeiten und nur begrenzte Möglichkeiten haben, Lebensmittel für längere Zeit zu lagern, neigen sie dazu, den größten Teil ihrer Nahrung täglich mit ihren Verwandten zu teilen.

Sesshafte Menschen, die ihren Wohnort nicht mehrmals im Jahr wechseln müssen, sind jedoch nicht an diese Einschränkungen gebunden. Da sie viele Möglichkeiten haben, Lebensmittel für die Zukunft zu lagern, müssen sie diese nicht unbedingt mit Menschen außerhalb ihrer unmittelbaren Familie teilen. Und da sie an einem Ort leben, können sie so viel materiellen Wohlstand anhäufen, wie sie vernünftig lagern und vor Diebstahl durch andere Menschen schützen können. Sobald die Menschen begannen, an einem Ort zu leben, gewann das Streben nach materiellem Reichtum eine Bedeutung, die es vorher nicht hatte. Und die zunehmende Bedeutung von Reichtum und Status lässt sich deutlich an den Zeugnissen ablesen, die sich im Fruchtbaren Halbmond aus der Jungsteinzeit erhalten haben, als die Natufianer die Praxis der Ernte und Lagerung ihres Wildgetreides in Kornkammern übernahmen.

Als die Natufianer anfänglich dauerhafte Siedlungen errichteten, bauten sie ihre Getreidespeicher getrennt von den Häusern der einzelnen Familien. Dies deutet darauf hin, dass die Getreidevorräte der Natufianer gemeinsames Eigentum der gesamten Gruppe waren. Die Gewohnheit, die Nahrungsmittelvorräte, auf die die Gruppe als Ganzes angewiesen war, gemeinsam zu nutzen, wäre das natürliche Erbe der langen Geschichte der Natufianer als Jäger und Sammler gewesen.

Doch nach etwa tausend Jahren verschwanden die freistehenden Getreidespeicher der Natufianer und wurden durch Vorratsräume in den einzelnen Häusern ersetzt. Von diesem Zeitpunkt an waren die neolithischen Getreidespeicher stets in die von einzelnen Familien bewohnten Häuser integriert. Dies deutet darauf hin, dass sich die Weltanschauung und die Wertesysteme dieser Gesellschaften änderten –, und dass die Natufianer begannen, Lebensmittel als Privateigentum zu betrachten, das von den Individuen und Familien, die es ursprünglich produziert hatten, behalten werden sollte, anstatt die Reichtümer der Natur als etwas zu betrachten, das unter allen Mitgliedern der Gruppe geteilt werden sollte.

In ähnlicher Weise begann das Territorium, das jede Gruppe von nomadischen Jägern und Sammlern immer als ihr eigenes beansprucht hatte – das Territorium, das den in Kapitel 1 beschriebenen „Heimatländern" der Menschenaffen- und Affengruppen entsprach –, seinen ursprünglichen Status als gemeinsame Ressource der gesamten sozialen Gruppe zu verlieren. Obwohl die Gebiete, in denen noch Wild gejagt und wilde Pflanzen gesammelt werden konnten, wahrscheinlich ihren ursprünglichen Status als Gemeinschaftseigentum behielten, gingen die kleineren, für den Ackerbau geeigneten Gebiete mit fruchtbarem Boden allmählich in das Privateigentum einzelner Familien über. Schließlich wurden die besten Ackerflächen als Familienbesitz von den Eltern an die Nachkommen vererbt.

Belege aus vielen vorindustriellen Gesellschaften zeigen, dass eine Gesellschaft, sobald sie beginnt, an einem Ort zu leben – selbst wenn sie weiterhin vom Jagen und Sammeln lebt und keine landwirtschaftliche Lebensweise entwickelt hat –, beginnt, die Anhäufung von materiellem Reichtum in einer Weise zu verfolgen, die den Traditionen der landwirtschaftlichen Bevölkerung bemerkenswert ähnlich ist. Diese Ähnlichkeiten sind in den Kulturen der sesshaften Jäger- und Sammlervölker an der Nordwestküste Nord-Amerikas deutlich zu erkennen.

Die Nootka: Jäger und Sammler, die in festen Dörfern leben

Die Nootka in Britisch-Kolumbien waren typisch für die indianischen Stämme, die die Nordwestküste Nordamerikas bewohnten – sie alle waren Jäger und Sammler und keiner von ihnen betrieb jemals Landwirtschaft. Die Nootka jagten Wale, Robben, Otter und Schweinswale in ihren Küstengewässern sowie Bären, Hirsche und Elche in den Wäldern im Landesinneren. Sie fischten nach Heilbutt, Hering und Kabeljau und sammelten Muscheln aus dem Meer sowie Wurzeln und Beeren, die in den regenreichen Feldern und Wäldern in der Nähe in Hülle und Fülle wuchsen. Zusätzlich zu diesem natürlichen Reichtum ernteten sie große Mengen an Lachsen, die auf ihrer jährlichen Laichwanderung die vielen ins Meer mündenden Flüsse hinaufzogen. Die Lachse wurden mit Netzen, Fallen und Reusen gefangen und anschließend getrocknet und geräuchert, und zwar in Mengen, die ausreichten, um die Nootka mit einem Vorrat an Meeresfrüchten zu versorgen, der das ganze Jahr über reichte, bis die Lachse wieder flossen.

Da die Nordwestküste so reich an wilden Nahrungsmitteln ist – und weil sich das reichhaltige Meeresleben durch natürliche Prozesse ständig erneuerte –, hatten die Nootka keine Notwendigkeit, das Nomadendasein zu führen, das für die Lebensweise der meisten Jäger- und Sammlergesellschaften typisch ist. Die Nootka hatten sich schon vor langer Zeit in festen Dörfern niedergelassen, die an günstigen Stellen entlang der vielen Buchten lagen, die von den Küstengebirgen zum Meer hinunterführen.

Da sie an einem Ort blieben, waren die Nootka nicht auf die einfachen, provisorischen Hütten der Nomadenvölker beschränkt, die in der Regel in wenigen Stunden oder Tagen errichtet und nach einigen Wochen oder Monaten wieder verlassen wurden. Stattdessen bauten die Nootka riesige „Langhäuser", von denen einige bis zu zwölf Meter breit und dreißig Meter lang waren. Sie wurden aus Zedern-, Tannen- und Hemlockstämmen errichtet, die in den kühlen, feuchten Wäldern des pazifischen Nordwestens im Überfluss wuchsen. Obwohl die Nootka-Langhäuser zweimal im Jahr abgebaut und ein paar Meilen von den Sommerlagern an der Küste zu den Winterlagern im Landesinneren und wieder zurück transportiert wurden, waren sie dauerhafte Behausungen, die über Jahre hinweg von derselben Gruppe verwandter Familien bewohnt wurden.

Da reiche Quellen pflanzlicher und tierischer Nahrungsmittel immer an denselben Orten zu finden waren, war es bei den Nootka üblich, dass das älteste männliche Kind die Rechte auf die Verwaltung bestimmter Jagd- und Fischereigründe sowie der Orte, an denen pflanzliche Nahrungsmittel im Überfluss wuchsen, erbte. Wenn ein anderer Verwandter sein vererbtes Recht auf die Jagd oder das Sammeln von Nahrungsmitteln in diesen Gebieten ausübte, musste ein Teil der Beute an denjenigen abgegeben werden, der die Rechte an diesen Ressourcen „besaß". Da diese Rechte vom Vater an den ältesten Sohn weitergegeben wurden, schufen sie in der Tat ein „Klassensystem", in dem die ältesten Kinder über beträchtlichen Reichtum verfügten, während die jüngeren Kinder – die oft Mitglieder derselben Familie waren – in relativer Armut lebten.

Bei den Nootka, wie auch bei den anderen sesshaften Stämmen der Nordwestküste, war ein kompliziertes System von Status und Prestige von größter Bedeutung in ihrer Kultur, und die von den Vätern an die ältesten Söhne weitergegebenen Häuptlingsämter brachten nicht nur wirtschaftliche Vorteile mit sich, sondern auch eine Reihe symbolischer Rechte und Privilegien. Dazu gehörten Ehrentitel, das Recht, bestimmte zeremonielle Lieder zu singen und bestimmte zeremonielle Tänze aufzuführen, das Recht, bestimmte Kleidung zu tragen, das Recht, bestimmte Arten von persönlichem Schmuck zu tragen, das Recht, auf bestimmten Plätzen zu sitzen (die sorgfältig nach dem Rang geordnet waren), die traditionell bei zeremoniellen Festen verwendet wurden, und das Recht, in den bevorzugten Bereichen des Langhauses zu wohnen.

In diesen statusbewussten Gesellschaften konkurrierten Personen mit hohem Status heftig miteinander, indem sie riesige Feste oder Potlatches veranstalteten, bei denen immense Mengen an Lebensmitteln, Decken, Werkzeugen und Waffen von ihren Besitzern in Orgien des auffälligen Konsums verzehrt, verschenkt oder in einigen Fällen sogar zerstört wurden. Auch beschränkte sich der Besitz von Eigentum nicht nur auf materielle Güter: Die Nootka praktizierten, wie die meisten Stämme der Nordwestküste, sogar eine Form der Sklaverei – etwas, das wir normalerweise mit „fortgeschritteneren" Zivilisationen in Verbindung bringen. Wenn die Mitglieder feindlicher Stämme im Krieg gefangen genommen wurden, gingen sie in den Besitz der Krieger über, die sie gefangen genommen hatten, und blieben Teil des Haushalts ihrer Besitzer, wo sie dazu bestimmt waren, die niedersten Arbeiten des Nootka-Lebens zu verrichten.

All diese Verhaltensweisen wären der typischen Gesellschaft der nomadischen Jäger und Sammler zutiefst zuwider gewesen, in der man sich einen hohen Status durch vorbildliches Verhalten sowie durch mutige und großzügige Taten verdiente. Jäger- und Sammlergesellschaften zeigten wenig Interesse an der Anhäufung materieller Güter. Sie mieden die protzige Zurschaustellung von materiellem Reichtum und verliehen nur Männern Ansehen, die erfolgreiche Jäger, Krieger und Versorger waren, und nur Frauen, die sowohl produktive Sammler als auch vorbildliche Ehefrauen und Mütter waren.

Vererbung von Rang und Status

Als sich die Vererbung von Reichtum und Eigentum als traditioneller Bestandteil der Kulturen der Ackerbauern fest etablierte, war es unvermeidlich, dass die Nachkommen der wohlhabendsten Individuen und Familien mit mehr Gütern und Privilegien ins Leben starteten als Menschen, deren Vorfahren weniger wohlhabend waren. In den Gesellschaften der sesshaften Ackerbauern wurde die Kluft zwischen Arm und Reich, die sich bei den sesshaften Jägern und Sammlern, wie den Nootka, entwickelt hatte, im Laufe der Generationen immer extremer.

Anstatt dass die Unterschiede im Reichtum auf dem Unterschied zwischen älteren und jüngeren Geschwistern beruhten – wie es für die Menschen an der Nordwestküste Nord-Amerikas typisch war – wurden die Unterschiede im Reichtum in den Agrargesellschaften allmählich zum Privileg ganzer Familien und wurden von den Eltern an die Nachkommen vererbt. Diese vererbten Wohlstands- und Statusunterschiede führten schließlich zur Bildung dauerhafter sozialer Klassen und zur Entwicklung von Gesellschaftsschichten, die durch traditionelle Klassensysteme mit Ungleichheiten in Bezug auf Wohlstand, Status und Privilegien gekennzeichnet waren, die über Generationen hinweg Bestand hatten.

Eindeutige Beweise dafür, dass die Ausbreitung der Landwirtschaft zum Aufstieg sozialer Klassen und zu institutionalisierten Ungleichheiten in Bezug auf Wohlstand und Status führte, wurden in den archäologischen Überresten der frühesten landwirtschaftlichen Menschen des neolithischen Europas gefunden. Diese als *Linearbandkeramiker* bezeichneten Menschen tauchten vor etwa 7.500 Jahren in Osteuropa auf und breiteten sich in den nächsten fünfhundert Jahren rasch aus, bis sie ihre landwirtschaftlichen Siedlungen in den fruchtbaren Flusstälern in ganz Europa errichtet hatten.

Die *Linearbandkeramiker* bestatteten alle ihre Toten, aber während etwa die Hälfte der Männer mit geschliffenen Steinbeilen begraben wurde, war dies bei der anderen Hälfte nicht der Fall. Der Dechsel (das Breitbeil) wurde von den Menschen des Neolithikums für wichtige Holzarbeiten verwendet und war ein wertvoller Gegenstand, der, wenn er mit ins Grab gelegt wurde, bedeutete, dass der Verstorbene zu Lebzeiten einen hohen Status hatte. Im Jahr 2012 veröffentlichte ein Archäologenteam die Ergebnisse einer Studie des Zahnschmelzes von dreihundert Skeletten aus linearbandkeramischen Gräbern in ganz Europa von Frankreich bis Ungarn.[75] Durch die Analyse der relativen Anteile von zwei Arten oder Isotopen von Strontium, die während der Kindheit in den Zahnschmelz eingebaut werden, konnten die Wissenschaftler anhand dieser „Isotopensignaturen" feststellen, ob ein bestimmtes Individuum in den fruchtbaren Flusstälern aufwuchs, wo der reiche Lössboden einen relativ hohen Lebensstandard bot, oder in den weniger fruchtbaren Hügeln, die diese Flusstäler umgaben, wo das Leben härter und der Lebensstandard karger war.

Es überrascht nicht, dass die Männer, die mit Steinbeilen begraben wurden, Isotopensignaturen aufwiesen, die darauf hindeuten, dass sie in den reichen Flusstälern aufgewachsen waren, während die Isotopensignaturen der Männer, die ohne Steinbeile begraben wurden, darauf hindeuten, dass sie im ärmeren Bergland aufgewachsen waren. Diese Unterschiede in Bezug auf Wohlstand und Status wurden im Laufe der Zeit immer deutlicher, je größer die Bauerndörfer wurden und je mehr Reichtum und Besitz die Bauernfamilien anhäuften.

Später in diesem Kapitel werden wir die Beweise dafür untersuchen, dass die *Linearbandkeramiker* nicht nur den Ackerbau, sondern auch die organisierte Kriegsführung in das neolithische Europa brachten. Doch zunächst ist es notwendig, der langen Liste der gesellschaftlichen Veränderungen, die die Einführung der Landwirtschaft mit sich brachte, zwei weitere Punkte hinzuzufügen. Erstens wurden Kinder zu wirtschaftlichen Aktivposten für ihre Familien.

Zweitens wurde die Sexualität der Frauen zu einer Bedrohung für die Stabilität der Gesellschaft.

Kinder als Eigentum

Die Kinder von Jägern und Sammlern hatten in der Regel nur wenige Möglichkeiten, auf sinnvolle Weise zum Unterhalt ihrer Familien und Verwandten beizutragen, da fast alle Aktivitäten der Jäger und Sammler zur Nahrungsbeschaffung die Kraft, die Ausdauer, das Wissen und die Erfahrung des Erwachsenenalters erforderten. Die Kinder von Bauern und Hirten hingegen konnten leicht zu wertvollen Aktivposten für den Wohlstand, die Stabilität und die Langlebigkeit der Familieneinheit werden.

Die Jagd auf Wild war ein gefährliches und kompliziertes Unterfangen, das Disziplin, Geschick im Umgang mit Waffen und die Kraft eines Erwachsenen erforderte. Die Kinder von Jägern und Sammlern spielten zwar oft mit Spielzeugwaffen auf der Jagd, waren aber nicht in der Lage, etwas Bedeutsameres als ein großes Insekt, ein kleines Reptil oder einen kleinen Vogel zu jagen und zu erlegen. Es bedurfte vielmehr jahrelanger Erfahrung als Teil vieler Jagdgesellschaften, bevor ein junger Mann genügend Wissen und Geschicklichkeit erworben hatte, um ein produktiver Jäger zu werden. Er musste die Gewohnheiten jeder der vielen Wildtierarten kennen lernen. Er musste lernen, sie aufzuspüren, in die Enge zu treiben, sie zu töten, ohne verwundet zu werden, sie zu schlachten, die Beute vor dem Appetit anderer Raubtiere zu schützen und die essbaren und verwertbaren Teile zurück zum Lagerplatz zu transportieren, wo das Fleisch gekocht und gegessen werden konnte – und wo die Häute, Knochen und Sehnen für die Verwendung als Felle, Werkzeuge und Schnüre verarbeitet werden konnten.

Auch das Sammeln von pflanzlichen Nahrungsmitteln erforderte detaillierte Kenntnisse darüber, wo die essbaren Pflanzen und ihre Wurzeln, Knollen, Früchte und Samen zu finden waren. Es erforderte die Fähigkeit, ihre verräterischen Zeichen in den unermesslichen Weiten der Wälder und im verworrenen Dickicht des Unterholzes zu erkennen. Eine Frau musste wissen, zu welchen Jahreszeiten die einzelnen Lebensmittel verfügbar und genießbar waren, wie man sie zum Lagerplatz transportierte und wie man sie verarbeitete – durch Mahlen, Pürieren, Einweichen, Rösten und Kochen –, damit sie sicher gegessen und verdaut werden konnten. Darüber hinaus erforderten essbare Wurzeln und Knollen – die einen bedeutenden Teil des Nahrungsangebots der Jäger und Sammler ausmachten – beträchtliche körperliche Kraft, um einen langen, schweren Stock zu handhaben und die pflanzlichen Nahrungsmittel auszugraben, die oft in beträchtlicher Tiefe unter der Oberfläche wachsen konnten.

Im Gegensatz dazu konnten die Kinder von Landwirten viele der grundlegenden Aufgaben, die mit dem Anbau von Feldfrüchten und der Haltung von Tieren verbunden sind, leicht bewältigen. Es erfordert kein großes Geschick, keine jahrelange Erfahrung und auch nicht die Kraft und Ausdauer eines Erwachsenen, um eine Ziegenherde zu hüten, Hausschweine in ihren Ställen zu füttern, Unkraut aus den nahe gelegenen Gärten zu ziehen oder sogar einige der von den Bauern angebauten Feldfrüchte zu ernten. Und die Kinder von Ackerbauern können sich problemlos um ihre jüngeren Geschwister kümmern, was ihren Müttern nicht nur mehr Freiheit bei der Feldarbeit gibt, sondern auch die Möglichkeit, häufiger Kinder zu gebären als die Frauen in Jäger- und Sammlergesellschaften. Als sich die Jäger und Sammler allmählich zu Landwirten entwickelten, waren die Kinder also zunehmend in der Lage, zum Unterhalt der Gesellschaft als Ganzes beizutragen – und wurden damit auch immer wertvoller für ihre Familien.

Die wirtschaftliche Bedeutung von Kindern wurde noch dadurch verstärkt, dass Ackerbauern viel häufiger als Jäger und Sammler bis in die Fünfziger- und Sechzigerjahre überlebten. Die täglichen Tätigkeiten, die mit dem Anbau von Feldfrüchten und der Zucht von Tieren verbunden sind, sind in der Regel nicht so gefährlich wie die lebensgefährlichen Tätigkeiten, die mit der Jagd und dem Töten von Wildtieren oder langen Reisen durch die von Raubtieren überlaufene Wildnis verbunden sind, um essbare pflanzliche Nahrungsmittel zu sammeln und sie zum Heimatort zurückzubringen. Aus diesen Gründen begannen die Menschen in der Landwirtschaft mit zunehmender Verbreitung von Ackerbau und Viehzucht, ihre Kinder als eine Art Versicherungspolice zu betrachten – als Mittel zur Unterstützung, wenn sie zu alt wurden, um ihre eigene Nahrung zu produzieren.

Aus all diesen Gründen neigten die Agrargesellschaften dazu, starke und oft exklusive Bindungen zwischen Eltern und Kindern zu pflegen. Sie waren bestrebt, ihren Kindern ein Gefühl der Pflicht gegenüber ihren Eltern zu vermitteln, und legten, von wenigen Ausnahmen abgesehen, großen Wert auf eheliche Treue – insbesondere seitens der Frauen -, um sicherzustellen, dass die Vaterschaft des Kindes eines Mannes nie in Zweifel stand. Auf diese Weise führte der Wert der Kinder für ihre Eltern in den Agrargesellschaften im Laufe der Zeit zu einer Kultur heftiger Besitzansprüche gegenüber den Kindern und zu starken Einschränkungen der sexuellen Freiheit der Frauen. Diese kulturellen Merkmale waren in den Kulturen unserer agrarischen Vorfahren so tief verwurzelt, dass sie bis in die Neuzeit überdauert haben.

Die Bedrohung durch die sexuelle Frau

In den meisten Jäger- und Sammlergesellschaften war die Institution der Ehe in der Regel eine sehr lockere Angelegenheit. Tatsächlich beinhaltete die Ehe unter Jägern und Sammlern in der Regel nicht viel mehr als die Entscheidung eines erwachsenen Mannes und einer erwachsenen Frau, öffentlich zu essen und regelmäßig miteinander zu schlafen. Obwohl die körperliche Reifung von Jungen und Mädchen in der Pubertät in Jäger- und Sammlergesellschaften oft mit langen und aufwendigen Initiationszeremonien gefeiert wurde, war es selten, dass ihre Eheschließung mit einer größeren Zeremonie begangen wurde. Ebenso selten war es, dass das neu „verheiratete" Paar die Zustimmung seiner Eltern benötigte – oder gar darum bat. Stattdessen war es in der Regel nur erforderlich, dass die verwandtschaftlichen Beziehungen zwischen dem Mann und der Frau so beschaffen waren, dass die sexuellen Beziehungen zwischen ihnen nicht als inzestuös definiert wurden.

Wenn ein Mann und eine Frau eine Zeit lang zusammengelebt hatten und sich nicht mehr verstanden, sich entfremdeten, sich andere Liebhaber zulegten oder einfach des anderen überdrüssig wurden, wurde die Scheidung einfach und schnell und ohne große Zeremonie vollzogen. In der Tat bedeutete eine Scheidung in der Regel nicht viel mehr als die einfache Entscheidung eines der Partner, aus dem gemeinsamen Haus auszuziehen. Die verblüffende Einfachheit von Eheschließungen und Scheidungen in Jäger- und Sammlergesellschaften war größtenteils darauf zurückzuführen, dass die wichtigsten sozialen Beziehungen nicht auf der Ehe, sondern auf der Zugehörigkeit zu einem Clan oder einer Abstammungslinie beruhten, in die jeder Mensch hineingeboren wurde. Da diese Mitgliedschaft ein Geburtsrecht war, wurde sie durch Heirat oder Scheidung weder verändert noch beeinträchtigt.

In den meisten Jäger- und Sammlergesellschaften begannen die sexuellen Experimente in der Kindheit, und mit dem Erreichen der Geschlechtsreife waren sexuelle Beziehungen in der Jugend üblich. Diese Liaisons führten nur selten zu Schwangerschaften,[76] und sie wurden in der Regel von beiden Geschlechtern über mehrere Jahre hinweg ausgeübt, bevor sich allmählich ein bevorzugter Partner herauskristallisierte. Obwohl es bei den Jägern und Sammlern Unterschiede in den Bräuchen rund um Heirat und Familiengründung gab, war es für die meisten dieser Gesellschaften typisch, dass Kinder und Jugendliche, insbesondere Mädchen, ein – zumindest für unsere Verhältnisse – schockierendes Maß an sexueller Freiheit genossen.

Von den wenigen Jäger- und Sammlergesellschaften, die bis ins einundzwanzigste Jahrhundert überlebt haben, sind mehrere von Kulturanthropologen eingehend untersucht worden. In einer kulturübergreifenden Studie über Kindheit in sechs überlebenden Jäger- und Sammlergesellschaften stellte der Anthropologe Melvin J. Konner fest, dass in all diesen Gesellschaften die sexuelle Freiheit in der Kindheit und Jugend gesellschaftlich gebilligt und im Allgemeinen als normales Verhalten beider Geschlechter praktiziert wird.[77]

Konner beschrieb, dass die sexuellen Experimente bei den ¡Kung-Buschmännern in Südafrika in der frühen Kindheit beginnen und sich über die mittlere Kindheit und Jugend fortsetzen. Obwohl die Erwachsenen das sexuelle Spiel nicht offen billigen und davon abraten, wenn es offensichtlich wird, betrachten die ¡Kung die Sexualität von Kindern und Jugendlichen als normal, und Kinder, die sich offen auf sexuelles Verhalten einlassen, werden belehrt, aber nicht bestraft. Die ¡Kung betrachten sexuelle Aktivität als wesentlich für eine gute geistige Gesundheit und glauben, dass sexuelle Entbehrung im Erwachsenenalter die wahrscheinlichste Ursache für Geisteskrankheiten ist.

Konner stellte fest, dass bei den Efe- und Aka-Pygmäen in Äquatorialafrika vorehelicher Sex von beiden Geschlechtern offen praktiziert wird. Bei den Efe ist die erste Menstruation eines Mädchens ein Anlass für eine öffentliche Feier, und es wird kein ernsthafter Versuch unternommen, die sexuelle Aktivität in der Pubertät einzuschränken. „Bei einem Tanz", berichtet ein Aka-Junge, „flirten die jungen Leute und treffen sich zum Sex. Ein Mädchen kann am selben Tag verschiedene Jungen haben und sich abwechseln."

Bei den Hadza in Tansania werden sexuelle Experimente in der Kindheit ebenfalls offen praktiziert, und vorehelicher Sex ist ein routinemäßiger und erwarteter Teil des Lebens von Jugendlichen. Bei den Ache in Paraguay beginnen sowohl Jungen als auch Mädchen im Alter von etwa zwölf Jahren mit sexuellen Experimenten, und die erste Menstruation eines Mädchens wird mit einem öffentlichen Initiations- und Reinigungsritual gefeiert, an dem alle Männer teilnehmen, die mit ihr Sex hatten. Bei den Agta auf den Philippinen schließlich wird von den Mädchen keine voreheliche Keuschheit erwartet, und sie sind relativ leicht in der Lage, sich sexuell zu betätigen.

Ein ähnliches Muster vorehelicher sexueller Freiheit wurde von anderen Anthropologen bei den Inuit-Eskimos in der polaren Arktis beobachtet, wo sich junge Mädchen nach Belieben Liebhaber nehmen konnten und wo verheiratete Männer die sexuellen Gefälligkeiten ihrer Frauen und Töchter bekanntlich mit ihren Besuchern und Gästen teilten.

Bei den australischen Aborigines schließlich wurden die Mädchen oft schon vor ihrer Geburt verheiratet, genossen aber sowohl vor als auch nach der Heirat beträchtliche sexuelle Freiheiten.[78] Und obwohl von einem Mann in diesen Gesellschaften in der Regel erwartet wurde, dass er reif genug war, um vor der Heirat für einen stetigen Nahrungsnachschub zu sorgen, stand es ihm bis dahin frei, so viele sexuelle Verbindungen einzugehen, wie er arrangieren konnte. Mit der Ankunft der europäischen Siedler in Australien wurden die traditionellen Muster der Verlobung im Säuglingsalter und der Heirat vor der Geschlechtsreife jedoch weitgehend durch ein westliches Modell ersetzt, bei dem sich die Mädchen zunehmend weigerten, die Männer zu heiraten, denen sie „zugeteilt" worden waren, und selten vor ihrem späten Teenageralter heirateten, als sie in der Lage waren, ihre Partner selbst zu wählen.

Aber die sexuelle Freiheit, die junge Menschen genießen, so typisch sie auch für den größten Teil der menschlichen Vorgeschichte gewesen sein mag, war nur in Gesellschaften möglich, in denen die Frau ihre Liebhaber und Ehemänner selbst wählen konnte. In Gesellschaften, die lange Zeit Ackerbau betrieben, und insbesondere in Gesellschaften, in denen die Vererbung von Land eine wichtige Rolle spielte, war die Wahl des Partners und die Dauerhaftigkeit der Ehe eine sehr ernste Angelegenheit.

Die Zulassung der vorehelichen sexuellen Freiheit in Agrargesellschaften hätte die sorgfältigen Pläne der Elterngeneration ernsthaft gefährdet, denn Männer und Frauen binden sich naturgemäß an ihre Sexualpartner. Wenn sich diese Partner unter dem Gesichtspunkt der Vererbung von Eigentum, der Erhaltung des Hofes und der Unterstützung der elterlichen Generation als nicht die idealen Ehemänner oder Ehefrauen erweisen, könnte es für die Eltern sehr schwierig sein, ihre Söhne oder Töchter davon zu überzeugen, jemand anderen zu heiraten. Wenn ein Mann und eine Frau später beschließen, sich zu trennen und Kinder von anderen Personen zu bekommen, würde die Frage, wie ihr Eigentum vererbt werden sollte, zu einem komplexen und umstrittenen Thema werden, das leicht zu einem öffentlichen Konflikt und langfristigen Ressentiments eskalieren könnte.

So stellen in den ältesten Agrargesellschaften, in denen Familien seit Generationen in denselben Dörfern leben und dieselben Grundstücke seit Jahrhunderten an ihre Kinder und Enkel weitergeben, die sexuellen Interessen junger Menschen – und insbesondere der Frauen – eine eindeutige Bedrohung für die Harmonie des Dorflebens und die Stabilität der gesamten Gesellschaft dar. Es ist daher nicht verwunderlich, dass in den traditionellen Agrargesellschaften Chinas, Indiens und Europas die voreheliche Keuschheit – insbesondere der Frauen – als höchste Tugend galt und von der Elterngeneration rücksichtslos durchgesetzt wurde.

In diesen Kulturen wurde die normale Neigung von Kindern und Jugendlichen zu sexuellen Experimenten so gründlich unterdrückt, dass Jungen und Mädchen oft von klein auf voneinander getrennt wurden. In diesen Kulturen galt die Jungfräulichkeit einer Frau zum Zeitpunkt der Heirat oft als heilige Voraussetzung, und unverheiratete Jugendliche durften nur unter Aufsicht einer Anstandsdame Zeit miteinander verbringen. In vielen traditionellen Bauerndörfern Europas war es vom Mittelalter bis ins späte 19. Jahrhundert sogar üblich, die Laken des Ehebettes am Morgen nach der Hochzeitsnacht öffentlich zur Schau zu stellen, damit alle die Blutflecken sehen konnten, die entstanden, als das Jungfernhäutchen der jungfräulichen Braut beim ersten Geschlechtsverkehr vom Bräutigam zerrissen wurde.

Aber nicht jede Jäger- und Sammlergesellschaft war gegenüber der Sexualität freizügig. Der häufigste Grund für ernsthafte Konflikte zwischen erwachsenen Männern in den meisten menschlichen Gesellschaften ist die Eifersucht auf die sexuellen Vorzüge von Frauen, und Konflikte über sexuelle Beziehungen zu Weibchen wurden auch als häufigster Grund für tödliche Kämpfe zwischen männlichen Schimpansen genannt. Während Konflikte zwischen Männchen um die sexuelle Aufmerksamkeit von Weibchen in den friedlicheren Jäger- und Sammlergesellschaften vielleicht nur zu lauten Auseinandersetzungen und öffentlichen Schuldzuweisungen führen, können solche Konflikte in den kriegerischeren Gesellschaften oft zum Tod eines produktiven Jägers und Kriegers in der Blüte seines Lebens führen. Aus diesem Grund wurde in vielen der kriegerischsten Jäger- und Sammlerkulturen die weibliche Keuschheit gefördert und hoch geschätzt.

Die äußerst kriegerischen Cheyenne zum Beispiel hatten eine sexuell repressive Kultur, als sie von Anthropologen im frühen zwanzigsten Jahrhundert untersucht wurden. Die Cheyenne glaubten, dass Sex einen Mann seiner Macht im Krieg und bei der Jagd beraubt, und einige Cheyenne-Männer waren dafür bekannt, dass sie jahrelang auf Sex verzichteten, weil sie glaubten, dass sie dadurch schließlich starke, kriegerische Nachkommen zeugen würden. Es überrascht nicht, dass die Frauen der Cheyenne weithin für ihr „keusches Verhalten" bekannt waren, das in scharfem Kontrast zu dem oft koketten Verhalten der Frauen anderer Indianerstämme stand.

Der Wert dieser Art von sexueller Unterdrückung ist offensichtlich, wenn man die Probleme bedenkt, die durch Sex unter den kriegerischen, aber sexuell freizügigeren Yanomami des Amazonas-Regenwaldes verursacht wurden, wo sexuelle Affären die Ursache für viele männliche Gewalttaten waren und wo Kämpfe um Frauen manchmal zu ernsthaften Kriegen zwischen Yanomami-

Gruppen eskalierten.[79]

In den meisten Fällen wurde die sexuelle Freiheit jedoch zu einer Bedrohung für die Stabilität menschlicher Gesellschaften, wenn Männer und Frauen zu Erben von Reichtum und Besitz wurden. Aus diesem Grund bevorzugten fast alle Agrargesellschaften dauerhafte, lebenslange Ehen – die in der Regel von den Eltern der Braut und des Bräutigams arrangiert wurden –, die die Stabilität und Langlebigkeit der Kernfamilie maximieren sollten. So wurde in den Tausenden von Jahren, in denen die Menschen an einem Ort lebten und ihre eigene Nahrung anbauten, eine allgemeine Unterdrückung der Sexualität – die vor allem bei Kindern und Frauen hart durchgesetzt wurde – allmählich zur Norm.

Die Entstehung der organisierten Kriegsführung

Als die Jäger allmählich zu Bauern wurden, wurden die Lebensmittel und materiellen Güter, die sich in den Kornkammern und Vorratslagern der Bauerndörfer ansammelten, unweigerlich zu verlockenden Zielen für Überfälle durch feindliche Stämme. Und die aggressiven Instinkte erwachsener Männer, die sich im Laufe der Jahrmillionen entwickelt hatten, in denen die Menschen Wild gejagt hatten, wurden zunehmend in räuberische Aktivitäten gegen andere menschliche Gruppen kanalisiert.

Als die organisierte Jagd von Männergruppen auf Großwild als wirtschaftliche Notwendigkeit immer mehr an Bedeutung verlor, wurde die organisierte Kriegsführung von Männern um das Land, den materiellen Wohlstand und die Frauen anderer Bauerndörfer und rivalisierender Stämme zu einer immer attraktiveren Strategie für den Erwerb von Reichtum, Eigentum und Nachkommenschaft. Als sich die dauerhaften Dörfer der neolithischen Kulturen über ganz Europa ausbreiteten, signalisierte das Auftauchen immer massiverer Befestigungen den Beginn einer chronischen, organisierten Kriegsführung.

Die Technologien des Ackerbaus verbreiteten sich in Ost- und Westeuropa mit der Linearbandkeramischen Kultur, die vor etwa 7 500 Jahren in den Tälern der Flüsse Donau, Elbe und Rhein im heutigen Deutschland auftauchte und ihren Ursprung in Ungarn und Serbien hatte. In den folgenden fünfhundert Jahren wanderten die *Linearbandkeramiker* rasch die Flusstäler hinauf und quer durch Europa bis nach Frankreich und Belgien im Westen und bis in die Ukraine im Osten, wobei sie die dort lebenden einheimischen Jäger und Sammler verdrängten und in einigen Fällen sogar ausrotteten. Die reichhaltigen Lössböden, die vor allem in den Flusstälern reichlich vorhanden waren, eigneten sich hervorragend für den Anbau von Weizen, Gerste, Hirse, Roggen, Erbsen, Linsen und Bohnen. Neben der Jagd auf Hirsche und Wildschweine in den offenen Wäldern züchteten die *Linearbandkeramiker* auch Hausrinder, Ziegen und Schweine.

Obwohl man früher glaubte, dass diese frühen Ackerbauern friedlich waren, wurden in jüngster Zeit an vielen Stätten der *Linearbandkeramischen Kultur* Beweise für gewaltsame Tötungen gefunden, darunter auch Beweise für Massenhinrichtungen, bei denen ganze neolithische Dörfer ausgerottet wurden. Archäologen haben in Talheim im Rheintal ein Massengrab gefunden, in dem vierunddreißig Menschen – fast die Hälfte von ihnen Säuglinge und Kinder – durch Schläge mit einem stumpfen Gegenstand – höchstwahrscheinlich einer neolithischen Steinaxt – auf den Kopf getötet wurden.

Bei der teilweisen Ausgrabung eines ähnlichen Grabes in der Nähe von Wien wurden die Überreste von sechsundsechzig Menschen gefunden, die auf ähnliche Weise getötet worden waren – und Archäologen schätzten, dass die gesamte Grabstätte wahrscheinlich die Überreste von mindestens dreihundert Menschen enthielt. Und in Herxheim, ebenfalls im Rheintal, waren die Überreste von mehr als dreihundert Menschen über eine einzige Siedlung verstreut. Keiner von ihnen wurde ordnungsgemäß in Gräbern bestattet, darunter 173 Schädel von Opfern, die enthauptet und kurzerhand in Gräben geworfen worden waren.

Die *Linearbandkeramiker* mögen die Leichen ihrer Feinde, die sie massakrierten, in Massengräbern entsorgt haben, aber sie begruben ihre eigenen Toten sorgfältig in Gräbern. Bei der Ausgrabung dieser Gräber und der Untersuchung der Skelette haben Archäologen bei einem Drittel der erwachsenen Männer Hinweise auf traumatische Verletzungen gefunden, was darauf hindeutet, dass die Gewaltbereitschaft dieses Volkes so groß war wie bei den gewalttätigsten und kriegerischsten Gesellschaften, die von zeitgenössischen Anthropologen untersucht wurden.

Außerdem steigt die Zahl der gewaltsamen Todesfälle von Osten nach Westen dramatisch an, was darauf hindeutet, dass neolithische Kriege häufiger in den Gebieten auftraten, in denen die *Linearbandkeramiker* erst vor kurzem in die von Jägern und Sammlern bewohnten Gebiete gezogen waren, während in den Gebieten, die schon länger besiedelt waren, weniger Gewalt herrschte. Schließlich waren die Dörfer der *Linearbandkeramiker* in der Regel mit Holzpalisaden befestigt und oft von Gräben umgeben, die ihre Siedlungen manchmal vollständig umschlossen. Dies deutet darauf hin, dass diese Ackerbau treibenden Menschen in den Flusstälern des prähistorischen Europas Gebiete eroberten, die zuvor von einheimischen Jägern und Sammlern bewohnt waren, mit ihnen Krieg führten und sie in vielen Fällen ausrotteten.

Das soll nicht heißen, dass die Jäger und Sammler immer friedlich waren und nie in den Krieg zogen. Die Cheyenne waren geschickte und disziplinierte Kämpfer, die sehr stolz auf ihre Siege waren und sich zeitlebens mit den von ihnen erlegten Feinden brüsteten. Bei den „Kriegen" der Jäger und Sammler handelte es sich jedoch in der Regel um Raubzüge, nicht unähnlich den in Kapitel 1 beschriebenen Raubzügen der Schimpansen von Ngogo in Uganda.

Ein typischer Raubzug von Jägern und Sammlern bestand aus einer Gruppe von Männern, die heimlich in das Gebiet einer benachbarten Gruppe eindrangen. Wurde ein Mitglied der „feindlichen" Gruppe angetroffen, so wurde es sofort getötet, und die Angreifer zogen sich rasch in ihr eigenes Gebiet zurück. Selbst wenn eine große Gruppe ein feindliches Dorf oder Lager angriff, versuchten die Angreifer nur selten, die gesamte Bevölkerung auszurotten, sich das gesamte Land anzueignen oder alle Besitztümer zu stehlen – obwohl es nicht ungewöhnlich war, dass Frauen im gebärfähigen Alter gefangen genommen und als Kriegsbeute mitgebracht wurden.

Doch als die Menschen begannen, dauerhaft an einem Ort zu leben und Wohlstand anzuhäufen, wurde der Krieg immer tödlicher. Die Nootka an der Nordwestküste Nord-Amerikas, die auf ihr ruhiges Auftreten und ihr ausgeglichenes Wesen stolz waren, waren im Krieg gnadenlos. Wenn sie eine andere Siedlung angriffen, löschten die Nootka in der Regel alle Bewohner aus – mit Ausnahme der wenigen Menschen, die als Sklaven gefangen genommen wurden – und machten sich mit allem davon, was sie tragen konnten.

Generell gilt: Je größer und dauerhafter die landwirtschaftlichen Siedlungen wurden, desto verheerender war ihre Kriegspraxis. Und als die ersten städtischen Zivilisationen in den Tälern des Tigris, Euphrat, Nil, Indus, Jangtse und Gelben Flusses entstanden und die Verhüttung von Metallen in der Bronze- und Eisenzeit die Effektivität tödlicher Waffen erheblich steigerte, wurde die Rolle des lebenslangen Berufssoldaten geschaffen. Die antiken städtischen Zivilisationen organisierten allesamt stehende Heere, und die Kriegsführung wurde zu einer Strategie der Eroberung, die in großem Maßstab durchgeführt wurde, um immer größere Landstriche und eine immer größere Zahl von Menschen zu beherrschen und zu kontrollieren. All dies wäre ohne den Übergang von der Nahrungssuche zum Ackerbau nicht möglich gewesen.

Die Saat der Zivilisation

Als sich die landwirtschaftlich geprägten Dörfer vermehrten, schlossen sich benachbarte Dörfer zu Bündnissen zusammen, um Räuber und Eindringlinge aus anderen Regionen abzuwehren. Mit der Zeit spezialisierten sich die einzelnen

Dörfer auf den Anbau bestimmter Feldfrüchte oder die Herstellung bestimmter materieller Güter, und schon bald entstanden an geografisch günstigen Orten Handelsplätze, an denen sich die Menschen regelmäßig treffen konnten, um die benötigten Waren zu tauschen und ihre überschüssigen Produkte gegen Dinge einzutauschen, die im eigenen Dorf knapp waren. In vielen Fällen befanden sich diese Märkte in zentral gelegenen Dörfern, die sich im Laufe der Zeit zu Marktstädten entwickelten.

All diese Ereignisse wurden durch den Prozess der sozialen Verschmelzung ermöglicht, der es Gemeinschaften ermöglichte, größer zu werden, als es menschliche Gemeinschaften je zuvor waren. Durch die Ausbreitung landwirtschaftlicher Dörfer entstanden dicht besiedelte Regionen, in denen alle Menschen die gleiche Sprache sprachen, die gleichen Götter verehrten, die gleichen Speisen aßen, in den gleichen Häusern lebten, die gleiche Kleidung und den gleichen Schmuck trugen und die gleichen Bräuche und Tabus beachteten. Dabei identifizierten sich die Menschen nicht mit ein paar Dutzend Verwandten, sondern mit Tausenden von anderen Menschen, die ihre gemeinsame Kultur und ethnische Identität teilten.

Mit der Zeit begannen die Gesellschaften dieser Regionen, neue Interaktionstechnologien zu erfinden und zu übernehmen – Segelschiffe, Segelschiffe Fahrzeuge auf Rädern, domestizierte Pferde und Schriftsysteme, die es den Menschen und Gemeinschaften ermöglichten, über Zeit und Raum hinweg zu interagieren. Infolgedessen wuchsen die Marktstädte, religiösen Zentren und Gemeinschaften reicher und mächtiger Familien allmählich zu städtischen Zentren heran, die die kleineren und weniger mächtigen Nachbarstädte zu dominieren begannen. Mit der zunehmenden Verfeinerung und Effektivität der Interaktionstechnologien verknüpften diese expandierenden städtischen Zentren schließlich die Siedlungen ganzer Regionen zu einem Netzwerk verbündeter Gemeinschaften, und mit der Zeit wurden diese Gemeinschaften zur Keimzelle der städtischen Zivilisationen, die eine nach der anderen in den über den Globus verstreuten Wiegen der Zivilisation aufkeimten.

Letztendlich war es die Technologie der Landwirtschaft, die unsere Spezies von der endlosen Suche nach etwas Essbarem befreite und es den Menschen ermöglichte, sich an einem Ort niederzulassen und dauerhafte Häuser, Paläste, Tempel und Denkmäler zu errichten, die sie künftigen Generationen hinterlassen konnten. Im nächsten Kapitel werden wir sehen, wie sich die menschliche

Gesellschaft durch die Landwirtschaft, die das Leben an einem Ort ermöglichte, noch einmal grundlegend veränderte und wie sie schließlich zu einer Kraft wurde, die groß und mächtig genug war, um die Welt zu verändern.

Bibliographie zu 6 – Die Technologie der Landwirtschaft

Algaze, Guillermo (2001). „Initial social complexity in Southwestern Asia: The Mesopotamian advantage". In: *Current Anthropology* 42.2, S. 199–233.

Allen, Robert C. (1997). „Agriculture and the origins of the state in ancient Egypt". In: *Explorations in Economic History* 34.2, S. 135–154.

Arkush, Elizabeth N. (2011). *Hillforts of the ancient Andes: Colla warfare, society, and landscape.* Gainesville: University Press of Florida.

Bar-Yosef, Ofer (1998). „The Natufian culture in the Levant, threshold to the origins of agriculture". In: *Evolutionary Anthropology* 6.5, S. 159–177.

Barker, Graeme (2006). *The Agricultural Revolution in Prehistory.* New York: Oxford University Press.

Belfer-Cohen, Anna (1988). „The Natufian graveyard in Hayonim Cave". In: *Paléorient* 14.2, S. 297–308.

Belfer-Cohen, Anna und Ofer Bar-Yosef (2000). „Early sedentism in the Near East: A bumpy ride to village life". In: *Life in Neolithic Farming Communities: Social Organization, Identity, and Differentiation.* Hrsg. von Ian Kuijt. New York: Plenum Publishers, S. 17–37.

Bellwood, Peter und Marc Oxenham (2008). „The expansions of farming societies and the role of the Neolithic demographic transition". In: *The Neolithic Demographic Transition and its Consequences.* Springer, S. 13–34.

Bentley, R. Alexander u. a. (2012). „Community differentiation and kinship among Europe's first farmers". In: *Proceedings of the National Academic of Sciences of the United States of America* 109.24, S. 9326–9330.

Berbesque, Jo. Colette u. a. (Jan. 2014). „Hunter–gatherers have less famine than agriculturalists". In: *Biology Letters* 10.1.

Binford, Lewis R. und Sally R. Binford (1968). „Post-Pleistocene adaptations". In: *New Perspectives in Archaeology*, S. 313–342.

Bocquet-Appel, Jean-Pierre (2002). „Paleoanthropological traces of a Neolithic demographic transition". In: *Current Anthropology* 43.4, S. 637–650.

— (2006). „Testing the hypothesis of a worldwide Neolithic demographic transition: corroboration from American cemeteries". In: *Current Anthropology* 47.2, S. 341–365.

Bocquet-Appel, Jean-Pierre (2009). „The demographic impact of the agricultural system in human history". In: *Current Anthropology* 50.5, S. 657–660.

— (2011). „When the world's population took off: The springboard of the Neolithic demographic transition". In: *Science* 333.6042, S. 560–561.

Braidwood, Robert J. (1960). „The agricultural revolution". In: *Scientific American* 203, S. 130–148.

Burbank, Victoria K. (1987). „Premarital sex norms: Cultural interpretations in an Australian Aboriginal community". In: *Ethos* 15.2, S. 226–234.

Carneiro, Robert L. (1970). „A theory of the origin of the state". In: *Science* 169.3947, S. 733–738.

Chagnon, Napoleon (1968). *Yanomamö: The Fierce People*. New York: Holt, Rinehart und Winston.

Childe, V. Gordon (1936). *Chapter V: The Neolithic revolution*. Oxford University Press.

Cohen, Mark N. (1977). *The Food Crisis in Prehistory: Overpopulation and the Origins of Agriculture*. New Haven: Yale University Press.

Davis, Simon J. M. (1983). „The age profile of gazelles predated by ancient man in Israel: Possible evidence for a shift from seasonality to sedentism in the Natufian". In: *Paléorient* 9, S. 55–62.

— (2005). „Why domesticate food animals? Some zoo-archaeological evidence from the Levant". In: *Journal of Archaeological Science* 32, S. 1408–1416.

deMenocal, Peter B. (2001). „Cultural responses to climate change during the late Holocene". In: *Science* 292, S. 667–673.

Denham, Tim (2011). „Early agriculture and plant domestication in New Guinea and island Southeast Asia". In: *Current Anthropology* 52.S4, S379–S395.

Diamond, Jared (1997). *Guns, Germs, and Steel: The Fates of Human Societies*. New York: W. W. Norton.

Elwin, Verrier (1968). *The Kingdom of the Young*. London: Oxford University Press, S. 165–169.

Flannery, Kent (1973). „The origins of agriculture". In: *Annual Review of Anthropology* 2, S. 271–310.

Golitko, Mark und Lawrence H. Keeley (2007). „Beating ploughshares back into swords: Warfare in the *Linearbandkeramik*". In: *Antiquity* 81, S. 332–342.

Good, Kenneth (1991). *Into the Heart: One Man's Pursuit of Love and Knowledge among the Yanomama*. New York: Simon & Schuster, 72–74 und 194–204.

Hayden, Brian (1990). „Nimrods, piscators, pluckers, and planters: The emergence of food production". In: *Journal of Anthropological Archaeology* 9.1, S. 31–69.

Hillman, Gordon C. und M. Stuart Davies (1990). „Measured domestication rates in wild wheats and barley under primitive implications". In: *Journal of World Prehistory* 4.2, S. 157–222.

Hole, Frank (1984). „A reassessment of the Neolithic revolution". In: *Paléorient* 10.2, S. 49–60.

— (2007). „Agricultural sustainability in the semi-arid Near East". In: *Climate of the Past* 3, S. 193–203.

Hu, Yaowu u. a. (2014). „Earliest evidence for commensal processes of cat domestication". In: *Proceedings of the National Academic of Sciences of the United States of America* 111.1, S. 116–120.

Keeley, Lawrence H. (2014). *War before civilization – 15 years on. In The Evolution of Violence*. New York: Springer, S. 23–31.

Kislev, Mordechai E., D. Nadel und I. Carmi (1992). „Epipalaeolithic (19,000 BP) cereal and fruit diet at Ohalo II, Sea of Galilee, Israel". In: *Review of Palaeobotany and Palynology* 73.1-4, S. 161–166.

Konner, Melvin J. (2006). „Hunter-Gatherer Infancy and Childhood: The !Kung and Other". In: Hrsg. von Barry S. Hewlett und Michael E. Lamb, S. 19–64.

Kuijt, Ian (1996). „Negotiating equality through ritual: A consideration of late Natufian and Prepottery Neolithic Period A mortuary practices". In: *Journal of Anthropological Archaeology* 15, S. 313–336.

— (2000). „Life in Neolithic farming communities: an introduction". In: *Life in Neolithic Farming Communities: Social Organization, Identity, and Differentiation*. Hrsg. von Ian Kuijt. New York: Plenum Publishers, S. 3–12.

Kuijt, Ian und Bill Finlayson (2009). „Evidence for food storage and predomestication granaries 11,000 years ago in the Jordan Valley". In: *Proceedings of the National Academy of Sciences of the United States of America* 106.27, S. 10966–10970.

Lessa, William A. (1966). *Ulithi: A Micronesian Design for Living*. New York: Holt, Rinehart und Winston, S. 88.

Maher, Lisa A., Tobias Richter und Jay T. Stock (2012). „The Pre-Natufian epipaleolithic: long-term behavioral trends in the Levant". In: *Evolutionary Anthropology* 21, S. 69–81.

Maisels, Charles K. (1990a). *The Emergence of Civilization: From Hunting and Gathering to Agriculture, Cities, and the State in the Near East.* London: Routledge.

Malinowski, Bronislaw (1929). *The Sexual Life of Savages in North-Western Melanesia.* New York: Harcourt, Brace und Company, S. 198–200.

McCorriston, Joy und Frank Hole (1991). „The ecology of seasonal stress and the origins of agriculture in the Near East“. In: *American Anthropologist* 93.1, S. 46–69.

Murdock, George P. (1960). *Social Structure.* New York: The MacMillan Company.

Oates, Joan u. a. (2007). „Early Mesopotamian urbanism: a new view from the north“. In: *Antiquity* 81.313, S. 585–600.

Price, T. Douglas und Ofer Bar-Yosef (2011). „The origins of agriculture: New data, new ideas“. In: *Current Anthropology* 52.S4, S163–S174.

Richerson, Peter J., Robert Boyd und Robert L. Bettinger (2001). „Was agriculture impossible during the Pleistocene but mandatory during the Holocene?“ In: *American Antiquity* 66.3, S. 387–411.

Riehl, Simone, Mohsen Zeidi und Nicholas J. Conard (2013). „Emergence of Agriculture in the Foothills of the Zagros Mountains of Iran“. In: *Science* 341.6141, S. 65–67.

Rindos, David (1984). *The Origins of Agriculture: An Evolutionary Perspective.* New York: Academic Press.

Rosena, Arlene M. und Isabel Rivera-Collazo (2012). „Climate change, adaptive cycles, and the persistence of foraging economies during the late Pleistocene/Holocene transition in the Levant“. In: *Proceedings of the National Academic of Sciences of the United States of America* 109.10, S. 3640–3645.

Service, Elman R. (1978b). „The Nootka of British Columbia“. In: *Profiles in Ethnology.* 3. Aufl. New York: Harper & Row.

Sherratt, Andrew (1997). „Climatic cycles and behavioural revolutions: the emergence of modern humans and the beginning of farming“. In: *Antiquity* 71, S. 271–287.

Shostak, Marjorie (1983). *Nisa: The Life and Words of a ¡Kung Woman.* New York: Vintage Books, S. 150–151.

Testart, Alain u. a. (1982). „The Significance of Food Storage Among Hunter-Gatherers: Residence Patterns, Population Densities, and Social Inequalities“. In: *Current Anthropology* 23.5, S. 523–537.

Vigne, Jean-Denis u. a. (7. Mai 2012). „First wave of cultivators spread to Cyprus at least 10,600 y ago". In: *Proceedings of the National Academic of Sciences of the United States of America*. PNAS Early Edition, S. 1–5.

Weinstein-Evron, Mina und Shimon Ilani (1994). „Provenance of ochre in the Natufian layers of el-Wad Cave, Mount Carmel, Israel". In: *Journal of Archaeological Science* 21.4, S. 461–467.

Willcox, George (2013). „The Roots of Cultivation in Southwestern Asia". In: *Science* 341.6141, S. 39–40.

Willcox, George, Ramon Buxo und Linda Herveux (2009). „Late Pleistocene and early Holocene climate and the beginnings of cultivation in northern Syria". In: *The Holocene* 19.1, S. 151–158.

Zeder, Melinda A. (2006). „Central questions in the domestication of plants and animals". In: *Evolutionary Anthropology* 15, S. 105–117.

— (2011). „The Origins of Agriculture in the Near East". In: *Current Anthropology* 52.S4, S221–S235.

✦

Die Technologien der Interaktion:

Schiffe, Schrift, das Rad und die Geburt der Zivilisation

> *»Innovationen in der Verkehrstechnik gehören zu den stärksten Ursachen für Veränderungen im sozialen und politischen Leben der Menschheit.«*
>
> (David W. Anthony,
> *The Horse, the Wheel, and Language*)

Im April 2006 stand der amerikanische Autor und Geograf Jared Diamond in der Schlange am Flughafen von Port Moresby, Neuguinea, und bereitete sich darauf vor, einen Flug ins Innere der Insel zu besteigen, wo er eine Langzeitstudie über die Menschen im Hochland von Neuguinea durchführen wollte. Diamond dachte darüber nach, dass die Menschen, die sich auf dem Flughafen von Port Moresby drängten, einander zwar fremd waren, es aber keine Anzeichen von Feindseligkeit oder Gewalt gab. Dies ist zwar „eine Selbstverständlichkeit in der modernen Welt, aber 1931 wäre es unvorstellbar gewesen", so Diamond, „als Begegnungen mit Fremden selten, gefährlich und wahrscheinlich gewalttätig waren". Im Jahr 2006 lebten die Neuguineer in einer modernen Gesellschaft, in der es auch Polizeibeamte gab, die im Falle von Gewalt eingreifen konnten. Aber im Neuguinea des Jahres 1931 „wäre die Vorstellung, von [den Dörfern] Goroka nach Wapenamanda zu reisen, ohne als unbekannter Fremder innerhalb der ersten 10 Meilen getötet zu werden... undenkbar gewesen."[80]

Die Hochlandbewohner Neuguineas waren keineswegs ungewöhnlich in ihrem tiefen Misstrauen gegenüber Fremden. Während des größten Teils der Menschheitsgeschichte lebten die Menschen in kleinen Nomadengruppen, die nur aus ein paar Dutzend Personen bestanden, und kannten höchstens ein paar Hundert Mitglieder benachbarter Gruppen und Stammesangehörige. Jeder außerhalb dieses kleinen Kreises – selbst jemand, der die eigene Sprache sprach und der eigenen Kultur angehörte – wurde nicht nur als Fremder, sondern auch als potenzieller Feind betrachtet und galt als Person, die man fürchten und meiden musste. Darüber hinaus wurde jeder, der nicht die eigene Sprache sprach und nicht der eigenen Kultur angehörte, in der Regel als weniger menschlich betrachtet – eine Widerspiegelung der uralten Trennung zwischen „uns" und „ihnen", die in jeder menschlichen Gruppe und bei jeder nichtmenschlichen Primatenart zu finden ist.

Als jedoch Hunderttausende von Menschen, die über Tausende von Quadratkilometern verstreut lebten, Mitglieder einer einzigen Gesellschaft wurden, die einer einzigen städtischen Zivilisation unterstand, wurde die Menschheit von der uralten Angst vor Fremden befreit, die in den einfacheren Gesellschaften der Nomaden und Dorfbewohner eine ständige Bedrohung dargestellt hatte. Die zentralisierte Autorität der zivilisierten Gesellschaften konnte die Überfälle, Entführungen, Morde und Rachemorde nicht tolerieren, die in den einfacheren menschlichen Gesellschaften zum Alltag gehörten. Zivilisationen können nur funktionieren, wenn ihre Bürger vertrauensvoll reisen, Handel treiben und miteinander kommunizieren können, ohne ständig Angst vor Gewalt oder Verletzungen haben zu müssen. Dieses Ziel wurde teilweise durch die gemeinsame Sprache, Symbolik und ethnische Identität der Stammeszugehörigkeit erreicht, aber die Technologien der Interaktion ermöglichten es den zivilisierten Gesellschaften, einen Schritt weiter zu gehen.

Die Technologie der Landwirtschaft ermöglichte es einigen der in sesshaften Dörfern lebenden Menschen, sich auf Kunst und Handwerk zu spezialisieren, die gegen die von anderen produzierten Lebensmittel eingetauscht werden konnten. Die antiken Städte waren die ersten menschlichen Siedlungen, die sich hauptsächlich aus Menschen zusammensetzten, die nicht auf die Suche nach oder die Produktion von Nahrungsmitteln angewiesen waren, und die antiken Zivilisationen waren die ersten menschlichen Gesellschaften, in denen eine große Zahl völlig Fremder in einer Atmosphäre der Sicherheit und des Vertrauens miteinander kommunizieren konnte. Dies waren völlig neue Entwicklungen in der Geschichte der menschlichen Gesellschaft.

Zimmerleute, Weber, Matrosen und Schriftgelehrte

Als sich der Ackerbau allmählich über die neolithische Welt ausbreitete und die Menschen sich in festen Dörfern niederließen, stellten die erfolgreichsten Bauern fest, dass sie mehr Nahrungsmittel produzierten, als sie verbrauchten, und Überschüsse begannen sich in ihren Kornspeichern und Lagerhäusern anzusammeln. Und im Gegensatz zu den Menschen in Jäger- und Sammlergesellschaften – in denen praktisch alle erwachsenen Mitglieder der sozialen Gruppe den größten Teil ihrer produktiven Zeit dem Jagen und Sammeln von Nahrung widmeten – begannen einige der neolithischen Dorfbewohner, Dinge herzustellen, die sie gegen die von anderen produzierten Nahrungsmittelüberschüsse eintauschen konnten. Zum ersten Mal in der Geschichte der Menschheit wurden zahlreiche Mitglieder der menschlichen Gruppe von der Notwendigkeit befreit, endlos zu jagen und Nahrung zu sammeln, und die Arbeitsteilung, die wir „handwerkliche Spezialisierung" nennen, war geboren.

Einige Dorfbewohner spezialisierten sich auf den arbeitsintensiven Prozess des Schleifens und Polierens geeigneter Steinsorten zu Waffen, Holzbearbeitungswerkzeugen und landwirtschaftlichen Geräten, auf die die neolithische Lebensweise angewiesen war. Andere wurden Zimmerleute und spezialisierten sich auf den Bau von Dächern, Türen, Fenstern und Möbeln für die festen Behausungen, in denen die neolithischen Familien jahrelang lebten. Wieder andere wurden zu Webern und lernten, Fäden zu spinnen, zu färben und zu Stoffen zu verweben, während andere sich auf das Pökeln von Häuten und die Herstellung von Lederwaren spezialisierten.

In den späteren neolithischen Gesellschaften wurden einige Menschen zu Töpfern und stellten Keramikgefäße her, die zum Trinken, Kochen und Lagern von Getreide verwendet wurden. Zimmerleute, die an den Ufern des Meeres und der Flüsse lebten, begannen sich auf den Bau und die Reparatur von Booten zu spezialisieren und wurden zu den ersten Schiffsbauern. Andere Zimmerleute lernten den Bau und die Reparatur von Wagen, die von Ochsen und Ochsengespannen gezogen wurden, und so wurden sie zu den ersten Stellmachern und Radmachern.

Einige der landwirtschaftlich geprägten Dörfer, die ursprünglich nur einige Dutzend Einwohner hatten, wuchsen schließlich zu Städten mit Tausenden von Einwohnern heran. Und die neuen Transporttechnologien ermöglichten es den größten dieser Städte, ihren Einfluss auf die Einwohner vieler kleinerer Städte und Dörfer in ihrer Nähe auszuweiten. Langsam aber sicher begannen die größeren und mächtigeren neolithischen Siedlungen, die kleineren Städte und Dörfer in ihrer Umgebung zu dominieren.

Im Laufe der Zeit führte die stetige Anhäufung von Reichtum, militärischer Macht und religiöser Autorität durch Gemeinschaften, die sich an strategischen und gut verteidigten Orten befanden, zur Entwicklung einer kleinen Anzahl mächtiger, befestigter städtischer Zentren. Diese Siedlungen, die wesentlich größer waren als alle anderen, die es zuvor gegeben hatte, übten die kommerzielle, militärische und religiöse Autorität über ausgedehnte Landbevölkerungen aus, und der „Stadtstaat" war geboren. Dies waren die ersten menschlichen Gesellschaften, in denen die Menschen einander völlig fremd waren und dennoch ohne Feindseligkeit oder Misstrauen Seite an Seite leben und arbeiten konnten. Wir werden auf diesen sehr wichtigen Punkt später in diesem Kapitel zurückkommen.

Mit dem Aufkommen der Stadtstaaten reichte die gesprochene Sprache nicht mehr aus, um den Interessen dieser neuen zivilisierten Gesellschaften gerecht zu werden, und es entstand bald die Schrift – die herausragende Technologie der Kommunikation –, die es den Menschen ermöglichte, über Zeit und Raum hinweg miteinander zu kommunizieren. Die Schrift ermöglichte es Kaufleuten, Waren voneinander zu kaufen und zu verkaufen, ohne persönlich in jede der Siedlungen reisen zu müssen, mit denen sie Handel trieben. Die Schrift ermöglichte es politischen und religiösen Führern, Informationen zu übermitteln und ihren Untergebenen in weit entfernten Gemeinschaften Befehle zu erteilen. Sie ermöglichte es ihnen, Fragen zu stellen und Antworten zu erwarten. Schließlich ermöglichte es die Schrift den frühen Bürokraten, Aufzeichnungen über Transaktionen, gekaufte und gelagerte Waren sowie über Tribute und Steuern zu führen, die ihnen von den gewöhnlichen Menschen, über die sie herrschten, gezahlt wurden.

Doch selbst als sie unter den wirtschaftlichen Einfluss und die politische Kontrolle der aufstrebenden städtischen Zentren gerieten, lebten und arbeiteten die meisten Menschen weiterhin auf dem Land, züchteten ihr eigenes Vieh und bauten ihre eigenen Feldfrüchte an. Diese Teilung der Gesellschaft in relativ verarmte und machtlose Bauern auf der einen Seite und viel wohlhabendere und mächtigere Stadtbewohner auf der anderen Seite wurde zu einem Merkmal jeder städtischen Zivilisation in der Antike, und sie hat sich in den zivilisierten Gesellschaften während des Rests der aufgezeichneten Geschichte gehalten.

Im Laufe der letzten fünftausend Jahre sind Tausende von Stadtstaaten und Hunderte von Imperien gekommen und gegangen, aber die Merkmale der städtischen Zivilisation sind bis zum Aufkommen der Industriegesellschaft vor zweihundert Jahren im Wesentlichen dieselben geblieben. Eine große, aber machtlose Landbevölkerung lebte auf dem Land und produzierte die Nahrungsmittel, die die gesamte Gesellschaft verbrauchte. Gleichzeitig lebte eine kleine, aber mächtige herrschende Klasse – einschließlich einer umfangreichen Bürokratie, einer exklusiven Priesterschaft und einer organisierten Streitmacht – innerhalb der Grenzen eines städtischen Zentrums, das durch massive Befestigungen geschützt und mit Monumenten, Palästen und Tempeln ausgestattet war.

Jahrhundert für Jahrhundert verbreiteten sich die zivilisierten Gesellschaften von ihren Ursprungsorten auf allen Kontinenten und beherrschten schließlich fast die gesamte Menschheit. Aber die Zivilisation selbst wäre vielleicht nie entstanden, wenn es nicht die einzigartige Kombination von Faktoren gegeben hätte, die in den großen Flusstälern der Welt existierten. Denn an den Ufern der großen Flüsse der Welt schlug die städtische Zivilisation erstmals Wurzeln.

Die Magie der Flüsse

Es ist kein Zufall, dass die ersten städtischen Zivilisationen – die unabhängig voneinander innerhalb von tausend Jahren in drei weit voneinander entfernten Regionen entstanden – alle in den Gebieten entstanden sind, in denen sich die größten und fruchtbarsten Flusstäler der Welt befinden. Das erste dieser Gebiete ist der Fruchtbare Halbmond, in dem sich die Täler des Nils, des Tigris und des Euphrats befinden. Das zweite ist das Tal des Indus in Nordindien. Und das dritte sind die Schwemmlandebenen im östlichen Zentralchina, wo sich die Täler des Gelben Flusses und des Jangtse befinden. Jede dieser Regionen wurde schließlich zu ihrer eigenen „Wiege der Zivilisation".

Es gibt drei wichtige Gründe, warum die städtische Zivilisation zuerst in diesen Flusstälern begann und nicht in anderen Regionen wie dem Hochland von Neuguinea, wo der Übergang zu einer sesshaften landwirtschaftlichen Lebensweise ebenfalls vor Tausenden von Jahren stattfand.

Der erste Grund ist, dass sich die fruchtbaren Böden und die flache Topographie der Flusstäler als reichhaltiges landwirtschaftliches Umfeld erwiesen. Die daraus resultierende Steigerung der Nahrungsmittelproduktion führte bald zu einem massiven Anstieg der dort lebenden Bevölkerung. Sie erinnern sich vielleicht daran, dass sich die Linearbandkeramische Kultur in Nordeuropa rasch ausbreitete, indem sie die Flusstäler der Donau, des Rheins und der Elbe besiedelte, die reich an feinen Lössböden waren, die von den schmelzenden Gletschern hinterlassen worden waren. In ähnlicher Weise besiedelten die ersten Bauern des frühen Neolithikums rasch die Flusstäler des Fruchtbaren Halbmonds, Indiens und Chinas, wo die Domestizierung vieler Pflanzen und Tiere ursprünglich stattgefunden hatte.

Als die Jäger- und Sammlergesellschaften, die diese Flusstäler einst bewohnt hatten, durch Agrargesellschaften ersetzt wurden, verzehnfachte sich die menschliche Bevölkerung. Und als viele dauerhafte Siedlungen innerhalb kurzer Entfernungen voneinander errichtet wurden, lebten schließlich viele Tausende von Menschen in Gebieten, die klein genug waren, um sie in ein oder zwei Tagesreisen zu Fuß zu durchqueren. Diese Konzentration der Menschheit in kleinen geografischen Gebieten erwies sich als ideales Umfeld für die Entstehung städtischer Zentren.

Zweitens wurden alle diese großen, langsam fließenden Flüsse jedes Jahr durch die Frühlings- oder Sommerregen überschwemmt, und die von den jährlichen Überschwemmungen mitgeführten Sedimente erneuerten die Ackerflächen entlang der Flussufer mit frischen Ablagerungen fruchtbarer Erde. So mussten die Bewohner nie umziehen, um neues und fruchtbares Ackerland zu finden. Das Wasser an den Mündungen dieser riesigen Flüsse bewegt sich sehr langsam in Richtung Meer, so dass sich die feinen Erdpartikel, die im Fluss schweben, auf dem Grund absetzen können. Im Laufe der Zeit werden an den Flussmündungen riesige Mengen an Sedimenten abgelagert, so dass riesige Deltas mit zahlreichen Inseln aus fruchtbarem Boden entstehen, die von sumpfigen Feuchtgebieten und seichten Gewässern umgeben sind. Das Nildelta misst von Norden nach Süden hundertundsechzig Kilometer, nimmt 240 Kilometer der Mittelmeerküste ein und erstreckt sich über eine Fläche von fast sechsundzwanzigtausend Quadratkilometern.

Das Verhalten dieser Flüsse ermutigte die Menschen, die an ihren Ufern lebten, auch zu langfristigen Plänen für Projekte – wie die Trockenlegung der Sümpfe in den Deltas und den Bau von Bewässerungssystemen zur Bewässerung der flachen Flussböden –, die neue Gebiete mit fruchtbarem Ackerland schufen. Solche Projekte erforderten jedoch die enge Zusammenarbeit einer großen Anzahl von Menschen – etwas, das leicht zu bewerkstelligen war, wenn viele kleine Siedlungen und die dort lebenden Arbeiter unter die Kontrolle einer einzigen zentralen Behörde kamen.

Drittens stellten die Flüsse eine natürliche Autobahn dar, die Hunderte von Städten und Dörfern miteinander verband, die an ihren Ufern entstanden, und die eine beispiellose Innovationsphase in der Bootsbautechnologie auslöste. Flöße, Kanus und Kajaks wurden von jagenden und sammelnden Völkern schon lange vor der Entwicklung der Landwirtschaft benutzt, aber diese frühen Wasserfahrzeuge entwickelten sich bald zu viel größeren Bootstypen, die in der Lage waren, große Entfernungen auf den großen Flüssen zurückzulegen. Die Folge war eine starke Ausweitung des Reise- und Handelsverkehrs zwischen den zahlreichen Bauernsiedlungen in den Flusstälern, so dass die wachsenden Städte und Dörfer schwere Lasten wie Getreide, Felle, Holz, Tiere und Töpferwaren leicht von einer Siedlung zur anderen transportieren konnten. Einige wenige Besatzungsmitglieder, die einen einzigen Kahn oder ein Flussboot steuerten, konnten Tausende von Kilos Ladung transportieren, während für den Transport von Lasten dieser Größe auf dem Landweg Dutzende von Menschen

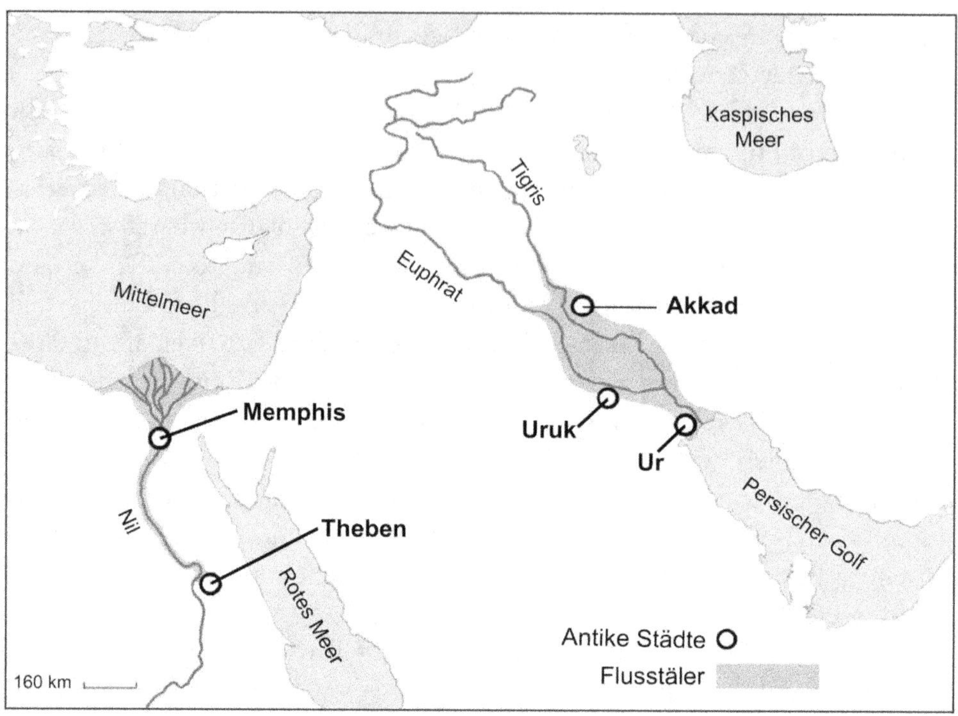

Abbildung 7.1: Die allerersten städtischen Zivilisationen entstanden im Fruchtbaren Halbmond, zunächst im Flusstal von Euphrat und Tigris in Mesopotamien und später im Niltal in Ägypten.

oder Lasttieren erforderlich waren.

Die Wiegen der Zivilisation: Mesopotamien, Ägypten, Indien und China

Die ältesten zivilisierten Gesellschaften entstanden in dem riesigen Tal namens „Mesopotamien" (wörtlich: „zwischen den Flüssen"), das zwischen den beiden großen Flüssen Tigris und Euphrat im heutigen Irak liegt. Die sumerische Zivilisation entstand im südlichen Tigris-Euphrat-Tal kurz nach 3500 v. Chr.,[81] und die akkadische Zivilisation erschien einige Jahrhunderte später im nördlichen Tigris-Euphrat-Tal (siehe Abbildung 7.1).

Sowohl die Sumerer als auch die Akkader bauten Bewässerungskanäle und hinterließen zahlreiche Zeugnisse einer zentralisierten Stadtverwaltung, die von einer komplexen Bürokratie unterstützt wurde. Die frühe Erfindung der Schrift ermöglichte ihnen die Aufzeichnung von Steuern und Tributen sowie die Kodifizierung eines schriftlichen Rechtssystems, und innerhalb ihrer befestigten Städte errichteten sie kunstvolle Tempel, Paläste, Lagerhäuser und Schreine. Zunächst wurde die mesopotamische Zivilisation von einer Priesterschaft regiert, doch später sorgten Könige und ein organisiertes Militär dafür, dass die Steuern und Abgaben, die vom Land in die Städte flossen, durchgesetzt wurden.

Etwa zur gleichen Zeit entstand im Tal des Nils eine der bemerkenswertesten Zivilisationen der alten Welt. Die Zivilisation des alten Ägypten, die von den Griechen und Römern als die älteste und weiseste Gesellschaft der Geschichte angesehen wurde, ist bekannt für ihre gewaltigen Tempel, Statuen und Pyramiden, für ihre umfangreichen schriftlichen Texte in Form von „Hieroglyphen" und für ihre technischen und architektonischen Errungenschaften, die seit ihrer Zeit nur selten erreicht wurden. Eine der weniger bekannten Errungenschaften der ägyptischen Zivilisation war jedoch ihre frühe Beherrschung des Schiffbaus und des Segelns. Dies war eine natürliche Folge der geografischen Lage Ägyptens an den Ufern des Nils, der jeden Aspekt der ägyptischen Gesellschaft und Kultur beherrschte.

Auf dem Höhepunkt der jährlichen Überschwemmungen fließt der Nil mit einer Geschwindigkeit von etwa acht Kilometern pro Stunde nach Norden zum Mittelmeer, und diese Strömung verlangsamt sich auf etwa fünf Kilometer pro Stunde, sobald die Fluten zurückgehen. Da aber die vorherrschenden Winde in diesem Teil der Welt in südlicher Richtung wehen, bauten die Ägypter Schiffe, die mit dem Nordwind gegen die nordwärts fließende Strömung nach Süden segeln konnten. Auf der Rückfahrt setzte die Besatzung einfach die Segel und trieb mit der Strömung nach Norden zurück zum Mittelmeer. Das ägyptische Hieroglyphen-Symbol für „Süden" war also ein Schiff, dessen Mast aufrecht stand und dessen Segel sich im Wind entfaltete, während das Hieroglyphen-Symbol für „Norden" ein Schiff war, dessen Mast flach auf dem Deck lag und das mit der Nilströmung trieb.

Im Laufe der Zeit wurden die flachen Flussboote mit geringem Tiefgang der Ägypter und Mesopotamier durch hohe Dollborde und abgerundete Kiele verbessert, die es ihnen ermöglichten, die raueren Gewässer des offenen Meeres zu befahren. Mit diesen seegängigen Booten konnten die alten Ägypter von der Nilmündung bis zu den Küsten des östlichen Mittelmeers und vom Roten Meer bis zu Zielen in Arabien, Indien und Afrika segeln. Und sie ermöglichten es den alten Sumerern, von Mesopotamien aus Hunderte von Kilometern nach Süden entlang der Küsten Afrikas und nach Osten zu den Küsten Indiens zu segeln. Sowohl die Ägypter als auch die Mesopotamier betrieben einen beträchtlichen Handel und importierten Stein für die Werkzeugherstellung, den

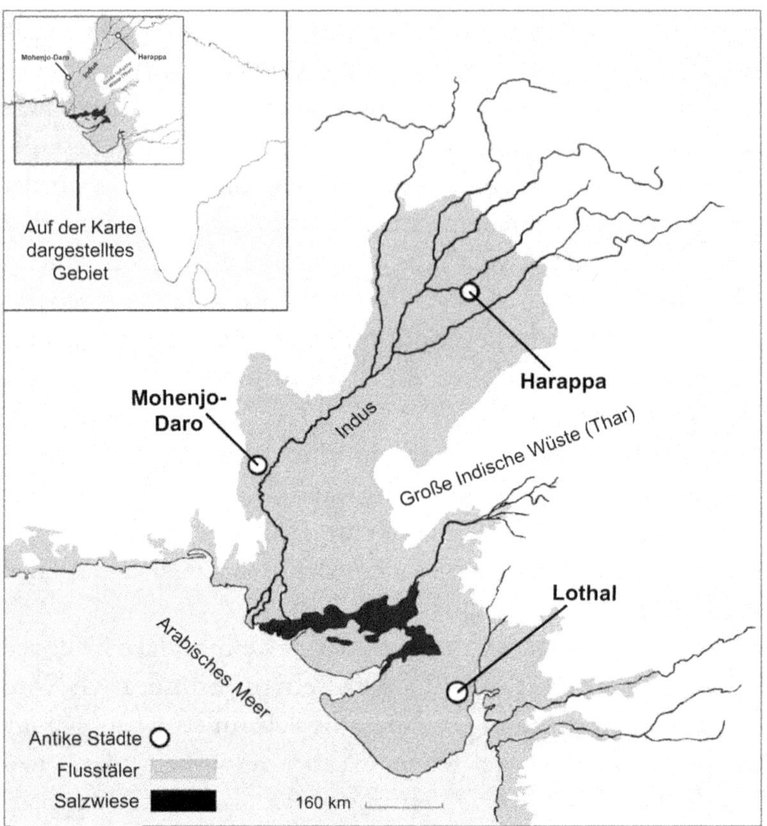

ABBILDUNG 7.2: Die Städte der Indus-Tal-Zivilisation, die nach 3300 v. Chr. entstanden, verfügten über fortschrittliche Sanitärsysteme, große öffentliche Getreidespeicher und gut ausgestattete Hafenanlagen.

Halbedelstein Lapislazuli und – in späteren Zeiten – Zinnerze, die für die Herstellung von Werkzeugen und Waffen aus Bronze benötigt wurden.

In der Zwischenzeit entwickelte sich etwas zweitausend Kilometer östlich von Mesopotamien im Tal des Indus-Flusses im Nordwesten Indiens eine weitere Zivilisation (siehe Abbildung 7.2). Zwei bemerkenswerte Städte, Mohenjo-Daro und Harappa, entstanden etwa 3300 v. Chr. an den Ufern des Indus-Flusses. Neunhundert Jahre später wurde am Ufer des Sabarmati-Flusses die Stadt Lothal gegründet, ein wichtiges Zentrum für Produktion und Handel. Belege für Handelswaren aus Lothal wurden bis nach Südostasien und bis zur Küste Ostafrikas gefunden.

Die Städte der Indus-Tal-Zivilisation zählten mehrere Millionen Einwohner und waren mit keinem anderen urbanen Zentrum der antiken Welt vergleichbar. Es handelte sich um planmäßig angelegte Gemeinschaften mit rechtwinklig zueinander angelegten Straßen – ein „Rasterplan", der erst mit dem Aufkommen der römischen Zivilisation 2.500 Jahre später wieder auftauchen sollte. Die Häuser wurden aus gebrannten Lehmziegeln gebaut – ein deutlicher Unterschied zu den sonnen-getrockneten Lehmziegeln, die zu dieser Zeit überall verwendet wurden. Und ein ausgeklügeltes Wasser- und Abwassersystem umfasste die weltweit ersten Toiletten mit Wasserspülung, große öffentliche Bäder und ein unterirdisches Abwassersystem mit Ziegeln ausgekleideten Senkgruben.

Bemerkenswerterweise wurden in den Überresten der Indus-Tal-Zivilisation nur wenige Beweise für die tiefgreifenden Unterschiede im Wohlstand gefunden, die für andere antike Zivilisationen typisch sind. Obwohl zahlreiche Lagerhäuser, Kornspeicher und öffentliche Bäder ausgegraben wurden, hat man in den Ruinen von Harappa, Mohenjo-Daro oder Lothal noch keine Beweise für die riesigen Paläste, Tempel und Militäranlagen gefunden, die so typisch für die Stadtstaaten anderer antiker Zivilisationen sind. Weit über tausend Jahre lang scheint diese Gesellschaft von Handwerkern und Händlern ein Maß an Gleichheit und materiellem Komfort genossen zu haben, das in der Antike einzigartig war. Doch nach 1850 v. Chr. ging die Indus-Tal-Zivilisation rasch zurück, und um 1700 v. Chr. war sie so gut wie verschwunden. Keine andere „gleichrangige Zivilisation" sollte in der antiken Welt jemals wieder auftauchen.

Die städtische Zivilisation begann in China erst etwa 2000 Jahre v. Chr. – etwa tausend Jahre später als in den Flusstälern Indiens und des Fruchtbaren Halbmonds –, aber sie entwickelte sich bald zur umfangreichsten, am besten organisierten und dauerhaftesten aller antiken städtischen Zivilisationen (siehe Abbildung 7.3 auf Seite 200). Das erste städtische Zentrum in China scheint in Erlitou entstanden zu sein, einer großen Siedlung am Ufer des Gelben Flusses, wo Beweise für die Bronzeverhüttung und einige der frühesten Überreste chinesischer Schrift die Anfänge der zivilisierten Gesellschaft anzeigten.

In China war das fruchtbare Tiefland der Flusstäler so groß wie nirgendwo sonst auf der Welt. Eine riesige Schwemmlandebene, die den größten Teil des Gebiets zwischen den Tälern des Gelben Flusses und des Jangtse-Flusses einnahm, war von Osten nach Westen fast 1200 Kilometer breit und von Norden nach Süden 1600 Kilometer lang. Und das Tal des Perlflusses in Südchina war ein dritter wichtiger Streifen mit reichem Ackerland, der sich vom Südchinesischen Meer mehr als achthundert Kilometer landeinwärts bis zu den Grenzen des heutigen Vietnam erstreckte.

Die Geschichte des alten China war von zahlreichen politischen Umwäl-

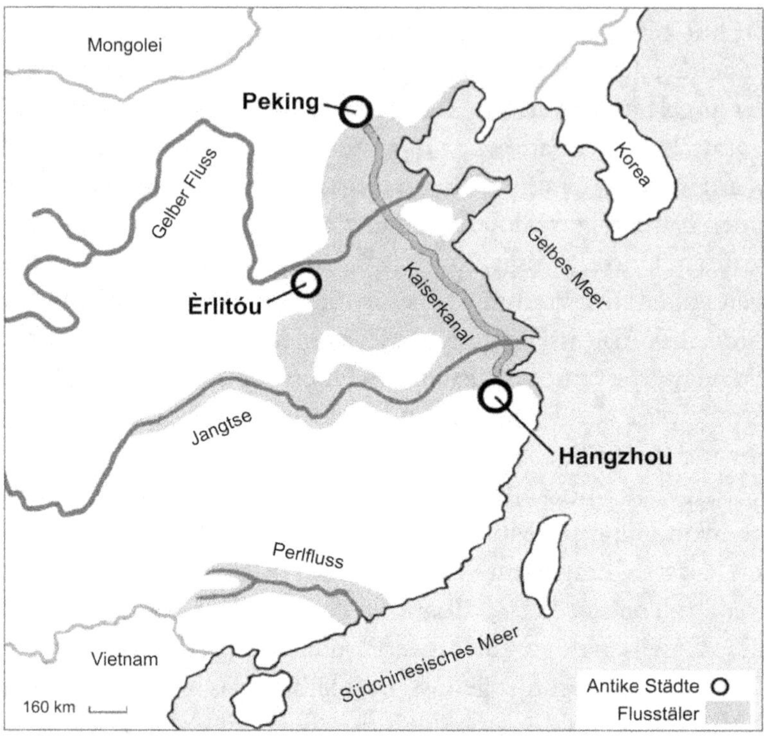

Abbildung 7.3: Die frühesten Zivilisationen in China entstanden in den Tälern des Jangtse und des Gelben Flusses. Später wurden diese beiden Flüsse durch den Kaiserkanal verbunden, das ehrgeizigste Wasserbauprojekt in der Geschichte der Menschheit.

zungen geprägt, bei denen die politische Macht und Autorität manchmal abrupt wechselte. Nicht weniger als siebzehn verschiedene Herrscherdynastien und Regierungen lösten sich in den viertausend Jahren, ab dem Auftauchen der Erlitou-Kultur etwa 2000 v. Chr. bis 1911, ab, als die Qing-Dynastie zusammenbrach und die moderne chinesische Nation gegründet wurde. Während dieser Zeit war die politische Autorität in China zeitweise in mehr als vierzig verschiedenen Hauptstädten angesiedelt – und dazu gehören nicht die zahlreichen Hauptstädte, die während der vier verschiedenen Perioden der politischen Spaltung errichtet wurden, als sich die chinesische Gesellschaft in mehrere kriegerische Stadtstaaten aufspaltete.[82]

Dennoch gab es in China auch lange Perioden der Stabilität und des Wohlstands, und die chinesische Zivilisation ist für viele bemerkenswerte Innovationen in Technologie und Kultur verantwortlich. Dazu gehören die Erfindung des Schreibpapiers, des Schießpulvers und der Feuerwaffen, der Bau der größten Holzschiffe der Antike und die Errichtung von zwei der größten öffentlichen Bauprojekte der Menschheitsgeschichte: die Chinesische Mauer und der Kaiserkanal.

Die Chinesische Mauer braucht kaum vorgestellt zu werden. Es handelt sich eigentlich um eine Reihe von Mauern, die zusammen mehr als achttausend Kilometer lang sind und zu verschiedenen Zeiten von verschiedenen chinesischen Kaisern errichtet wurden, beginnend etwa 700 v. Chr. und mit Unterbrechungen bis etwa um das Jahr 1600. Die Große Mauer wurde errichtet, um die Mongolen und andere kriegerische Stämme abzuwehren, die in den Bergen und Wüsten nördlich des chinesischen Kernlandes lebten. Im Laufe der chinesischen Geschichte wurde sie mehrmals gebaut und wieder aufgebaut, doch 1644 wurde sie von den Armeen der Mandschu-Kriegsherren, die die Qing-Dynastie gründeten und China bis in die Neuzeit regierten, entscheidend durchbrochen.

Der Kaiserkanal ist weniger bekannt, war aber in vielerlei Hinsicht das bedeutendere dieser monumentalen Bauwerke. Er verband den Gelben Fluss und den Jangtse miteinander, ermöglichte Handel und Transport im gesamten chinesischen Kernland und trug wesentlich zur Einigung Chinas und zu seiner Geschichte als einer der ältesten und größten Nationalstaaten der Welt bei. Mit einer Länge von mehr als sechszehnhundert Kilometern ist der Kaiserkanal der längste von Menschenhand geschaffene Kanal der Welt. Er wurde 486 v. Chr. ganz bescheiden begonnen, um den Jangtse mit dem Huai-Fluss zu verbinden, aber nach dem Jahre 600 wurde der Kanal nach und nach vergrößert und verlängert und verband schließlich Peking im Norden mit der wichtigen Hafenstadt und dem Schiffsbauzentrum Hangzhou im Süden.

An dieser Stelle sollten wir anmerken, dass die Seefahrertraditionen Ägyptens, Mesopotamiens, des Industals und Chinas zwar unermesslich zu ihrer endgültigen Bestimmung als Wiege der Zivilisation beigetragen haben, die Beweise jedoch eindeutig belegen, dass die Seefahrt nicht mit dem Aufstieg der Zivilisationen begann. Es gibt beachtliche Beweise dafür, dass der *Homo erectus* und andere prähistorische Menschen Flöße und Boote bauten und auf dem offenen Meer segelten, lange bevor der anatomisch moderne Mensch sich in festen Dörfern niederließ und mit der Landwirtschaft begann.

Flöße, Boote und Segelschiffe

Es ist eine ethnografische Tatsache, dass Jäger und Sammler schon seit sehr langer Zeit Einbäume aus ausgehöhlten Baumstämmen herstellen, und noch länger bauen sie Flöße, indem sie Baumstämme, Bambus oder Schilf mit Seilen aus Ranken oder geschredderter Rinde zusammenbinden. Die amerikanischen

Ureinwohner des pazifischen Nordwestens – nach jeder Definition ein „steinzeitliches" Jäger- und Sammlervolk – bauten riesige Einbäume aus den riesigen Stämmen uralter Zedern und Fichten und segelten damit auf dem offenen Meer.

Über das tatsächliche Alter der Seefahrt herrscht unter den Prähistorikern nach wie vor große Uneinigkeit, aber Hominiden haben mindestens seit dem Jungpaläolithikum Boote gebaut, und die frühesten Boote und Flöße wurden wahrscheinlich schon lange davor gebaut. Einige Wissenschaftler sind der Meinung, dass die Besiedlung einiger der östlichsten Inseln Indonesiens durch den *Homo erectus* vor mehr als fünfhunderttausend Jahren nicht möglich gewesen wäre, wenn diese neu entstandenen Menschen nicht in der Lage gewesen wären, mit seetüchtigen Schiffen die offene See zu befahren.[83]

Unabhängig davon, wie das endgültige Urteil über die Seefahrt des *Homo erectus* ausfällt, steht fest, dass prähistorische Menschen vor mindestens sechzigtausend Jahren ursprünglich den australischen Kontinent besiedelten – ein Kunststück, das die Überquerung von achtzig Kilometern offenem Wasser erforderte, das die indonesische Insel Timor in diesem Zeitraum der Erdgeschichte von der australischen Küste trennte.[84] Dies ist ein schlüssiger Beweis dafür, dass die Menschen vor Zehntausenden von Jahren nicht nur Wasserfahrzeuge bauten, sondern auch tagelang auf dem offenen Meer segelten.

Im Jahre 1998 führte der Paläoanthropologe Robert G. Bednarik ein Experiment durch, bei dem er den Bau eines großen Bambusfloßes auf der Insel Roti vor der Südwestküste von Timor leitete. Bednariks Floß wurde vollständig aus einheimischen Materialien gebaut, die den Menschen der Altsteinzeit zur Verfügung standen. Es war mit Segeln ausgestattet, die aus Palmfasern geflochten waren, und es wurde ausschließlich mit Steinwerkzeugen gebaut, die vor sechzigtausend Jahren üblich waren. Bednarik und eine fünfköpfige Besatzung segelten mit diesem Schiff erfolgreich von Timor nach Australien und ernährten sich hauptsächlich von Fischen, die sie im Meer mit Nachbildungen altsteinzeitlicher Knochenharpunen fingen.[85]

Es ist jedoch fast unmöglich, direkte archäologische Beweise für die Seefahrt aus der Altsteinzeit zu finden. Das liegt daran, dass der Meeresspiegel während der Eiszeiten überall auf der Welt viel niedriger war als heute, und die alten Küstenlinien des Jungpaläolithikums – zusammen mit allen Zeugnissen menschlicher Besiedlung, die sie einst enthielten – liegen heute unter neunzig Metern Meerwasser.

Selbst wenn es möglich wäre, genau zu bestimmen, wo prähistorische Menschen an diesen heute überfluteten Küsten gelebt haben, hat die Wirkung des

Meeres im Laufe von Zehntausenden von Jahren ihre alten Lagerstätten sowie die Überreste von Booten oder Flößen, die sie benutzt haben könnten, längst ausgelöscht. Doch materielle Beweise aus dem alten Mesopotamien belegen, dass bereits vor siebentausend Jahren, lange vor dem Beginn der ersten städtischen Zivilisation, Seeschiffe aus Schilf gebaut wurden und auf dem offenen Meer fuhren.

Im Jahr 2001 entdeckte ein Team britischer und kuwaitischer Archäologen zweiundzwanzig Bitumenplatten in der Nähe des Ufers des Persischen Golfs, wo der Euphrat ins Meer mündet. Bitumen ist eine schwarze, klebrige Substanz, auch Asphalt genannt, die in natürlichen Ablagerungen im gesamten Fruchtbaren Halbmond vorkommt und in der Antike weithin als wasserdichte Abdichtung für Wasserbehälter und für die Rümpfe von Schilfbooten verwendet wurde. Die Bitumenplatten wurden sicher auf die Zeit zwischen 5500 und 5300 v. Chr. datiert. Das war etwa zweitausend Jahre vor dem Beginn der städtischen Zivilisation in Mesopotamien.

Da das mit Fischöl und zerkleinerten Korallen vermischte Bitumen etwa hundert Kilometer von seinem Ursprungsort entfernt transportiert worden war und noch die Abdrücke von Tauen, Schnüren und Schilfbündeln trug, die damals beim Bootsbau verwendet wurden, besteht kein Zweifel, dass es zum Abdichten von Seeschiffen verwendet wurde. Einige dieser Bitumenplatten weisen sogar noch Reste von Seepocken auf, was beweist, dass sie eine beträchtliche Zeit auf See verbracht haben.

Die Ägypter waren nicht weit davon entfernt. Kleine Wasserfahrzeuge aus mit Seilen zusammengebundenen Schilfrohrbündeln, die auf den relativ ruhigen Gewässern des Nils eingesetzt wurden, sind bereits aus dem Jahr 7000 v. Chr. überliefert, und größere Schilfrohrboote erwiesen sich später auf den tückischeren Gewässern des offenen Meeres als erstaunlich seetüchtig. Im Jahr 1970 überwachte der norwegische Abenteurer Thor Heyerdahl den Bau eines Nachbaus eines altägyptischen Schilfbootes und segelte damit neuneinhalbtausend Kilometer über den Atlantischen Ozean von der Küste Marokkos in Nordafrika bis zur Insel Barbados in der Karibik. Seitdem wurden viele weitere Reisen in Schilfbooten unternommen, die denen der alten Ägypter ähnlich waren, was beweist, dass die Ägypter und Sumerer tatsächlich in der Lage waren, lange Seereisen in ähnlichen Schilfbooten zu unternehmen.

Um 3500 v. Chr., kurz vor dem Beginn der ersten Zivilisationen, hatte sich die Kunst des Schiffbaus erheblich weiterentwickelt. Zu diesem Zeitpunkt hatten sowohl die Ägypter als auch die Sumerer die frühen Wasserfahrzeuge aus Schilfrohr hinter sich gelassen und bauten seegängige Boote aus Holzplanken, die mit Riemen aus gewebten Fasern „zusammengenäht" wurden. (Die Eisennägel, die später im Bootsbau verwendet wurden, sollten erst in mindestens dreitausend Jahren entwickelt werden). Diese Plankenboote wurden zerlegt, auf Lasttiere verladen, über weite Strecken auf dem Trockenen transportiert und am Meeresufer wieder zusammengebaut. Tatsächlich transportierten die Ägypter ihre Plankenboote routinemäßig 200 Kilometer durch die Wüste Sinai bis zur Küste des Roten Meeres, wo sie zusammengenäht, mit Bitumen verstemmt und auf Handelsexpeditionen Hunderte von Kilometern zu den Küsten Afrikas und Indiens gesegelt wurden.

Um 1500 v. Chr. bauten die nun zivilisierten Ägypter riesige Flusskähne – einige waren bis zu 70 Meter lang, 24 Meter breit und sechs Meter tief –, von denen jeder mehr als tausend Tonnen Ladung transportieren konnte. Riesige Kähne dieser Art wurden für den Transport der „Kolosse von Memnon" verwendet, zwei Statuen des Pharaos Amenhotep III. mit einem Gewicht von jeweils etwa 320 Tonnen, die in der Nähe des heutigen Kairo geschaffen und mehr als vierhundert Meilen den Nil hinauf in die antike Stadt Theben transportiert wurden, wo sie bis heute stehen.

Um 1500 v. Chr. bauten die nun zivilisierten Ägypter riesige Flusskähne – einige waren bis zu 70 Meter lang, 24 Meter breit und sechs Meter tief –, von denen jeder mehr als tausend Tonnen Ladung transportieren konnte. Riesige Kähne dieser Art wurden für den Transport der „Kolosse von Memnon" verwendet, zwei Statuen des Pharaos Amenhotep III. mit einem Gewicht von jeweils etwa 320 Tonnen, die in der Nähe des heutigen Kairo geschaffen und mehr als sechshundertvierzig Kilometer den Nil hinauf in die antike Stadt Theben transportiert wurden, wo sie bis heute stehen.

Die langsame Morgendämmerung des Schreibens

Die Erfindung der Schrift wird oft als einmaliges Ereignis dargestellt, das zu einer bestimmten Zeit und an einem bestimmten Ort stattfand – typischerweise wird beschrieben, dass sie um 3000 v. Chr. mit der Keilschrift der alten Mesopotamier begann und sich von dort aus in andere Orte der alten Welt verbreitete. Die Schrift wurde jedoch nicht zu einer bestimmten Zeit und an einem bestimmten Ort erfunden, sondern alle Beweise deuten darauf hin, dass sie sich an vielen Orten, zu vielen Zeiten und in vielen Kulturen allmählich entwickelt hat.

Es steht außer Frage, dass der Mensch seit mehr als zwanzigtausend Jahren visuelle Symbole verwendet, um bestimmte Bedeutungen zu vermitteln. Dies wird durch die Tausende von Petroglyphen, die in der Höhle von La Pasiega sowie an Hunderten von anderen paläolithischen Fundorten in Europa (Les Combarelles, Lascaux, Les Eyzies, Altamira und Val Camonica), Asien (Kapova-Höhle, Mgvimevi-Grotten, Edakkal-Höhlen, Ladakh, Daegokcheon Stream Petroglyphe), Afrika (Akakus, Jebel Uweinat, Bidzar, Niola Doa, Blombos-Höhle, Wonderwerk-Höhle), Australien (Murujuga, Burrup Halbinsel) und Amerika (Winnemucca-See, Long-See, Three Rivers, Cumbe Mayo).

Die Petroglyphen des Jungpaläolithikums waren jedoch nicht das, was wir als vollwertiges Schriftsystem bezeichnen würden. In unserer heutigen Kultur impliziert der Begriff „Schrift" die systematische, grafische Darstellung einer voll entwickelten Sprache, die nicht nur Substantive, sondern auch Verben und Ausdrucksweisen für Vergangenheit, Gegenwart und Zukunft umfasst. Und in den meisten Fällen enthält eine echte Schrift einen Hinweis darauf, wie die Wörter für diese verschiedenen Bedeutungen in der gesprochenen Sprache der Menschen, die die Schrift verfassen, ausgesprochen wurden.

Überall, wo städtische Zivilisationen entstanden, wurden vollwertige Schriftsysteme entwickelt, weil sie gebraucht wurden. Gesellschaften, die aus Zehn- oder Hunderttausenden von Individuen bestehen – von denen die meisten einander fremd sind –, benötigen Kommunikationstechnologien, die komplexe Nachrichten effektiv und zuverlässig über Zeit und Raum hinweg übermitteln können. Wenn diese städtischen Gesellschaften nicht bereits über ein Schriftsystem verfügten – oder nicht in der Lage waren, ein Schriftsystem von ihren Nachbarn zu übernehmen – erfanden sie ihr eigenes.

Die sumerischen und akkadischen Kulturen Mesopotamiens gehörten zu den ersten Völkern, die ein vollwertiges Schriftsystem entwickelten, das mit Zeichnungen bestimmter Handlungen wie Gehen und konkreter Gegenstände wie Schafe, Kühe, Brot und Gerste begann. Im Laufe der Zeit wurden die Details dieser symbolischen Zeichnungen vereinfacht, und schließlich entwickelten sie sich zu standardisierten Symbolen, die nur noch wenig Ähnlichkeit mit den Dingen hatten, die sie ursprünglich darstellten. Schließlich wurden alle diese Symbole in einer Form gezeichnet, die „Keilschrift" genannt wird und aus Abdrücken in weichem Ton mit einem keilförmigen Rohr- oder Holzgriffel besteht (siehe Abbildung 7.4 auf Seite 206).

Im Laufe der Zeit wurde die Keilschrift der Sumerer von vielen anderen alten Kulturen als Standard-„alphabet" übernommen, und die Keilschrift wurde zur Standardschrift der alten babylonischen, assyrischen, hethitischen, elamitischen, hurritischen, urartäischen, ugaritischen und persischen Kulturen. Doch obwohl sie alle dasselbe Schriftsystem verwendeten, konnten die Menschen, die diese verschiedenen Sprachen sprachen, die Keilschrift der jeweils anderen nicht

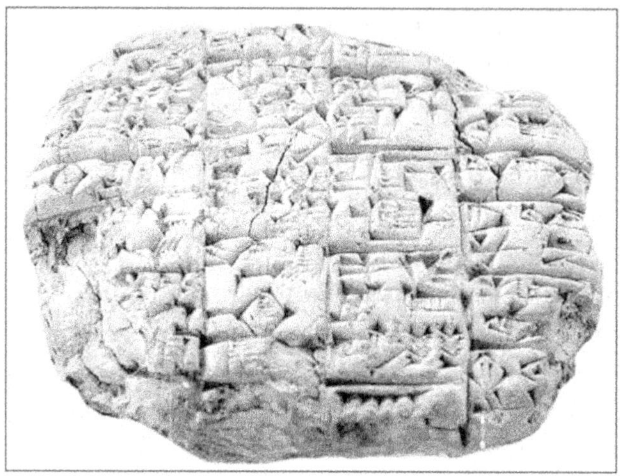

ABBILDUNG 7.4: Dieser Keilschriftbrief, der mit einem keilförmigen Griffel in weichem Ton geschrieben wurde, war an den König der mesopotamischen Stadt Lagasch gerichtet und informierte ihn über den Tod seines Sohnes im Kampf.

lesen. In ähnlicher Weise können Menschen, die nur Englisch verstehen, nur das lesen, was auf Englisch geschrieben ist, und nicht Spanisch, Portugiesisch, Niederländisch, Flämisch, Italienisch, Französisch oder Deutsch, obwohl alle diese Sprachen im Wesentlichen das gleiche Alphabet verwenden.

In der Zwischenzeit entwickelten sich auch in anderen alten Zivilisationen Schriftsysteme. Im Niltal kam kurz nach 3000 v. Chr. das einzigartige Schriftsystem in Gebrauch, das die Griechen Hieroglyphen oder „heilige Schnitzereien" nannten. Die Hieroglyphenschrift enthält wie die Keilschrift eine Reihe spezieller Symbole, die die Laute der Konsonanten darstellen (wie viele andere Schriftformen hatten die ägyptischen Hieroglyphen keine Form der Notation für die Laute der Vokale), aber die überwiegende Mehrheit der Hieroglyphen-Symbole steht für bestimmte Bedeutungen. Im Laufe der Zeit wuchs die Zahl der hieroglyphischen Symbole von etwa achthundert während der klassischen Epoche der ägyptischen Zivilisation auf fast fünftausend zur Zeit des Römischen Reiches viele Jahrhunderte später.

Während einige der bekanntesten Hieroglyphen in die Steinwände von Pyramiden und Gräbern eingemeißelt sind, wurden die meisten ägyptischen Hieroglyphen in „kursiver" Form auf Papyrusblätter geschrieben, die aus demselben Sumpfschilf hergestellt wurden, das auch das Baumaterial für die frühen ägyptischen Boote lieferte (siehe Abbildung 7.5 auf Seite 207). Zahlreiche Papyrusrollen haben seit der Antike im trockenen Wüstenklima Ägyptens überlebt und bieten eine reiche Quelle an Informationen über die Kultur und Gesellschaft dieser außergewöhnlichen Zivilisation.

Im Tal des Indus-Flusses hatten die aufstrebenden Stadtstaaten Harappa

ABBILDUNG 7.5: Ägyptische Hieroglyphen wurden in Stein gemeißelt (*oben*) und auch in einer vereinfachten „kursiven" Form auf Papyrusblätter geschrieben (*unten*). *Oben: Erlaubnis erteilt durch GNU Free Documentation License 1.2 und die Creative Commons Attribution-Share Alike 3.0 Unported License.*

und Mohenjo-Daro das gleiche Bedürfnis, Transaktionen aufzuzeichnen wie die Sumerer, und nach 2700 v. Chr. tauchten erste Hinweise auf eine Schriftsprache auf, die „Indus-Schrift". Die Indus-Schrift ist in Form von Siegeln aus gebranntem Ton überliefert, die eine Reihe von Symbolen enthalten, manchmal begleitet von wunderschön ausgeführten Bildern. Diese Form der Schrift bestand aus mehr als vierhundert verschiedenen Zeichen und Symbolen, die in klar definierten Sequenzen wiedergegeben wurden (siehe Abbildung 7.6 auf Seite 208). Leider war Baumwollstoff das Standard-Schreibmaterial der Menschen im Industal, und fast alle Aufzeichnungen der Indus-Schrift, die auf diesem leicht verderblichen Material geschrieben wurden, sind dem Zahn der Zeit zum Opfer gefallen.

Die Domestizierung von Pflanzen und Tieren fand in China etwa zur gleichen Zeit statt wie im Fruchtbaren Halbmond, und um 7000 v. Chr. lebte in

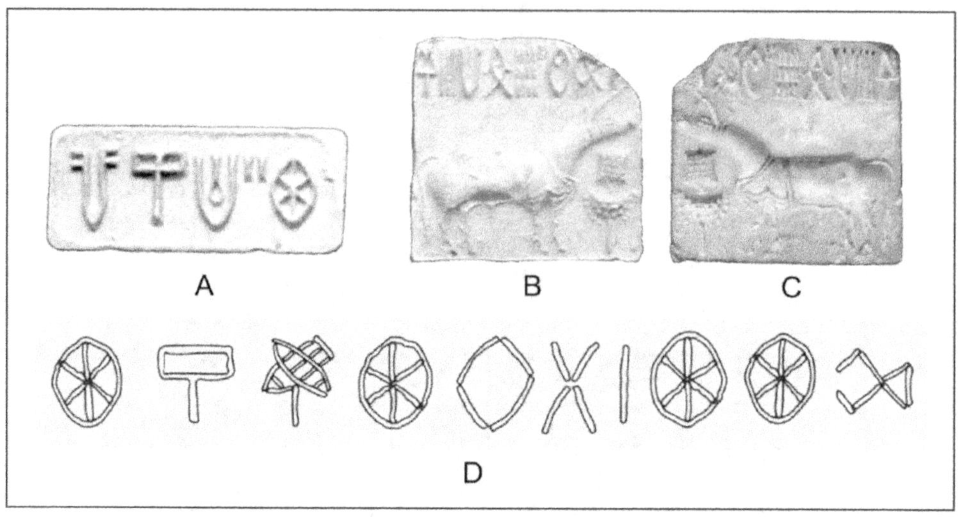

ABBILDUNG 7.6: Die Schrift begann im Industal mit in Tonsiegeln eingeritzten Symbolen (A), die oft mit Bildern (B) kombiniert und in weichen Ton oder Wachs gestempelt wurden (C). Die Verwendung von sich wiederholenden Symbolen (D) ist ein Beweis dafür, dass die Indus-Schrift eine echte Schriftsprache war. *A, B und C: mit Genehmigung der GNU Free Documentation License 1.2; D: mit Genehmigung der GNU Free Documentation License 1.2 und der Creative Commons Attribution-Share Alike 3.0 Unported License.*

den Tälern des Gelben Flusses und des Jangtse eine große und wachsende Zahl von Bauern in festen Dorfsiedlungen. Aus dieser frühen Periode stammen auch die ersten Hinweise auf visuelle Symbole in China (siehe Abbildung 7.7 auf Seite 209).

Die frühesten Hinweise auf chinesische Schriftzeichen finden sich in der neolithischen Stätte von Jiahu, die auf etwa 6600 v. Chr. datiert wird, und die Überreste von Keramikschüsseln, die in Dadiwan gefunden wurden und auf etwa 5800 v. Chr. datiert sind, wurden mit Symbolen bemalt, die einigen der Felszeichnungen in der Höhle von La Pasiega aus dem paläolithischen Spanien verblüffend ähnlich sind. Die ältesten Überreste chinesischer Schriftzeichen, die am deutlichsten den Zeichen der modernen chinesischen Schrift ähneln, sind jedoch die „Orakelknochen", die in der Shang-Dynastie zwischen 1500 und 1200 v. Chr. verwendet wurden. Die Chinesen jener Zeit ritzten Inschriften auf Knochen oder Schildkrötenpanzer und erhitzten diese Gegenstände dann im Feuer. Die Zukunft wurde vorhergesagt, indem man die Risse deutete, die nach dem Erhitzen in den Orakelknochen entstanden. Die „Orakelknochenschrift" des

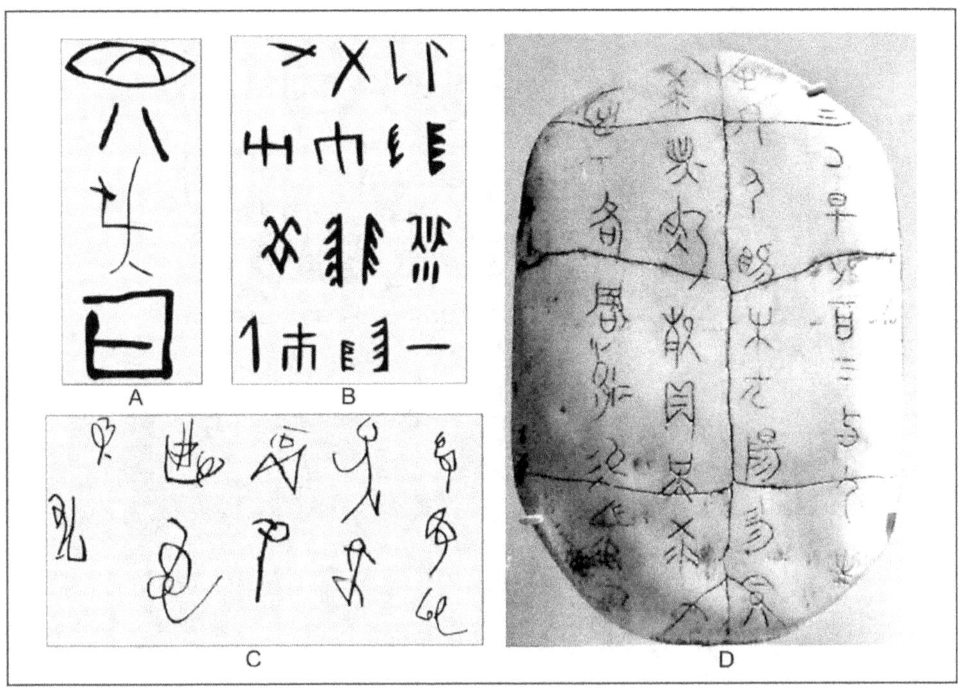

ABBILDUNG 7.7: Formen der frühen Schrift in China, von (A) Jiahu, 6600 v. Chr., (B) Dadiwan, 5800 v. Chr., (C) Longshan, 3000 v. Chr., und (D) die „Orakelknochenschrift" der Shang-Dynastie, 1200 v. Chr. *C: neu gezeichnet von Tomchen im Jahr 1989; D: Nachbildung eines Orakelschildkrötenpanzers mit alten chinesischen Orakelschriften; lizenziert unter Creative Commons Attribution-Share Alike 3.0 via Wikimedia Commons.*

alten China gilt weithin als das früheste Beispiel für die heute noch verwendete chinesische Schriftsprache.

Die Schrift entwickelte sich auf dem amerikanischen Kontinent etwas später als in Asien, obwohl sowohl der Ackerbau als auch die Entwicklung sesshafter Gesellschaften auf dem amerikanischen Kontinent vor mindestens siebentausend Jahren begannen. Das Fehlen großer Flusstäler könnte jedoch der entscheidende Faktor gewesen sein, der die Entstehung städtischer Zivilisationen in diesen Regionen verzögerte. Dennoch entstanden schließlich präkolumbianische Staaten in Amerika, und ihre Entwicklung ähnelt in erstaunlichem Maße den Mustern, die in den städtischen Zivilisationen der Alten Welt zu beobachten sind.

Die Maya, Azteken, Inka und andere präkolumbianische Zivilisationen er-

Abbildung 7.8: Die äußerst komplexen Hieroglyphen der Maya-Zivilisation wurden auf Tafeln aus abgeflachter Rinde geschrieben (*oben*) und auch in die Fassaden von Steintempeln geritzt (*unten*). *Unten: Creative Commons Attribution Share-Alike 3.0 License.*

langten alle ihre Macht über ihre Nachbarn mit gewaltsamen Mitteln. Sie alle waren hierarchische Gesellschaften mit einer Unterschicht von Landarbeitern und einer Oberschicht von erblichen Aristokraten, die in den städtischen Zentren herrschten, während eine Klasse von Berufspriestern religiöse Rituale in aufwendigen Tempeln vollzog. Diese Gesellschaften führten nicht nur schriftliche Aufzeichnungen, sondern entwickelten auch fortgeschrittene Formen der Mathematik, der Schrift und der astronomischen Wissenschaft, und die Maya waren in der Lage, astronomische Ereignisse weit in die Zukunft zu berechnen.

Um 400 v. Chr. verwendeten die Maya eine Form der Hieroglyphenschrift, die sich schließlich zu einem System entwickelte, das so komplex war wie jedes andere, das in der Alten Welt entwickelt worden war (siehe Abbildung 7.8). Die Maya-Schrift bestand aus Hunderten von Symbolen, die zu komplexen Bildern, den so genannten „Glyphen", kombiniert wurden – eine Form der echten Schrift, die zur Darstellung von Zahlen, Objekten, Handlungen und Klängen verwendet wurde.

Aus Stein wird Bronze

Obwohl die gesamte Menschheitsgeschichte traditionell in die Steinzeit, die Bronzezeit und die Eisenzeit eingeteilt wurde, sind die Unterschiede im menschlichen Leben zwischen diesen drei „Zeitaltern" nicht annähernd so groß, wie ihre Namen vermuten lassen. Diese Art der Klassifizierung der Menschheitsgeschichte geht auf das Jahr 1825 zurück, als der dänische Antiquar Christian Jürgensen Thomsen diese Begriffe prägte, um Sammlungen antiker Artefakte in eine vernünftige chronologische Reihenfolge zu bringen. Das war vor den Evolutionstheorien von Darwin und Wallace, vor der Entdeckung der Überreste von Neandertalern und anderen prähistorischen Hominiden und lange vor der Entwicklung der modernen Archäologie.

Tatsächlich konnten die Inka, Maya, Azteken und andere hochentwickelte Gesellschaften in Amerika fortschrittliche Zivilisationen entwickeln, obwohl sie weitgehend auf Werkzeuge und Waffen aus Stein angewiesen waren. Die Metallverarbeitung beschränkte sich in diesen Gesellschaften weitgehend auf das Schmelzen und Bearbeiten von Weichmetallen wie Gold, Silber und Kupfer. Diese Metalle können in gewöhnlichen Holzfeuern geschmolzen werden, die durch Arbeiter, die Luft durch lange Rohre blasen, überhitzt werden, aber es fehlt ihnen die Härte und Zähigkeit, die für die Herstellung effektiver Werkzeuge und Waffen erforderlich ist.

So genügte dort, wo die geografischen Gegebenheiten günstig waren, eine sesshafte, landwirtschaftliche Lebensweise – selbst wenn es keine Metallwerkzeuge und Waffen gab –, um die Entstehung von Zivilisationen mit staatlicher Bürokratie, organisierten Religionen, organisierter Kriegsführung, Fernhandel, Schriftsystemen und fortgeschrittenen Kenntnissen in Mathematik und Astronomie zu fördern. Die Entwicklung der Metallurgie in den antiken Flusstälern spielte jedoch eine wichtige Rolle bei der Entwicklung der städtischen Zivilisationen, nicht nur durch die Ausstattung mit überlegenen Werkzeugen und Waffen, sondern vor allem durch die Förderung von Innovationen in der Transporttechnologie, die für den Fernhandel zwischen Gesellschaften aus weit voneinander entfernten geografischen Regionen notwendig war.

Die Metallverarbeitung begann im Nahen Osten vor fast zehntausend Jahren mit dem Schmelzen und Hämmern von natürlich vorkommenden Kupferklumpen in den Bergen der Osttürkei und Nordsyriens. Kupfer ist ein weiches Metall, das sich leicht bearbeiten lässt, und durch wiederholtes Erhitzen der Kupferklumpen in einem einfachen Holzfeuer konnten sie leicht in eine Vielzahl von Formen gehämmert werden. Zunächst reichten die geringen Kupfermengen, die aus den natürlichen Vorkommen gewonnen werden konnten, nur für Ringe, Perlen und Anhänger zum persönlichen Schmuck aus, und Kupfer hatte wenig Einfluss auf andere Bereiche der Technik oder des Wirtschaftslebens.

Schließlich begannen die Töpfer in Ägypten und im Indus-Tal mit Glasuren zu experimentieren, die aus Mischungen der leuchtend grünen und blauen Mineralien Malachit und Azurit – beides Kupfererze – hergestellt wurden, um die äußerst beliebten blaugrünen Keramikobjekte herzustellen, die Fayence (Steingut) genannt werden. Bald entdeckten sie, dass diese Erze zu metallischem Kupfer verhüttet werden konnten, indem man sie mit Holzkohle mischte und mehrere Stunden lang in einem Feuer erhitzte, das auf Weißglut erhitzt wurde.

Diese Entdeckung führte dazu, dass geschmolzenes Kupfer in Formen gegossen wurde, um Werkzeuge und Waffen wie Dechsel, Axtköpfe und Speerspitzen herzustellen. Kupfer war jedoch sowohl selten als auch teuer und zu weich, um daraus die dünnen, scharfen Werkzeuge und Waffen wie Messer und Pfeilspitzen herzustellen, die für diese frühen Technologien wichtig waren. So blieb Kupfer lange Zeit ein marginales Material, das in der Technologie der frühen Agrargesellschaften nur eine geringe Rolle spielte.

Doch um 4000 v. Chr. entdeckten die Kupferschmiede des Nahen Ostens, dass sie durch Mischen von Kupfer mit geringen Mengen Arsen – einem giftigen Metallkristall – und später mit geringen Mengen Zinn – einem ungiftigen Metall – Bronze herstellen konnten, ein Metall, das sich als dem Kupfer weit überlegen erwies. Bronze ließ sich nicht nur leicht bearbeiten, sondern hatte auch den Vorteil, dass es einen niedrigeren Schmelzpunkt als reines Kupfer hatte. Dennoch war Bronze hart und zäh genug, um daraus Werkzeuge und Waffen herzustellen, die den Steinwerkzeugen und -waffen, die die Menschen seit Anbeginn der Vorgeschichte verwendeten, überlegen waren. Diese Legierungen aus Kupfer und Zinn machten die Metallurgie zum ersten Mal zu einer wichtigen Technologie.

Die Verwendung von Zinn zur Herstellung von Bronze stellte jedoch ein neues Problem dar. Während Vorkommen von giftigem Arsen häufig mit Kupfererzen vermengt sind, wurden die Vorkommen von Zinn – einer viel sichereren Alternative – nie in Verbindung mit Kupfer gefunden. Zinnerze waren in der Antike nur an wenigen Orten reichlich vorhanden, und keines dieser Vorkommen befand sich in Ägypten oder Mesopotamien.

Die Ägypter besaßen reiche Kupfervorkommen in der Wüste Sinai östlich des Niltals, aber keine Zinnvorkommen. Und im Tal der Flüsse Tigris und Euphrat kamen weder Kupfer noch Zinn auf natürliche Weise vor. Schon bald begannen beide Zivilisationen, in weiter entfernten Ländern nach Zinnvorkommen zu suchen, und wenn sie diese gefunden hatten, mussten die schweren Erze an Orte transportiert werden, an denen sie zu Barren verhüttet und von Schmieden zu nützlichen Artefakten verarbeitet werden konnten.

Die Notwendigkeit, Kupfer und Zinn zusammenzubringen, verlieh der Entwicklung von Transporttechnologien, insbesondere dem Seetransport, einen enormen neuen Impuls. Sowohl die Mesopotamier als auch die Ägypter, die jahrhundertelang Flussboote gebaut und gesegelt hatten, widmeten ihre Aufmerksamkeit bald dem Bau von Schiffen, die groß und stark genug waren, um auf der Suche nach Kupfer- und Zinnvorkommen die offene See zu befahren.

Als sich die Verwendung von Bronze ausbreitete, besiegten die antiken Armeen, die mit Schwertern, Speeren und Pfeilspitzen aus Bronze ausgerüstet waren, mühelos die Armeen, die nur mit Steinwaffen ausgerüstet waren. Die Verwendung von Bronze sorgte also nicht nur dafür, dass die Gesellschaften mit Metallwaffen ihre Gegner in der Kriegsführung besiegten, sondern auch dafür, dass diese „bronzezeitlichen" Kulturen die „steinzeitlichen" Kulturen, mit denen sie in Kontakt kamen, schnell überwältigten und ablösten. Die Verwendung von Bronze für Werkzeuge und Waffen verbreitete sich rasch in der gesamten zivilisierten Welt und wurde 3300 v. Chr. im Indus-Tal, nach 2900 v. Chr. in Mesopotamien und 2000 v. Chr. in China mit der Entstehung der ersten städtischen Zentren alltäglich.

Obwohl die „Eisenzeit" dazu bestimmt war, die „Bronzezeit" abzulösen, wurde Bronze von den meisten antiken Zivilisationen weiterhin bevorzugt, lange nachdem die Technik der Eisenverhüttung alltäglich und weit verbreitet geworden war, da Bronze dem Eisen in vielen wichtigen Aspekten überlegen war:

Erstens: Bronze schmolz bei viel niedrigeren Temperaturen als Eisen. Die antiken Holzfeuer waren heiß genug, um Kupfer, Zinn, Bronze und Gold zu schmelzen, aber selbst wenn sie von Arbeitern, die Luft durch lange Rohre bliesen, überhitzt wurden, erreichten sie keine Temperaturen, die hoch genug waren, um Eisen zu schmelzen.

Zweitens kann Bronze in kaltem Zustand in Form gehämmert werden, während Eisen nur in glühendem Zustand durch Hämmern in Form gebracht werden kann. Dies bedeutete, dass für die Bearbeitung von Eisen spezielle hitzebeständige Zangen und Ambosse entwickelt werden mussten, die für die Bearbeitung von Bronze nicht erforderlich waren.

Drittens ergab das antike Verfahren der Eisenverhüttung eine raue, spröde, schwammige Masse, die immer wieder erhitzt und gehämmert werden musste, um sie in ein „Schmiedeeisen" zu verwandeln, das sich zur Herstellung brauchbarer Gegenstände eignete. Bronze hingegen kann sofort nach dem Schmelzen bearbeitet werden.

Viertens: Wenn Bronze der Witterung ausgesetzt ist, verbindet sie sich mit dem Sauerstoff in der Luft und bildet eine dünne, aber dauerhafte „Patina" – eine Schicht aus oxidiertem Metall –, die das Bronzeobjekt versiegelt und vor weiterer Zersetzung schützt. Wenn Eisen jedoch oxidiert, entsteht Eisenoxid oder „Rost", eine schwache und pulverförmige Substanz, die die Oberfläche eines Eisengegenstands nicht schützt. Wenn also etwas aus Eisen über längere Zeit der Luft und dem Wasser ausgesetzt ist, dringt der Rost tief in das Objekt ein, schwächt es und macht es schließlich unbrauchbar.

Warum also hat Eisen schließlich in allen zivilisierten Gesellschaften die Bronze ersetzt? Die Antwort scheint vor allem eine einfache wirtschaftliche Frage zu sein. Eisenerz ist in der gesamten bewohnten Welt reichlich vorhanden, und man findet es nicht nur auf allen Kontinenten, sondern auch auf den meisten großen bewohnten Inseln, darunter Australien, Japan, Neuseeland und die Philippinen. In den paläolithischen Gesellschaften Europas wurde „roter Ocker" – eine Form von Eisenerz – in Höhlenmalereien, bei Bestattungen und anderen religiösen Ritualen in großem Umfang verwendet.

Wenn der Handel mit fernen Ländern durch Kriege oder den Zusammenbruch einer alten Zivilisation unterbrochen wurde – was im Laufe der Geschichte keine Seltenheit war -, waren Kupfer- und Zinnerze knapp und teuer zu beschaffen, während die reichlich vorhandenen Eisenerze leichter zu bekommen waren. Aufgrund der Schwierigkeiten bei der Verarbeitung von Eisen dauerte es jedoch bis zum Mittelalter, als kohlegefeuerte Öfen weit verbreitet waren und der komplexe Prozess der Stahlherstellung perfektioniert wurde, bis Werkzeuge und Waffen aus Stahl – die viel härter und haltbarer waren als ihre Gegenstücke aus Eisen oder Bronze – die Verwendung von Bronze zur Herstellung vieler gängiger Metallgegenstände endgültig ablösten.

Das Pferd, das Rad und die Kriegsführung

Das Pferd[86] wurde mindestens vierhunderttausend Jahre lang als Wildtier gejagt, zunächst von den neu entstandenen Menschen, später von den Neandertalern und noch später von den anatomisch modernen Menschen des Jungpaläolithikums. Als die Nomaden der eurasischen Steppe vor etwa sechstausend Jahren das Pferd ursprünglich domestizierten, diente es nicht als Transportmittel, sondern als Nahrungsquelle. Der Grund dafür ist einfach: Das Pferd war das einzige Tier, das sich auf einer schneebedeckten Weide selbst ernähren konnte.

Die offenen Graslandschaften der eurasischen Steppen sind im Winter großer Kälte ausgesetzt, und die meiste Zeit sind sie von einer Schneedecke überzogen. Die Menschen des späten Neolithikums hatten bereits Schafe und Rinder domestiziert – deren Fleisch sie bevorzugten –, aber beide Tiere müssen von Hand gefüttert werden, wenn Schnee und Eis den Boden bedecken. Schafe können mit ihren Nasen den eisverkrusteten Schnee durchbrechen, um das darunter liegende Gras zu erreichen, aber die scharfen Kanten des gebrochenen Eises verletzen die weiche Haut der Schafsnase. Kühe sind sogar noch hilfloser: Da sie das Gras unter einer Schneedecke nicht aufspüren können, verhungern sie, selbst wenn das Futter nur wenige Zentimeter unter der Oberfläche liegt. Pferde hingegen, die in den offenen Graslandschaften der nördlichen Breitengrade beheimatet sind, können den Schnee mit ihren scharfen Hufen wegscharren und grasen problemlos auf schneebedeckten Weiden.

Nachdem sie das Pferd als alternative Fleischquelle domestiziert hatten, entdeckten die eurasischen Nomaden, dass diese Tiere mit einem Gebiss im Maul, das an einem Zaumzeug aus Seil oder Leder befestigt war, kontrolliert werden konnten. Tatsächlich konnte der Archäologe David W. Anthony durch die Untersuchung der Abnutzungsmuster an den Zähnen von Pferden, die in den Gräbern ihrer Herren begraben waren, nachweisen, dass Pferde bereits 4000 v. Chr. mit einfachen Gebissen und Zaumzeug kontrolliert wurden.[87]

Die eurasischen Nomaden lernten nicht nur, auf Pferden zu reiten, sondern auch Wagen aus Holz zu bauen, die mit Planen aus Stoff überzogen wurden, und sie stellten Geschirre her, mit denen ihre Pferde diese Wagen über weite Strecken über die Steppen ziehen konnten. Schon bald wurden die eurasischen Hirten zu den mobilsten Nomaden der Welt und zogen mit ihren Familien und ihrem gesamten Hab und Gut jedes Jahr Hunderte von Kilometern weiter, um neue Weiden für ihre Herden zu finden. Fünftausend Jahre später durchquerten die Pioniere des amerikanischen Westens die ungezähmte Wildnis der Prärien mit Planwagen, die fast identisch aufgebaut waren.

Obwohl noch nicht geklärt ist, ob das Rad zuerst in den Steppen Eurasiens oder in den Flusstälern Mesopotamiens erfunden wurde, besteht kein Zweifel daran, dass sich das Rad, sobald die Menschen begannen, Wagen und Karren zu benutzen, wie ein Lauffeuer über ganz Eurasien, von Westeuropa bis China, verbreitete (siehe Abbildung 7.9 auf Seite 216). Beweise für Wagen und Karren tauchen ab 3500 v. Chr. plötzlich in ganz Europa und Asien auf, und zwar in Form von Zeichnungen und Tonmodellen von Wagen, dem Auftauchen eines Schriftzeichens für „Wagen" und den archäologischen Überresten von Rädern

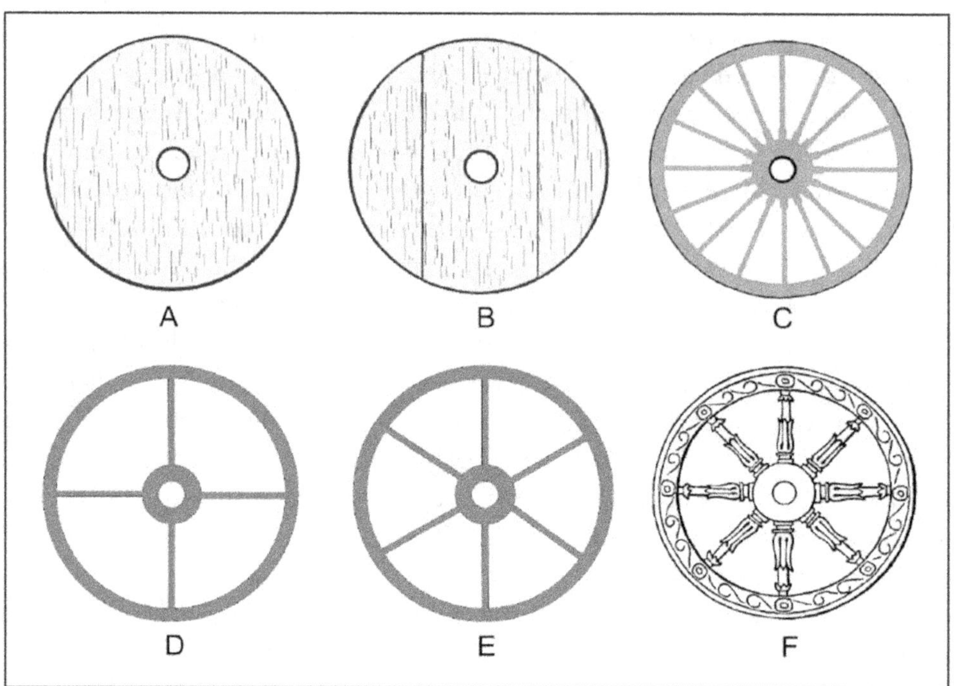

ABBILDUNG 7.9: Das Rad entwickelte sich von massiven Holzstücken (A) zu einer dreiteiligen Konstruktion (B), aus der sich schließlich das mehrspeichige Rad (C) entwickelte. Streitwagen hatten vier- und sechsspeichige Räder (D und E). Verzierte Räder (F) wurden für zeremonielle Anlässe verwendet. *A-E: Illustrationen des Autors; F: nach Streitwagen, Bild 16657, Florida Center for Instructional Technology. Nachdruck mit Genehmigung.*

und Wagenteilen.

Die ersten vierrädrigen Wagen und zweirädrigen Karren wurden meist von Ochsen gezogen, die in der Regel paarweise auf beiden Seiten einer langen Zugstange, die mit dem Radfahrzeug verbunden war, angespannt wurden, obwohl auch der Onager, ein kleiner domestizierter Esel, für diesen Zweck verwendet wurde. Wagen und Karren ermöglichten es einer oder zwei Personen, schwere Lasten wie Getreide, Baumaterialien, Brennholz und andere Güter ohne fremde Hilfe von einem Ort zum anderen zu transportieren. In den meisten Fällen wurden diese frühen Radfahrzeuge für den Transport von Gütern über kurze Entfernungen eingesetzt, etwa von einem Dorf zum anderen, von den Höfen und Feldern zu den Marktflecken oder vom Land in die Städte. Für den Transport von Gütern oder Personen über längere Strecken wurden sie nur selten eingesetzt, da es noch Tausende von Jahren nach der Erfindung des Rades keine befestigten Straßen gab.

Zwischen 3000 und 2000 v. Chr. begannen die Armeen des alten Mesopotamiens, schwere Kampfwagen und Karren mit festen Rädern, die von Ochsen oder Eselsgespannen oder Onagern gezogen wurden, als mobile Plattformen für Bogenschützen und Speerwerfer zu verwenden. Doch diese Fahrzeuge waren relativ langsam und schwer zu manövrieren. Der pferdegezogene Streitwagen, der ebenfalls von den Nomaden der eurasischen Steppe erfunden wurde und nach 2000 v. Chr. in Mesopotamien auftauchte, war dagegen etwas ganz anderes. Im Gegensatz zum langsamen, schwerfälligen und dummen Ochsen oder den unterdimensionierten Eseln und Onagern war das Pferd auf Geschwindigkeit, Kraft und Ausdauer ausgelegt. Und wenn ein Gespann aus zwei oder vier Pferden vor einen Streitwagen gespannt wurde, war das Ergebnis in der Tat beeindruckend.

Der Streitwagen war leicht und äußerst wendig, hatte offene Speichenräder und wurde von einem Gespann schneller Pferde gezogen. Er wurde von einem Fahrer gesteuert, während zwei, drei oder vier Krieger hinter ihm standen und Speere und Pfeile auf den Feind abfeuerten, während der Wagen mit hoher Geschwindigkeit fuhr. Die Seiten und der Boden des Wagens bestanden aus dem leichtesten und dünnsten Holz oder Leder, die Räder waren groß und die Rückseite des Wagens war offen. Während der Streitwagen für den Transport von Gütern nahezu unbrauchbar war, eignete er sich hervorragend für Angriffe auf feindliche Truppen.

Der antike Streitwagen brauchte keine Straßen. Er raste schnell über offenes Land, stramm und ratternd, während seine Pferde in vollem Tempo unter der Peitsche des Wagenlenkers galoppierten, der sich auf die Kontrolle der Pferde konzentrierte und die Lanzenreiter und Bogenschützen den Feind angriffen. Die Erfindung des Streitwagens veränderte die Taktik der antiken Kriegsführung grundlegend und machte ihn von Anfang an zu einer furchterregenden und entscheidenden Waffe. Innerhalb weniger Jahrhunderte wurde der Streitwagen zu einem wesentlichen Bestandteil jeder antiken Armee von Ägypten bis China.

Ein großer Teil des Erfolgs des Streitwagens war auf die besonderen Anforderungen des mächtigen Langbogens zurückzuführen, der bevorzugten Waffe der alten Bogenschützen. Der Langbogen war so groß wie ein Mann und extrem unhandlich. Der Bogenschütze musste aufrecht stehen, weshalb die Bogenschützen auf den Plattformen der Streitwagen standen. Doch nachdem sie Zaumzeug und Gebiss erfunden und gelernt hatten, auf dem Rücken dieser mächtigen Tiere zu reiten, erfanden die Nomaden der eurasischen Steppen einen viel kleineren und kompakteren Bogen, der genauso stark und genau wie der Langbogen war.

Dieser neue „Kompositbogen", der wie ein Schnurrbart gebogen war, bestand aus Holz, Knochen und Sehnen, die miteinander verleimt waren, und hatte die gleiche Kraft wie ein doppelt so großer Bogen, der aus einem einzigen Stück Holz gefertigt war. Der Komposit- oder Sehnenbogen ermöglichte es einem Reiter, auf einem galoppierenden Pferd Pfeile in jede Richtung zu schießen – auch rückwärts auf einen verfolgenden Feind. Nach 1000 v. Chr., als berittene und mit dem Kompositbogen bewaffnete Bogenschützen in den antiken Armeen alltäglich wurden, verschwanden der Streitwagen und seine Speer werfenden oder Langbogen schwingenden Insassen allmählich aus der Schlacht.

Es fällt uns schwer – so sehr wir uns an die Vorstellung gewöhnt haben, dass Menschen auf dem Rücken von Pferden, Maultieren, Eseln, Kamelen und Elefanten reiten –, uns vorzustellen, wie revolutionär es für den Menschen war, zu glauben, dass er ein Tier, das um ein Vielfaches größer und mächtiger ist als er selbst, so vollständig beherrschen und kontrollieren kann, dass er sich sogar vorstellen kann, auf seinem Rücken zu reiten. Schließlich ist das stundenlange Reiten auf dem Rücken eines Pferdes ein Akt, der sowohl für das Pferd als auch für den Reiter gleichermaßen „unnatürlich" ist. Um 3500 v. Chr. waren bereits mehrere Tierarten domestiziert worden, aber die Vorstellung, auf ein Pferd zu steigen und seine Bewegungen zu kontrollieren, muss für die Nomaden, die dieses Kunststück irgendwann nach 4500 v. Chr. in den eurasischen Steppen nördlich und östlich des Kaspischen Meeres vollbrachten, ein Glaubenssprung gewesen sein.

Sicherlich war es für die zivilisierten Völker Amerikas ein großer Schock, als die spanischen Eroberer in voller Kampfmontur auf den Pferden erschienen, die sie in den frühen 1500er Jahren über den Atlantik mitgebracht hatten. Die amerikanischen Ureinwohner hatten noch nie zuvor Pferde gesehen, und sie hatten auch noch nie den Anblick von Menschen auf diesen großen Tieren erlebt. Jeder, der schon einmal ein Pferd mit einem Reiter im Galopp gesehen hat, kann bestätigen, dass ein Mann auf einem Pferd überlebensgroß aussieht und eine imposante und furchterregende Gestalt sein kann.

Nachdem das Pferd erfolgreich für die Domestikation gezüchtet worden war, wurde es zu einem Schlüsselelement der organisierten Kriegsführung und blieb es für mehr als dreitausend Jahre. Erst im zwanzigsten Jahrhundert, mit der Erfindung des Verbrennungsmotors und dem Erfolg der Panzerkriegsführung im Ersten Weltkrieg, ging die lange Geschichte des Einsatzes von Pferden in der Kriegsführung endgültig zu Ende.

Städte, Staaten und Imperien

Es dauerte lange, bis sich die Technologie des Ackerbaus in vollem Umfang entwickelte, ein Prozess, der mit der Gründung der dauerhaften Siedlungen der Natufianer begann und erst Tausende von Jahren später mit der Domestizierung von Getreide, Obstbäumen, Schafen, Ziegen, Rindern und Pferden abgeschlossen wurde. Im Gegensatz dazu scheint die Entstehung der städtischen Zivilisation praktisch über Nacht erfolgt zu sein, denn innerhalb weniger Jahrhunderte vor und nach dem Jahr 3000 v. Chr. entstanden überall in der antiken Welt zahlreiche Städte.

Dieser rasche und dramatische Wandel im menschlichen Leben trat ein, als mehrere Faktoren – darunter die Bevölkerungsdichte, die günstige Geografie der Flusstäler, die Spezialisierung des Handwerks und Innovationen in der Transport- und Kommunikationstechnologie – zusammenkamen und einen unbeständigen und instabilen Zustand hervorriefen, der als „positive Rückkopplungsschleife" bekannt ist und große Veränderungen in ungewöhnlich kurzen Zeiträumen bewirken kann.

Ein Beispiel für eine positive Rückkopplungsschleife ist der Ausbruch einer Massenpanik in einer Rinderherde, die mit der Panik eines einzelnen Tieres beginnt, die dann die Tiere neben ihm in Panik versetzt, was wiederum alle Tiere in ihrer Nähe in Panik versetzt, bis sich die Panik innerhalb weniger Sekunden auf die gesamte Herde ausgebreitet hat.

Die Entwicklung von Schiffen, Fahrzeugen auf Rädern und Schriftsystemen ermöglichte es den Menschen, über Zeit und Raum hinweg zu kommunizieren, ohne sich persönlich treffen zu müssen. Da diese Interaktionstechnologien immer effektiver wurden, förderten sie das Wachstum großer wirtschaftlicher und politischer Zentren. Diese Zentren wiederum gaben den Anstoß zu neuen und effizienteren Transport- und Kommunikationstechnologien, die es den entstehenden Städten ermöglichten, immer größer zu werden. Es dauerte nicht lange, und zum ersten Mal in der Geschichte der Menschheit begannen sehr viele Menschen, einige in den Städten und andere auf dem Land, als Mitglieder einer einzigen integrierten Gesellschaft zu leben.

Die Städte der Antike waren lebendige Bienenstöcke, bevölkert von Handwerkern, Kaufleuten, Bürokraten, Soldaten, Priestern und politischen Führern, die jedoch alle auf die Bauern und Hirten der umliegenden Gebiete angewiesen waren, um sich zu ernähren. Gleichzeitig waren die Menschen auf dem Land auf die Städte angewiesen, um die Vorteile zu nutzen, die die zivilisierte Gesellschaft ermöglichte. Dazu gehörten die in den Werkstätten der städtischen Handwerker hergestellten Textilien, Töpferwaren, Möbel, Werkzeuge, Waffen und andere Artefakte, die aus fernen Ländern eingeführten Handelsgüter, die religiöse Autorität einer engagierten Priesterschaft, die von einer zivilen Verwaltung geschaffene soziale Ordnung und die Möglichkeit des militärischen Schutzes gegen Überfälle, Diebstähle, Entführungen und Morde, die in den einfacheren Gesellschaften früherer Zeitalter an der Tagesordnung waren.

Während einige dieser zivilisierten Gesellschaften als „Städte", andere als „Staaten" und wieder andere als „Imperien" bezeichnet wurden, waren die Unterschiede zwischen ihnen nicht so groß, wie es die Unterschiede zwischen diesen drei Bezeichnungen vermuten lassen würden. Man schätzt, dass etwa 85 Prozent der Bevölkerung aller zivilisierten Gesellschaften im Laufe der Geschichte aus landwirtschaftlichen Nahrungsmittelproduzenten bestanden, während die restlichen 15 Prozent aus den städtischen Fachleuten bestanden, die die zivilisierte Gesellschaft erst möglich machten. Und jede antike Stadt hielt es für notwendig, die Bewegung von Waren und Menschen zwischen dem Land und der Stadt zu kontrollieren, um sicherzustellen, dass es immer einen großen und zuverlässigen Vorrat an Nahrungsmitteln für die Stadtbewohner gab – und dass die Menschen auf dem Land sich auf die Städte verlassen konnten, wenn es um die Produkte, Dienstleistungen und den militärischen Schutz ging, auf die sie angewiesen waren.

Die Gesellschaftsform, die wir als „Staat" bezeichnen, entstand, als die Bevölkerung der städtischen Zivilisationen so groß wurde, dass eine einzelne Familie, ein Clan oder ein Stamm nicht mehr in der Lage war, die Angelegenheiten der Gesellschaft zu regeln. Dies förderte die Bildung von Bürokratien und herrschenden Klassen, die sich in erster Linie auf ihre gemeinsame Staatsbürgerschaft als Mitglieder einer bestimmten städtischen Zivilisation stützten und nicht auf ihre Familienbande, Clan- oder Stammeszugehörigkeit.

Obwohl die meisten Gesellschaften, die wir als „Staaten" betrachten, mehrere städtische Zentren umfassten, gab es in der Regel eine einzige dominante Stadt, die als „Hauptstadt" des Staates fungierte. So wird beispielsweise dem Pharao Menes weithin zugeschrieben, dass er das Ober- und das Unterreich des alten Ägyptens zu einer einzigen Nation „vereinigt" hat, doch in Wirklichkeit wurde dieser antike Staat gebildet, als Menes das gesamte Niltal mit Gewalt eroberte. Das neue „vereinte" Ägypten wurde von einem einzigen städtischen Zentrum aus regiert, der Stadt Memphis, die dort liegt, wo sich der obere Nil in eine Vielzahl kleinerer Flüsse und Kanäle auffächert, die das große Nildelta bilden.

Der Begriff „Imperien" entstand, als die Armeen bestimmter Stadtstaaten die von anderen Kulturen beherrschten Gebiete eroberten. Als Menes Theben eroberte und ganz Ägypten vereinigte, war das Ergebnis kein „Imperium", denn Ober- und Unterägypten hatten eine gemeinsame Kultur. Zu dieser Kultur gehörten eine gemeinsame Sprache, ein gemeinsames Schriftsystem, die Verehrung einer gemeinsamen Religion und ähnliche Traditionen in Ackerbau, Viehzucht, Töpferei, Metallurgie, Wassertransport und Hausbau. Doch die Pharaonen begnügten sich nicht mit der Herrschaft über eine einzige Niltal-Kultur und schufen schließlich wahre Imperien, indem sie ihre Herrschaft nach Süden bis nach Nubien, nach Osten über die Sinai-Halbinsel und nach Norden entlang der Küste des Mittelmeers bis nach Syrien und an die südlichen Grenzen der Türkei ausdehnten.

Die Geschichte der antiken Zivilisationen ist geprägt von Perioden des Friedens und des Wohlstands, die sich mit Kriegen, Eroberungen und Unterwerfungen abwechselten. Die durch militärische Eroberung gegründeten Reiche entstanden, als städtische Zivilisationen andere Kulturen eroberten und von ihnen Tribut verlangten. Doch keines dieser Reiche überlebte länger als ein paar Jahrhunderte. Stattdessen besteht die Geschichte des Altertums aus einer scheinbar endlosen Reihe von Kriegen, Eroberungen, Konsolidierungen und Perioden des Wachstums und der Stabilität, gefolgt von Perioden der Dekadenz, der Korruption, der Misswirtschaft, des Verfalls und – schließlich – der Rückkehr zum Krieg. Letztendlich bestand der wichtigste Unterschied zwischen einer Stadt, einem Staat und einem Imperium darin, dass ein Staat in der Regel mehr als eine Stadt umfasste – auch wenn eine Hauptstadt immer dominant war und im Wesentlichen die Kontrolle ausübte –, während ein Imperium in der Regel mehr als eine Kultur umfasste.

Trotz dieser Unterschiede war das Wesen der städtischen Zivilisation bemerkenswert einheitlich. Macht und Reichtum waren in den Städten zentralisiert, während Nahrungsmittel, Rohstoffe und in einigen Fällen auch Arbeitskräfte aus den Dörfern auf dem Land in die städtischen Zentren flossen. Während eine Reihe von Herrschern durch eine andere Reihe von Herrschern ersetzt wurde, bauten die Menschen auf dem Lande weiterhin ihre Feldfrüchte an, züchteten ihre Tiere und schickten ihre Erzeugnisse in Form von Steuern und Abgaben in die Städte. In der Zwischenzeit produzierten die Menschen in den Städten weiterhin Dinge, trieben Handel mit fernen Ländern und übten die militärischen, politischen und religiösen Kräfte aus, die diese Zivilisationen zusammenhielten.

Dunbars Zahl und die Große Fusion

Wenn man die Entwicklung der Königreiche, Dynastien, Stadtstaaten und Imperien der zivilisierten Gesellschaften betrachtet, kann man leicht die Tatsache aus den Augen verlieren, dass es sich dabei um die bei weitem größten Gruppen von Menschen handelte, die sich jemals zu einheitlichen sozialen Gruppen zusammengeschlossen hatten. Mit der Entwicklung des Ackerbaus hatte sich die menschliche Gruppe von den wenigen Dutzend Individuen, die die typische Nomadengruppe bildeten, zu den Hunderten von Individuen erweitert, die in den neolithischen Städten und Dörfern zusammenlebten. Die Entstehung der städtischen Zivilisation stellte jedoch einen weitaus größeren Prozess der sozialen Verschmelzung dar, den größten in der Geschichte der Menschheit vor der Bildung des modernen industriellen Nationalstaates.

Die meisten antiken Zivilisationen bestanden aus Gesellschaften, die mehrere hunderttausend Menschen umfassten. Alle ihre Bürger erkannten dieselben Führer an, betrachteten sich als Mitglieder derselben Kultur und interagierten als Mitglieder derselben sozialen Gruppe. Dies ist in der Tat eine bemerkenswerte Entwicklung, wenn man bedenkt, dass das menschliche Gehirn physisch nicht in der Lage ist, mehr als 150 vollwertige Beziehungen zu einem bestimmten Zeitpunkt zu verarbeiten.

Im Jahr 1992 untersuchte der Evolutionsanthropologe Robin Dunbar die Beziehung zwischen Gehirngröße und Gruppengröße bei zahlreichen Primatenarten. Er fand heraus, dass die Arten mit den größten Gehirnen in der Lage waren, die größten zusammenhängenden sozialen Gruppen aufrechtzuerhalten, während die Arten mit den kleinsten Gehirnen nur in der Lage waren, die kleinsten zusammenhängenden sozialen Gruppen aufrechtzuerhalten. Sein mathematisches Modell sagte voraus, dass menschliche Gruppen angesichts der Größe des menschlichen Gehirns ihren Zusammenhalt bis zu einer Größe von nur etwa 150 Individuen bewahren würden. Die Zahl 150, die später als „Dunbars Zahl" bezeichnet wurde, ist in etwa die maximale Anzahl von vollwertigen Beziehungen, die ein normaler Mensch zu einem bestimmten Zeitpunkt unterhalten kann.[88]

Die Dunbar-Zahl taucht immer wieder in allen Arten von menschlichen sozialen Gruppen auf. Sie ist die durchschnittliche Anzahl von Weihnachtskarten, die Engländer an ihre bevorzugte Liste von Freunden und Verwandten schicken. Sie ist die effektive Obergrenze von Yanomami- und Amish-Dörfern, über die hinaus sie sich in der Regel in neue, kleinere Einheiten aufteilen. Sie ist seit Jahrhunderten die typische Größe einer Militärkompanie. Sie ist sogar die ideale Größe eines modernen Büros, bei deren Überschreitung die Bildung von Cliquen und Fraktionen oft zu Disharmonie und Dysfunktionalität unter den Mitarbeitende führt. Dunbars Zahl spiegelt die angeborene Fähigkeit des menschlichen Geistes wider, komplexe Beziehungen aufrechtzuerhalten. Schließlich mussten die Hominiden während ihrer mehrere Millionen Jahre während Evolution nur mit den wenigen Dutzend Verwandten, die die typische Jäger- und Sammlergruppe bildeten, vollwertige Beziehungen unterhalten.

Neben ein paar Dutzend vollwertigen Beziehungen gibt es auch Menschen, die Sie kennen und wiedererkennen, mit denen Sie aber vielleicht gar keine Beziehung haben. Wie viele verschiedene Namen und Gesichter können Sie erkennen oder sich merken? Die Antwort wird mit ziemlicher Sicherheit weniger als zweitausend sein. In den Dörfern der Agrargesellschaften, die kleiner als zweitausend Menschen sind, kennt fast jeder jeden und ist mit fast jedem vertraut. Aber sobald diese Schwelle überschritten wird und eine menschliche Gruppe auf mehr als zweitausend Personen anwächst, gibt es immer mehr Menschen, die sich untereinander fremd sind.

Diese größere Zahl von zweitausend Menschen ist ebenfalls eine angeborene geistige Fähigkeit. Sie entwickelte sich in prähistorischen Zeiten aus dem Bedürfnis des Einzelnen, die Mitglieder anderer sozialer Gruppen zu erkennen, mit denen er gelegentlich in Kontakt kam: Zufallsbekanntschaften, Freunde aus der Kindheit, gelegentliche Handelspartner, Menschen, die in größerer Entfernung verwandtschaftlich verbunden waren, und die Mitglieder anderer Jagd- und Sammlergruppen. Die Fähigkeit, die Identität von fünfhundert bis zweitausend Menschen zu erkennen und sich zu merken, war alles, was ein Mitglied einer Jäger- und Sammlergesellschaft jemals brauchte.

Doch als sich die landwirtschaftlichen Dörfer der Jungsteinzeit zu größeren Städten mit mehr als zweitausend Einwohnern ausweiteten, wurde die Fähigkeit des menschlichen Gehirns, alle Mitglieder einer einzigen Gemeinschaft zu kennen und zu erkennen, über seine natürlichen Grenzen hinaus beansprucht. Dennoch ermöglichten die Stammeskulturen, die sich während des Jungpaläolithikums mit dem Aufkommen der symbolischen Kommunikation entwickelt hatten, Menschen, die sich möglicherweise fremd waren, ein kollektives Gefühl der Zugehörigkeit und Solidarität zu entwickeln. Es war die Bildung von Stämmen und Ethnien, die es den Fremden in den großen neolithischen Städten ermöglichte, einander zu vertrauen und bequem miteinander zu interagieren, auch wenn sie sich nicht alle persönlich kannten.

Die Umwandlung der menschlichen Gesellschaft in urbane Zivilisationen brachte jedoch eine große Verschmelzung von Menschen und Gesellschaften zu Gruppen mit sich, die so groß waren, dass es keine Möglichkeit gab, persönliche Beziehungen zu mehr als einem winzigen Bruchteil von ihnen zu unterhalten. Doch die menschliche Fähigkeit zur Stammessolidarität bedeutete, dass es buchstäblich keine Obergrenze für die Größe einer menschlichen Gruppe gab, die erreicht werden konnte. Und wenn wir das Jahr 3000 v. Chr. als den ungefähren Zeitpunkt festlegen, an dem alle Elemente der städtischen Zivilisation zusammenkamen, um diese neue Transformation auszulösen, hat es nur fünftausend Jahre gedauert, bis die gesamte Menschheit von den riesigen Nationalstaaten verschlungen wurde, die jetzt jeden Quadratzentimeter der bewohnten Welt in Besitz genommen haben.

Die neuen städtischen Zivilisationen brachten das Studium der Mathematik, Astronomie, Philosophie, Geschichte, Biologie und Medizin hervor. Sie entwickelten und verfeinerten die Technologien der Metallurgie, des Maurerhandwerks, der Architektur, des Zimmerhandwerks, des Schiffbaus und der Waffentechnik. Sie erfanden die Kunst des Schreibens und die praktische Wissenschaft der Technik. Sie entwickelten die modernen Formen des Dramas, der Poesie, der Musik, der Malerei und der Bildhauerei. Sie bauten Kanäle, Straßen, Brücken, Aquädukte, Pyramiden, Gräber, Tempel, Schreine, Schlösser und Festungen zu Tausenden in der ganzen Welt. Sie bauten Hochseeschiffe, mit denen sie die Weltmeere befuhren und schließlich den Globus umrundeten. Aus ihren Kulturen gingen die großen Weltreligionen Christentum, Buddhismus, Konfuzianismus, Islam und Hinduismus hervor. Und sie erfanden jede Form der staatlichen Regierung und jedes politische System, das wir kennen, von Erbmonarchien bis hin zu repräsentativen Demokratien.

Die neuen städtischen Zivilisationen erwiesen sich als dynamische Innovationsmotoren und befreiten die Menschheit im Laufe von nur wenigen tausend Jahren von den Beschränkungen, die sie von den Jäger- und Sammlerkulturen der Vergangenheit geerbt hatte.

Doch als die Uhrmacher des mittelalterlichen Europas in ihrem Bestreben, wirklich genaue Zeitmesser zu schaffen, die Technologie der Präzisionsmaschinen entwickelten, setzten sie einen Prozess der kulturellen Evolution in Gang, der die menschliche Gesellschaft letztlich vollständiger und tiefgreifender veränderte als alle technologischen Metamorphosen, die zuvor stattgefunden hatten. Wir werden diese siebte Metamorphose – die das tägliche Leben aller heute lebenden Menschen immer noch umgestaltet – im nächsten Kapitel dieses Buches untersuchen.

Bibliographie zu 7 –
Die Technologie der Interaktion

Anthony, David W. (2007). *The Horse, the Wheel, and Language: How Bronze-Age Riders from the Eurasian Steppes Shaped the Modern World*. Princeton, NJ: Princeton University Press.

Ballard, Chris u. a. (2003). „The ship as symbol in the prehistory of Scandinavia and Southeast Asia". In: *World Archaeology* 35.3, S. 385–403.

Bednarik, Robert G. (1997). „The earliest evidence of ocean navigation". In: *International Journal of Nautical Archaeology* 26.3, S. 183–191.

— (2000). „Crossing the Timor Sea by Middle Palaeolithic raft". In: *Anthropos* 95, S. 37–47.

— (2003). „Seafaring in the Pleistocene". In: *Cambridge Archaeological Journal* 13.1, S. 41–66.

— (2008). „Seafaring". In: *Encyclopaedia of the History of Science, Technology, and Medicine in Non-Western Cultures*. Hrsg. von Helaine Selin. 2. Aufl. Springer.

— (2014). „The Beginnings of Maritime Travel". In: *Advances in Anthropology* 4, S. 209–221.

Bryce, Trevor (Jan. 2005). „The last days of Hattusa: The mysterious collapse of the Hittite Empire". In: *Archaeology Odyssey* 8.1.

Carmen Rodríguez Martínez, Maria del u. a. (2006). „Oldest writing in the New World". In: *Science* 313.5793, S. 1610–1614.

Casson, Lionel (1994). *Travel in the Ancient World*. Baltimore: Johns Hopkins University Press.

Charles, J. A. (1967). „Early arsenical bronzes: A metallurgical view". In: *American Journal of Archaeology* 71.1, S. 21–26.

Diamond, Jared (1997). *Guns, Germs, and Steel: The Fates of Human Societies*. New York: W. W. Norton.

Dunbar, Robin I. M. (1992). „Neocortex size as a constraint on group size in primates". In: *Journal of Human Evolution* 20, S. 469–493.

Fong, Wen u. a., Hrsg. (1980). *The Great Bronze Age of China: An exhibition from the People's Republic of China*. New York: The Metropolitan Museum of Art.

Görlitz, Dominique (2002). „Pre-Egyptian reed boat Abora 2 crosses the Mediterranean Sea". In: *Migration & Diffusion* 3.12, S. 44–61.

Greenhill, Basil (2009). *The Evolution of the Wooden Ship*. Caldwell, NJ: The BlackBurn Press.

Hassan, Fekri (2003). „The gift of the Nile". In: *Ancient Egypt*. Hrsg. von Daniel Silverman. New York: Oxford University Press, S. 10–19.

Hodges, Henry (1974). *Technology in the Ancient World*. New York: Alfred A. Knopf.

Lallanilla, Marc (16. Apr. 2013). „World's Oldest Harbor Discovered in Egypt". In: *LiveScience*.

Lawler, Andrew (2002). „Report of Oldest Boat Hints at Early Trade Routes". In: *Science* 296.5574, S. 1791–1792.

Maisels, Charles K. (1990b). „The Institutions of Urbanism". In: *The Emergence of Civilization: From Hunting and Gathering to Agriculture, Cities, and the State in the Near East*. London: Routledge.

— (1990c). „The interactive evolution of alphabetic script". In: *The Emergence of Civilization: From Hunting and Gathering to Agriculture, Cities, and the State in the Near East*. London: Routledge.

Mann, Charles C. (2006). *1491: New Revelations of the Americas Before Columbus*. New York: Vintage Books.

Murnane, William J. (2003). „Three kingdoms and thirty-four dynasties". In: *Ancient Egypt*. Hrsg. von Daniel Silverman. New York: Oxford University Press, S. 20–57.

Parpola, Asko (19. Mai 2005). „Study of the Indus Script". In: Paper presented at the International Conference of Eastern Studies. Tokyo.

— (Okt. 2008). „Towards further understanding of the Indus script". In: Proceedings of SCRIPTA. Seoul.

Patterson, Claire C. (1970). „Native copper, silver, and gold accessible to early metallurgists". In: *American Antiquity* 36.3, S. 286–321.

Robinson, Andrew (27. Mai 2009). „Decoding antiquity: Eight scripts that still can't be read". In: *New Scientist* 2710.

Saturno, William A., David Stuart und Boris Beltrán (2006). „Early Maya writing at San Bartolo, Guatemala". In: *Science* 311.5765, S. 1281–1283.

Shaw, Ian (2003). „The settled world". In: *Ancient Egypt*. Hrsg. von Daniel Silverman. New York: Oxford University Press, S. 68–79.

Simmons, Alan (2012). „Mediterranean Island Voyages". In: *Science* 338.6109, S. 895–897.

Ward, Cheryl A. (2003a). „Boat-building and its social context in early Egypt: Interpretations from the First Dynasty boat-grave cemetery at Abydos". In: *Antiquity* 80, S. 118–129.

Ward, Cheryl A. (2003b). „Sewn planked boats from Early Dynastic Abydos, Egypt, In Ship Archaeology of the Ancient and Medieval World". In: Hrsg. von C. Beltrame.

— (2004). „Boatbuilding in ancient Egypt". In: *The Philosophy of Shipbuilding*. Hrsg. von Frederick M. Hocker und Cheryl A. Ward. College Station, Texas: Texas A& M University Press.

✦

DIE TECHNOLOGIE DER PRÄZISIONSMASCHINEN:

Uhren, Motoren und die Industriegesellschaft

> *»Das bleibende Vermächtnis der Pioniere der Uhrmacherei, auch wenn sie nichts anderes im Sinn hatten, war die grundlegende Technologie der Werkzeugmaschinen.«*
>
> (DANIEL J. BOORSTIN, *The Discoverers*)

ALS Pater Matteo Ricci im Jahr 1601 vom Kaiser der Ming-Dynastie, Wan-Li, an den kaiserlichen Hof Chinas eingeladen wurde, waren er und seine Jesuitenkollegen die ersten Europäer, die die Verbotene Stadt betraten. Zu diesem Zeitpunkt war Pater Ricci, ein Jesuitenpater aus Italien, bereits seit fast zwanzig Jahren als Missionar in Südchina tätig. Er hatte die Zerstörung seiner Mission in der Nähe von Kanton durch einen wütenden Mob überlebt und war kurz vor seiner Ankunft auf dem Weg in die chinesische Hauptstadt Peking mit seinen jesuitischen Gefährten verhaftet und inhaftiert worden.

Aber Kaiser Wan-Li erinnerte sich an eine frühere Petition, in der Ricci versprochen hatte, ihm zwei Uhren zu schenken, die er sorgfältig den ganzen Weg von Venedig mit sich getragen hatte, und ordnete an, dass Pater Ricci und seine Gefährten aus dem Gefängnis entlassen und ihre Uhren in den kaiserlichen Palast gebracht werden sollten. Wan-Li wollte diese exotischen europäischen Maschinen sehen, von denen es hieß, dass sie tagelang von selbst liefen und Glocken läuteten, um den Ablauf der Stunden zu verkünden.

Einige Tage vor der Ankunft der Jesuiten untersuchte Wan-Li die Uhren von Pater Ricci in seiner Privatresidenz. Der Kaiser war fasziniert von diesen Maschinen, die er noch nie gesehen hatte. Doch als Ricci und seine Begleiter am kaiserlichen Hof eintrafen, war die größere der beiden Uhren stehen geblieben, und als die Jesuiten eintrafen, wurden sie gewarnt, dass sie die Uhr in spätestens drei Tagen wieder in Gang bringen müssten, da sie sonst die Konsequenzen zu tragen hätten. Glücklicherweise war die Uhr nur stehen geblieben, weil sie neu aufgezogen werden musste.

Der Erfolg von Riccis Geschenken – und die Fähigkeit der Jesuiten, den genauen Zeitpunkt und die Dauer von Sonnenfinsternissen mit weitaus größerer Genauigkeit als die Hofastronomen vorherzusagen – sicherte Pater Ricci und seinen Gefährten einen Ehrenplatz am Ming-Hof. Für die größere Uhr wurde ein spezieller Turm in einem der Innenhöfe des kaiserlichen Palastes gebaut, und die kleinere Uhr wurde in der Privatresidenz von Wan-Li selbst aufbewahrt.

Die Uhr des Kaisers, so Pater Ricci, „ließ alle Chinesen vor Erstaunen verstummen". Es war, so fuhr er fort, „ein Werk, wie man es in der chinesischen Geschichte weder gesehen, noch gehört, noch sich auch nur vorgestellt hatte." Und die Wertschätzung, die Wan-Li der Wissenschaft und Kunstfertigkeit der Europäer entgegenbrachte, blieb nicht unbelohnt. In den folgenden neun Jahren bis zu seinem Tod im Jahr 1610 erhielt Matteo Ricci ein großzügiges Stipendium vom Kaiser und nahm eine privilegierte Stellung am chinesischen Hof ein. Nach seinem Tod brach Wan-Li mit der Tradition der Ming-Dynastie, dass Ausländer nicht auf chinesischem Boden begraben werden durften, und ordnete den Bau eines buddhistischen Tempels zu Riccis Ehren im Herzen von Peking an, wo seine sterblichen Überreste bis heute ruhen.

Wan-Li und die Jesuiten wussten jedoch nicht, dass fünfhundert Jahre zuvor in China eine riesige und fantastisch ausgeklügelte Uhr gebaut worden war, die durch die Wirkung von Wasser angetrieben wurde, das von einem dreieinhalb Meter hohen Wasserrad fiel. Diese fabelhafte Maschine, die in einem zwölf Meter hohen Turm untergebracht war, wurde von dem brillanten Beamten Su Song für den Kaiser Zhezong der chinesischen Song-Dynastie im Jahr 1094 n. Chr. erschaffen. Nach dem Tod von Zhezong wurde die Wasseruhr von Su Song nicht mehr benutzt, und ihr Bronzemechanismus wurde schließlich eingeschmolzen und verschrottet.

Die zahlreichen Wasseruhren, die von Su Song und seinen Nachfolgern im Laufe der Jahrhunderte gebaut wurden, waren allesamt Einzelinstrumente, die von einigen wenigen Handwerksmeistern zum Vergnügen des kaiserlichen Hofes hergestellt wurden. Die Uhren von Pater Ricci hingegen waren das Produkt einer ganzen Industrie, die von einem Heer qualifizierter Handwerker betrieben wurde, das seit dreihundert Jahren stetig gewachsen war und sich in ganz Europa verbreitet hatte.

In den Jahren nach Riccis Ankunft wurden die Uhren und Taschenuhren Europas Teil eines blühenden Handels mit dem chinesischen Kaiserhof, und in den 1760er Jahren berichteten die Jesuitenpatres, dass der Kaiserpalast „vollgestopft war mit Uhren, Glockenspielen, Repetierern, Orgeln, Sphären und astronomischen Uhren aller Art und Beschreibung – es gibt mehr als viertausend Stücke von den besten Meistern aus Paris und London". Jahrhunderts berichtete der Botschafter der Niederländischen Ostindien-Kompanie in Peking, dass man bei Reisen nach Peking „vor allem jene [Uhrwerk-]Spielzeuge mitbringen sollte, mit denen sich die europäischen Jungen amüsieren. Solche Gegenstände werden hier mit viel größerem Interesse aufgenommen als wissenschaftliche Instrumente oder Kunstgegenstände."[89]

Obwohl China weitaus größer war als jedes politische Gebilde, das die Europäer seit dem Fall Roms kannten, und obwohl die chinesische Zivilisation der europäischen in zahlreichen Bereichen der Fertigung, des Transportwesens, der Regierung und der Literatur seit langem überlegen war, waren die europäischen Uhrmacher zu dieser Zeit die einzigen Handwerker der Welt, die in der Lage waren, hochpräzise Zeitmesser zu bauen, die klein genug waren, um auf einem Tisch zu liegen oder in der Hand gehalten zu werden. Das lag vor allem daran, dass die europäischen Uhrmacher über Generationen hinweg die Metallarbeiter aller anderen zivilisierten Gesellschaften in einem bestimmten Bereich übertroffen hatten: bei der Herstellung von Präzisionsmaschinen.

Der Anstoß zur Entwicklung mechanischer Uhren entstand aus der einzigartigen und eigentümlichen europäischen Obsession für die Einhaltung der Zeit, einer Obsession, die die Uhrmacher im mittelalterlichen Europa dazu inspirierte, die Technik der Präzisionsbearbeitung zu perfektionieren, um wirklich genaue Zeitmesser zu schaffen. Wie Wellen in einem Teich strahlten die Folgen der Präzisionsbearbeitung in alle Bereiche des menschlichen Lebens aus und veränderten alles, was sie berührten.

Die Präzisionsbearbeitung ermöglichte die Herstellung einer Vielzahl von Maschinen, die nie zuvor von Menschen erschaffen worden waren: Dampfmaschinen, Druckerpressen, Fernwaffen, elektrische Generatoren, Telegraphendrähte, Teleskope, Mikroskope – die Liste ließe sich fortsetzen – und die Synergien, die sich aus der daraus resultierenden Ausweitung von Information, Wissenschaft, Industrie und militärischer Macht ergaben, ließen eine neue Art von Gesellschaft entstehen, die nicht auf der begrenzten Energie von Menschen und Tieren, sondern auf der scheinbar unbegrenzten Energie fossiler Brennstoffe basierte. Und alles begann im Mittelalter mit der Erfindung der mechanischen Uhr.

Das Genie des Uhrmachers

Die Europäer des Mittelalters waren ein frommes Volk, und sie legten großen Wert darauf, dass die im katholischen Brevier[90] beschriebenen Gebete zur richtigen Zeit gesprochen wurden. Aus diesem Grund verfügten alle der zahlreichen Kirchen und Klöster jener Zeit über einen Glockenturm, und die Mönche mussten diese Glocken zu den vorgeschriebenen Tages- und Nachtzeiten läuten, um den Gläubigen zu signalisieren, wann es Zeit war, ihre Gebete zu sprechen. Doch die Sanduhren und Wasseruhren, die die Mönche im frühen Mittelalter benutzten, waren notorisch unzuverlässig und ungenau. In der Tat hatten die Gesellschaften der Griechen, Römer, Inder und Chinesen seit der Antike Sonnenuhren, Wasseruhren, Sanduhren, Kerzen und Räucheruhren zur Zeitmessung verwendet, aber jede dieser Methoden hatte ernsthafte Einschränkungen.

Sonnenuhren waren nur für den Breitengrad – oder die Entfernung vom Äquator – genau, für den sie konstruiert wurden, und sie waren während der Nacht und wenn Wolken die Sonne verdeckten, völlig nutzlos. Wasseruhren – mit Ausnahme einiger weniger, die so groß wie mehrstöckige Gebäude waren – hingen in ihrer Genauigkeit von der Wirkung des Wassers ab, das langsam durch ein kleines Loch im Boden eines Behälters tropfte. Da das Wasser aber langsamer tropft, wenn der Behälter fast leer ist, als wenn er voll ist, war die Wasseruhr nur selten genau. Außerdem kam es immer wieder vor, dass sich ein Fremdkörper oder ein Stück Schmutz in der Tropföffnung festsetzte, so dass die Wasseruhr ganz stehen blieb.

Die Sanduhr war kaum besser. Die meisten Sanduhren waren für die Messung kurzer Zeiträume konzipiert und konnten nur zwanzig Minuten oder weniger messen, da ein Glas, das groß genug war, um eine einzige Stunde zu messen, in der Regel groß, schwer und gefährlich zerbrechlich war. Schlimmer noch: Um mehr als eine Zeiteinheit zu messen, musste die Sanduhr jedes Mal auf den Kopf gestellt werden, wenn der Sand ausging. Das Abbrennen von Räucherwerk ermöglichte eine erstaunlich genaue Zeitmessung, und Räucheruhren waren in ganz Asien jahrhundertelang weit verbreitet. Aber die Räucheruhr hatte den einzigartigen Nachteil, dass sie sich beim Ablesen der Zeit selbst verbrauchte. Wenn der Räucherstoff so weit verbrannt war, wie er vorgesehen war, musste er durch einen neuen ersetzt werden, sonst konnte die Uhr die Zeit nicht mehr anzeigen.

So begannen die Handwerker des mittelalterlichen Europas irgendwann zwischen 1200 und 1300 n. Chr., als Reaktion auf den Wunsch der Kirche nach genaueren Uhren, damit, mechanische Uhren aus Metall zu bauen. Diese revolutionären mechanischen Uhren wurden durch die Kraft von Gewichten angetrieben, die an Ketten hingen und die Zahnräder des Uhrwerks drehten. Die Geschwindigkeit der sich drehenden Zahnräder wurde durch einen Mechanismus reguliert, der als Hemmung bezeichnet wurde und jeden Zahn eines speziellen Zahnrads abwechselnd blockierte und freigab. Die Wirkung der Hemmung ist für das charakteristische Ticken aller mechanischen Uhren verantwortlich.

Die Hemmung ermöglichte es diesen neuen mechanischen Uhren, die Zeit mit einer noch nie dagewesenen Genauigkeit anzuzeigen, und sie stellten einen enormen Fortschritt in Bezug auf Haltbarkeit und Genauigkeit gegenüber allen anderen Zeitmessungstechnologien dar, die die zivilisierten Gesellschaften seit der Antike verwendet hatten. Doch keine der ersten mechanischen Uhren hatte Zeiger oder Zifferblätter. Stattdessen zeigten sie die Zeit durch das Läuten von Glocken an. (Tatsächlich stammt das englische Wort „clock" von dem deutschen Wort „Glocke" ab). Und das uns vertraute Zifferblatt – mit einem Stunden- und einem Minutenzeiger, die sich innerhalb eines kreisförmigen Zifferblatts mit zwölf Ziffern drehen – wurde erst um 1700 allgemein verwendet, mehr als vierhundert Jahre nachdem die ersten mechanischen Uhren in den Türmen der europäischen Kirchen und Klöster installiert wurden.

Außerdem hatte keine der frühen Uhren ein Pendel. Stattdessen wurde die Hemmung der mittelalterlichen Uhr durch einen rotierenden Arm, ein sogenanntes Foliot, reguliert, der auf einer Achse, die Spindel genannt wurde, hin und her schwang. Die Geschwindigkeit der Uhr wurde reguliert, indem man die Gewichte, die an den beiden Armen des Foliot hingen, entweder nach innen bewegte – wodurch sich das Foliot schneller drehte – oder nach außen – wodurch es sich langsamer drehte. Nach unseren Maßstäben war die Spindel- und Foliothemmung nicht sehr genau, und es war nicht ungewöhnlich, dass diese frühen Uhren jeden Tag mehrere Minuten vor- oder nachgingen.

Aber die Menschen des Mittelalters haben die Zeit nur nach Stunden angegeben und sich nicht um so etwas wie die Genauigkeit einer Minute gekümmert. Für alle praktischen Zwecke war die Spindel- und Foliothemmung genau genug. Als Pater Ricci dem Kaiser Wan-Li seine Geschenke überreichte, war dies der einzige Uhrentyp, der noch existierte, und er wurde mindestens 350 Jahre lang in allen mechanischen Uhren verwendet. Die Grundkonstruktion der mittelalterlichen Uhr wurde erst mit der Erfindung des Pendels und der genaueren „Anker-" und „Totgang"-Hemmung im siebzehnten Jahrhundert überflüssig (siehe Abbildung 8.1 auf Seite 234).

Als junger Mann von 19 Jahren war der italienische Astronom, Mathematiker und Physiker Galileo Galilei von der Bewegung der schwingenden Altar-

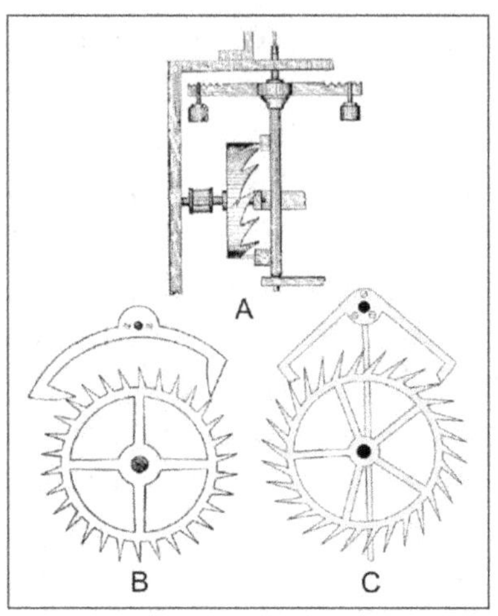

ABBILDUNG 8.1: Die „Spindel- und Foliot"-Hemmung (A) wurde 350 Jahre lang verwendet, wurde aber schließlich durch das Pendel und die genaueren „Anker-" und „Totgang"-Hemmungen (B) und (C) ersetzt. *A: De Vick clock verge & foliot von Pierre Dubois, lizenziert unter Public Domain über Wikimedia Commons; B: Ankerhemmung von George Henry Abbott Hazlitt; lizenziert unter Public Domain über Wikimedia Commons; C: Totganghemmung von Frederick J. Britten; lizenziert unter Public Domain über Wikimedia Commons.*

lampe in der Kirche fasziniert, als er bemerkte, dass die Lampe immer mit der gleichen Geschwindigkeit schwang, unabhängig davon, ob ihr Bogen groß oder klein war. Galilei schrieb 1602 über dieses Phänomen, aber es dauerte bis 1641, bis der inzwischen erblindete Galilei mit Hilfe seines Sohnes Vincenzio die Pläne für die erste Pendeluhr erstellte. Obwohl Galileis Pendeluhr nie gebaut wurde, wurde sein Konzept von dem niederländischen Mathematiker und Astronomen Christiaan Huygens in die Tat umgesetzt, der 1657 die erste Pendeluhr baute. Die Pendeluhr erwies sich als zehnmal genauer als ihre Vorgängerin, und dank dieser größeren Genauigkeit wurde der Minutenzeiger, den die meisten Uhrmacher bis dahin nicht auf dem Zifferblatt anbrachten, schließlich allgemein verwendet.

Die bei weitem wichtigste Folge der europäischen Obsession mit der Zeit war, dass der Bau genauer Uhren Maschinen erforderte, die in der Lage waren, präzise gefertigte mechanische Komponenten herzustellen. Um mit konstanter Geschwindigkeit laufen zu können, benötigten mechanische Uhren Räder, Achsen und Zylinder, die perfekt rund und gerade waren. Die Zähne auf den Zahnrädern mussten gleichmäßig angeordnet sein, und jeder Zahn musste exakt die gleiche Größe und Form haben. Die Federn, die die Uhren späterer Zeiten antrieben, mussten genau gleich dick sein und eine genau gleichmäßige Härte aufweisen. Und all die winzigen Schrauben, die die Uhrenteile zusammenhielten, mussten genau in die dafür vorgesehenen Gewindelöcher passen. Aber die handgefertigten Gegenstände, die von den Schmieden seit den Anfängen der Metallurgie hergestellt wurden, waren alles andere als geometrisch präzise, egal wie gut ihre Handwerkskunst auch war. Es war nicht möglich, dass ein Handwerker eine wirklich genaue mechanische Uhr nur mit hand-geführten Werkzeugen herstellen konnte.

In den Anfängen der Uhrmacherei dauerte der Bau einer einzigen Uhr Monate, in manchen Fällen sogar Jahre, und meist war nur der Uhrmacher, der die Uhr tatsächlich baute, in der Lage, sie zu warten oder zu reparieren. Aus diesem Grund begannen die europäischen Handwerker, angetrieben durch den Bedarf der Uhrmacher an Präzisionsmaschinen und die steigende Nachfrage der Öffentlichkeit nach mechanischen Uhren, spezielle Geräte zu erfinden, die als „Werkzeugmaschinen" bezeichnet werden – Maschinen, die dazu bestimmt sind, Teile für andere Maschinen herzustellen.

Die neue Industrie der Werkzeugmaschinen umfasste Drehbänke zur Herstellung perfekt runder Gegenstände, Bohrmaschinen zur Herstellung präziser Löcher, Fräsmaschinen zur Herstellung perfekt ebener Flächen und eine Vielzahl von Sägen, Schleifmaschinen, Hobel- und Stoßmaschinen, die nicht von Hand, sondern von speziellen, auf Schienen oder Bahnen montierten Geräten geführt wurden. Auf diese Weise waren die Uhrmacher des mittelalterlichen Europas nicht nur direkt für die Entwicklung der ersten Werkzeugmaschinen verantwortlich, sondern auch für all die vielen anderen Arten von Präzisionsteilen, die mit Werkzeugmaschinen hergestellt werden konnten.

Als die Wissenschaft der Präzisionsbearbeitung weiter voranschritt, entstanden neue Spezialgebiete. Während sie lernten, wie man Uhren herstellt, lernten die Uhrmacher auch, wie man wissenschaftliche Instrumente anfertigt, und sie stellten Sextanten und Kompasse für die Navigation, Astrolabien und Theodolite für die Vermessung und Präzisionswaagen für das Wiegen her. Linsenschleifer stellten Präzisionslinsen her und bauten Teleskope für die Betrachtung der Himmelskörper, Mikroskope für die Betrachtung von Dingen, die zu klein waren, um sie mit dem bloßen Auge zu sehen, und Brillen, um die Sehkraft derjenigen zu verbessern, deren Augen schwach geworden waren.

All diese Instrumente und noch viele mehr gaben den Anstoß zu den großen Fortschritten in der Wissenschaft, als das Mittelalter zu Ende ging und Europa die neuen Philosophien der wissenschaftlichen Forschung aufnahm, die sich in der Renaissance entfalteten. Tatsächlich ist die Renaissance selbst zu einem großen Teil das Ergebnis der weiten Verbreitung von Informationen, die in Europa Ende des fünfzehnten Jahrhunderts begann. Und diese Informationsexplosion fand statt, als die Prinzipien der Präzisionsmaschinerie auf die alte Kunst des Druckens angewendet wurden.

Gutenbergs Presse

In der Mitte des 15. Jahrhunderts entdeckte der deutsche Goldschmied Johannes Gutenberg, dass eine Legierung aus Zinn, Blei und Antimon im richtigen Verhältnis leicht geschmolzen und in eine Matrix aus winzigen Gussformen gegossen werden konnte, eine für jeden Buchstaben des Alphabets. Auf diese Weise war es möglich, aus einzelnen Buchstaben Schriftzeilen zusammenzusetzen, die als „bewegliche Lettern" bezeichnet wurden. Im Gegensatz dazu musste der Drucker beim Holzschnitt – der damals am weitesten verbreiteten Druckmethode – eine ganze Seite mit Text und Illustrationen aus einem einzigen Holzblock schnitzen.

Obwohl Gutenberg die Erfindung der beweglichen Lettern zugeschrieben wird, wurde diese Art von Schrift in Form von sehr kleinen Porzellankacheln bereits vierhundert Jahre zuvor in China entwickelt. Da die chinesische Schrift jedoch aus mindestens fünftausend Zeichen besteht, mussten die Drucker in China einen riesigen Bestand an Kacheln vorhalten. Das bedeutete, dass der chinesische Drucker langsam und mühsam in diesen riesigen Beständen nach den einzelnen Kacheln suchen musste, die er für jede Zeile des Textes benötigte. Im Gegensatz dazu umfasste das in Westeuropa verwendete römische Alphabet nur einige Dutzend verschiedene Zeichen. Als Gutenbergs bewegliche Lettern allgemein verfügbar wurden, konnte der Schriftsetzer daher viele Textzeilen schnell und einfach zusammensetzen.

Johannes Gutenbergs Legierung aus Blei, Zinn und Antimon erwies sich als so gut geeignet für den Guss von Metallschriften, dass sie bis heute die Standardformel für den Schriftguss geblieben ist. Gutenberg entwickelte auch ein Rezept für eine Tinte auf Ölbasis, die zuverlässig einen klaren und dauerhaften Abdruck auf Papier erzeugte. Und nicht zuletzt gelang es ihm, die Schraubenpresse für den Druck auf Papier zu adaptieren. Die Schraubenpresse, die durch das Zusammendrücken zweier Flächen mittels einer großen, senkrecht stehenden und von Hand gedrehten Schraube funktioniert, wurde in viel gröberer Form bereits seit der Antike für die Verarbeitung landwirtschaftlicher Produkte verwendet, unter anderem zum Pressen von Traubensaft und Olivenöl, und war zu Gutenbergs Zeiten in Europa bereits für den Druck von Motiven auf Stoff in Gebrauch.

Damit die Schraubenpresse jedoch Texte auf Papier drucken konnte, musste der Tiegel – eine große, flache Platte, die das Papier auf das Schriftbett drückt – so bearbeitet werden, dass er genau eben und parallel zum Schriftbett war. Andernfalls wären einige Bereiche der gedruckten Seite dunkler als andere, und

ABBILDUNG 8.2: Die Schraubenpresse wurde bereits in der Antike verwendet, aber erst die Präzisionsbearbeitung ermöglichte es Johannes Gutenberg und anderen, die Schraubenpresse für den Druck auf Papier anzupassen. *William Caxton zeigt König Edward IV. und seiner Königin Exemplare seiner Drucke. Lizenziert unter Public Domain über Wikimedia Commons.*

einige Bereiche könnten so blass sein, dass sie nicht lesbar wären. Die Präzisionsbearbeitung zu Gutenbergs Zeiten ermöglichte es ihm, eine Schraubenpresse zu bauen, die präzise genug war, um klare und gleichmäßige Kopien von Druckerzeugnissen herzustellen (siehe Abbildung 8.2).

Gutenbergs Kombination aus beweglichen Lettern, Tinte auf Ölbasis und einer präzisen Schraubenpresse löste ein explosionsartiges Wachstum von Druckerzeugnissen aus. Schon bald war die enorme Wissenserweiterung, die durch die Flut billiger und reichlich vorhandener Bücher und Flugschriften aus den Druckereien Europas ermöglicht wurde, eine der Hauptursachen für den intellektuellen Aufschwung der Renaissance. In den fünfzig Jahren zwischen 1450 und 1500 wurden in Europa etwas mehr als zwölf Millionen Bücher gedruckt. Drei Jahrhunderte später, in den fünfzig Jahren zwischen 1750 und 1800, war diese Zahl auf über 625 Millionen angewachsen – und das war noch vor der Einrichtung öffentlicher Schulen und der Verbreitung der allgemeinen Alphabetisierung.

Im mittelalterlichen Europa waren die wenigen Menschen, die lesen und schreiben konnten, hauptsächlich Mönche, die als Schreiber in den Klöstern arbeiteten. Doch die Verbreitung von Lesestoff in der Renaissance motivierte immer mehr Menschen, das Lesen zu erlernen, und die Lese- und Schreibfähigkeit – die während der gesamten Menschheitsgeschichte immer die besondere berufliche Fähigkeit des Schreibers gewesen war – wurde schließlich zu einer Fähigkeit, die jeder Mensch beherrschen sollte.

In der Zwischenzeit ermöglichten die Fortschritte in der Präzisionsbearbeitung, die die industrielle Revolution einleiteten, in den Jahren nach 1800 zahlreiche Verbesserungen in der Konstruktion von Druckpressen. Dazu gehörten die Erfindung der dampfbetriebenen Druckpresse, der Rotationspresse, des Elektrodrucks, der Linotype (Zeilendruckmaschine), der Lithografie und der Farblithografie – nichts davon wäre ohne die vorherige Entwicklung von Präzisionsmaschinen möglich gewesen –, die allesamt die Geschwindigkeit des Druckprozesses erhöhten und gleichzeitig die Kosten für Druckerzeugnisse drastisch senkten.

Schon bald wurde das Phänomen der Lokalzeitung in der gesamten industrialisierten Welt alltäglich, später folgte das Phänomen der Publikumszeitschrift. Die erste Tageszeitung erschien in Europa um 1600 und in Amerika um 1700. Im Jahr 1800 wurden in Amerika dreizehn Zeitschriften veröffentlicht. Bis zum Jahr 1900 stieg diese Zahl auf 3500, und in demselben Jahr wurden allein in den Vereinigten Staaten mehr als acht Milliarden Exemplare von Zeitungen und Zeitschriften veröffentlicht.[91]

Hochöfen und fossile Brennstoffe

Als die Kirchturmuhr im späten Mittelalter zum festen Bestandteil des Lebens wurde, konnte keine europäische Stadt, die etwas auf sich hielt, lange ohne sie sein. Um das Jahr 1450 gab es mindestens fünfhundert Uhren in den Glockentürmen europäischer Kirchen und Klöster, und nach einem weiteren Jahrhundert waren es Tausende. Alle diese Uhren waren außerordentlich groß, mit großen, dicken Zahnrädern, die sich auf großen Achsen drehten und von massiven Gewichten gezogen wurden, die an schweren Ketten hingen. Jede Uhr war also nicht nur sehr groß, sondern verbrauchte auch eine große Menge Metall: Eine typische Kirchturmuhr jener Zeit enthielt eine Tonne oder mehr an hochwertigem Eisen und Stahl.

Die Verbreitung dieser großen, schweren Uhren stellte neue Anforderungen an die Versorgung mit hochwertigen Metallen, was zu weiteren Fortschritten bei der Verhüttung und Schmiedung von Eisen und Stahl führte. Es reichte nicht mehr aus, glühende Brocken aus rohem, unreinem Eisen in grobe Formen zu hämmern, die zu Eisenwaren, Werkzeugen und Waffen aus Schmiedeeisen verarbeitet werden konnten. Die Herstellung großer Mengen Eisen und Stahl erforderte wesentlich größere und heißere Öfen als die Schmelzöfen, die eine modifizierte Version der seit der Antike verwendeten Töpferöfen waren. Und obwohl es in Europa relativ viele Eisenerzvorkommen gab, waren die Öfen, die zur Verhüttung von Eisen und Stahl benötigt wurden, alles andere als einfach.

Schließlich führte die Notwendigkeit, immer größere Mengen an hochwertigem Eisen und Stahl zu produzieren, direkt zur weit verbreiteten Einführung des Hochofens, einer Hochtemperaturvorrichtung zum Schmelzen von Eisen, die ursprünglich von den Chinesen im ersten Jahrhundert nach Christus erfunden wurde. Im dreizehnten Jahrhundert begann der Hochofen in Nordeuropa aufzutauchen und verbreitete sich nach 1500 in ganz Europa (siehe Abbildung 8.3 auf Seite 240). Der mit einem Gemisch aus Eisenerz, Holzkohle und Kalkstein gefüllte Hochofen wurde durch ein Feuer, das mit einem Blasebalg oder einer anderen Zwangsluftzufuhr überhitzt wurde, auf sehr hohe Temperaturen gebracht. Das Erzgemisch wurde durch die chemische Wirkung von heißer Luft, die unter hohem Druck in den Boden des Ofens gepresst wurde, geschmolzen und veredelt.

Mit der Ausbreitung der Hochöfen in ganz Europa stieg die Nachfrage nach Holzkohle sprunghaft an. Die Herstellung von Holzkohle erforderte jedoch eine enorme Menge an Brennholz. Holz lieferte nicht nur den Grundstoff, der durch Erhitzen in einer sauerstoffarmen Umgebung in Holzkohle umgewandelt wurde, sondern es war auch notwendig, die Holzfeuer viele Stunden lang brennen zu lassen, um die Öfen zu heizen, in denen die fertige Holzkohle hergestellt wurde. In der Mitte des siebzehnten Jahrhunderts verbrauchten allein die Eisenhütten in Großbritannien jedes Jahr viereinhalb Millionen Meter Holz.[92]

Neben der wachsenden Nachfrage nach Baumrinde zum Gerben von Leder und nach Brennholz zur Herstellung von Holzkohle, Seife und Glas, fällten die Europäer damals auch Bäume, um den Bedarf ihrer wachsenden Bevölkerung zu decken. Ganze Wälder wurden abgeholzt, um Land für die Landwirtschaft zu roden, neue Häuser zu bauen – in einigen Fällen sogar ganze Städte – und um die großen Segelschiffe zu bauen, die die Europäer für ihren schnell wachsenden Seehandel benötigten. Um das Jahr 1700 – um nur eines von vielen Beispielen zu nennen – schätzte die britische Royal Navy, dass das Holz von viertausend

ABBILDUNG 8.3: Ein holzbefeuerter Hochofen, wie er im Europa des sechzehnten Jahrhunderts üblich war.

ausgewachsenen Eichen für den Bau eines einzigen Linienschiffs benötigt wurde.[93]

Da die Nachfrage nach Holz in Europa von Jahr zu Jahr stieg, war der Vorrat an Brennholz zur Herstellung von Holzkohle bald erschöpft, und zu Beginn des 17. Jahrhunderts waren die dicht besiedelten Gebiete Europas praktisch entwaldet. Die Lösung dieses Problems – der Abbau von Kohle – wurde im England des 18. Jahrhunderts ernsthaft in Angriff genommen, doch die Kohlebergwerke selbst waren von einer Reihe technischer Probleme geplagt. Wie wir noch sehen werden, führte eines dieser Probleme, die häufige Überflutung der Bergwerke durch unterirdische Wasserquellen, schon bald zum Beginn der industriellen Revolution.

In Nordchina und der Mongolei wurde Kohle seit 2000 v. Chr. in großem Umfang genutzt, und sowohl die Griechen als auch die Römer bauten Kohle ab und verwendeten sie zum Heizen ihrer Häuser, Villen und öffentlichen Bäder. Die Römer wussten sehr wohl, dass es in Britannien Kohle gab, und bauten sie in großem Umfang ab. Doch als die Römer Britannien 410 n. Chr. verließen, wurde der Kohleabbau eingestellt, und fast siebenhundert Jahre lang wurde in Britannien keine Kohle mehr abgebaut. Während des gesamten Mittelalters diente Brennholz hervorragend als Wärmequelle, und die aus Brennholz hergestellte Holzkohle erwies sich als ideal für die Verhüttung von Eisenerzen. Kohle hingegen erzeugte einen besonders schädlichen Rauch und galt als so gesundheitsschädlich, dass 1306 die Verbrennung von Kohle innerhalb der Stadtgrenzen von London per königlichem Erlass verboten wurde.

In der antiken Geschichte der Metallurgie galt Kohle als völlig ungeeignet für die Verhüttung von Eisen, da sie im Gegensatz zu Holzkohle – die nahezu reine Kohle ist – dazu neigt, Verunreinigungen zu enthalten. Dazu gehören Teer, Schwefel, Ton, Quarz, Kreide, Salz und zahlreiche andere Mineralien, die das Eisenerz leicht verunreinigen und den Verhüttungsprozess stören können. Als Kohle als Brennstoff für Hochöfen verwendet wurde, erzeugte sie Eisen von schlechter Qualität: spröde, schwach und schwer zu bearbeiten. Im 16. Jahrhundert entdeckte man jedoch, dass durch das Rösten hochwertiger Kohle auf ähnliche Weise wie bei der Herstellung von Holzkohle aus Holz die Kohle von vielen ihrer Verunreinigungen befreit und in einen harten, starken, porösen, sauber brennenden Kraftstoff namens Koks umgewandelt werden konnte. Und 1709 gelang es dem Engländer Abraham Darby, Eisen in einem Hochofen zu schmelzen, in dem Koks statt Holzkohle verbrannt wurde.

Darbys einfache Innovation hatte weitreichende Folgen. Erstens nahm sie den Druck von den schwindenden Waldreserven und ermöglichte erstmals die Herstellung von hochwertigem Eisen in vielen Gebieten Europas, die gefährlich entwaldet, aber dennoch reich an Kohle waren. Zweitens konnten die traditionell zur Verhüttung verwendeten Holzkohlefeuer zerschlagen und erstickt werden, wenn zu viel Eisenerz auf sie geschüttet wurde. Dadurch konnten viel größere Mengen Eisenerz auf einmal in den Ofen geschüttet werden. Infolgedessen wurden bald weitaus größere Hochöfen gebaut als zuvor, und diese neuen Öfen brachten bei gleichem Zeit- und Arbeitsaufwand eine höhere Ausbeute. Schließlich war es weitaus billiger, Kohle abzubauen und in Koks umzuwandeln, als ganze Wälder abzuholzen und die Bäume zu zersägen, um aus Brennholz Holzkohle herzustellen.

Das Zusammenspiel dieser Entwicklungen führte zu einer stetigen Senkung des Eisenpreises, der schon bald für die Herstellung einer wachsenden Vielfalt von Gegenständen verwendet wurde, von einfachen Töpfen und Pfannen bis hin zu riesigen Eisenbrücken. In den 1700er Jahren erlebte der Kohlebergbau einen enormen Aufschwung, und überall in Europa wurden neue Kohlebergwerke eröffnet. Und die Ausbreitung der Kohlebergwerke bot mehr als nur eine neue Energiequelle für die Eisenverhüttung. Ein Problem, das die meisten Kohlebergwerke betraf, blieb jedoch bis zur Erfindung der Dampfmaschine ungelöst, einer der umwälzendsten Präzisionsmaschinen, die wie keine andere die industrielle Revolution begründete.

Kohlebergwerke und Dampfmaschinen

Die meisten der antiken und mittelalterlichen Kohlebergwerke nutzten oberflächennahe Kohleadern, aber nach Jahrhunderten des Abbaus waren die meisten dieser Tagebaue erschöpft. Um die wachsende Nachfrage nach Kohle zu befriedigen, wurden daher Schächte weit unter der Oberfläche abgeteuft, um die tief unter der Erde liegenden Kohleadern zu erschließen. Diese tieferen Kohlebergwerke mussten jedoch oft durch große unterirdische Aquifere (Grundwasser führende Schichten) geführt werden, in denen reichlich Grundwasser unter der Oberfläche vorhanden war. Wenn die Schächte und Stollen der Kohlebergwerke diese Grundwasserspeicher durchquerten, flossen große Wasserströme in die Bergwerke und überschwemmten die Bereiche, in denen die Bergleute an der Kohlefront arbeiteten.

Es wurden verschiedene Methoden entwickelt, um das Wasser aus den Kohlebergwerken zu pumpen. Die wichtigste davon war die Kettenpumpe, eine Reihe von Scheiben oder Eimern, die an einer Kette befestigt waren, die sich um große Riemenscheiben drehte und sich kontinuierlich durch ein großes vertikales Rohr bewegte. Die Kettenpumpe wurde in der Regel von einem Pferdegespann gezogen, aber die Kraft, die Pferde aufbringen konnten, um das Wasser aus der Tiefe nach oben zu pumpen, war begrenzt, und schon bald begannen britische Erfinder mit dem Einsatz von Dampf zu experimentieren, um diese wichtige Aufgabe zu bewältigen.

Im Jahr 1712 baute der Engländer Thomas Newcomen ein Gerät, das er „atmosphärische Maschine" nannte und das mit Hilfe von Dampf unter Druck einen Kolben und einen Zylinder antrieb, die Wasser aus den Minen pumpten. Obwohl bereits in der Antike zahlreiche Geräte zur Erzeugung von mechanischer Energie mit Hilfe von Dampf als Spielzeug und Kuriosität gebaut worden waren, war die atmosphärische Maschine von Newcomen die erste Maschine, die die Dampfkraft für einen praktischen Zweck nutzte. Als Newcomen 1729 starb, waren bereits mehr als hundert atmosphärische Maschinen in Kohle- und Zinnbergwerken installiert, vor allem in England und Wales, aber auch in anderen europäischen Ländern gab es einige. Die erste atmosphärische Maschine in Frankreich wurde 1725 installiert, um Wasser aus der Seine für die Bürger von

Paris zu pumpen.

Die atmosphärische Maschine hatte jedoch einen gravierenden Konstruktionsfehler. Der Dampf im Inneren des Zylinders musste abwechselnd erhitzt und abgekühlt werden, um den Kolben zu heben und zu senken. Dadurch wurden nicht nur große Mengen an Kraftstoff verschwendet, sondern auch die Geschwindigkeit, mit der sich der Kolben im Zylinder auf und ab bewegen konnte, stark eingeschränkt. Trotz ihres kommerziellen Erfolgs hatte die atmosphärische Maschine nur die Hälfte dessen erreicht, was nötig war, um die Kraft des Dampfes nutzbar zu machen.

Der atmosphärische Motor konnte zwar seinen Kolben mit beträchtlicher Kraft heben und senken, war aber nicht in der Lage, die oszillierende Bewegung des Kolbens in die Drehbewegung zu übertragen, die das Wasserrad zu einer so nützlichen Quelle mechanischer Energie machte. (Tatsächlich wurde einer von Newcomens Motoren dazu verwendet, Wasser aus einem Becken unterhalb des Wasserrads in ein Reservoir zu pumpen, aus dem es wieder in das Becken zurückfloss und dabei das Wasserrad drehte). Der englische Erfinder James Pickard versuchte, diese Einschränkung zu überwinden, indem er ein Schwungrad mit einer Kurbel an den Kolben des atmosphärischen Motors anbrachte, eine Vorrichtung, die seit der Antike verwendet wurde. 1780 gelang es Pickard, seine Kurbel- und Schwungradkonstruktion patentieren zu lassen.

Leider war der atmosphärische Motor für den Zweck, ein Rad zu drehen, schlecht geeignet, da sein primitiver Kolben und Zylinder nur einmal alle fünf Sekunden oszillieren konnte. Dies bedeutete, dass das Rad, das mit dem Kolben des atmosphärischen Motors verbunden war, eine Höchstgeschwindigkeit von nicht mehr als zwölf Umdrehungen pro Minute erreichen konnte – eine traurig langsame Geschwindigkeit für einen Rotationsmotor. Und Pickards Patent war ein ernsthaftes Hindernis für den schottischen Instrumentenbauer James Watt, der bereits eine viel effizientere Konstruktion für eine Dampfmaschine patentiert hatte.

Watt nahm zwei wesentliche Verbesserungen an der Grundkonstruktion von Newcomen vor. Seine erste Verbesserung bestand darin, dass der Dampf bei jedem Hub physisch aus dem Zylinder in einen Kühlkondensator ausgestoßen wurde. Damit entfiel die verschwenderische Notwendigkeit, den Hauptzylinder immer wieder zu kühlen und zu heizen. Die atmosphärische Maschine verbrauchte mehr Kraftstoff für das Wiederaufheizen des Zylinders als für die Erzeugung der mechanischen Kraft.

Die zweite Verbesserung von Watt bestand darin, das hintere Ende des Zylinders mit einem druckdichten Deckel zu verschließen, so dass nur die Kolbenstange durch ein luftdichtes Loch in der Mitte dieses Deckels herausragen konnte. Dadurch konnte der Dampf zunächst in den unteren Teil des Zylinders eindringen und den Kolben bis zum oberen Ende seines Hubs hochdrücken, und anschließend in den oberen Teil des Zylinders eindringen und den Kolben wieder nach unten drücken. Durch diese doppelte Wirkung, die dem Zylinder zwei Arbeitshübe anstelle eines einzigen verschaffte, wurde die Leistung der Dampfmaschine effektiv verdoppelt, ohne ihre Größe oder ihr Gewicht zu erhöhen.

Im Jahr 1775 ging Watt eine Partnerschaft mit dem englischen Geschäftsmann und Fabrikanten Matthew Boulton ein, um seine verbesserte Dampfmaschine zu bauen. Doch ein letztes Hindernis musste noch überwunden werden. Die riesigen Kolben und Zylinder der frühen Dampfmaschinen waren nicht mit ausreichender Präzision bearbeitet, um einen engen, luftdichten Sitz zu bilden. Dadurch konnte bei jedem Hub Dampf entweichen, was die Leistung und den Wirkungsgrad der Maschine erheblich minderte. Das Problem wurde von einem walisischen Kanonenbauer namens John Wilkinson gelöst, der eine Methode zum Präzisionsbohren von Kanonen entwickelt hatte, die er auf das Bohren der riesigen Zylinder der frühen Watt'schen Maschinen anwandte – die erste Maschine hatte einen über eineinviertel Meter breiten Kolben, der sich in einem über siebeneinviertel Meter langen Zylinder auf und ab bewegte.

Watts frühe Dampfmaschinen waren eine große Verbesserung gegenüber der atmosphärischen Maschine von Newcomen und leisteten die gleiche Arbeit bei nur einem Viertel des Brennstoffs. Infolgedessen wurde die Watt'sche Maschine schnell zum bevorzugten Mechanismus für das Abpumpen von Wasser aus den Kohlebergwerken. Die einfache Schwingungsbewegung dieser frühen Motoren war jedoch nur für Arbeiten geeignet, die eine Auf- und Abwärtsbewegung erforderten, wie das Pumpen von Wasser oder das abwechselnde Heben und Senken des Hammers einer mechanischen Schmiede. Der letzte Schritt stand noch aus: Die oszillierende Bewegung des Kolbens und des Zylinders musste in eine Drehbewegung umgewandelt werden, die für den Antrieb von Sägewerken, Mühlen und Textilfabriken benötigt wurde, die im gesamten Europa des 18. Jahrhunderts aus dem Boden schossen.

Es war Boulton, der Watt dazu drängte, den Kolben seiner verbesserten Dampfmaschine mit Hilfe einer Kurbel an einem Schwungrad zu befestigen, aber Pickard hatte dieses Konzept bereits patentiert. Da er sich weigerte, eine Partnerschaft mit Pickard einzugehen, gelang es dem genialen Watt, dessen Patent zu umgehen, indem er den Kolben seiner verbesserten Dampfmaschine mit einem Schwungrad mit einem „Sonnen- und Planetengetriebe" verband, das nach einem anderen Prinzip als die einfache Kurbel funktionierte. Watts neue Maschine wurde ein großer Erfolg, und seine Partnerschaft mit Boulton, die fünfundzwanzig Jahre andauern sollte, machte James Watt zu einem wohlhabenden Mann auf Lebenszeit.

Die Auswirkungen von Watts Erfolg bei der Entwicklung einer Dampfmaschine, die Rotationskraft mit relativ hoher Geschwindigkeit lieferte, können nicht hoch genug eingeschätzt werden. Sie befreite die europäische Gesellschaft von ihrer jahrhundertealten Abhängigkeit von Wasserrädern – die nur an günstigen Standorten aufgestellt werden konnten, wo eine zuverlässige Quelle fallenden Wassers nutzbar gemacht werden konnte – sowie von Windmühlen, die vom unvorhersehbaren Kommen und Gehen günstiger Winde abhängig waren. Zum ersten Mal konnte eine Quelle der Rotationskraft dort platziert werden, wo sie am günstigsten war.

Textilfabriken konnten überall dort gebaut werden, wo der Standort am günstigsten war. Säge- und Getreidemühlen konnten an den Ufern ruhiger, schiffbarer Flüsse errichtet werden, die bereit waren, die von Lastkähnen und Flussschiffen angelieferten Getreide- und Holzladungen aufzunehmen. Und die zahlreichen Kohle- und Eisenerzvorkommen, die es auf den britischen Inseln gab, machten Großbritannien zu einem bevorzugten Ort für die Entwicklung von Industrien, die auf Eisen, Stahl, Kohle und Dampf basierten.

Die Erfindung einer effizienten Dampfmaschine mit Rotationsantrieb hatte vor allem enorme Auswirkungen auf die Transportmittel zu Lande und zu Wasser. Als die Dampfmaschine an ein riesiges, mit hölzernen Schaufeln versehenes Rad angeschlossen wurde, war das Dampfschiff geboren. Als die Dampfmaschine auf einen großen und schweren Wagen montiert wurde, der ganz aus Stahl bestand und auf Stahlschienen lief, war die Eisenbahn geboren. Und von all den vielen Nachkommen der rotierenden Dampfmaschine gehören das Dampfschiff und die Eisenbahn zu den umwälzendsten. Gemeinsam revolutionierten sie den Fernverkehr und den Handel und ermöglichten den größten Wandel in der menschlichen Gesellschaft seit der Entstehung der städtischen Zivilisation vor Tausenden von Jahren.

Maschinen der Mobilität

Jahrtausendelang war das Segelschiff den Winden auf See ausgeliefert, die unbeständig und unvorhersehbar aus vielen verschiedenen Richtungen wehen konnten. In den frühen 1800er Jahren, bevor das erste Hochseedampfschiff gebaut wurde, dauerte eine typische Reise von Europa nach Amerika mit einem Segelschiff durchschnittlich zwei Monate auf See. Die Great Western hingegen, der erste eigens für die Atlantiküberquerung gebaute Schaufelraddampfer, benötigte für seine Jungfernfahrt von England nach New York im April 1838 16 Tage, und bis 1875 überquerte eine Flotte von Dampfschiffen mit eisernem Rumpf – mit fortschrittlichen Dampfmaschinen und Schraubenpropellern anstelle von Schaufelrädern – den Atlantik regelmäßig in sieben Tagen. Andere Seereisen nach Südamerika, Afrika, Indien und in den Orient, die zuvor Monate gedauert hatten, wurden ebenfalls in einem Bruchteil der früheren Zeit durchgeführt. Infolgedessen nahmen interkontinentale Reisen und der Handel in dem Jahrhundert zwischen 1800 und 1900 enorm zu.

Die erste regelmäßige Eisenbahnverbindung zwischen zwei Städten wurde 1830 in England zwischen Manchester und Liverpool eingerichtet, und der Erfolg der Eisenbahnen in den folgenden Jahrzehnten löste in ganz Europa und Nordamerika eine fieberhafte Bautätigkeit an Gleisen, Zügen und Lokomotiven aus, die immer größere Mengen an Eisen und Stahl verbrauchte. Fahrten, die früher Tage gedauert hatten, wurden in wenigen Stunden erledigt, und schwere Güter, die zuvor langsam mit Schiffen, Lastkähnen und Flussbooten transportiert worden waren, wurden auf Güterwagen verladen und in einem Bruchteil der Zeit, die zuvor für den Transport mit dem Schiff benötigt worden war, über Land befördert.

Als die Maschinenbauer und Erfinder des späten 18. Jahrhunderts die Kunst des passgenauen Zusammenfügens von Kolben und Zylinder perfektionierten und den Kolben mit einer präzise bearbeiteten Kurbelwelle verbanden, wurde die Hin- und Herbewegung des Kolbens in eine kontinuierliche Drehbewegung umgewandelt, und die „Hubkolbenmaschine" war geboren. Die Dampfmaschine war der Inbegriff der Kolbenmaschine des 19. Jahrhunderts und wurde schnell zur wichtigsten Energiequelle für Mühlen, Schiffe und Eisenbahnen in Europa. Aber die Hubkolbenmaschine war für eine noch exotischere und transformative Zukunft bestimmt.

Die Dampfmaschine war eine präzise gefertigte Hubkolbenmaschine, bei der die Verbrennung des Brennstoffs außerhalb des Kolbens und des Zylinders stattfand – sie verbrannte Holz, Kohle oder Koks, um Wasser in einem Kessel zu erhitzen und in Dampf umzuwandeln. Nachdem sie die Dampfmaschine perfektioniert hatten, begannen die europäischen Erfinder an der Idee zu tüfteln, die Verbrennung des Kraftstoffs im Inneren der Maschine stattfinden zu lassen. Schon bald hatten Ingenieure aus verschiedenen Ländern Entwürfe für die radikal neue Idee eines Verbrennungsmotors fertiggestellt. Die meisten dieser Motoren funktionierten, indem eine kleine Menge Kraftstoff direkt im Zylinder entzündet wurde. Die Idee war, dass die Kraft der sich ausdehnenden Gase, die durch die Verbrennung des Kraftstoffs erhitzt wurden, den Kolben vorwärts treiben und die Kurbel eines Schwungrads drehen würde.

Bereits 1807 gelang es den französischen Brüdern Nicéphore und Claude Niépce, ein Boot auf der Saône zu fahren, das von einem Verbrennungsmotor angetrieben wurde, der mit einem Gemisch aus Moossporen, Kohlenstaub und Harz betrieben wurde.[94] Für diese Leistung erhielt ihr Motor ein Patent von Napoleon Bonaparte. Es folgten weitere Versuche, bei denen Wasserstoffgas und Terpentinöl als Brennstoff verwendet wurden. Im Laufe des 19. Jahrhunderts versuchten schweizerische, amerikanische, britische, französische, deutsche und belgische Erfinder mit zunehmendem Erfolg, einen Verbrennungsmotor mit Kohlegas anzutreiben – einem Nebenprodukt des Prozesses, bei dem Kohle in Koks umgewandelt wird, und dem wichtigsten Gas für die Beleuchtung während der Gaslichtära.

Schließlich gelang es dem deutschen Erfinder Nikolaus Otto, einen Gasmotor zu konstruieren, der leistungsstark und zuverlässig genug für die kommerzielle Produktion war. Im Jahr 1864 eröffnete Otto eine Fabrik zur Herstellung von Verbrennungsmotoren und verkaufte bis 1875 über sechshundert Gasmotoren. Da das Kohlengas jedoch hauptsächlich durch in der Erde verlegte Metallrohre zugeführt wurde, eignete sich der Gasmotor nur für stationäre Anlagen und war keine praktische Kraftquelle für Kraftfahrzeuge.

Im Jahr 1884 konstruierte und baute der britische Ingenieur Edward Butler jedoch den ersten modernen Benzinmotor, der mit einer Zündspule, einer Zündkerze und einem Vergaser ausgestattet war. Butler baute seinen Motor in ein dreirädriges Fahrzeug ein, das er „Velocycle" nannte und das eine Höchstgeschwindigkeit von sechszehn Kilometern pro Stunde erreichte. Doch aufgrund des berüchtigten britischen Red Flag Act (oder Locomotive Act) von 1865, der für selbstfahrende Fahrzeuge eine Höchstgeschwindigkeit von drei Kilometern pro Stunde in Wohngebieten und von sechseinhalb Kilometern pro Stunde auf dem Land vorschrieb – und der außerdem verlangte, dass ein Mann vor dem Fahrzeug herging und eine rote Flagge schwenkte –, konnte Butler keine Kunden für sein Velocycle finden. Butler zerstörte seine Erfindung 1896, verkaufte das Metall als Schrott, gab sein Bestreben, ein Kraftfahrzeug zu bauen, auf und widmete sich für den Rest seines Lebens der Konstruktion von Verbrennungsmotoren für Boote.

Letztlich waren es die deutschen Ingenieure, die die technischen Probleme lösten, die der Herstellung eines praktischen und erschwinglichen Automobils im Wege standen. Gottlieb Daimler und Wilhelm Maybach, beide ehemalige Mitarbeiter von Otto, bauten 1885 einen kleinen Benzinmotor in ein zweirädriges Fahrzeug ein und schufen damit das erste Motorrad der Welt. Karl Benz begann 1886 mit der Produktion des ersten kommerziellen Automobils, und 1890 begannen auch Daimler und Maybach mit der Herstellung von Automobilen für den kommerziellen Markt.

Schließlich gelang es Rudolph Diesel, die erste funktionsfähige Version des Carnot-Motors zu entwickeln, wobei er die vom französischen Militäringenieur und Physiker Nicolas Carnot aufgestellten thermodynamischen Grundsätze nutzte. Diese Grundsätze waren bereits 1824 veröffentlicht worden, als Carnot erst sechsundzwanzig Jahre alt war. Sie beschrieben einen Prozess, bei dem die Verbrennung des Kraftstoffs im Zylinder nicht durch einen elektrischen Funken, sondern durch die Wärme ausgelöst wurde, die entstand, wenn der Kolben die Gase im Inneren des Zylinders komprimierte. Obwohl Rudolf Diesels Leben kurz war, als er 1913 unter mysteriösen Umständen auf See starb, wurde sein Konzept im Dieselmotor verewigt, der seither die Dampfmaschine als Hauptantriebsquelle für die größten und schwersten modernen Fahrzeuge ersetzt hat: Schiffe, Lokomotiven, schwere Lastwagen und Erdbewegungsmaschinen.

Ende des 19. Jahrhunderts war die Erdölindustrie, die in den 1850er Jahren in Europa ganz bescheiden mit der Herstellung von Paraffin aus Rohöl begonnen hatte, zu einer bedeutenden industriellen Kraft herangereift, und um 1880 wurden allein in den USA mehr als zwanzig Millionen Barrel Rohöl pro Jahr aus den Ölquellen gepumpt. Die Kombination des aus Erdöl destillierten Benzins mit dem präzisionsgefertigten Verbrennungsmotor ermöglichte die Entwicklung des modernen Benzinmotors: eine leichte, kompakte, leistungsstarke, zuverlässige und wirtschaftliche Kraftquelle. Und es war der moderne Benzinmotor, der es den Erfindern des frühen 20. Jahrhunderts mehr als jedes andere Gerät ermöglichte, sowohl das Automobil als auch das Flugzeug zu entwickeln – zwei Technologien für den Langstreckentransport, die die Entfernungen zwischen den menschlichen Gesellschaften auf einen Bruchteil ihrer früheren Größe reduzierten.

Von Feuerlanzen zu Feuerwaffen

Kriege sind weder ein neues noch ein junges Phänomen in der menschlichen Geschichte. Wie wir in Kapitel 1 gesehen haben, wurden sogar einige Schimpansengruppen dabei beobachtet, wie sie sich ihr Territorium gewaltsam aneigneten und dabei ein Verfahren anwandten, das der menschlichen Kriegsführung verblüffend ähnlich ist. Und die in Kapitel 6 beschriebenen archäologischen Funde deuten darauf hin, dass die organisierte Kriegsführung – einschließlich der Bildung von Armeen und des massenhaften Abschlachtens der Zivilbevölkerung – im menschlichen Leben schon lange vor der Entwicklung der städtischen Zivilisation üblich war. Doch als die Wissenschaft der Chemie und die Technik der Präzisionsmaschinen auf die Entwicklung und Herstellung von Waffen und ihren Trägersystemen angewandt wurden, erreichten die Gewalt und die Zerstörung der Kriegsführung bald ein in der Menschheitsgeschichte noch nie dagewesenes Ausmaß.

Die Erfindung von Feuerwaffen begann in China im neunten Jahrhundert n. Chr. mit der Entdeckung, dass Salpeter – ein natürlich vorkommendes Kaliumnitrat – leicht entzündet werden kann und mit einer charakteristischen blauen Flamme brennt. Schon bald entdeckten die Chinesen, dass man durch Mischen von Salpeterpulver mit kleineren Mengen Schwefelpulver und Holzkohle eine explosive Mischung herstellen konnte, die sie Schwarzpulver nannten – den Vorläufer des modernen Schießpulvers. Das Reizvolle am Schwarzpulver war, dass der Salpeter beim Verbrennen mehr Sauerstoff freisetzte, als er verbrauchte, und dieser zusätzliche Sauerstoff ermöglichte es dem Schwefel und der Holzkohle, auch dann zu brennen, wenn das Gemisch in einem geschlossenen Behälter, zum Beispiel in einem Gewehrlauf, gezündet wurde.

Der weit verbreitete Glaube, die Chinesen hätten das Schießpulver erfunden, es aber nur zur Herstellung von Unterhaltungsfeuerwerken verwendet, ist völlig falsch. Bereits im zehnten Jahrhundert füllten die Chinesen hohle Bambusrohre mit Schwarzpulver, um damit giftige oder brennende Geschosse, so genannte Feuerlanzen, zu verschießen, und im frühen dreizehnten Jahrhundert verwendeten sie Schießpulver zum Bau von Bomben, Flammenwerfern, Raketen, Gewehren und Kanonen, die alle in großem Umfang in der Kriegsführung eingesetzt wurden. Zu dieser Zeit besaßen die Europäer keine Feuerwaffen, und die europäischen Waffen bestanden hauptsächlich aus Dolchen, Schwertern, Speeren, Lanzen, Streitkolben, Pfeilen und Armbrüsten sowie einer Vielzahl von Rammböcken und Katapulten, die dazu dienten, die Mauern von militärischen Festungen und befestigten Städten einzureißen.

Feuerwaffen kamen in Europa nach der Mitte des dreizehnten Jahrhunderts auf, aber über mehrere Jahrhunderte hinweg hatten alle Feuerwaffen einige erhebliche Nachteile, die ihre Verwendung stark einschränkten. Handfeuerwaffen waren schwer, und es dauerte mehrere Minuten, sie mit Schießpulver und Geschossen zu laden. Sie mussten in einer Hand gehalten werden, während sie mit der anderen Hand mit einem brennenden Docht angezündet wurden, sie waren notorisch ungenau und explodierten manchmal in den Händen ihrer Besitzer.

Noch um 1600 n. Chr. wurde die „Luntenschloss"-Muskete mit einem brennenden Docht abgefeuert, der beim Betätigen des Abzugs gegen eine kleine Menge Zündpulver gestoßen wurde. Ein niederländisches Soldatenhandbuch aus dem Jahr 1607 listet nicht weniger als achtundzwanzig einzelne Schritte auf, die ein Musketier ausführen musste, bevor er einen einzigen Schuss aus einer Luntenschloss-Muskete abfeuern konnte.[95] Tatsächlich dauerte es so lange, bis die Luntenschloss-Muskete geladen und abgefeuert war, dass erst mit der Einführung der Steinschlossmuskete nach 1650 – bei der das Schießpulver durch einen Funken entzündet wurde, der durch das Aufschlagen eines federbelasteten Feuersteins auf eine Stahlplatte erzeugt wurde – die Verwendung von Feuerwaffen in der Kriegsführung die traditionellen Handwaffen endgültig zu ersetzen begann.

Kanonen waren tödlicher als die Katapulte, mit denen seit der Antike riesige Steine auf befestigte Ziele geschleudert wurden, aber die frühen Kanonen waren enorm groß und schwer. Eine einzelne Kanone wog in der Regel mehrere Tonnen, erforderte ein großes Pferdegespann, um sie in Schussweite zu bringen, und es konnte mehrere Stunden dauern, bis sie gereinigt, mit Schießpulver gefüllt und mit Kanonenkugeln geladen war und einen einzigen Schuss abgeben konnte. Kanonen waren nicht nur äußerst ungenau, sondern explodierten auch gelegentlich und töteten ihre Bediener, anstatt ihre Geschosse abzufeuern.

Das Problem bei allen frühen Feuerwaffen lag in der Art ihrer Herstellung. Die Läufe der frühen Gewehre und Kanonen wurden durch das Gießen von geschmolzener Bronze oder Eisen in Formen hergestellt, aber der Prozess des Gießens von geschmolzenem Metall führt nicht zu einem glatten oder genau geraden Lauf, und kleine Unregelmäßigkeiten im Inneren des Laufs würden die Flugbahn des Geschosses beeinträchtigen. Außerdem verfügten die frühen Feuerwaffen nicht über die „Züge", die in allen modernen Feuerwaffen eingebaut sind. Die Züge bestehen aus spiralförmigen Rillen, die das Projektil auf seinem Weg durch den Lauf in Drehung versetzen, was die Flugbahn des Geschosses erheblich begradigt und die Reichweite und Genauigkeit der Waffe enorm erhöht.

Aber die Technologie der Präzisionsbearbeitung machte es möglich, den Lauf einer Feuerwaffe in ein exakt glattes, gerades Rohr zu bohren, und es war mehr als jede andere Entwicklung, die der Feuerwaffe ihre tödliche Wirksamkeit verlieh und die Schwerter, Speere und Pfeile früherer Zeiten endgültig überflüssig machte. Als James Watt für seine neue Dampfmaschine einen passgenauen Kolben und Zylinder bauen musste, wandte er sich deshalb an John Wilkinson, einen Kanonenbauer, um eine Lösung zu finden.

Als sich die chinesische Erfindung des Schießpulvers und der Feuerwaffen mit den europäischen Fortschritten in der Präzisionsbearbeitung verband, entwickelte sich die Feuerwaffe zur tödlichsten Waffe der Menschheitsgeschichte. Das von der US-Armee standardmäßig verwendete M-16-Gewehr kann zehn Schuss Munition pro Sekunde abfeuern und hat eine effektive Reichweite von sechs Fußballfeldern. Das M-61-Maschinengewehr der US-Armee kann einhundert Schuss Munition pro Sekunde abfeuern, und eine moderne Haubitze kann eine explosive Granate mit einem Durchmesser von fünfzehn Zentimetern verschießen und ein Ziel in einer Entfernung von neunundzwanzig Kilometern zerstören. Und das sind nur drei von Zehntausenden verschiedener Feuerwaffen, die derzeit hergestellt und verwendet werden, von winzigen Pistolen mit einer Länge von weniger als zehn Zentimetern bis hin zu riesigen Marinegeschützen mit einer Länge von mehr als achtzehn Metern und einer Reichweite von fünfunddreißig Kilometern, die ein explosives Geschoss mit einem Durchmesser von vierzig Zentimetern und einem Gewicht von mehr als neunhundert Kilogramm verschießen können.

Millionen von Jahren lang waren die frühen Hominiden, die sich entwickelnden Menschen und die modernen Menschen mit dem Problem konfrontiert, sich und ihre Nachkommen gegen die Bedrohung durch die großen Raubtiere zu verteidigen, die ihre Welt und ihre natürliche Umgebung bevölkerten. Die tödlichen Waffen, die die prähistorischen Menschen herzustellen lernten, mögen sie in die Lage versetzt haben, sowohl ihre Beute als auch ihre natürlichen Feinde zu töten und zu verletzen, aber nur mit den Lanzen, Speeren, Harpunen und Pfeilen der Vergangenheit bewaffnet, hatten die vorindustriellen Menschen keine Garantie, dass sie eine Konfrontation mit Löwen, Tigern, Bären, Wölfen, Büffeln, Elefanten, Nashörnern, Walrossen, Wildpferden und anderen gefährlichen Tieren überleben würden, denen sie auf der Jagd oder beim Umzug ihrer Lager begegneten. Vor der Erfindung von Feuerwaffen wurden unzählige Jäger, Sammler, Bauern und Hirten durch die Angriffe verängstigter, aufgebrachter oder verwundeter Tiere getötet.

Doch die Entwicklung präzisionsgefertigter Feuerwaffen änderte all dies. Zum ersten Mal in der Geschichte der Menschheit verfügte der moderne Jäger über eine tödliche Waffe, mit der er andere Tiere aus großer Entfernung verwunden oder töten konnte. Die Effektivität moderner Schusswaffen – in Verbindung mit der dramatischen Verringerung der Wildnisgebiete und der stetigen Verlagerung der menschlichen Bevölkerung vom Land in die Städte – hat der Bedrohung des menschlichen Lebens durch wilde Tiere in unserer Umwelt ein Ende gesetzt. In der modernen Welt geht die Bedrohung für das Leben und die Sicherheit des Menschen heute fast ausschließlich von anderen Menschen aus.

Alle Dinge elektrisch

Im Jahre 1820 bemerkte der dänische Physiker Hans Christian Ørsted bei einer Vorlesung, dass die Nadel eines Kompasses reagierte, wenn der elektrische Strom einer Batterie ein- und ausgeschaltet wurde. Ørsted war der erste, der die Entdeckung veröffentlichte, dass Strom, der durch einen Draht fließt, ein Magnetfeld erzeugt. Obwohl auch andere Wissenschaftler mit Ørsteds Entdeckung der Beziehung zwischen Elektrizität und Magnetismus experimentierten, konnte Michael Faraday, der Sohn eines englischen Hufschmiedes, erst in den 1830er Jahren nachweisen, dass Ørsteds Entdeckung auch in umgekehrter Richtung funktionierte: Wenn sich ein Magnetfeld durch einen elektrischen Leiter wie einen Draht bewegt, erzeugt es einen elektrischen Strom in diesem Leiter. Dieses Phänomen, das als elektromagnetische Induktion bekannt ist, ermöglichte es Faraday, Funktionsmodelle der beiden wichtigsten Geräte des elektrischen Zeitalters zu entwickeln: den elektrischen Generator und den Elektromotor.

Vor Faradays Pionierarbeit waren die einzigen zuverlässigen Stromquellen primitive Formen von Nasszellenbatterien – große, schwere und zerbrechliche Gegenstände, die mit gefährlichen Mengen an Schwefelsäure gefüllt waren. Es ist jedoch auch wichtig, sich daran zu erinnern, dass Faraday weder den Elektromotor noch den elektrischen Generator hätte entwickeln können, wenn es nicht die Techniken der Präzisionsbearbeitung gegeben hätte. Diese Techniken ermöglichten den Bau von Mechanismen mit glatten, langlebigen Lagern, die es den Rotoren ermöglichten, sich bei hohen Geschwindigkeiten mit einem Minimum an Vibrationen zu drehen, was für das ordnungsgemäße Funktionieren sowohl von Motoren als auch von Generatoren unerlässlich war.

Nachdem die Prinzipien der elektromagnetischen Induktion fest etabliert waren und elektrische Generatoren erfolgreich konstruiert und gebaut worden waren, konnte jede Quelle von Drehkraft zur Erzeugung eines gleichmäßigen elektrischen Stroms genutzt werden. Das erste öffentliche Kraftwerk wurde 1881 in Südengland gebaut und durch ein Wasserrad angetrieben. Gegen Ende des 19. Jahrhunderts wurden in ganz Europa und Nordamerika elektrische Generatoren gebaut, die durch Dampf- und Wasserkraft angetrieben wurden, und zu Beginn des zwanzigsten Jahrhunderts verbreitete sich die Elektrizität wie ein Lauffeuer in der gesamten bewohnten Welt.

Die Einführung erschwinglicher elektrischer Energie führte schnell zur Entwicklung einer Vielzahl neuer Technologien, die das Leben der Menschen völlig revolutionierten. Elektrische Aufzüge – weitaus leistungsfähiger und effizienter als ihre hydraulischen und dampfbetriebenen Vorgänger – ermöglichten den Bau echter Hochhäuser, und der Wolkenkratzer war geboren. Der Telegraph – und später das Telefon – ermöglichte es den Menschen zum ersten Mal in der Geschichte der Menschheit, über Tausende von Kilometern hinweg sofort zu kommunizieren. U-Bahn-Züge brachten täglich Millionen von Menschen durch Tunnel im Boden zur Arbeit, während elektrische Straßenbahnen durch die Straßen der Großstädte der Welt rollten.

Die elektrische Beleuchtung verwandelte die Nacht von einer schummrigen, flackernden Lampen- und Kerzenwelt in eine Welt der Glühbirnen, die die Nacht wie nie zuvor erhellten und die Menschheit von ihrer uralten Abhängigkeit vom Auf- und Untergang der Sonne befreiten. Die Kühlung veränderte die Lebensmittelindustrie völlig, da Fleisch, Geflügel und Meeresfrüchte nun Tausende von Kilometern transportiert und wochen- und monatelang eingefroren werden konnten, ohne Schaden zu nehmen. Klimaanlagen veränderten das Leben aller Menschen, die in heißen Klimazonen leben, denn sie ermöglichten es ihnen, in belebender Kühle zu arbeiten und zu spielen. Und mit dem Aufkommen von Radio, Film und Fernsehen – die ohne Elektrizität nicht möglich gewesen wären – begann das Zeitalter der Massenkommunikation.

In der Zwischenzeit liefen die Werkzeugmaschinen in der industriellen Welt auf Hochtouren und wurden von den sperrigen und gefährlichen Riemen, Riemenscheiben und Wellen befreit, die lange Zeit für die Kraftübertragung von Dampfmaschinen auf die Fließbänder in den Fabriken verwendet worden waren. Noch um 1900 lieferten Dampfmaschinen mehr als 80 Prozent der in der Fertigung eingesetzten mechanischen Energie, während Elektromotoren weniger als 10 Prozent lieferten. Vierzig Jahre später hatte sich dieses Verhältnis genau umgekehrt.[96] Zu diesem Zeitpunkt wurden alle modernen Werkzeugmaschinen von Elektromotoren angetrieben, und dabei wurden sie kleiner, leichter, transportabler und effektiver als die vorherige Generation von Werkzeugmaschinen, die von Dampfmaschinen angetrieben wurden – oder als die Generation davor, die durch das Drehen von Kurbeln und Tretmühlen durch menschliche Hände und Füße angetrieben wurde. In weniger als zweihundert Jahren hatte die weit verbreitete Nutzung von fossilen Brennstoffen, Kolbenmotoren und Elektrizität – die allesamt durch die Technologie der Präzisionsmaschinen ermöglicht wurden – jeden Aspekt des menschlichen Lebens grundlegend verändert.

Nur in den seltenen Momenten, in denen ein schweres Unwetter oder ein Analgenunfall dazu führt, dass die Lichter für ein paar Stunden ausfallen, bekommen wir, die wir in der entwickelten Welt leben, einen teilweisen, vorübergehenden Einblick in die zentrale Rolle, die die Elektrizität in unserem täglichen Leben spielt. Heizungen und Klimaanlagen kommen zum Stillstand. Kühlschränke funktionieren nicht mehr. Herde lassen sich nicht mehr anzünden. Fahrstühle funktionieren nicht mehr. Fernsehen gibt es nicht mehr. Computer werden dunkel. Mobile Geräte können nicht mehr aufgeladen werden. Und die Arbeitsplätze und Transportsysteme der modernen Welt – Büros, Fabriken, Lagerhäuser, Geschäfte, Krankenhäuser, Schulen, Flughäfen, Züge, U-Bahnen und Aufzüge, die das städtische Leben in der heutigen Gesellschaft ermöglichen – funktionieren nicht mehr und müssen so lange aufgegeben werden, bis die Stromversorgung wiederhergestellt ist. Und wenn ein Stromausfall in der Nacht auftritt, werden wir in die ungewohnte und unbequeme Dunkelheit einer Welt gestürzt, die nur von Kerzen und Laternen beleuchtet wird.

Und das sind nur die Technologien, die von der Elektrizität abhängen, die in Kraftwerken erzeugt und über Stromleitungen zu Gebäuden und anderen festen Strukturen geleitet wird. Wenn die Elektrizität selbst plötzlich verschwinden würde, könnten Autos, Lastwagen, Busse und Züge weder starten noch fahren, Flugzeuge würden nicht fliegen, die Ordnungskräfte könnten nicht kommunizieren, und da weder Telefone, mobile Geräte noch Radios funktionieren, könnten nur Menschen, die sich zufällig zur gleichen Zeit am gleichen Ort befinden, überhaupt miteinander sprechen.

Angesichts unserer extremen Abhängigkeit von der Elektrizität im heutigen Leben ist es erstaunlich, dass die Elektrizität selbst bis zum Ende des neunzehnten Jahrhunderts nicht allgemein verfügbar war. Und von all den vielen Möglichkeiten, wie die Elektrizität das menschliche Leben revolutioniert hat, war die Verbreitung der Technologie in Haus und Heim und die Auswirkung der Haustechnik auf die Stellung der Frau in der modernen Gesellschaft vielleicht die bedeutendste – im Hinblick auf ihre kulturellen und sozialen Folgen.

Die Maschinenausstattung von Haus und Heim

Ab Herbst 1967 lebte ich fünfzehn Monate lang mit meiner Familie auf der griechischen Insel Ios, wo ich die traditionelle Lebensweise der griechischen Inselbewohner für meine Promotion in Kulturanthropologie studierte. Ich wählte die Insel Ios, weil sie damals noch keinen Hafen für Kreuzfahrtschiffe hatte und weder Strom noch Kraftfahrzeuge auf der Insel vorhanden waren. Infolgedessen lebten die Inselbewohner weitgehend so, wie die meisten anderen europäischen Dorfbewohner vor der industriellen Revolution gelebt hatten.

Die Bewohner von Ios bauten noch ihr eigenes Getreide an und mahlten es in der Dorfwindmühle zu Mehl. Der Brotteig, den sie zu Hause zubereiteten, wurde jeden Morgen vom Dorfbäcker in einem riesigen Steinofen gebacken, der mit Holzfeuern beheizt wurde, die jeden Abend angezündet wurden und die ganze Nacht brannten. Die Inselbewohner bauten ihre eigenen Oliven an, aus denen sie Öl pressten, und ihre eigenen Trauben, die sie zu Wein kelterten. Das gesamte Schweine-, Lamm-, Ziegen- und Hühnerfleisch sowie die Eier, die auf der Insel verzehrt wurden, ebenso wie alle Meeresfrüchte und das Gemüse, stammten von Bauern aus der Umgebung und wurden von Fischern aus der Umgebung gefangen. Rindfleisch war nicht erhältlich. Die Frauen auf Ios spannen noch immer Garn aus Baumwolle und Wolle und strickten einen Großteil ihrer Kleidung von Hand.

Sonntagmorgens, wenn das Wetter es zuließ, kam ein kleiner Dampfer aus Athen und brachte diejenigen, die die Insel in der Woche zuvor verlassen hatten, um Verwandte zu besuchen oder Geschäfte zu erledigen, zurück nach Ios. Das einzige Auto der Insel, ein in die Jahre gekommener Kombi, wurde an diesen Vormittagen benutzt, um die alten und gebrechlichen Passagiere die lange, kurvenreiche Schotterstraße vom Hafen zum Dorf hinauf zu befördern. Da sie die Fahrt nicht bezahlen wollten, luden die meisten ihr Gepäck auf ein Lasttier und nahmen den langen, steilen Weg über eine alte Steintreppe auf sich. Für den Rest der Woche blieb der Kombi untätig. Maultiere und gelegentlich ein Esel waren die einzigen Transportmittel.

In der traditionellen Dorfgesellschaft von Ios arbeiteten die Menschen vom frühen Morgen bis zum Sonnenuntergang. Nach Einbruch der Dunkelheit wurde das Abendessen im Schein von Kerzen und Kerosinlaternen eingenommen. Die wohlhabenderen Dorfbewohner kochten auf Gasherdplatten, die weniger wohlhabenden auf Holzkohlegrills. Kaltes Wasser wurde in Kannen und Eimern in die Häuser getragen, die an öffentlichen Wasserhähnen auf der Straße gefüllt wurden. Heißes Wasser wurde auf der Herdplatte erhitzt. Die Wäsche wurde im Freien von Hand mit einem Scheuerbrett in einer Metallwanne gewaschen. Die Böden wurden mit Besen und Mopps gereinigt. Waschmaschinen, Kühlschränke, Staubsauger, Gasherde, Klimaanlagen und Geschirrspülmaschinen waren unbekannt. Lebensmittelkonserven wurden in einigen kleinen Gemischtwarenläden verkauft, aber nur zu besonderen Anlässen gekauft. Tiefkühlkost gab es nicht.

In dieser traditionellen und weitgehend vorindustriellen Gesellschaft war die Arbeitsteilung zwischen Männern und Frauen streng und allumfassend. Die Männer bauten das Getreide an und pflegten die Obst- und Weingärten. Männer kümmerten sich um die Tiere, bauten die Häuser und reparierten sie, wenn nötig. Männer kümmerten sich um die Politik und die Amtsgeschäfte. Männer gingen ins Ausland, um als Angestellte auf Schiffen, in Fabriken und in Restaurants Geld zu verdienen. Frauen zogen die Kinder auf und kümmerten sich um Haus und Heim. Frauen pflegten die Gemüsegärten, kauften die Lebensmittel und andere Haushaltswaren ein und bereiteten alle Mahlzeiten aus unverarbeiteten Rohstoffen zu. Frauen spülten das Geschirr, fegten und wischten die Böden, trugen die Teppiche nach draußen und klopften den Staub aus ihnen heraus, wuschen die Kleidung von Hand und flickten sie, wenn sie verschlissen war, machten die Betten, wuschen die Wäsche, spannen Garn aus Baumwolle und Wolle, strickten Socken und Pullover, tünchten die Häuser, stillten und wuschen die Babys, fütterten und kleideten die Kinder, kümmerten sich um die kranken, gebrechlichen und älteren Familienmitglieder und taten ihr Bestes, um ihre Häuser im Sommer kühl und im Winter warm und trocken zu halten.

Ohne einen Partner des anderen Geschlechts war ein Mann oder eine Frau in der Inselgesellschaft ein Bürger zweiter Klasse. Allein hatte ein Mann niemanden, der seine Kinder gebären, sein Essen zubereiten, seine Kleidung flicken und waschen oder sein Haus sauber und ordentlich halten konnte. Eine Frau hatte keine Aussicht auf eine Anstellung und keine zuverlässige Quelle für Geld, Nahrung oder Schutz. Ein Alleinleben kam nicht in Frage. Unverheiratete Männer und Frauen lebten bei ihren alternden Eltern oder in den Familien von Verwandten. Ihnen fehlte nicht nur ein eigenes Haus, sondern auch der soziale Status, die Selbstachtung und die persönliche Autonomie, die damit verbunden waren. Und ihr größtes Unglück im Wertesystem der Inselkultur war, dass sie keine Kinder hatten, die Freude und Lachen in ihr Leben brachten, die ihnen eine Vision für die Zukunft gaben oder die sie im Alter unterstützten und pflegten.

Da ich aus einer entwickelten, städtischen Gesellschaft stamme, in der Haushaltstechnologie alltäglich war, konnte ich zunächst nicht begreifen, welche unersetzliche Stellung die Frauen dieser griechischen Insel im täglichen Leben einnahmen. Aber ein Mann ohne Frau war in dieser traditionellen Gesellschaft nur ein halber Mann. Selbst wenn er sich über die Konventionen hinwegsetzte und versuchte, die „Frauenarbeit" allein zu erledigen, würde er kaum genug Zeit dafür finden. Die Dorffrauen der Insel verbrachten den ganzen Tag damit, die unzähligen Aufgaben zu erledigen, die für den Unterhalt eines anständigen Hauses erforderlich waren. Neben der Führung eines anständigen Haushalts hatten die jüngeren Frauen auch die Aufgabe, sich um ihre Kinder zu kümmern: sie zu waschen, zu füttern, zu kleiden und sie vor Gefahren zu bewahren. Es gab buchstäblich keine Möglichkeit für einen Mann, ein normales Leben ohne eine Frau zu führen, die sich um seine häuslichen Bedürfnisse kümmerte, und die wenigen erwachsenen Männer, die nicht verheiratet waren, wurden bemitleidet – und gelegentlich auch verspottet.

Die Mechanisierung des Haushalts im zwanzigsten Jahrhundert hat das alles verändert. Waschmaschinen, Wäschetrockner, Staubsauger und Geschirrspüler machen es möglich, alle im Haushalt anfallenden Wasch- und Reinigungsarbeiten in viel kürzerer Zeit zu erledigen, als dies in vorindustriellen Zeiten erforderlich war. Tiefkühlkost, Fertiggerichte, Essen zum Mitnehmen, Kühlschränke, Gasherde, Mikrowellenherde und eine Reihe von Elektrogeräten, vom einfachen Mixer bis zur komplizierten Küchenmaschine, haben die Zubereitung von Lebensmitteln auf wesentlich einfachere Aufgaben reduziert, die in einem Bruchteil der früher benötigten Zeit erledigt werden können. Und all diese Technologien sind auf die Verfügbarkeit von elektrischem Strom angewiesen.

Mit der Zunahme der Beschäftigungsmöglichkeiten für Frauen – und der wachsenden Akzeptanz von Männern, die Routinearbeiten im Haushalt übernehmen – ist das Alleinleben für beide Geschlechter eine realistische Option geworden. Tatsächlich ist der Ein-Personen-Haushalt inzwischen für etwa 30 Prozent der Haushalte in Europa und den Vereinigten Staaten die gewählte Lebensform (in Schweden sind es sogar 47 Prozent). Und der Rest der Welt ist nicht weit davon entfernt. In Japan sind Ein-Personen-Haushalte sogar noch weiter verbreitet als in den Vereinigten Staaten. Aber nicht alle Länder haben diese Lebensform angenommen. In Indien, wo das Familienleben nach wie vor stark und lebendig ist, bestehen nur 3 Prozent der Haushalte aus nur einer Person.

Niemand würde behaupten, dass es besser wäre, zu den Bedingungen der Vergangenheit zurückzukehren, als Männer und Frauen so sehr voneinander abhängig waren, dass sie nicht in der Lage waren, ohne einen Ehepartner ein respektables Leben zu führen, oder als Frauen den größten Teil ihres Erwachsenenlebens mit Kochen, Putzen und Kindererziehung verbrachten. Aber – paradoxerweise – haben gerade die arbeitssparenden Geräte, die sich die modernen Menschen angeschafft haben, um die Arbeit der Frauen zu erleichtern, dazu geführt, dass die Frauen die unverzichtbare Stellung verloren haben, die sie früher in ihren Beziehungen zu den Männern und in der Gesellschaft im Allgemeinen hatten. Die wirtschaftliche Bedeutung der Männer, die traditionell die einzigen Familienmitglieder waren, die einer Erwerbstätigkeit nachgehen konnten, wurde durch das Aufkommen der sogenannten Erwerbsgesellschaft eher noch verstärkt.

Als unmittelbare Folge der Mechanisierung von Haus und Heim – und der völligen Umkehrung der wirtschaftlichen Bedeutung von Kindern von wirtschaftlichen Aktiva zu wirtschaftlichen Passiva – wurde die frühere Bedeutung der Frau als Gebärerin von Kindern und Hüterin von Haus und Heim ernsthaft geschmälert. In den ersten Jahren des zwanzigsten Jahrhunderts ging die Mechanisierung des Haushalts nicht viel weiter als bis zur Einführung mechanischer Reinigungstechnologien wie Waschmaschinen und Staubsauger. Und in den Jahren der Weltwirtschaftskrise und des Zweiten Weltkriegs waren viele Männer aufgrund der massiven Arbeitslosigkeit und des obligatorischen Militärdienstes nicht in der Lage, ihre Familien angemessen zu unterstützen. Dies war die Zeit, in der Frauen zum ersten Mal in großer Zahl außer Haus arbeiteten, und viele Frauen empfanden diese Erfahrung als befreiend und ermutigend.

Doch als der Krieg zu Ende war, kehrten die Männer an ihren Arbeitsplatz zurück. Und als die Frauen ihre Arbeit während des Krieges aufgaben und sich wieder dem Haushalt und der Kindererziehung widmeten, sanken der Status der Frauen und das Prestige der Frauenarbeit auf einen historischen Tiefstand. Daher erlebten die Frauen der modernen Welt ab Mitte des 20. Jahrhunderts – als die Mechanisierung des Haushalts in vollem Gange war, aber noch bevor es als akzeptabel galt, dass verheiratete Frauen mit Kindern einer Vollzeitbeschäftigung nachgingen – eine existenzielle Krise ihres Status und ihres Selbstwertgefühls, die bis heute anhält.

In den Jäger- und Sammlergesellschaften der Vergangenheit sammelten die Frauen nicht nur das Feuerholz und kochten das Essen, sondern brachten auch die meisten pflanzlichen Lebensmittel mit nach Hause, ohne die die Gruppe als Ganzes nicht leben konnte – und die es den erwachsenen Männern ermöglichten, ihre Tage mit der Jagd auf die ebenso lebenswichtigen Fleischvorräte zu verbringen. In landwirtschaftlich geprägten Gesellschaften arbeiteten die Frauen nicht nur in den Gärten und übernahmen das Kochen, Putzen und Waschen, sondern brachten auch die Kinder zur Welt und zogen sie auf, was der gesamten Familie Reichtum, Status und das Versprechen auf zukünftige Sicherheit brachte.

Aber in der modernen Industriegesellschaft ist die einzige wirklich unverzichtbare Tätigkeit das Geldverdienen durch Erwerbsarbeit, und da dies in den ersten Jahrzehnten der Industrialisierung als „Männerarbeit" begann, haben Männer diesen Bereich traditionell dominiert und genießen noch immer einen beträchtlichen Vorteil gegenüber Frauen als Arbeitnehmer. Inzwischen hat die Bedeutung der Frau als Gebärende von Kindern viel von ihrer früheren Bedeutung verloren. Die Menschen in den Industrieländern verlassen sich zunehmend nicht mehr auf ihre Kinder, sondern auf ihre Investitionen, Renten, Sozialleistungen und Krankenversicherungen, die ihnen im Alter wirtschaftliche Sicherheit geben.

Kurz gesagt, die kulturelle Trägheit – die Tendenz einer Kultur, traditionelle Werte und Einstellungen beizubehalten, die durch andere gesellschaftliche Veränderungen überholt sind – hat den Frauen der modernen Welt übel mitgespielt. Einerseits wird von Frauen immer noch erwartet, dass sie den größten Teil der Arbeit beim Kochen, Putzen, Aufrechterhalten eines geordneten Haushalts und der Kindererziehung übernehmen. Andererseits haben diese Aufgaben viel von ihrer früheren Bedeutung verloren, sowohl für ihre Ehemänner als auch für die Gesellschaft im Allgemeinen.

Gefangen zwischen einer traditionellen Rolle, die nicht mehr unentbehrlich ist und nicht mehr den Respekt genießt, den sie einst genoss, und einer nicht-traditionellen Rolle, in der sie Neuankömmlinge und oft unwillkommene Konkurrenten sind, kämpfen moderne Frauen um die soziale Akzeptanz und persönliche Selbstachtung, die das männliche Geschlecht nie verloren hat und die die meisten Männer weiterhin als selbstverständlich ansehen. Wie wir im nächsten Kapitel sehen werden, hat jedoch das Aufkommen der digitalen Technologie die traditionelle Rolle des erwachsenen Mannes stärker in Frage gestellt als jede andere Veränderung zuvor, und sie hat seinen Status in der Gesellschaft in einer Weise gemindert, die die Erfinder der ersten Computer niemals hätten vorhersehen können.

Liebe, Sex und Heirat in der Industriegesellschaft

Da die Vererbung von Ackerland für das Leben des modernen Durchschnittsbürgers weitgehend irrelevant geworden ist, ist es für die Elterngeneration nicht mehr wichtig, die Ehen ihrer Kinder und Erben zu arrangieren. Moderne Menschen heiraten nur noch selten, um die wirtschaftlichen Beziehungen zwischen ihren Familien zu verbessern, und da der alte Brauch der arrangierten Ehe praktisch obsolet ist, haben sich die Erwartungen an das Eheleben grundlegend geändert. Infolge dieser Veränderungen ist die neuartige (aber eigentlich sehr alte) Idee, „aus Liebe zu heiraten", für die Menschen der modernen Gesellschaft zum Hauptgrund für eine Heirat geworden.

Da die Menschen der modernen Welt von den Bauernhöfen in die Städte gezogen sind, sind Kinder nicht mehr in der Lage, einen bedeutenden Beitrag zum Familienvermögen zu leisten. Und da die finanzielle Unterstützung im Alter in der gesamten industrialisierten Welt allmählich zu einer Verpflichtung des Staates geworden ist, haben Kinder sogar als Quelle der Sicherheit für die Eltern im Alter an Bedeutung verloren. Da die Kinder der modernen städtischen Gesellschaft zu einer wirtschaftlichen Belastung für ihre Familien geworden sind, überrascht es nicht, dass die Familien mit jeder Generation der Verstädterung kleiner geworden sind und dass viele Ehepaare sich dafür entschieden haben überhaupt keine Kinder zu haben.

Statt die Ehe als Mittel zum wirtschaftlichen Zweck zu betrachten, sehen junge Menschen in den Industrieländern die Ehe als einen Weg zur Partnerschaft und sexuellen Befriedigung. Und da moderne Menschen ihre Ehepartner zunehmend auf der Grundlage körperlicher Anziehungskraft und emotionaler Kompatibilität auswählen, haben die traditionellen Werte der vorehelichen Keuschheit und der Jungfräulichkeit in der Ehe rasch an Anziehungskraft verloren.

Die Unabhängigkeit und persönliche Freiheit, die mit dem Aufkommen des Automobils und der Anonymität des städtischen Lebens einhergingen, boten jungen Menschen nie dagewesene Möglichkeiten der Privatsphäre. Die traditionelle Praxis, für jeden zwischenmenschlichen Kontakt zwischen jungen Männern und Frauen, eine Anstandsdame bereitzustellen, wurde weitgehend aufgegeben. In der Tat wird von jungen Menschen in der modernen Gesellschaft heute im Allgemeinen erwartet, dass sie in irgendeiner Form sexuell interagieren, wenn sie sich im Rahmen ihres normalen gesellschaftlichen Lebens zusammentun. Und in der gesamten entwickelten Welt wird es zunehmend akzeptiert, dass Erwachsene aller Altersgruppen in völliger sexueller Freiheit zusammenleben, ohne den rechtlichen Status der Ehe zu genießen. Im Jahr 2013 lebten 75 Prozent der amerikanischen Frauen mit einem Partner zusammen, ohne verheiratet zu sein, als sie dreißig Jahre alt waren.

Die Toleranz der modernen Gesellschaft gegenüber dieser allgemeinen Zunahme der sexuellen Freiheit wurde durch die Entwicklung wirksamer Verhütungsmittel noch verstärkt, die beide Geschlechter von dem Risiko einer ungewollten Schwangerschaft beim Geschlechtsverkehr befreit hat. Die starke Kombination aus den neuen Idealen der Liebesheirat, den neuen Standards der sozialen und sexuellen Freiheit für unverheiratete Paare und der Entwicklung wirklich zuverlässiger Verhütungsmittel hat einen Wandel der sexuellen Werte in der modernen Gesellschaft ausgelöst, da die alten menschlichen Sexualinstinkte, die ihrerseits das Produkt von Millionen von Jahren der Evolution sind, sich wieder behauptet haben.

Tatsächlich war die traditionelle Institution der Ehe, die wir von den alten Gesellschaften geerbt haben, nie dazu gedacht, Intimität, Kameradschaft, gegenseitige Anziehung oder sexuelle Befriedigung zu vermitteln. Die traditionelle Ehe entwickelte sich in den Agrargesellschaften als ein Weg, um lebenslange

Partnerschaften zu schaffen, für beide Seiten vorteilhafte wirtschaftliche Beziehungen zwischen Familien aufzubauen und die Stabilität des Landbesitzes in der Agrargesellschaft zu maximieren. Diese Ziele wurden durch eine Reihe von Bräuchen erreicht, die sowohl Männer als auch Frauen in sozialer, wirtschaftlicher und psychologischer Hinsicht voneinander abhängig machten. Und es waren diese Bräuche – und nicht etwa dauerhafte Zuneigung oder gegenseitige Anziehung –, die den Fortbestand der Ehe sicherten.

Doch seit der Gedanke, aus Liebe zu heiraten, in der modernen Gesellschaft zur Norm geworden ist, erwarten Männer und Frauen, dass die Intimität, die Kameradschaft, die gegenseitige Anziehung und die sexuelle Befriedigung, die neue Partnerschaften in der Regel begleiten, auf unbestimmte Zeit anhalten, und es gibt viel Bitterkeit und Enttäuschung, wenn diese Vorteile, wie so oft, im Laufe der Jahre verschwinden.

In den Jäger- und Sammlergesellschaften, die bis vor zehntausend Jahren die Regel waren, gingen Männer und Frauen ganz zwanglos Beziehungen zueinander ein, und wenn diese Beziehungen sie nicht mehr befriedigten, beendeten sie sie in den meisten Fällen ebenso zwanglos. In den meisten Jäger- und Sammlergesellschaften war es, wie wir in Kapitel 6 festgestellt haben, normal, dass Heranwachsende sexuell promiskuitiv waren, und in den meisten Fällen wich die Promiskuität erst nach mehreren Jahren des Gelegenheitssexes der Monogamie. Eine Scheidung bedeutete in diesen Gesellschaften in der Regel nicht viel mehr als den Auszug eines der Partner aus dem gemeinsamen Haus – das in der Regel ohnehin nur eine vorübergehende Behausung war, die abgerissen oder verlassen wurde, wenn die Gruppe auf der Suche nach neuen Nahrungsquellen weiterzog.

In Jäger- und Sammlergesellschaften „gehörten" Kinder in der Regel nicht zu ihren Eltern, sondern zur Verwandtschaftsgruppe oder Abstammung der Mutter oder des Vaters, je nachdem, ob die Gesellschaft matrilinear (d. h. eine Person gehörte zur Verwandtschaftsgruppe der Mutter und erbte ihre Identität über die weibliche Linie) oder patrilinear (d. h. eine Person gehörte zur Verwandtschaftsgruppe des Vaters und erbte ihre Identität über die männliche Linie) war. Und Mütter und Väter gehörten selten oder nie derselben Verwandtschaftsgruppe an, da die Jäger und Sammler jede sexuelle Beziehung zwischen Mitgliedern derselben Verwandtschaftsgruppe als eine Form des Inzests ansahen und solche Beziehungen streng verboten waren. Die Integrität der Verwandtschaftsgruppe wurde also weder durch die sexuellen Beziehungen ihrer Mitglieder beeinträchtigt, noch war sie bedroht, wenn eine dieser sexuellen Beziehungen beendet wurde.

Letztlich hat die Technologie der Präzisionsmaschinen – und die durch sie ermöglichte Urbanisierung der menschlichen Gesellschaft – die so genannte traditionelle Familie mit ihrer Annahme lebenslanger Beständigkeit im Wesentlichen obsolet gemacht. Die arrangierte Ehe gehört der Vergangenheit an. Die wirtschaftlichen Vorteile des Kinderhabens sind durch erhebliche wirtschaftliche Kosten ersetzt worden. Die wirtschaftliche und soziale Interdependenz zwischen Männern und Frauen hat sich erheblich abgeschwächt. Und nicht nur die Jungfräulichkeit in der Jugend, sondern auch die traditionellen Verbote von vorehelichem und außerehelichem Sex haben ihr früheres soziales Stigma weitgehend oder vollständig verloren.

Doch die menschliche Familie hat überlebt und wird auch in Zukunft überleben. Männer und Frauen werden weiterhin sexuelle Partnerschaften eingehen, und sie werden weiterhin Kinder bekommen. Diejenigen, die sich nicht fortpflanzen wollen, werden weder ihre ererbten biologischen Veranlagungen noch ihre erlernten kulturellen Präferenzen in die kommenden Generationen einbringen. Die „traditionelle Familie" hat zwar ausgedient, nicht aber die menschliche Familie. Unsere angeborene menschliche Natur, das Produkt von Millionen von Jahren menschlicher Evolution, stellt sicher, dass die menschliche Familie so lange überleben wird, wie unsere Spezies fortbesteht.

Fremde im natürlichen Universum

Mit der vollen Blüte der Industriegesellschaft haben die meisten Menschen aufgehört, für sich selbst Nahrungsmittel zu erwerben oder zu produzieren. Seit Generationen verlassen sie die Bauernhöfe, die ihre Familien besaßen und von denen sie seit Generationen lebten, und siedeln sich in den Städten an, um als Angestellte von Fremden gegen Lohn zu arbeiten. Zum ersten Mal in der Geschichte der Menschheit hat sich eine Gesellschaft herausgebildet, in der nur ein kleiner Teil der Bevölkerung mit der Erzeugung von Nahrungsmitteln beschäftigt ist, während die Mehrheit der Bevölkerung einer Arbeit nachgeht, die nichts mit der Beschaffung oder Erzeugung von Nahrungsmitteln zu tun hat.

Im Jahre 1870 lebten und arbeiteten noch zwischen 70 und 80 Prozent der Bevölkerung der Vereinigten Staaten auf Farmen. Bis 2010 war dieser Anteil auf weniger als 1 Prozent der Bevölkerung geschrumpft. Durch die Mechanisierung der Landwirtschaft, die durch den Verbrennungsmotor ermöglicht wurde, produziert das eine Prozent der in den Vereinigten Staaten verbliebenen Landarbeiter mehr Lebensmittel als die restlichen 99 Prozent der Bevölkerung verbrauchen.

Vor dem zwanzigsten Jahrhundert wachten die meisten Menschen zum

Klang von Hähnen und Wildvögeln auf, und nachts wurden ihre Felder und Weiden, wenn überhaupt, vom Licht des Mondes erhellt. Wenn sie morgens aus ihren Häusern traten, waren ihre Nasen mit dem Geruch von Tieren, Dung, Heu, Getreide und der Süße von Weideland gefüllt. Ihr ganzes Leben lang waren sie von Hunden, Katzen, Pferden, Kühen, Schweinen, Schafen, Ziegen und einer Vielzahl anderer Vögel und Tiere umgeben.

Die Stadtbewohner des einundzwanzigsten Jahrhunderts erleben nur sehr wenig von diesen Dingen. Meist wachen sie zum Klang des Weckers auf, und nachts wird ihre Welt von Straßenlaternen erhellt. Wenn sie morgens vor die Tür treten, steigt ihnen der Geruch von Autos, Lastwagen, Bussen und Zügen in die Nase. In ihrem Alltag sind sie von Maschinen umgeben: Kraftfahrzeuge, Computer, Mobiltelefone, Fernsehgeräte, Radios, Herde, Kühlschränke, Waschmaschinen, Staubsauger und unzählige elektronische Geräte. Wenn sie nicht gerade ein Haustier oder einen Vogel besitzen, ist der Mensch die einzige Spezies, mit der sie regelmäßig in Kontakt kommen.[97]

Die Landwirtschaft hat sich durch die Verbreitung von Landmaschinen und die Zusammenlegung von Millionen von kleinen Familienbetrieben zu einer kleinen Zahl von riesigen Fabrikbetrieben[98] verändert, und auch das Leben des typischen Landarbeiters hat seine frühere Natürlichkeit und Vielfalt verloren. Ob er nun stundenlang in der klimatisierten Kabine einer riesigen Landmaschine sitzt, hoch über riesigen Mais-, Weizen-, Soja- oder Alfalfa-Feldern, oder sich stundenlang zwischen endlosen Reihen von Tomaten oder Erdbeeren bückt, der typische Landarbeiter verbringt zunehmend den ganzen Tag mit monotonen, sich wiederholenden Aufgaben, wie sie früher nur dem städtischen Fabrikarbeiter am Fließband vorbehalten waren.

Mit der zunehmenden Verstädterung verliert die Menschheit also die enge Beziehung zur natürlichen Umwelt, die das menschliche Leben praktisch während der gesamten Geschichte unserer Spezies geprägt hat. Und während dieser Prozess der Verstädterung in den am weitesten entwickelten Ländern am weitesten fortgeschritten ist, ist der Rest der Welt nicht weit davon entfernt. Noch 1950 lebten etwa 70 Prozent der Weltbevölkerung auf dem Land und nur 30 Prozent in der Stadt. Gegenwärtig (2015) halten sich die Zahlen der Land- und Stadtbewohner in etwa die Waage. Bis zum Jahr 2050 werden sich diese Verhältnisse genau umkehren: Etwa 70 Prozent der Weltbevölkerung werden in Städten leben, während nur 30 Prozent auf dem Lande wohnen werden.

Bei dem derzeitigen Tempo wird die überwältigende Mehrheit der Menschen bis zum Ende dieses Jahrhunderts in Städten leben und nur noch wenig Kontakt mit der natürlichen Umgebung haben, in der sich alle Hominiden entwickelt haben. Wir können nur erahnen, welche Auswirkungen dieser beispiellose Verlust des Kontakts zwischen Mensch und Natur auf das Weltbild künftiger Generationen haben wird.

Eine Welt von Arbeitnehmern

Die vielleicht tiefgreifendste Veränderung im menschlichen Leben, die mit der Umwandlung in eine Industriegesellschaft einherging, ist das allgemeine Verschwinden der uralten menschlichen Tätigkeit der Nahrungssuche oder -erzeugung und ihre fast vollständige Ersetzung durch eine Beschäftigung gegen Geld. Vor 1800 arbeitete nur ein winziger Bruchteil der menschlichen Bevölkerung auf der Erde gegen Lohn. Abgesehen von den erblichen Herrschern waren die meisten Menschen Bauern, der Rest waren Händler, Handwerker, gelehrte Fachleute, Bürokraten, Soldaten und Geistliche. Mit der Ausbreitung von Fabriken und Büros im 19. und 20. Jahrhundert wurde die Lohnarbeit jedoch schnell zur häufigsten Form der Arbeit in der neuen Arbeitsgesellschaft.

Wir mögen es für selbstverständlich halten, dass die Menschen Arbeit brauchen und dass die Gesundheit unserer Gesellschaft mit der Verfügbarkeit gut bezahlter Arbeitsplätze steht und fällt, aber die Tatsache bleibt bestehen, dass eine Gesellschaft, die fast ausschließlich aus Menschen besteht, die unter der Leitung anderer Menschen arbeiten – die ihnen wiederum regelmäßig Geld zur Verfügung stellen – ein völlig neues Phänomen in der Geschichte der Menschheit ist. Und die Werte und Traditionen, die moderne Kulturen entwickelt haben, um mit den sozialen und psychologischen Problemen umzugehen, die durch die Erwerbsgesellschaft entstehen, sind noch unausgereift und in den Kinderschuhen.

Der typische Lohnempfänger verbringt den größten Teil seines Arbeitstages mit Aufgaben, die er unter der Aufsicht seines Arbeitgebers ausführt. Oft haben diese Aufgaben wenig oder gar keine Bedeutung für die persönlichen Interessen des Lohnempfängers oder seine Beziehungen zu anderen. Wenn er oder sie die zugewiesenen Aufgaben nicht entsprechend den vom Arbeitgeber festgelegten Standards ausführt, sind Kritik, die Androhung von Entlassung oder – bei erheblichen Mängeln – die Beendigung des Arbeitsverhältnisses die Folge. Da jeder Lohnempfänger auf eine kontinuierliche Beschäftigung angewiesen ist, um alle Güter und Dienstleistungen zu erhalten, die er für seinen materiellen Unterhalt, seinen Komfort und seine Sicherheit benötigt, ist die Drohung mit einer Entlassung eine beängstigende Aussicht, und die Beendigung des Arbeitsverhältnisses kann eine der traumatischsten Erfahrungen des modernen Lebens sein.

Es ist daher nicht verwunderlich, dass die Menschen der modernen Gesellschaft von Ängsten, Depressionen und Selbstzweifeln geplagt sind, die weit über das hinausgehen, was die Anthropologen, die die vorindustriellen Kulturen der Jäger und Sammler oder der Ackerbauern studiert haben, beobachtet haben. Es ist sicherlich eines der großen Paradoxe der menschlichen Geschichte, dass die Entwicklung des modernen Lebens mit all seiner Sicherheit, seinem Komfort und seinen Ablenkungen von einer Epidemie von Essstörungen, Herzkrankheiten, Schlaflosigkeit, Drogensucht, Neurosen, Psychosen und pathologischer Unzufriedenheit geplagt wird, die in der Geschichte der menschlichen Spezies beispiellos ist.

Während sich die Auswirkungen der Mechanisierung, der Urbanisierung, der Erwerbsgesellschaft und des Niedergangs traditioneller Werte in allen Bevölkerungsschichten rasch ausbreiten, bahnt sich eine neue Metamorphose an. Und die Veränderungen, die sie für das menschliche Leben mit sich bringen wird, könnten selbst die massiven Veränderungen in den Schatten stellen, die durch die Entwicklung von Präzisionsmaschinen bereits stattgefunden haben.

Dieser jüngste Wandel, der durch die Erfindung der digitalen Technologie ausgelöst wurde, hat das Potenzial, alle Formen menschlicher Arbeit – sowohl körperliche als auch geistige – durch Maschinen zu ersetzen, die sich nie beschweren, nie ungehorsam sind, keine Nahrung, kein Wasser, keinen Schlaf und keine Ruhe benötigen und keinen Lohn verlangen. Die Erdbevölkerung ist so groß geworden, dass es für die Menschheit nicht mehr möglich ist, zum Jagen, Sammeln oder zum Anbau eigener Nahrungsmittel zurückzukehren. In was für eine Welt werden wir uns also begeben? Das sind die Fragen, um deren Beantwortung wir im nächsten Kapitel dieses Buches ringen werden.

Bibliographie zu 8 – Die Technologie der Präzisionsmaschinen

Agriculture, United States Department of (2009). „2007 Census of Agriculture". In: *United States Summary and State Data* 1.51, S. 1–639.

Beaver, S. H. (1951). „Coke manufacture in Great Britain: A study in industrial geography". In: *Transactions and Papers* 17. (Institute of British Geographers), S. 133–148.

Black, Brian (1998). „Oil Creek as industrial apparatus: Re-Creating the industrial process through the landscape of Pennsylvania's oil boom". In: *Environmental History* 3.2, S. 210–229.

Boorstin, Daniel J. (1985). *The Discoverers: A History of Man's Search to Know His World and Himself*. New York: Vintage Books, S. 62–63.

Buringh, Eltjo und Jan Luiten Van Zanden (2009). „Charting the „rise of the West"': manuscripts and printed books in Europe, a long-term perspective from the sixth through eighteenth centuries". In: *The Journal of Economic History* 69.2, S. 409–445.

Cantor, Norman F. (1994). *The Civilization of The Middle Ages: A Completely Revised and Expanded Edition of Medieval History, the Life and Death of a Civilization*. New York: HarperCollins.

Chase, Kenneth (2003). *Firearms: A Global History to 1700*. Cambridge: Cambridge University Press, S. 25.

Devine, Warren D. (1983). „From shafts to wires: Historical perspective on electrification". In: *The Journal of Economic History* 43.2, S. 347–372.

Dodson, John u. a. (2014). „Use of coal in the Bronze Age in China". In: *The Holocene* 24.5, S. 525–530.

Dohrn-van, Gerhard Rossum (1996). *History of the Hour: Clocks and Modern Temporal Orders, translated by Thomas Dunlap*. Chicago: The University of Chicago Press.

Febvre, Lucien und Henri-Jean Martin (1976). *The Coming of the Book: The Impact of Printing 1450-1800*. London: New Left Books.

Galloway, Robert L. (1882). *A History of Coal Mining in Great Britain*. London: MacMillan und Co.

Georgano, Nick (1990). *Cars Early and Vintage 1886-1930*. New York: Crescent Books.

Hills, R. L. und A. J. Pacey (1972). „The Measurement of power in early steam-driven textile mills". In: *Technology and Culture* 13.1, S. 25–43.

Hutchinson, Peter (2008). *Magazine growth in the nineteenth century.* URL: http://www.themagazinist.com/Magazine_History.html.

Kelly, Jack (2004). *Gunpowder: Alchemy, Bombards, & Pyrotechnics: The History of the Explosive that Changed the World.* New York: Basic Books.

Landes, David S. (2000). *Revolution in Time: Clocks and the Making of the Modern World.* Cambridge, Massachusetts: Belknap Press.

Lewis, Bill (2014). *The Gaslight Era: A revolution in lighting.* URL: http : / / lighting . about . com / od / Fixtures / a / The - Gaslight - Era . htm (besucht am 30. 05. 2014).

Lu, Caitlin (2011). *Matteo Ricci and the Jesuit Mission in China 1583-1610.* Boston: The Concord Review.

Lucas, Adam Robert (2005). „Industrial milling in the ancient and medieval worlds: A survey of the evidence for an industrial revolution in Medieval Europe". In: *Technology and Culture* 46.1, S. 1–30.

Luengen, Hans B., Michael Peters und Peter Schmöle (2011). „Ironmaking in Western Europe. Association for Iron & Steel Technology". In: *2011 Proceedings* 1, S. 387–400.

Museum, Niépce House (2014). „*The pyrelophore*". *Other Inventions.* URL: http: / / www . photo - museum . org / pyreolophore - invention - internal - combustion-engine/ (besucht am 30. 05. 2014).

Needham, Joseph (1986). „Military Technology: the Gunpowder Epoch". In: *Science and Civilisation in China, Chemistry and Chemical Technology.* Bd. 5. 2. Cambridge: Cambridge University Press.

North, J. D. (2004). „Wallingford, Richard (c.1292–1336)". In: *The Oxford Dictionary of National Biography.* Oxford: Oxford University Press.

Raask, Erich (1985). *Mineral Impurities in Coal Combustion: Behavior, Problems, and Remedial Measures.* New York: Hemisphere Publishing Corporation.

Smith, A. H. V. (1997). „Provenance of coals from Roman sites in England and Wales". In: *Britannia* 28, S. 297–324.

Solem, Børge und Trond Austheim (16. Apr. 2004). „Statistics concerning the transatlantic crossing". In: *Norway-Heritage: Hands Across the Sea.*

Stockwell, Foster (2002). *Westerners in China: A History of Exploration and Trade, Ancient Times Through the Present.* Jefferson, NC: Mcfarland & Co.

Stoimenov, Miodrag u. a. (2012). „Evolution of clock escapement mechanisms". In: *FME Transactions* 40, S. 17–23.

Thirgood, J. V. (16. Aug. 1971). „The historical significance of oak". In: *Oak Symposium Proceedings*. Upper Darby, PA: U.S. Department of Agriculture, Forest Service, Northeastern Forest Experiment Station, S. 1–18.

Thomas, Donald E. (1987). *Diesel: Technology and Society in Industrial Germany*. Tuscaloosa: The University of Alabama Press.

Wagner, Donald B. (2008). „Chemistry and Chemical Technology, Part II: Ferrous Metallurgy". In: *Science and Civilization in China*. Hrsg. von Joseph Needham. Cambridge: Cambridge University Press.

Wallis, David A. (2005). *History of Angle Measurement. From Pharaohs to Geoinformatics*. Cairo: FIG Working Week.

Weber, Johannes (2006). „Strassburg, 1605: The origins of the newspaper in Europe". In: *German History* 24.3, S. 387–412.

Wertime, Theodore A. (1962). *The Coming of the Age of Steel*. Chicago: University of Chicago Press.

◆

Die Technologie der digitalen Information:

Das Internet der menschlichen Interaktion

> *»Die menschlichste Eigenschaft des Menschen ist nicht sei-*
> *ne Fähigkeit zu lernen, die er mit vielen anderen Spezies*
> *teilt, sondern seine Fähigkeit zu lehren und zu speichern,*
> *was andere entwickelt und ihn gelehrt haben.«*
>
> (Margaret Mead, *Der Konflikt der Generationen*)

Im Jahre 1822 entwarf der britische Mathematiker, Ingenieur und Erfinder Charles Babbage eine Maschine, die in der Lage sein sollte, die komplexen logarithmischen und trigonometrischen Berechnungen durchzuführen, die von Navigatoren, Ingenieuren und Wissenschaftlern verwendet wurden – und zwar ohne die Möglichkeit eines Fehlers. Babbage nannte seine Erfindung eine Differenzmaschine, die vollständig aus Präzisionsmaschinen mit Tausenden von Rädern, Achsen und Zahnrädern, aber ohne elektrische Teile gebaut werden sollte. Der Grund dafür ist einfach: Es sollte noch Jahre dauern, bis es Michael Faraday und anderen gelingen würde, die ersten elektrischen Generatoren zu bauen. Bis dahin gab es keine erschwingliche und zuverlässige Stromversorgung, und keines der Relais, Vakuumröhren und anderen elektrischen Bauteile, die für den Bau einer elektronischen Rechenmaschine benötigt wurden, war bisher erfunden worden.

Die Differenzmaschine war ein monumentales Unterfangen. Sie sollte zweieinhalb Meter hoch sein, aus fünfundzwanzigtausend Metallteilen bestehen und etwa fünfzehn Tonnen wiegen. Im Jahre 1823 beauftragte Babbage den angesehenen britischen Ingenieur Joseph Clement mit dem Bau seiner Differenzmaschine, aber nach mehreren Jahren der Anstrengung war die Arbeit an der Maschine nur teilweise abgeschlossen. Babbage und Clement stritten sich über die Kosten der Arbeit, und schließlich trennten sie sich acht Jahre nach Beginn des Projekts. Bis dahin hatte die britische Regierung 17.000 Pfund für Babbages Differenzmaschine ausgegeben, was damals den Kosten für zweiundzwanzig neue Dampflokomotiven entsprach.

Unerschrocken machte sich Babbage an die Arbeit und entwarf eine weitaus anspruchsvollere Rechenmaschine, die er analytische Maschine nannte und die allgemein als der erste echte Computer der Welt anerkannt wird. Im Gegensatz zur Differenzmaschine, die nur mathematische Berechnungen durchführen konnte, verfügte die analytische Maschine über die meisten der grundlegenden Funktionen, die heute in modernen Computern als wesentlich gelten. Sie konnte mit Hilfe von Lochkarten programmiert werden, sie konnte Informationen in einer Art Speicher ablegen und sie war in der Lage, logische Verzweigungen zu erzeugen. Wäre sie gebaut worden, wäre die analytische Maschine zu groß gewesen, um mit menschlicher Kraft betrieben zu werden. Babbage plante daher den Einsatz einer Dampfmaschine, um die Tausende von Rädern und Zahnrädern der analytischen Maschine anzutreiben.

Leider wurden weder die Differenzmaschine noch die analytische Maschine zu Babbages Lebzeiten jemals gebaut. Anhand einer Reihe von Plänen, die Babbage 1849 für eine verbesserte Version der Differenzmaschine anfertigte, wurde sein Geistesprodukt schließlich 1989 vom Londoner Wissenschaftsmuseum verwirklicht (siehe Abbildung 9.1 auf Seite 271).

Babbages Differenzmaschine funktionierte perfekt und beendete damit mehr als ein Jahrhundert der Spekulationen darüber, ob seine ausgefallenen Maschinen tatsächlich wie vorgesehen funktionieren würden. Im Jahr 2010 startete der britische Software-Ingenieur John Graham-Cumming eine Kampagne, um 100 000 Pfund von der Öffentlichkeit zu sammeln und rechtzeitig zum 150. Todestag von Babbage im Oktober 2021 ein funktionierendes Modell der Analysemaschine zu bauen. Zuvor muss ein Computermodell erstellt werden, und zum Zeitpunkt der Niederschrift dieses Textes hatte die eigentliche Konstruktion noch nicht begonnen.[99]

Obwohl Babbages mechanische Computer nie in der Lage waren, nützliche Arbeit zu leisten, war sein Konzept, Maschinen zur Durchführung mathematischer Berechnungen einzusetzen, die so komplex waren, dass der Mensch sie im Grunde nicht fehlerfrei ausführen konnte, an sich schon ein Meilenstein von großer Bedeutung. Babbage und seine Zeitgenossen befreiten die Menschheit von den Beschränkungen des menschlichen Gehirns als Rechengerät und leiteten ein neues Zeitalter ein, das auf einer radikal neuen Technologie zur Informationsverarbeitung basierte.

Maschinen, die denken

Im Jahre 1890 stand das US Census Bureau vor einem ernsten logistischen Problem. Aufgrund des raschen Bevölkerungswachstums in den USA dauerte die

ABBILDUNG 9.1: Die „Differenzmaschine" von Charles Babbage war die fortschrittlichste Rechenmaschine ihrer Zeit. Diese Version aus dem Jahre 1849 wurde 1989 im Londoner Wissenschaftsmuseum aufgebaut. *Erlaubnis erteilt durch GNU Free Documentation License 1.2 und die Creative Commons Attribution-Share Alike 3.0 Unported License.*

Tabellierung der in der Volkszählung erhobenen Daten so lange, dass die Volkszählung zu dem Zeitpunkt, an dem die Ergebnisse veröffentlicht werden konnten, hoffnungslos veraltet war. Die Ergebnisse der Volkszählung von 1880, die von Hand tabelliert wurden, konnten erst 1888 veröffentlicht werden, und das Census Bureau schätzte, dass die Ergebnisse der größeren und komplizierteren Volkszählung von 1890 erst in dreizehn Jahren zur Verfügung stehen würden, wenn die Daten weiterhin von Hand tabelliert würden. Dadurch würde sich die Veröffentlichung der Volkszählung von 1890 bis 1903 verzögern – drei Jahre, nachdem die nächste Volkszählung, die im Jahr 1900 durchgeführt werden sollte, bereits abgeschlossen sein würde. Das Census Bureau benötigte eine Maschine, die riesige Mengen an mathematischen Berechnungen schneller, zuverlässiger und genauer durchführen konnte, als dies von einer beliebigen Anzahl menschlicher Gehirne möglich gewesen wäre.

In einem kühnen Versuch, das Problem des Census Bureau zu lösen, baute der amerikanische Ingenieur Herman Hollerith eine Tabelliermaschine, die mit Hilfe einer Tastaturstanzmaschine Stapel von Lochkarten erstellte, die seine Maschine automatisch lesen konnte. Holleriths Maschine erregte Aufsehen, als es ihr gelang, die Ergebnisse der Volkszählung von 1890 in einem einzigen Jahr zu tabellieren. Hollerith gründete daraufhin die Tabulating Machine Company und vermietete seine Maschinen an Länder in ganz Europa, um deren Volkszählungen zu tabellieren. 1911 fusionierte die Tabulating Machine Company mit drei anderen Unternehmen, und 1924 wurde ihr Name in International Business Machine Company, besser bekannt als IBM, geändert.

Die Maschinen von Hollerith waren allesamt mechanische Geräte mit mechanischen Speichern. Und obwohl der deutsche Ingenieur Konrad Zuse bereits 1939 einen voll programmierbaren Computer baute, wurden seine Berechnungen von elektromechanischen Relais ausgeführt, wobei sein Speichersystem immer noch mechanisch war. Erst 1946, als der Electronic Numerical Integrator And Computer (ENIAC), der während des Zweiten Weltkriegs an der Universität von Pennsylvania im Geheimen für die US-Armee gebaut worden war, der Öffentlichkeit vorgestellt wurde, brach das Zeitalter der vollelektrischen Computer endgültig an.

Anstelle mechanischer Relais führte ENIAC seine Berechnungen mit Tausenden von Vakuumröhren durch, ähnlich denen, die in der Mitte des zwanzigsten Jahrhunderts Radios, Fernseher und andere elektronische Geräte antrieben. ENIAC enthielt über siebzehntausend Vakuumröhren, wog dreißig Tonnen und war etwa einen Meter breit, zweieinhalb Meter hoch und dreißig Meter lang. Er war tausendmal schneller als die besten elektromechanischen Computer seiner Zeit.

Obwohl ENIAC bis 1955 in Betrieb blieb, stellte seine Vakuumröhrentechnologie einige gewaltige Probleme dar. Die Vakuumröhre basierte auf denselben Grundprinzipien wie die elektrische Glühbirne: Eine Glasröhre, aus der die Luft entfernt wurde, enthielt einen Metallfaden, der durch den elektrischen Strom zu einem glühenden Licht erhitzt wurde. Aber Tausende von Vakuumröhren mit ihren Tausenden von Glühfäden erzeugten eine enorme Hitze, und wenn diese Röhren jeden Tag ein- und ausgeschaltet wurden, verursachten die abwechselnden Zustände von Erhitzung und Abkühlung Spannungen, die schließlich dazu führten, dass einige dieser empfindlichen Mechanismen versagten oder durchbrannten. Tatsächlich fielen an jedem Betriebstag in der Regel mehrere von ENIACs Vakuumröhren aus, so dass die große Denkmaschine nicht mehr arbeiten konnte, bis alle fehlerhaften Röhren gefunden und ersetzt worden waren – ein Prozess, der mehrere Stunden dauern konnte.

Im Laufe der Jahre wurde ein fortschrittlicherer Vakuumröhrencomputer, der Universal Automatic Computer oder UNIVAC, von der Remington Rand Corporation für den kommerziellen Markt entwickelt und produziert und kam 1951 auf den Markt. Der UNIVAC wog acht Tonnen, war so groß wie eine kleine Garage und kostete eine Million Dollar pro Stück. Obwohl seine Rechenleistung nach heutigen Maßstäben winzig war, markierte ein seltsames Ereignis im Zusammenhang mit dem UNIVAC einen Wendepunkt in der öffentlichen Akzeptanz dieser faszinierenden neuen Maschinen.

Im Sommer 1952, als die US-Präsidentschaftswahlen zwischen dem Demokraten Adlai Stevenson und dem Republikaner Dwight Eisenhower kurz bevorstanden, trat die Remington Rand Corporation an den Nachrichtensender CBS mit der neuartigen Idee heran, den UNIVAC live im Fernsehen einzusetzen, um den Wahlausgang vorherzusagen, während die Ergebnisse aus den Wahllokalen eintrafen. Obwohl CBS-Nachrichtensprecher Walter Cronkite und Nachrichtenchef Sig Mickelson skeptisch waren, beschlossen sie, dass es zumindest einen gewissen Unterhaltungswert haben würde, ein „elektronisches Gehirn" zur Verfügung zu haben, um die eingehenden Wahlergebnisse zu analysieren. Als der Wahltag näher rückte, sagten die meisten Umfragen alles voraus, von einem Erdrutschsieg Stevensons bis hin zu einem knappen Rennen, aber der allgemeine Konsens war, dass Stevenson die Wahl gewinnen würde.

Als die Wahllokale schlossen und die Wahlergebnisse eintrafen, wurden sie per Fernschreiber in UNIVAC eingespeist (siehe Abbildung 9.2 auf Seite 274). Zum Erstaunen aller sagte UNIVAC um 20.30 Uhr am Wahltag einen erdrutschartigen Sieg Eisenhowers voraus, der 438 Wahlmännerstimmen gegenüber 93 von Stevenson erhalten würde. Unterm Strich gab UNIVAC Eisenhower eine 100:1-Chance, zum Präsidenten gewählt zu werden. Diese Vorhersage schien so unwahrscheinlich und so unvereinbar mit der herkömmlichen Weisheit, dass CBS News beschloss, nicht darüber zu berichten. Wenige Minuten später schien UNIVAC plötzlich seine Meinung zu ändern. Um 21.00 Uhr Eastern Standard Time verkündete CBS-Korrespondent Charles Collingwood, dass das „mechanische Gehirn" Eisenhower nur eine Siegchance von 8:7 einräumte.

Aber der scheinbare Sinneswandel von UNIVAC war auf einen großen Fehler bei der Eingabe der Daten zurückzuführen. Als der Fehler korrigiert wurde, kehrte UNIVAC zu den 100:1-Wahrscheinlichkeiten von zuvor zurück. Doch aus Angst, über diese scheinbar abwegige Vorhersage zu berichten, blieb CBS News weiterhin stumm. Doch im Laufe des Abends wurde das Ausmaß des Erdrutschsiegs von Eisenhower langsam deutlich. Das Endergebnis lautete 442 Wahlmännerstimmen für Eisenhower gegenüber 89 für Stevenson. UNIVAC

Abbildung 9.2: Das UNIVAC-Modell 1103, das für wissenschaftliche Berechnungen konzipiert war, wurde von der Remington Rand Corporation im Februar 1953 angekündigt.

hatte das Ergebnis mit einer Abweichung von weniger als 1 Prozent vorhergesagt. Am späten Abend verkündete ein verlegener Charles Collingwood live im Fernsehen, auch wenn CBS News nicht bereit war, darüber zu berichten, dass der UNIVAC das Ergebnis der Wahl tatsächlich schon Stunden zuvor vorhergesagt hatte. Von diesem Tag an verwandelte sich der Platz des Computers in der Wahlberichterstattung – und in zahllosen anderen Bereichen des modernen Lebens – von einer Neuheit in eine absolute Notwendigkeit.

Der unglaublich geschrumpfte Computer

Trotz ihrer bemerkenswerten Fähigkeiten warf die Generation der Vakuumröhrencomputer, wie ENIAC und UNIVAC, einige äußerst schwierige Probleme auf. Ihre Größe war immens. Ihre Rechengeschwindigkeit war relativ langsam. Ihr Bedarf an elektrischer Energie war enorm. Die von den Tausenden von Vakuumröhren erzeugte Wärme war atemberaubend. Und die Tausenden von großen und zerbrechlichen Vakuumröhren neigten dazu, häufig auszufallen und mussten ständig ersetzt werden. Die erste Generation von Vakuumröhrencomputern, die aus mehreren Modellen verschiedener Hersteller bestand, konnte in der Regel nur wenige Stunden lang ununterbrochen betrieben werden, bevor sie wegen eines Defekts in einem der vielen tausend elektrischen Bauteile zur Reparatur abgeschaltet werden musste.[100]

Die Verbreitung der Computertechnologie nach der Jahrhundertmitte beschleunigte sich jedoch enorm, als John Bardeen, Walter Brattain und William Shockley 1947 den Transistor erfanden, ein kleines Plättchen aus Germanium, Silizium oder Galliumarsenid. Der Transistor erfüllte die gleichen Funktionen wie eine Vakuumröhre, war aber wesentlich kleiner und verbrauchte nur einen Bruchteil der Energie einer Vakuumröhre. Für diese Erfindung wurde Bardeen, Brattain und Shockley 1956 der Nobelpreis für Physik verliehen.

Es dauerte nicht lange, bis der Transistor die moderne Elektronik revolutionierte und die Vakuumröhre in allen elektronischen Geräten ablöste, die sie bis dahin verwendet hatten, darunter Computer, Aufnahmegeräte, Audioverstärker, Radios, Fernsehgeräte, Radaranlagen, Flugsysteme und unzählige andere elektronische Geräte. 1954 begann die Texas Instruments Corporation mit der kommerziellen Produktion des Transistorradios, und schon bald wurde das alte, stromfressende Kofferradio, dessen Batterien in der Regel innerhalb weniger Stunden leer waren, durch das kleine, leichte Transistorradio ersetzt, das tagelang oder wochenlang laufen konnte, bevor die Batterien ersetzt werden mussten.

In den frühen 1950er Jahren arbeiteten andere Wissenschaftler und Ingenieure hart an der Entwicklung eines noch erstaunlicheren Geräts, der integrierten Schaltung. Diese Kombination aus Transistoren, Widerständen, Kondensatoren und anderen elektronischen Bauteilen wurde in der nahezu mikroskopischen Struktur einer einzigen Scheibe aus einem Halbleiter aus Germanium oder Silizium miteinander verbunden. Im September 1958 stellte der Ingenieur Jack Kilby von Texas Instruments die erste funktionsfähige integrierte Schaltung auf Germanium-Wafern her, und einige Monate später produzierte Robert Noyes von Fairchild Semiconductor eine verbesserte Version der integrierten Schaltung auf Silizium-Wafern.

Während es dem Transistor gelang, die Vakuumröhre durch etwas unendlich Kleineres, Leichteres und Haltbareres zu ersetzen, das nur einen Bruchteil des Stroms benötigt, gelang es dem integrierten Schaltkreis, ganze Leiterplatten – die jeweils mehrere elektronische Komponenten enthalten und durch von Hand gelötete Drähte miteinander verbunden sind – durch einen einzigen Mikrochip zu ersetzen, der zu Tausenden in Massenproduktion hergestellt werden konnte. Der integrierte Schaltkreis war buchstäblich eine Leiterplatte auf einem Chip.

Im Laufe der Zeit wurden die integrierten Schaltungen oder Mikrochips immer komplexer und leistungsfähiger, da Wissenschaftler und Ingenieure Wege fanden, diese Mikrochips immer kleiner zu machen, mehr Elektronik auf jeden einzelnen Chip zu packen und sie kostengünstiger herzustellen. Im Jahre 1965 veröffentlichte Gordon Moore, Mitbegründer der Intel Corporation, in der Zeitschrift Electronics einen inzwischen berühmten Artikel mit dem Titel „Cramming More Components Onto Integrated Circuits" (Mehr Komponenten auf integrierte Schaltkreise packen). In diesem Artikel sagte Moore voraus, dass in zehn Jahren (das heißt bis 1975) bis zu fünfundsechzigtausend elektronische Komponenten auf einem einzigen Mikrochip untergebracht sein würden. „Ich glaube", fügte er zuversichtlich hinzu, „dass ein so großer Schaltkreis auf einem einzigen Wafer gebaut werden kann."

Jahre später, als sich Moores Vorhersage als beunruhigend prophetisch erwiesen hatte, wurde das von ihm beschriebene Phänomen als „Mooresches Gesetz" bezeichnet. Es besagt, dass sich die Anzahl der in einem einzigen Mikrochip enthaltenen Komponenten – und damit seine Verarbeitungsgeschwindigkeit und Leistung – etwa alle zwei Jahre verdoppelt. Wie Moore selbst vermutet hatte, war das Mooresche Gesetz jedoch eher konservativ.[101] Seit 1965 hat sich die Verarbeitungsleistung von Mikrochips fast alle achtzehn Monate verdoppelt, und 2014 kündigte Intel den 15-Core Xeon E7 v2 an, einen integrierten Schaltkreis mit mehr als 4,3 Milliarden Transistoren auf einem einzigen Mikrochip, der etwa so groß ist wie ein Knallbonbon. Der Listenpreis dieses Monster-Mikrochips lag bei 7.700 Dollar.

Die Erfindung des integrierten Schaltkreises und die stetigen Fortschritte bei der Erschwinglichkeit und Miniaturisierung von Computersystemen seit den 1960er Jahren haben zu einer Verbreitung von Computersystemen in allen Bereichen des täglichen Lebens geführt, die zu Zeiten der Vakuumröhrencomputer ENIAC und UNIVAC kaum vorstellbar war. Damit ein Vakuumröhrencomputer wie ENIAC mit der Leistung des Intel Xeon-Mikroprozessors von der Größe eines Knallbonbons mithalten kann, müsste er fast 247.000 Mal so groß sein. Das bedeutet, dass ein ENIAC-Computer mit einer Breite von einem Meter und einer Höhe von zweieinhalb Metern mehr als 7500 Kilometer lang sein müsste, 1,48 Billionen Dollar kosten würde und so viel wiegen würde wie sechsundsechzig Superträger der Nimitz-Klasse – die größten Flugzeugträger der US-Marine und die größten Kriegsschiffe, die je gebaut wurden.[102] Natürlich müsste ein ENIAC, der so leistungsfähig ist wie ein Intel 15-Core Xeon E7 v2, auch 4,31 Milliarden Vakuumröhren enthalten, und da die Wahrscheinlichkeit besteht, dass mindestens sieben dieser Vakuumröhren in der ersten Sekunde des Betriebs ausfallen würden, ist es klar, dass ein solches Monster niemals lange genug in Betrieb bleiben würde, um eine einzige Rechenaufgabe zu erfüllen.[103]

Die unglaubliche Miniaturisierung von Computerschaltkreisen und die Senkung der Kosten für die Rechenleistung haben zu einer Verbreitung von kleinen, leichten Computern geführt, die in eine Vielzahl von Fahrzeugen, Maschinen und Geräten integriert wurden. Alle modernen Kraftfahrzeuge, einschließlich Autos, Lastwagen, Busse und Lokomotiven, sind heute mit Bordcomputern ausgestattet, die ihren Betrieb steuern, ihre Leistung überwachen und Probleme diagnostizieren. Und moderne Düsenflugzeuge und raketengetriebene Raumfahrzeuge – ebenso wie pilotenlose Flugzeuge oder Drohnen – sind so sehr von computergesteuerten Lenk- und Steuersystemen abhängig, dass sie ohne ihre Bordcomputer buchstäblich nicht mehr fliegen könnten.

Mehrmotorige Passagierflugzeuge verlassen sich auf Computersysteme – sowohl im Cockpit als auch in den bodengestützten Flugverkehrskontrollsystemen – nicht nur, um zu ihren Zielorten zu gelangen, sondern auch, um bei Routinelandungen auf Flughafenpisten geleitet zu werden. Tatsächlich sind die Piloten der Fluggesellschaften so abhängig von diesen Systemen geworden, dass sich im Juli 2013 ein aufsehenerregender Unfall auf dem internationalen Flughafen von San Francisco ereignete, als eine Boeing 777 der Asiana Airlines bei klarem Wetter die Landebahn verfehlte, weil das computergestützte Landesystem an der Landebahn ausgefallen war und der Pilot, der von Hand flog, nicht in der Lage war, das Flugzeug richtig zu landen.[104]

Obwohl Computersysteme in den letzten fünfundsiebzig Jahren immer kleiner und erschwinglicher geworden sind, scheint das Mooresche Gesetz irgendwann zu seinem Ende zu kommen. Experten der Halbleiterindustrie sagten voraus, dass sich die Verdopplung der Komponenten integrierter Schaltkreise nach 2013 auf alle drei Jahre verlangsamen würde, und nach 2020 wird sie sich ihrer Meinung nach sogar noch weiter verlangsamen.[105] Der Grund dafür, dass das Mooresche Gesetz nicht unbegrenzt gelten kann, ist, dass – wie Physiker und Informatiker in den letzten Jahren festgestellt haben – die Größe der Komponenten innerhalb eines integrierten Schaltkreises sich schnell der Grenze nähert, über die hinaus sie nicht weiter schrumpfen können, ohne ihre Funktionsfähigkeit zu verlieren.

Der integrierte Schaltkreis wird immer mikroskopischer, seine Komponenten nähern sich der Größe von Atomen und Molekülen an. So sind beispielsweise einige der „Verbindungsdrähte" in integrierten Schaltkreisen heute weniger als fünfzig Nanometer breit (ein Nanometer entspricht einem Milliardstel Meter). Das ist nur fünfundzwanzigmal so breit wie ein DNS-Molekül. Wenn ein elektrischer Strom durch einen so dünnen Draht fließt, besteht die Tendenz, dass der Strom aus dem Draht „austritt" und benachbarte Komponenten beeinflusst.

Wenn bestimmte Stoffe auf eine Größe von weniger als fünfzig Nanometern verkleinert werden, unterliegen die physikalischen Gesetze Quanteneffekten, und viele bekannte Elemente beginnen Eigenschaften zu zeigen, die sie in normaler Größe niemals besitzen würden. In diesen submikroskopischen Dimensionen wird Kupfer so transparent wie Glas, Aluminium kann wie Papier brennen und Gold löst sich in heißem Wasser wie ein Zuckerwürfel auf. Da sich die physikalischen Eigenschaften von Bauteilen in diesen submikroskopischen Dimensionen verändern, funktionieren die daraus hergestellten integrierten Schaltungen natürlich nicht mehr wie vorgesehen.

Wir dürfen jedoch nicht vergessen, dass viele Technologien, die einst als unmöglich galten, schließlich das Licht der Welt erblickten. Die endgültige Geschichte der Miniaturisierung von Computern muss erst noch geschrieben werden. Ein neuer Bereich der Physik und des Ingenieurwesens, die Nanotechnologie, widmet sich nun ausschließlich der Herstellung von Geräten mit Komponenten in Molekülgröße. Kohlenstoff-Nanoröhren, Gold- und Zinkoxid-Nanostäbchen, DNS-Nanostrukturen und revolutionäre Techniken der molekularen Selbstorganisation werden bereits eingesetzt, um exotische submikroskopische Komponenten herzustellen, die einige der grundlegenden Computerfunktionen ausführen können.

Aus heutiger Sicht können wir nicht sagen, ob die Nanotechnologie einen echten Durchbruch erzielen wird, der es ermöglicht, das Mooresche Gesetz weit über das Jahr 2025 hinaus weiter gültig fortzusetzen. Da jedoch bereits integrierte Schaltkreise mit Milliarden von Transistoren auf dem Markt sind, wird es keiner weiteren Miniaturisierung bedürfen, damit der Computer seinen scheinbar unaufhaltsamen Vormarsch in alle Bereiche der Technik und damit auch in alle Bereiche des menschlichen Lebens fortsetzen kann.

In den Anfangsjahrzehnten der Informationstechnologie konnte sich niemand vorstellen, dass der Computer ein persönliches Gerät werden würde, das normale Menschen im Alltag ständig benutzen würden. Schließlich wurde der Computer speziell für die Durchführung mathematischer Berechnungen erfunden, die von Natur aus zu umfangreich und zu zeitaufwändig waren, als dass menschliche Gehirne sie mit der nötigen Präzision, Zuverlässigkeit oder Effizienz hätten ausführen können. Doch die scheinbar unaufhaltsamen Fortschritte bei der Rechenleistung, die das Mooresche Gesetz vorausgesagt hatte, machten Computersysteme nicht nur klein genug, um auf einem Schreibtisch Platz zu finden oder in die Handfläche zu passen, sondern auch allgemein erschwinglich.

Eine der wichtigsten Folgen der zunehmenden Erschwinglichkeit von Rechenleistung ist, dass alle Formen der Informationsspeicherung nun in computerfreundlichen Formaten erhalten werden können. Die sehr großen Speichersysteme, die erforderlich sind, um die platzraubenden Dateien mit digitalisierten Texten, Fotos, Tonaufnahmen und Videos zu speichern, sind so preiswert geworden, dass alles, was geschrieben, fotografiert oder aufgezeichnet wird, jetzt routinemäßig in digitaler Form gespeichert wird. Und diese Entwicklung hat einen neuen Horizont in der Geschichte des menschlichen Lebens geschaffen.

Der Horizont digitaler Geschichte

Im Bereich der menschlichen Kommunikation wird nichts die Art und Weise, wie unser Zeitalter von zukünftigen Generationen wahrgenommen wird, mehr bestimmen als die digitalen Systeme, die jetzt für die Aufzeichnung, Speicherung und Abfrage der kulturellen Aufzeichnungen unserer Zeit existieren. Eine vollständige Aufzeichnung der Verhaltensweisen, Bräuche und Wertesysteme unserer Zeit – die in Form von digitalisierten Texten, Fotografien, Audio-, Film- und Videodateien in hervorragender Qualität aufbewahrt werden – sammelt sich nun Tag für Tag in einem Umfang an, der für die Menschen früherer Generationen schlicht unvorstellbar war.

Der wesentliche Unterschied zwischen Geschichte und Vorgeschichte besteht darin, dass aus historischen Epochen schriftliche Aufzeichnungen überliefert sind, während aus prähistorischen Zeiten nur archäologische Artefakte – und keine schriftlichen Aufzeichnungen – erhalten sind. So definiert, beginnt die Geschichte an verschiedenen Orten zu unterschiedlichen Zeiten: in Ägypten und im Fruchtbaren Halbmond mit der Erfindung der Keilschrift und der Hieroglyphen um 3200 v. Chr., in China mit der Entwicklung der Longshan-Schrift um 3000 v. Chr., in Indien mit der Erfindung der Industal-Schrift um 2700 v. Chr. und auf der mexikanischen Halbinsel Yucatan mit der Entwicklung der der Maya um 400 n. Chr.

Leider wirft diese gemeinsame Definition von Geschichte einige heikle Probleme auf. Beginnt zum Beispiel die Geschichte Chinas und Indiens mit der Entwicklung ihrer frühesten Schriftsysteme, obwohl diese Schriftformen nie entziffert wurden? Oder sollte sie mit den frühesten Schriftformen aus diesen

Regionen beginnen, die erfolgreich entziffert wurden, obwohl sie erst viele Jahrhunderte nach der ersten breiten Verwendung der Schrift entstanden?

Und was ist mit Kulturen, die kulturell und technologisch fortgeschritten waren, aber keine schriftlichen Aufzeichnungen hinterließen? Die keltischen Kulturen des alten Europas beispielsweise waren ein fortschrittliches Agrarvolk mit einem gut entwickelten Klassensystem und hochentwickelten Kenntnissen in der Metallverarbeitung sowohl von Bronze als auch von Eisen. Im ersten Jahrhundert nach Christus hatte sich die keltische Kultur in ganz Europa von Ungarn bis zu den Britischen Inseln verbreitet. Während die Griechen und Römer mit den Kelten vertraut waren und ausführlich über sie schrieben, benutzten die Kelten selbst keine Schrift. Aber es wäre in der Tat irreführend, die keltische Kultur als prähistorisch zu bezeichnen.

Zukünftige Historiker werden das Studium des einundzwanzigsten Jahrhunderts mit einem Seufzer der Erleichterung angehen. Das Jahr 2000 markiert den ungefähren Beginn des Horizonts der digitalen Geschichte, nach dem die aufgezeichneten Informationen aller menschlichen Gesellschaften künftiger Generationen in beispielloser Vollständigkeit und Qualität zur Verfügung stehen werden. Im Gegensatz dazu ist der größte Teil der aufgezeichneten Geschichte vor dem Jahr 2000 bruchstückhaft und unvollständig.

Von der Erfindung der Schrift in den frühen Zivilisationen des Niltals und des Fruchtbaren Halbmonds bis zur Entwicklung der Fotografie im späten 19. Jahrhundert kann die Geschichte der Menschheit nur anhand der unvollständigen und unvollkommenen Überreste von handgezeichneter Kunst, geschriebenen Manuskripten, gedruckten Büchern und Zeitschriften studiert werden. Und vom späten neunzehnten bis zum späten zwanzigsten Jahrhundert sind von den Schallplatten, Filmen und Fernsehprogrammen dieser Zeit nur die unscharfen, körnigen und oft beschädigten physischen Archive erhalten geblieben, die ursprünglich auf Aufnahmemastern, Film und Magnetband gespeichert waren. Die meisten dieser Archive aus dem zwanzigsten Jahrhundert sind jedoch inzwischen digitalisiert und in Computerdateien umgewandelt worden, so dass sie zumindest nicht weiter verfallen werden.

Bis zur Erfindung der digitalen Technologien hatten alle Methoden zur Erstellung von Kopien aufgezeichneter Informationen denselben Fehler: Bei jeder Kopie ging ein Teil der Informationen verloren. Das bedeutete, dass eine Kopie von etwas niemals so gut sein konnte wie das Original, und eine Kopie einer Kopie war noch schlechter, und so weiter. Jede Generation von Kopien war von geringerer Qualität als die Generation vor ihr, d. h. je öfter etwas kopiert wurde, desto schlechter wurde die Qualität der Kopie. Dies galt für Mikrofilme und Fotokopien von auf Papier geschriebenem oder gedrucktem Material, für Fotokopien von Fotos und Filmen und für Duplikate von Aufnahmemastern, magnetischen Tonbändern und Videobändern. Da alle diese Speichermedien entweder aus Papier oder aus Kunststoff bestanden, wurden sie im Laufe der Zeit brüchig, verfärbten sich und wurden schließlich unbrauchbar.

Als jedoch Techniken zur Umwandlung aller Medien in digitale Formate entwickelt wurden, verschwanden die Probleme der Erstellung und Speicherung von Kopien von Texten und Bildern praktisch. Wann immer eine Textzeile, ein Bild, ein Musiktitel oder ein Video auf einem Computer oder einem mobilen Gerät gespeichert wird, wird es in ein digitales Format umgewandelt – das heißt, es wird in eine Masse von Einsen und Nullen konvertiert, die in einer bestimmten Reihenfolge angeordnet wurden, um den fraglichen Text oder das Bild darzustellen. Wenn die Computerdatei kopiert wird, wird das spezifische Muster aus Einsen und Nullen genau so reproduziert, wie es im Original war, ohne Fehler und daher ohne Verlust der Qualität. Egal, wie oft sie kopiert wird, die Computerdatei besteht also immer aus genau demselben Muster von Einsen und Nullen wie zuvor – und auch der Text, die Musik, die Fotos oder die Videos, die diese Einsen und Nullen darstellen, sind genau dieselben.

Solange das Medium, auf dem diese Dateien in der Regel gespeichert sind, physisch intakt und lesbar bleibt – sei es ein Computerchip, eine Festplatte, eine Compact Disc oder ein noch zu erfindender Datenträger –, werden die Kopien niemals verfallen oder verloren gehen. Und selbst wenn das Speichermedium selbst nach vielen Jahren zu altern beginnt, können die Dateien durch einfaches erneutes Kopieren auf ein frisches Speichermedium wieder zum Leben erweckt werden. Selbst für den unwahrscheinlichen Fall, dass keine weiteren Verbesserungen in der Computerspeichertechnologie vorgenommen werden, kann jedes geschriebene Wort, jede Zeichnung, jeder Musiktitel, jedes Foto oder Video, das heute in Form einer Computerdatei existiert, potenziell für Hunderttausende von Jahren in der Zukunft gespeichert werden.

Wenn man sich an das Jahr 3200 v. Chr. als den Zeitpunkt erinnert, an dem die Menschheit zum ersten Mal den Horizont der geschriebenen Geschichte überschritt, wird man sich an das Jahr 2000 n. Chr. als den Zeitpunkt erinnern, an dem die Menschheit zum ersten Mal den Horizont der digitalen Geschichte überschritt. Jedes Buch, jede Zeitschrift, jede Zeitung, jedes Magazin, jede Broschüre, jeder Blog und jede Website, die heute veröffentlicht werden, sowie jeder Film, jedes Album und jede Fernsehsendung, die ausgestrahlt werden, sind irgendwo auf einem Computerspeicher in Form von Einsen und Nullen verewigt worden. Und doch wird diese gewaltige Ansammlung von Informationen, so umfangreich sie auch sein mag, von der unendlich größeren Masse an E-Mails, Texten, Tweets, Fotos und Videos in den Schatten gestellt, die jeden Tag von Millionen von Menschen auf der ganzen Welt erstellt und übermittelt werden – und die größtenteils von den Internetdienstanbietern gespeichert und aufbewahrt werden, die sie übermitteln.

Das Hauptproblem für künftige Historiker wird darin bestehen, wie sie die gewaltige Menge des überlieferten Materials durchsuchen können. Die kulturelle Aufzeichnung der Gegenwart, die jetzt in digitaler Form aufgezeichnet und gespeichert wird, wird unserer Zeit eine einzigartige Stellung in den Annalen der Menschheitsgeschichte verleihen. Wir sind die erste Generation, deren Leben und Zeit in hervorragender Detailgenauigkeit und in kompromissloser Qualität festgehalten wurde, und werden dies auch immer bleiben. Alle unsere größten Errungenschaften, aber auch unsere banalsten Leichtsinnigkeiten werden in einer Masse von Einsen und Nullen weiterleben, lange nachdem wir gestorben sind, und sie werden zur Erleuchtung und zum Amüsement künftiger Generationen zur Verfügung stehen, solange die menschliche Zivilisation selbst besteht.

Roboter, Automatisierung und die Zukunft der sinnvollen Arbeit

Wenn die kulturellen Veränderungen, die die Präzisionsmaschinen mit sich brachten, den Status der Frauen in der Mitte des zwanzigsten Jahrhunderts letztlich herabsetzten, indem sie es ermöglichten, dass ein Großteil der Hausarbeit von Maschinen erledigt wurde, so haben die Veränderungen der digitalen Technologie auch den Status der Männer im einundzwanzigsten Jahrhundert herabgesetzt, indem sie es ermöglichten, dass ein Großteil der geistigen und körperlichen Arbeit, die traditionell von Männern erledigt wurde, von Computern, Robotern und Automatisierungssystemen übernommen wurde.

In den 1950er Jahren, als das Phänomen der Automatisierung noch in den Kinderschuhen steckte, lautete die Frage, die die Sozialwissenschaftler am meisten beschäftigte: „Wie werden sich die Menschen in der zukünftigen Gesellschaft auf die enorme Zunahme an Freizeit einstellen, die die neuen Technologien der Automatisierung schaffen werden?" Man ging davon aus – ziemlich naiv, wie sich heute herausstellt –, dass sich die Wochenarbeitszeit aller Arbeitnehmer im Verhältnis zu der von den Maschinen verrichteten Arbeit verkürzen würde, wenn die Maschinen die meisten der damals von den Arbeitnehmern ausgeführten Aufgaben übernehmen könnten. Und das Problem, das sich daraus ergeben würde, wurde immer mit der Frage umrissen, was der durchschnittliche Arbeiter mit der ganzen freien Zeit anfangen würde, die sich aus dieser

Befreiung von der täglichen Plackerei ergeben sollte.[106]

Doch die Ausweitung der Freizeit erweist sich nicht als großes Problem. Obwohl die Freizeit des durchschnittlichen amerikanischen Arbeitnehmers seit den 1950er Jahren um mehrere Stunden pro Woche zugenommen hat, wird der größte Teil dieser zusätzlichen Freizeit vor dem Fernseher verbracht. Außerdem scheiden jedes Jahr Millionen von Männern und Frauen aus dem Berufsleben aus, und viele Rentner leben noch zehn, zwanzig oder dreißig Jahre weiter, bevor sie im hohen Alter sterben. Und die meisten Menschen im Ruhestand finden eine sinnvolle und lohnende Beschäftigung für ihre Zeit. Die Ausweitung der freien Zeit ist kein Problem, das gelöst werden muss, sondern eine Chance, die es zu nutzen gilt. Das gilt jedoch nicht für die Männer und Frauen in der Blüte ihres Lebens, die ihrer Arbeitsplätze, ihres Gehalts und eines Großteils ihres Selbstwertgefühls beraubt wurden, als die Arbeit, die sie einst verrichteten, von Computern, Robotern und Automatisierungssystemen übernommen wurde.

Die Sozialkritiker der 1950er Jahre scheinen nicht daran gedacht zu haben, dass, wenn Maschinen die Arbeit übernehmen, die zuvor von lebenden Menschen verrichtet wurde, das Ergebnis nicht eine allmähliche Verkürzung der Arbeitswoche sein würde, sondern vielmehr ein Trend zu wachsender Arbeitslosigkeit und Unterbeschäftigung. Niemand scheint verstanden zu haben, dass, als Computer in die Lage versetzt wurden, geistige Arbeit zu verrichten, und Roboter in die Lage versetzt wurden, körperliche Arbeit zu verrichten, die meisten Menschen, die diese Arbeit bisher verrichteten, einfach entlassen werden würden – und dass sie durch eine viel geringere Anzahl hochqualifizierter Techniker ersetzt werden sollten, die für die Programmierung, Bedienung und Wartung dieser neuen computergesteuerten Systeme erforderlich waren.

Darüber hinaus stammt die neue Generation von Wissensarbeitern größtenteils nicht aus den Reihen der Arbeiter, sondern sind stattdessen Hochschulabsolventen, die in Fächern wie Informatik, Mathematik, Projektmanagement und Prozesssteuerung ausgebildet worden sind. Und das ist die Welt, in der wir heute leben, dies scheint zunehmend das Schicksal von Millionen von Menschen zu sein, die in der Wirtschaft und im verarbeitenden Gewerbe beschäftigt waren. Die Frage, die wir jetzt beantworten müssen, lautet daher: „Wie werden all die Menschen, die durch die Verbreitung von Automatisierungssystemen ihren Arbeitsplatz verlieren, anderswo eine sinnvolle, gut bezahlte Beschäftigung finden und ihre frühere Selbstachtung und ihren Status in der Gesellschaft wiedererlangen?"

Obwohl sich dieses Problem seit dem Aufkommen erschwinglicher und zuverlässiger Computersysteme in der Mitte des zwanzigsten Jahrhunderts immer weiter verschärft hat, scheint es auf diese grundlegende Frage keine zufriedenstellende Antwort zu geben. Automatisierungssysteme übernehmen zunehmend alle Routineaufgaben, die früher von Menschen ausgeführt wurden. Roboter übernehmen nach und nach die physischen Aufgaben in der Fertigung. Und die Computersysteme, die entwickelt wurden, um Flugzeuge ohne Piloten zu fliegen, werden bald die Fahrzeuge der modernen Welt zu ihren Zielen und wieder zurück bringen.

Dies wirft die Frage auf, wie der Reichtum der modernen Gesellschaft an die Mitglieder der Gesellschaft verteilt werden soll, die keine Erwerbsarbeit finden können. Es ist nicht vernünftig anzunehmen, dass die schrumpfende Zahl der Arbeitnehmer, die noch über ein angemessenes Einkommen verfügen, mit immer höheren Sätzen besteuert wird und dass die Regierungen dieses Geld an die Mitglieder der Gesellschaft umverteilen, die keine Arbeit finden. Zum einen wird irgendwann der Punkt kommen, an dem die Habenden nicht mehr zahlreich genug sein werden, um die Habenichtse zu unterstützen. Zum anderen zerstört das Fehlen einer sinnvollen Arbeit das Selbstwertgefühl aller Erwachsenen – und dieses Selbstwertgefühl lässt sich nicht durch Almosen wiederherstellen.

Dieses Problem könnte sich für Männer sogar noch verschärfen, da die meisten Frauen die Möglichkeit haben, Kinder zu gebären und aufzuziehen, und diese Rolle allgemein gesellschaftlich anerkannt ist und als entscheidend für das zukünftige Überleben jeder menschlichen Gesellschaft angesehen wird. Dennoch beruhen der Status und das Selbstwertgefühl der Frauen in der heutigen Gesellschaft nicht nur auf ihrer reproduktiven Rolle. Würde man sie ihrer eigenen, unabhängigen Geldquellen und ihrer wirtschaftlichen Sicherheit berauben, würde der Status der Frauen bald wieder auf das entsetzliche Niveau der Gesellschaft Mitte des zwanzigsten Jahrhunderts sinken.

Das große sozialistische Experiment des zwanzigsten Jahrhunderts, bei dem Russland, Osteuropa und China versuchten, alle wirtschaftlichen Aktivitäten der Gesellschaft unter die Kontrolle staatlicher Regierungen zu stellen, führte aus zwei Gründen weder zu allgemeinem Wohlstand noch zu größerer persönlicher Zufriedenheit im Leben. Erstens wurde dadurch die uralte und natürliche Motivation des Menschen, zu arbeiten und etwas zu schaffen, um sich selbst zu verbessern, beeinträchtigt. Zweitens kann ein System, das auf dem Konzept „Jeder nach seinen Fähigkeiten, jedem nach seinen Bedürfnissen" beruht, nur in einer eng verbundenen menschlichen Gruppe wie der Familie funktionieren, in der die Menschen für ihr Selbstwertgefühl auf die Liebe und Anerkennung anderer angewiesen sind – und in der sie ihr eigenes Wohlergehen in Bezug auf das Wohlergehen ihrer engsten Verwandten und Lebenspartner wahrnehmen. So edel sie auch sein mögen, solche Konzepte funktionieren nicht auf der Ebene des Nationalstaates, wo die meisten Menschen einander fremd sind.

Inzwischen hat das Zeitalter der Informationstechnologie bereits einige bemerkenswerte Fortschritte in der menschlichen Kultur hervorgebracht. An erster Stelle steht die beispiellose Fähigkeit, mit anderen zu kommunizieren, Informationen freier und umfassender auszutauschen und unsere kollektive Weisheit zum Nutzen der Menschheit zu bündeln. Diese Fähigkeiten beginnen beim Einzelnen, der nun die Möglichkeit hat, seine Meinung so zu äußern, dass alle anderen Menschen auf der Erde zuhören können.

Soziale Medien und die digitale Seifenkiste

Von allen menschlichen Fähigkeiten, die die Informationstechnologie bisher hervorgebracht hat, war die plötzliche Verbreitung des Kommunikationssystems, das als soziale Medien bezeichnet wird und in dem jeder Einzelne ein persönliches Netzwerk anderer Menschen aufbaut und mit den anderen Menschen in diesem Netzwerk regelmäßig kommuniziert, vielleicht am wenigsten erwartet worden. Auch wenn die sozialen Medien als eine völlig neue Form der menschlichen Kommunikation gepriesen wurden, sind die Grundsätze der menschlichen Interaktion, die sie verkörpern, so alt wie die Vorgeschichte.

Die einfacheren Gesellschaften, die von Anthropologen im 20. Jahrhundert untersucht wurden – die Jäger- und Sammlergesellschaften und die Ackerbauern mit Brandrodung – hatten eine charakteristische Art, ihre Gedanken und Gefühle den anderen Mitgliedern ihrer Gruppe mitzuteilen. Da die Behausungen dieser Menschen in der Regel klein waren und aus durchlässigen Materialien wie Fellen oder Palmenstroh bestanden – und da sie in der Regel nur wenige Meter voneinander entfernt lagen –, genossen die Mitglieder dieser Gesellschaften nur wenig oder gar keine persönliche Privatsphäre. Wenn sie in ihren eigenen Zelten oder Hütten saßen, konnte alles, was sie mit normaler Stimme sagten, von ihren Nachbarn gehört werden, und alles, was sie mit lauter Stimme sagten, konnte leicht von allen Menschen gehört werden, die in ihren kleinen, eng beieinander liegenden Lagern lebten.

Wenn sich die Menschen in solchen Gemeinschaften über einen Ehepartner, Nachbarn, Verwandten oder Rivalen beschwerten, stellten sie sich in der Mitte eines öffentlichen Platzes auf – zum Beispiel auf der Lichtung, die sich oft in der Mitte einer Gruppe von Hütten oder Zelten befindet – und trugen ihre Beschwerden in einem lauten, anklagenden Ton vor. Die Reden, die sie auf diese Weise hielten, richteten sich nicht an eine einzelne Person, sondern an die

Gemeinschaft als Ganzes, und die Mitglieder der Gemeinschaft hörten ihnen in der Regel mit großem Interesse zu. Oft rief das eine oder andere Mitglied der Gruppe einen zustimmenden oder missbilligenden Kommentar aus dem Inneren einer Wohnung heraus. Oft waren diese Kommentare aus dem weitgehend unsichtbaren Publikum humorvoll gemeint, und es war nicht ungewöhnlich, dass diese Kommentare bei den anderen Mitgliedern der Gruppe Gelächter auslösten.

Diese leidenschaftlichen Reden boten nicht nur dem Redner eine Möglichkeit, seine Frustrationen abzubauen, sondern ermöglichten es auch, individuelle Beschwerden in der Arena des öffentlichen Diskurses vorzutragen. Die Kommentare der Zuhörer – die in der Regel auch von anderen Mitgliedern der Gemeinschaft gehört wurden – dienten als Resonanzboden für die öffentliche Meinung und boten der Gruppe als Ganzes die Möglichkeit, sich über das Für und Wider der Beschwerde des Sprechers zu äußern. Auf diese Weise wurden die Werte und Haltungen der Gruppe selbst durch diese gemeinsamen Handlungen des Redens zum Ausdruck gebracht, verstärkt, verfeinert und geschärft.

Als jedoch während der landwirtschaftlichen Revolution sesshafte Dörfer entstanden, erwies sich die physische Beschaffenheit dieser dauerhafteren Behausungen als ziemlich unwirtlich für diese alte menschliche Praxis. In vielen landwirtschaftlichen Gemeinschaften, wie etwa in den verstreuten ländlichen Gemeinden Nordeuropas und des Fernen Ostens, lebten die einzelnen Familien auf den Feldern und Gärten, die sie besaßen, und ihre Häuser waren in der Regel Dutzende oder Hunderte von Metern voneinander entfernt – zu weit, als dass die Klage einer Person von einer benachbarten Familie gehört werden konnte. Außerdem gab es in diesen Siedlungen oft keinen gemeinsamen Bereich, der für alle Mitglieder der Gemeinschaft leicht zugänglich gewesen wäre. Die Menschen, die in diesen Gemeinschaften lebten, standen nur selten in engem Kontakt zueinander, außer bei gelegentlichen Gemeinschaftsritualen wie Hochzeiten, Beerdigungen oder religiösen Zeremonien.

In anderen Arten von landwirtschaftlichen Gemeinschaften, wie sie für die ländlichen Dörfer im mediterranen Griechenland, Italien und Nordafrika typisch sind, lebten die Familien in dichten Gemeinschaften, die aus befestigten Dörfern bestanden. Die Bauern verbrachten die Nächte in ihren Dorfhäusern und verließen tagsüber die Dörfer, um in ihren Gärten, auf den Weiden, in den Weinbergen und Obstgärten zu arbeiten. Die Häuser in diesen Gemeinschaften waren in der Regel feste Behausungen aus Lehmziegeln oder Stein, mit dicken, massiven Wänden und kleinen Fenstern und Türen. Diese Art von Architektur ist nicht dazu geeignet, die Geräusche eines Einzelnen weiter zu tragen als bis zum nächsten Nachbarn – und auch nur dann, wenn die Stimme des Einzelnen fast zum Schrei erhoben wird. In solchen Gemeinschaften wurden die Beschwerden und Meinungen von Eheleuten, Schuldnern und Gläubigern, Verbündeten und Feinden, Liebhabern und Rivalen selten in der Öffentlichkeit geäußert, sondern eher im stillen Kämmerlein geflüstert. Sie waren oft Gegenstand von Klatsch und Tratsch, aber selten Gegenstand offener, öffentlicher Diskussionen.

Mit der Verstädterung der Menschheit, die mit der industriellen Revolution einsetzte, waren die Nachbarn nicht mehr unbedingt Mitglieder der eigenen Gemeinschaft, und sie umfassten selten die Verwandten, die einst die Gemeinschaften der Jäger und Sammler bildeten. Die Kulturen der modernen Menschen – die in der Regel Nachfahren von Landarbeitern und Städtern sind – hatten daher schon vor langer Zeit die Tradition der Jäger und Sammler verloren, ihre Beschwerden, Klagen oder Meinungen offen zu äußern. Die Erfindung der sozialen Medien hat jedoch einen Mechanismus geschaffen, mit dem der moderne Mensch die Freuden und Gefahren der Meinungsäußerung in einem Netzwerk von Gleichgesinnten entdeckt hat. Dies ist wahrscheinlich der Grund dafür, dass sich in den letzten Jahren so viele Menschen wie nie zuvor in sozialen Netzwerken angemeldet haben.

Moderne soziale Medien ermöglichen es nicht nur allen Menschen im Netzwerk einer Person, eigene Kommentare und Antworten zu geben, sondern machen diese Kommentare und Antworten auch für alle anderen im Netzwerk jeder Person zugänglich. So hat die digitale Seifenkiste, die durch die Entwicklung der sozialen Netzwerke entstanden ist, die uralte menschliche Praxis wieder eingeführt – die bei allen jagenden und sammelnden Nomaden zu finden ist, aber durch die Jahrtausende der landwirtschaftlichen und industriellen Zivilisation stark zurückgegangen ist –, die intimsten Fragen, Beobachtungen und Meinungen des täglichen Lebens täglich mit Gleichaltrigen zu teilen. Und die Allgemeingültigkeit dieser Praxis bei Jägern, Sammlern und primitiven Dorfbewohnern auf der ganzen Welt deutet darauf hin, dass es sich dabei sowohl um ein grundlegendes menschliches Bedürfnis als auch um eine natürliche menschliche Praxis des Informationsaustauschs, der Stärkung von Werten und der Prüfung der öffentlichen Meinung über alle Freuden und Wechselfälle des täglichen Lebens handelt.

Von all den vielen Veränderungen im menschlichen Leben, die durch die Entwicklung der Informationstechnologie hervorgerufen wurden, ist vielleicht keine so wichtig – und letztlich umwälzend – wie die beispiellose Erweiterung der Möglichkeiten, mit anderen zu kommunizieren. Diese Fähigkeit geht weit über die öffentliche Äußerung privater Gedanken, Gefühle und Einstellungen hinaus, die durch die sozialen Medien ermöglicht wird. Vielmehr umfasst sie jede Art von menschlicher Interaktion: den Austausch von Wissen zwischen Menschen mit ähnlichen Interessen, die Übermittlung privater Nachrichten von einer Person zur anderen, den Handel mit Waren und Dienstleistungen und die Möglichkeit, weit weg von der eigenen Heimat in die Heimatländer anderer Gesellschaften und Kulturen zu reisen.

Das World Wide Web der menschlichen Interaktion

Unser sich rasch entwickelndes Universum aus Personalcomputern, mobilen Geräten, dem Internet, Kommunikationssatelliten und der weltweiten kommerziellen Luftfahrt hat bereits zu beispiellosen Fortschritten bei den Interaktionstechnologien geführt. Die Informationstechnologie hat eine Welt geschaffen, in der die Menschen zunehmend in der Lage sind, mit jedem anderen Menschen auf der Erde zu schreiben, zu sprechen, ihn zu besuchen und mit ihm Handel zu treiben – in Echtzeit, vierundzwanzig Stunden am Tag.

Es war die Digitaltechnik, die es der Raumfahrt ermöglichte, Kommunikationssatelliten in eine erdnahe Umlaufbahn zu bringen. Diese Satelliten haben nicht nur die Kosten für internationale Telefongespräche auf ein erschwingliches Niveau gesenkt, sondern auch dafür gesorgt, dass die gesamte Menschheit Sportereignisse, Naturkatastrophen und Kriegsausbrüche in Echtzeit auf elektronischen Geräten verfolgen kann. Und zum ersten Mal in der Geschichte der Menschheit wurde ein globales Verkehrsnetz geschaffen, das es jedem Menschen auf der Erde ermöglicht, innerhalb von Stunden oder Tagen mit jedem anderen Menschen auf der Erde Handel zu treiben oder ihn zu besuchen. Diese Freiheit der Interaktion ist ohne Beispiel in der gesamten Menschheitsgeschichte.

Die Entwicklung des Dampfschiffs und der Eisenbahn in den frühen 1800er Jahren führte zu einem enormen Anstieg der Fernreisen und war teilweise dafür verantwortlich, dass die vielen tausend Städte, Dörfer und Stadtstaaten, die seit der Antike existierten, zu der kleinen Anzahl von Nationalstaaten zusammenwuchsen, die heute existieren. In jüngerer Zeit ist die Zahl der Menschen, die sowohl als Touristen als auch aus geschäftlichen Gründen in andere Länder und Kulturen reisen, exponentiell angestiegen, was größtenteils auf die Fortschritte zurückzuführen ist, die seit 1950 im Bereich der Interaktionstechnologien erzielt wurden. In jenem Jahr besuchten etwa fünfundzwanzig Millionen Menschen andere Länder als Touristen. Im Jahr 2011 war diese Zahl auf etwa eine Milliarde angewachsen. Das ist ein Anstieg von 4.000 Prozent innerhalb eines einzigen Menschenlebens (siehe Abbildung 9.3 auf Seite 289). Und bei der

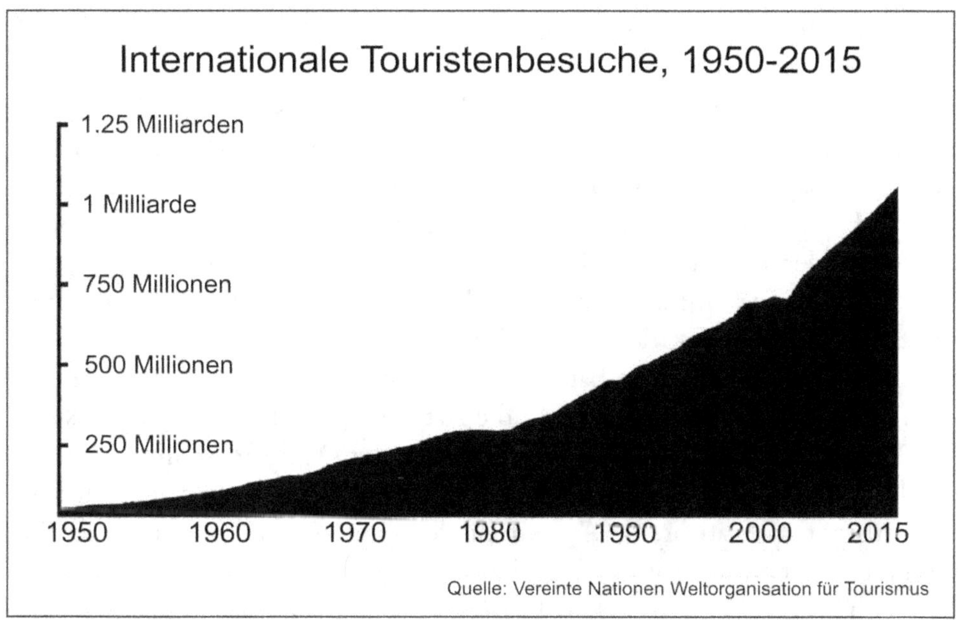

Abbildung 9.3: Seit der Entwicklung computergestützter Transportsysteme ist die Zahl der internationalen Touristenbesuche sprunghaft angestiegen, und zwar von etwa fünfundzwanzig Millionen Besuchen pro Jahr im Jahre 1950 auf mehr als eine Milliarde Besuche im Jahre 2015.

derzeitigen Steigerungsrate wird die Zahl der internationalen Touristenbesuche nach Angaben der Welttourismusorganisation der Vereinten Nationen bis zum Jahr 2020 voraussichtlich 1,6 Milliarden erreichen.[107]

Das explosionsartige Wachstum des internationalen Tourismus ging mit einem entsprechenden Anstieg der Zahl der Menschen einher, die von einem Kontinent zum anderen und von einem Nationalstaat zum anderen migriert sind. Im Jahr 2013 waren etwa 232 Millionen Menschen auf der Erde Migranten, die in einem Land geboren wurden und ihren ständigen Wohnsitz in ein anderes Land verlegt hatten.[108] Das sind mehr als doppelt so viele Menschen wie die Erde bevölkerten, als die Entstehung der städtischen Zivilisationen bereits begonnen hatte.

Dieses weltumspannende Netz menschlicher Interaktion wird das menschliche Leben und die Gesellschaft so tiefgreifend verändern wie keine der Metamorphosen der Vergangenheit. Wenn wir uns die Veränderungen in Gesellschaft und Kultur ansehen, die durch die Technologie der Präzisionsmaschinen in Gang gesetzt wurden, wird deutlich, dass die endgültigen Auswirkungen einer Schlüsseltechnologie kaum vorhergesagt werden können, wenn man sich ihre unmittelbarsten Folgen ansieht.

Wer hätte gedacht, dass die Entwicklung von Präzisionsmaschinen durch mittelalterliche Uhrmacher – getrieben von dem einfachen Wunsch, genauere Uhren herzustellen – schon bald zur Erfindung der modernen Druckerpresse, einer Explosion des Wissens und einer Renaissance der Künste und Wissenschaften in der gesamten westlichen Welt führen würde? Oder dass, während die Wälder Europas durch die steigende Nachfrage der Uhrmacher nach Eisen und Stahl abgeholzt wurden, die zivilisierte Welt mit dem Abbau von Kohle beginnen würde, was schon bald zur Erfindung der Dampfmaschine mit all ihren vielfältigen Auswirkungen auf die Art der Herstellung, des Reisens und des Handels führen sollte? Oder dass der Erfolg der Dampfmaschine eine industrielle Revolution auslösen würde, die im Laufe eines einzigen Jahrhunderts den Verbrennungsmotor, das Automobil, das Flugzeug und die weit verbreitete Nutzung der elektrischen Energie hervorbringen sollte?

Wer hätte geahnt, dass diese industriellen Technologien letztlich zur Aufgabe der Nahrungsmittelproduktion und zur Abwanderung der großen Mehrheit der Erdbevölkerung vom Land in die Städte führen würden? Wer hätte vorausgesagt, dass Präzisionsmaschinen letztlich die Medien der Massenkommunikation, den Aufstieg der Erwerbsgesellschaft, die Mechanisierung von Haus und Hof, die Abholzung der Landflächen der Erde, die Destabilisierung des Weltklimas, das Massenaussterben von Pflanzen und Tieren und all die grundlegenden Veränderungen in den Sitten und Gebräuchen, die die Institutionen der Ehe, die Struktur der Familie und sogar die Normen des menschlichen Sexualverhaltens bestimmen, hervorbringen würden?

Jetzt, da die digitale Technologie unsere Spezies von den Beschränkungen von Zeit und Raum befreit, an die wir bisher gebunden waren, sind die Veränderungen, die in der fernen Zukunft liegen, weitgehend unvorhersehbar. In naher Zukunft werden wir jedoch mit Sicherheit Zeuge mindestens einer großen Veränderung der menschlichen Gesellschaft sein: der Geburt einer globalen Zivilisation.

Der ultimative Akt der Fusion

Das Phänomen der sozialen Verschmelzung unter den Menschen begann in der prähistorischen Periode des Jungpaläolithikums und wurde durch die Technologie der symbolischen Kommunikation in Gang gesetzt. Die Entwicklung von Sprache, Kunst und visueller Symbolik ermöglichte es den nomadischen Gruppen jener Zeit – die jeweils nur aus einigen Dutzend Angehörigen bestanden

–, eine gemeinsame kulturelle Identität mit anderen nomadischen Gruppen zu teilen und sich so zu Stämmen zusammenzuschließen, die aus Tausenden von Individuen bestanden.

Eine Verschmelzung von Stämmen in größerem Maßstab fand in der späten Jungsteinzeit statt, als die landwirtschaftlichen Dorfbewohner dieser Zeit Flussboote, Radfahrzeuge und Schriftsysteme entwickelten und sich zu städtischen Zivilisationen zusammenschlossen, die viele Stämme umfassten und Gemeinschaften mit Hunderttausenden von Einwohnern bildeten. Als schließlich die industrielle Revolution leistungsfähigere und effizientere Reise-, Handels- und Kommunikationstechnologien hervorbrachte, verschmolzen die vielen tausend Stadtstaaten, die seit den Anfängen der Zivilisation überlebt hatten, in weniger als zwei Jahrhunderten zu weniger als zweihundert Nationalstaaten, von denen die meisten heute eine Bevölkerung in Millionenhöhe aufweisen.

Die Gründe für diese Verschmelzungen sind kein Geheimnis. Da es den Menschen leichter fällt, über den geografischen Raum hinweg zu interagieren, können sie sich andere Menschen leichter als Teil ihrer eigenen vertrauten Welt vorstellen. Je leichter sie miteinander kommunizieren, desto wahrscheinlicher ist es, dass sie eine gemeinsame Sprache suchen und finden. Je mehr sie in das Land des anderen reisen und sich dort niederlassen, desto wahrscheinlicher ist es, dass sie die Bräuche und Traditionen des anderen übernehmen. Mit der Zeit ist es wahrscheinlicher, dass sie dieselben Speisen essen, dieselbe Kleidung tragen und sogar dieselben Feiertage begehen. Es ist wahrscheinlicher, dass sie sich vermischen und Kinder hervorbringen, die mit mehr als einer Reihe von Bräuchen, Werten und Einstellungen aufwachsen.

All diese Dinge führen dazu, dass die kulturellen Unterschiede zwischen Gruppen, die früher deutlich voneinander getrennt waren, geringer werden. Schließlich beginnen sich Menschen, die zuvor unterschiedlichen Kulturen angehörten, mit einer neuen und größeren Kultur zu identifizieren, vor allem, wenn diese neuere Kultur eine Reihe von Werten, Institutionen und Traditionen bietet, die in der Lage sind, die Unterschiede zwischen den Kulturen vergangener Epochen auszugleichen. Unter den vielen Konsequenzen, die sich aus den bedeutenden Fortschritten der Informationstechnologie ergeben, kann also ein Ergebnis mit Sicherheit vorhergesagt werden: Menschliche Gruppen werden zu größeren Gruppen verschmelzen, als sie jemals zuvor existiert haben.

Dennoch gibt es in der menschlichen Gesellschaft immer starke Kräfte, die sich dem Wandel widersetzen. Während viele Bereiche des menschlichen Lebens verschmelzen, durchlaufen viele andere den gegenteiligen Prozess und zerfallen in die Einzelteile dessen, was früher ein einheitliches Ganzes war. Ehemalige Imperien zerfallen in ihre Bestandteile, und diese werden zu unabhängigen Nationen. Die Auflösung des Spanischen Kolonialreichs, des Britischen Weltreichs, der österreichisch-ungarischen Monarchie, des Osmanischen Reichs und der Sowjetunion sind allesamt anschauliche Beispiele für den Prozess der politischen Spaltung in der Neuzeit. Und auch Nationalstaaten können ihre politische Einheit verlieren und in ihre Bestandteile zerfallen, wie es in den 1990er Jahren geschah, als die ehemalige Republik Jugoslawien in die einzelnen Nationen Serbien, Kroatien, Slowenien, Mazedonien, Montenegro und Bosnien-Herzegowina zerfiel.

Während die Sprachen der aussterbenden Kulturen verloren gehen, sind zumindest einige „tote" Sprachen wiederbelebt worden und zu lebendigen Sprachen geworden. Das Hebräische, das jahrhundertelang nur als liturgische Sprache überlebte, ist zu einer modernen Sprache geworden, die Millionen von israelischen Bürgern täglich sprechen. Und wir sollten nicht vergessen, dass trotz der Konsolidierung der politischen Welt in weniger als zweihundert souveräne Nationalstaaten heute immer noch mehr als siebentausend verschiedene Sprachen aktiv in der Welt gesprochen werden. Jede dieser Sprachen repräsentiert eine eigene ethnische Gruppe mit eigenen Sitten und Gebräuchen und einer eigenen Identität, die noch immer besteht. Dennoch schätzen Sprachexperten, dass mehr als ein Drittel der existierenden Sprachen derzeit entweder in Schwierigkeiten ist oder ausstirbt.[109] Der Prozess der kulturellen Verschmelzung schreitet heute schneller voran als je zuvor in der Geschichte der Menschheit.

Wie die Geschichte der vergangenen Veränderungen so deutlich gezeigt hat, hat jeder bedeutende Fortschritt in den Interaktionstechnologien schließlich eine größere und umfassendere Form der menschlichen Gesellschaft hervorgebracht. Und die Fortschritte bei den Interaktionstechnologien, die sich aus der Entwicklung der digitalen Technologien ergeben haben, sind die bedeutendsten in der gesamten Menschheitsgeschichte. Aller Wahrscheinlichkeit nach wird sich dieser grundlegende Prozess bis zu seinem letzten Endpunkt fortsetzen: einem ultimativen Akt der Verschmelzung, bei dem sich die Menschheit langsam zu einer größeren Einheit einer neuen universellen menschlichen Kultur vereint – kurz gesagt, zur Geburt einer globalen Zivilisation.

Wenn eine globale Gesellschaft und Kultur Gestalt annimmt, wird eine weitere Verschmelzung der Menschen weder möglich noch notwendig sein. Auch wird dieser letzte Akt der Verschmelzung nicht bedeuten, dass irgendeine der bereits entstandenen menschlichen Gruppen aufhört zu existieren. Die Geschichte zeigt uns, dass alle traditionellen menschlichen Gruppen, die aus früheren Metamorphosen hervorgegangen sind – Familien, Clans, Stämme, Nachbarschaften, Dörfer, Städte, Regionen, Staaten und Nationen – ihre Identität und Integrität bewahrt haben und weiterhin ihre jeweiligen Lebensbereiche regieren, auch wenn größere und umfassendere Einheiten entstanden sind.

In unserem nächsten und letzten Kapitel werden wir uns mit den zahlreichen Kräften befassen, die durch die Technologien, die uns zu Menschen gemacht haben, entfesselt wurden und die die langfristige Lebensfähigkeit unseres Planeten und seines fragilen Netzes von Lebensformen bedrohen. Wir werden uns auch mit der Wahrscheinlichkeit befassen, dass die Menschheit die Macht der digitalen Technologie nutzen wird, um neue globale Einheiten zu schaffen, die in der Lage sind, die Ressourcen der Erde zu verwalten – nicht zum Nutzen einer einzelnen Nation, sondern zum Wohl der gesamten Menschheit und aller anderen Lebensformen auf der Erde.

Bibliographie zu 9 – Die Technologie der digitalen Information

Alfred, Randy (4. Nov. 2008). *1952: Univac gets election right, but CBS balks.* URL: http://www.wired.com/2010/11/1104cbs-tv-univac-election/ (besucht am 12. 06. 2014).

Anderson, Stephen R. (2010). „How many languages are there in the world?" In: *Linguistic Society of America Brochure Series*. Frequently Asked Questions.

Berlin, Leslie (2005). *The Man Behind the Microchip: Robert Noyce and the Invention of Silicon Valley*. New York: Oxford University Press.

Clayton, Brian (2011). „The incredible shrinking computer: Innovative technology, less hardware". In: *Peer to Peer* 27.4, S. 32–35.

Collier, Bruce und James MacLachlan (1998). *Charles Babbage: And the Engines of Perfection*. Oxford: Oxford University Press.

Collier, Paul (2013). *Exodus: Immigration and Multiculturalism in the 21st Century*. London: Allen Lane.

Cutress, Ian (11. Feb. 2014). *Intel readying 15-core Xeon E7 v2.* URL: http://www.anandtech.com/show/7753/intel-readying-15core-xeon-e7-v2 (besucht am 24. 06. 2014).

Derbeken, Jaxton van, Demian Bulwa und Erin Allday (8. Juli 2013). „SF plane crash: Crew tried to abort landing". In: *San Francisco Chronicle*. URL: http://www.sfchronicle.com/multimedia/item/boeing-777-crashes-at-sfo-22447.php (besucht am 24. 06. 2014).

Ecola, Lisa und Martin Wachs (2012). *Exploring the Relationship between Travel Demand and Economic Growth*. URL: http://www.fhwa.dot.gov/policy/otps/pubs/vmt_gdp/ (besucht am 24. 06. 2014).

Fildes, Jonathan (14. Okt. 2010). „Campaign builds to construct Babbage Analytical Engine". In: *BBC News*. URL: http://www.bbc.co.uk/news/technology-11530905 (besucht am 06. 12. 2014).

Graham-Cumming, John (23. Dez. 2010). „Let's build Babbage's ultimate mechanical computer". In: *New Scientist* 2791. URL: http://www.newscientist.com/article/mg20827915.500-lets-build-babbages-ultimate-mechanical-computer.html#.U5njTGcg-Uk (besucht am 06. 12. 2014).

Gullapalli, Sravani und Michael Wong (2011). „Nanotechnology: A Guide to nano-objects". In: *Chemical Engineering Progress* 107.5, S. 28–32.

Hilbert, Martin und Priscila López (2011). „The world's technological capacity to store, communicate, and compute information". In: *Science* 332.6025, S. 60–65.

Hultsman, John und William Harper (2004). „The problem of leisure reconsidered". In: *Journal of American Culture* 16.1, S. 47–54.

International Technology Roadmap for Semiconductors, 2010, Overall technology roadmap characteristics (2010). Update. URL: http://maltiel-consulting.com/ITRS_2010_Updates_maltiel_semiconductor_consulting.htm (besucht am 17. 06. 2014).

Lewis, Paul M., Gary F. Simons und Charles D. Fennig, Hrsg. (2014). *Ethnologue: Languages of the World.* URL: http://www.ethnologue.com (besucht am 24. 06. 2014).

Mastny, Lisa (Dez. 2001). „Traveling light: New paths for international tourism". In: *Worldwatch Paper* 159.

Moore, Gordon E. (1965). „Cramming more components onto integrated circuits". In: *Electronics* 38.8, S. 114–117. URL: http://ieeexplore.ieee.org/xpl/login.jsp?tp=&arnumber=658762&url=http%3A%2F%2Fieeexplore.ieee.org%2Fxpls%2Fabs_all.jsp%3Farnumber%3D658762 (besucht am 17. 06. 2014).

— (1998). „Cramming more components onto integrated circuits". In: *Proceedings of the IEEE* 86.1. Nachdruck, S. 82–85.

Museum, Computer History (2008). *A Brief History. The Babbage Engine.* URL: http://www.computerhistory.org/babbage/history/ (besucht am 12. 06. 2014).

Peterson, Ivars (1983). „The incredible shrinking computer". In: *Science News* 123.24, S. 378–380.

Pirzada, Syed M. (19. Feb. 2014). *Ivy Bridge-EX Arrives—Intel Xeon E7 v2 Released with 20 New SKU Lineup.* URL: http://wccftech.com/ivy-bridge-ex-arrives-intel-xeon-e7-v2-released/ (besucht am 24. 06. 2014).

Relman, David A., Eileen R. Choffnes und Alison Mack (2010). *Infectious Disease Movement in a Borderless World: Workshop Summary.* Washington, DC: The National Academies Press.

Ross, Philip E. (29. Nov. 2011). *When will we have unmanned commercial airliners?* URL: http://spectrum.ieee.org/aerospace/aviation/when-will-we-have-unmanned-commercial-airliners/0 (besucht am 21. 06. 2014).

Samarth, Nitin (1999). *The incredible shrinking computer*. URL: http://news.psu.edu/story/141560/1999/05/01/research/incredible-shrinking-computer (besucht am 21.06.2014).

Saraswat, Krishna (2010). *Trends in integrated circuits technology*. URL: http://www.google.com/url?sa=t&rct=j&q=&esrc=s&source=web&cd=1&ved=0CBoQFjAA&url=http%3A%2F%2Fwww.stanford.edu%2Fclass%2Fee311%2FNOTES%2FTrendsSlides.pdf&ei=RCWnU_O2IJPjoATd94D4Bw&usg=AFQjCNGUsBM2PT3G1d7laao1cgoXdc3yOQ&sig2=HlpraPlhV7LR3-9T9tqJcA (besucht am 22.06.2014).

Shurkin, Joel (2006). *Broken Genius: The Rise and Fall of William Shockley, Creator of the Electronic Age*. London: Macmillan.

Sica, Edgardo (2007). *International tourism: a driving force for economic growth of Commonwealth countries*. URL: https://www.academia.edu/982748/International_tourism_a_driving_force_for_economic_growth_of_Commonwealth_countries (besucht am 25.06.2014).

Swade, Doron D. (Juli 2005). „The Construction of Charles Babbage's Difference Engine No. 2". In: *IEEE Annals of the History of Computing*, S. 70–88.

United Nations, Department of Economic und Population Division Social Affairs (2013). *Net international migration. International Migration Report 2013*. URL: http://www.un.org/en/development/desa/population/publications/migration/migration-report-2013.shtml (besucht am 20.06.2014).

United Nations, World Tourism Organisation (2024). *Global and Regional Tourism Performance*. Und gehe zu „Inbound Tourism". URL: https://www.unwto.org/tourism-data/global-and-regional-tourism-performance (besucht am 14.03.2024).

Weik, M. H., Hrsg. (1955). *Computers with names starting with E through H*. URL: http://ed-thelen.org/comp-hist/BRL.html (besucht am 15.06.2014).

✦

Unsere Welt am Abgrund:

Driftet die Menschheit auf eine planetare Katastrophe zu?

> *»In der Welt zu leben ist gefährlich, nicht wegen jenen, die Böses tun, sondern wegen denen, die zuschauen und geschehen lassen.«*
>
> (Albert Einstein, *Conversations with Casals*)

Am 21. Juli 1969 betraten die amerikanischen Astronauten Neil Armstrong und Buzz Aldrin als erste Menschen, ja sogar als erste irdische Lebewesen, den Mond. Ihnen folgten in den nächsten dreieinhalb Jahren zehn weitere. Und von all den einzigartigen Eindrücken und Erfahrungen, die die Mondlandungen mit sich brachten, war der Anblick der Erde aus den Tiefen des Weltraums für die Astronauten selbst vielleicht die eindrucksvollste.

Frank Borman, der Kommandant der Apollo-8-Mission, erinnerte sich an das Erlebnis, die Erde in ihrer ganzen bunten Pracht fast vierhundertausend Kilometer entfernt im All schweben zu sehen. „Ich schaute zufällig aus einem der noch klaren Fenster", schrieb er, „genau in dem Moment, als die Erde über dem Mondhorizont erschien. Es war der schönste, herzzerreißendste Anblick meines Lebens, ein Anblick, der einen Strom von Nostalgie, von schierem Heimweh, durch mich hindurchströmen ließ".[110] Und James Lovell, der Pilot des Kommandomoduls, bemerkte einmal: „Der beeindruckendste Anblick, den ich sah, war nicht der Mond, nicht die Rückseite, die wir nie sehen, oder die Krater. Es war die Erde."[111]

Doch die Zukunft unseres einzigartigen, unersetzlichen Planeten ist heute durch die Technologien, die uns zu Menschen gemacht haben, ernsthaft bedroht wie nie zuvor. Die Geißeln der Menschheit – Krieg, Umweltverschmutzung, Abholzung, Artensterben und Klimawandel –, die allesamt auf unsere technologische Leistungsfähigkeit zurückzuführen sind, haben die lebende Welt in Gefahr gebracht. Doch bevor wir uns jede dieser Bedrohungen im Detail ansehen, müssen wir uns eine grundlegende Frage unserer Zeit stellen. Können wir dem Übel, das wir uns selbst geschaffen haben, entkommen, indem wir die Erde hinter uns lassen und neu anfangen? Können wir ein besseres Leben für die Menschheit auf dem jungfräulichen Boden eines anderen Planeten aufbauen?

Können wir andere Planeten besiedeln?

In den letzten Jahren ist die Vorstellung populär geworden, dass künftige Generationen von Menschen den Problemen der Erde entkommen werden, indem sie mit Hilfe fortschrittlicher Technologien andere Planeten besiedeln. Aber selbst wenn wir die schiere logistische Herausforderung ignorieren, Hunderttausende Tonnen an Vorräten und Ausrüstung in den Weltraum zu befördern, und nur die Umweltbedingungen berücksichtigen, von denen wir wissen, dass sie auf anderen Planeten herrschen, scheint das Ziel, andere Himmelskörper zu kolonisieren, nicht nur unrealistisch, sondern für alle praktischen Zwecke buchstäblich unerreichbar.

Unser Mond ist eine stille, luftlose Welt aus leblosem Gestein und Staub. Ein einziger Tag auf dem Mond dauert achtundzwanzig Erdtage, und die Temperaturen auf der Mondoberfläche sind während dieser „Tage" heiß genug, um Wasser zu kochen, während die Oberflächentemperaturen in den „Nächten" des Mondes auf fast 180 Grad unter Null Grad Celsius fallen können.

Der Planet Merkur ist eine luftlose Kugel aus Eisen und Gestein, die so langsam rotiert, dass ein einziger Tag auf Merkur fast so lange dauert wie zwei Monate auf der Erde. Aus diesem Grund steigen die Oberflächentemperaturen auf Merkur während des „Tages" auf 340 Grad Celsius und fallen während der „Nacht" auf minus 170 Grad Celsius.

Der Planet Venus ist in wogende Wolken aus Schwefelsäure gehüllt, und seine Atmosphäre ist so dicht, dass der atmosphärische Druck auf der Oberfläche des Planeten erdrückende 9307 Kilopascal beträgt. Dieser Wert ist zweiundneunzigmal höher als die 101 Kilopascal auf Meereshöhe auf der Erde und entspricht dem Druck, den ein Taucher spüren würde, wenn er eine achthundert Meter tief ins Meer hinabtaucht. Aufgrund des „unkontrollierbaren Treibhauseffekts" der Kohlendioxidatmosphäre bleiben die Oberflächentemperaturen auf der Venus gleichmäßig über 430 Grad Celsius. Dies ist heiß genug, um die meisten weichen Metalle, einschließlich Blei und Zink, zu schmelzen.

Der Planet Mars ist eine gefrorene Einöde aus Felsen und Staub, die aufgrund ihrer hohen Konzentration an Eisenoxid rot sind. Die Oberflächentemperaturen auf dem Mars liegen im Durchschnitt bei 62 Grad unter dem Gefrierpunkt. Die Marsatmosphäre ist hundertmal dünner als die Atmosphäre der Erde und besteht zu 95 Prozent aus Kohlendioxid und nur zu einer Spur aus

Sauerstoff. Zusätzlich zu den unwirtlichen Temperaturen und der atemlosen Atmosphäre wird der Mars regelmäßig von gigantischen Staubstürmen heimgesucht, die monatelang andauern können und oft so groß werden, dass sie den gesamten Planeten einhüllen.

Jupiter, Saturn, Neptun und Uranus – die „Gasriesen" unseres Sonnensystems – bestehen aus Eis- und Gesteinskernen, die größer als die Erde sind und mit dicken Atmosphären aus Wasserstoff und Helium bedeckt und unter riesigen Ozeanen aus verflüssigtem Wasserstoff und Helium begraben sind, die Tausende von Kilometern tief liegen. Keiner dieser Planeten hat eine wirkliche „Oberfläche" im normalen Sinne des Wortes – nur breiige Regionen, in denen Gase zu Flüssigkeiten und Flüssigkeiten zu Festkörpern komprimiert werden, die alle in völliger und immerwährender Dunkelheit verborgen sind.

In Anbetracht der Feindseligkeit ihrer Umwelt gegenüber allen bekannten Lebensformen ist keiner der anderen Planeten in unserem Sonnensystem ein vernünftiger Kandidat für die menschliche Besiedlung. Sicherlich wäre es viel praktischer – und angenehmer – den riesigen, unbewohnten Kontinent Antarktika zu besiedeln, wo die Temperaturen im Durchschnitt nur zwischen 20 und 50 Grad unter Null liegen, die Luft atemfähig und sauerstoffreich und der Himmel blau ist. Doch ohne die fiktive Romantik des Roten Planeten hat es keinen allgemeinen Ansturm auf den fünftgrößten Kontinent der Erde gegeben.

Aber was ist mit den „erdähnlichen Planeten", die Astronomen in anderen, nahen Sonnensystemen entdeckt haben? Könnte einer von ihnen eine zweite Heimat für die überzähligen Hominiden sein, die – bei der derzeitigen Wachstumsrate der menschlichen Bevölkerung – bald die Erde überrennen werden?

Zwar sind sich die Astronomen im Allgemeinen einig, dass es im Universum viele andere erdähnliche Planeten gibt, doch sind diese Welten alle so weit entfernt, dass wir nur sehr wenig über ihr Klima oder ihre Oberflächenbeschaffenheit wissen. Der erdähnliche Planet, der unserem Sonnensystem am nächsten ist, umkreist vermutlich den Stern Tau Ceti, der zwölf Lichtjahre von der Erde entfernt ist, aber der Planet, von dem man annimmt, dass er am ehesten ein erdähnliches Klima hat, heißt „Gliese 832 c" und befindet sich in einer Entfernung von sechzehn Lichtjahren von der Erde.[112]

Gliese 832 c ist schätzungsweise fünfmal so groß wie die Erde. Eine Person, die auf der Erde 80 Kilogramm wiegt, würde auf der Oberfläche von Gliese 832 c 400 Kilogramm wiegen. Dies würde einen normalen Menschen daran hindern, zu stehen oder zu gehen. Aber nehmen wir einmal an, dass das Problem der Schwerkraft irgendwie gelöst werden könnte – vielleicht durch das Anschnallen von Metallstützen, die den Körper unter dieser erdrückenden Last stützen. Aber selbst dann müsste immer noch das beängstigende Problem gelöst werden, wie eine Gruppe von Menschen die lange Reise von unserem Sonnensystem zu diesen „benachbarten" Sonnensystemen überleben könnte.

Eine typische Weltraumrakete entkommt der Anziehungskraft der Erde, indem sie eine Startgeschwindigkeit von fast 29.000 Kilometern pro Stunde erreicht. Die NASA-Mission „New Horizons", die die Region außerhalb unseres eigenen Sonnensystems erforschen soll, erreichte eine Startgeschwindigkeit von fast 58.000 Kilometern pro Stunde, die in Verbindung mit der Geschwindigkeit der Erdumlaufbahn um die Sonne das Raumschiff auf eine Geschwindigkeit von 160.000 Kilometern pro Stunde beschleunigte. Obwohl dies schnell genug war, um der Schwerkraft der Sonne zu entkommen, hatte sich New Horizons auf fast 50.000 Kilometer pro Stunde verlangsamt, als es das Sonnensystem tatsächlich verließ.

Im Jahr 2018 wurde eine Mission der US-amerikanischen National Aeronautics and Space Administration (NASA) gestartet, die die Sonne eng umkreisen soll. Diese Mission mit dem Namen „Parker Solar Probe" nutzt den „Schleudereffekt" der Schwerkraft der Sonne, um eine atemberaubende Geschwindigkeit von 692.000 Kilometer pro Stunde zu erreichen, während sie die Sonne in einer Höhe von 6,4 Millionen Kilometer über der Sonnenoberfläche umkreist. Das ist schnell genug, um in dreißig Minuten von der Erde zum Mond zu fliegen. Aber selbst wenn ein Raumschiff, das lebende Menschen mitsamt ihrer Fracht und Ausrüstung transportieren könnte, auf seinem Weg aus dem Sonnensystem irgendwie eine Geschwindigkeit von 692.000 Kilometern pro Stunde erreichen würde – selbst wenn es gegen die Schwerkraft der Sonne ankämpfen müsste –, müsste es fast fünfundzwanzigtausend Jahre durch den Weltraum reisen, bevor es in der Nähe von Gliese 832 c ankommen würde.[113] Es ist schwer vorstellbar, wie eine Handvoll Menschen in der Enge eines Raumschiffs etwa fünfmal so lange überleben könnte wie die gesamte Geschichte der menschlichen Zivilisation. Noch schwieriger ist es, sich vorzustellen, wie die winzige Bevölkerung eines solchen Raumschiffs nach mehr als siebenhundert Generationen der Inzucht aussehen würde.

Nehmen wir an, dass eine zukünftige Zivilisation, die eine uns unbekannte Technologie entwickelt hat, den bekannten Gesetzen der Physik trotzt und es schafft, ein funktionierendes Raumfahrzeug zu bauen, das nahezu mit Lichtgeschwindigkeit reisen kann. Würde eine solche Technologie dann das Universum für die interstellare Kolonisierung durch Hominiden öffnen?

Selbst in diesem höchst unwahrscheinlichen Szenario müssten solche interstellaren Kolonisten viele Jahre im Weltraum ohne Lebensunterhalt von ihrem Heimatplaneten überleben, bevor sie in der Nähe des nächsten erdähnlichen Planeten ankommen. Diese Kolonisten bräuchten also eine technologische Infrastruktur, die sie auf ihrer jahrelangen Reise durch die Schwärze des Weltraums zuverlässig mit Nahrung, Wärme und Atemluft versorgen könnte. Bislang haben aber selbst die besten Bemühungen der modernen Technologie völlig versagt, wenn es darum geht, den Menschen ein Mittel an die Hand zu geben, mit dem sie auf unbestimmte Zeit überleben können, sobald jeglicher physische Kontakt mit der Biosphäre – der Summe aller Lebensformen und ökologischen Systeme, die die Oberfläche der Erde bedecken – abgebrochen ist.[114]

Leben ohne die Biosphäre

Jeder Versuch, andere Welten zu besiedeln, würde die Schaffung eines künstlichen Ökosystems erfordern, das in der Lage wäre, menschliches Leben zu erhalten, ohne mit der Biosphäre der Erde verbunden zu sein. 1991 wurde ein Versuch unternommen, genau dies zu tun – nicht auf einem anderen Planeten, sondern in der relativ gutartigen terrestrischen Umgebung des Südwestens der Vereinigten Staaten. Für 200 Millionen Dollar wurde in der Sonoran-Wüste in der Nähe von Tucson, Arizona, eine drei Hektar große Anlage namens „Biosphäre 2"[115] errichtet, die als Modell für eine sich selbst erhaltende Umwelt dienen sollte, die in einer außerirdischen Kolonie nachgebildet werden könnte (siehe Abbildung 10.1 auf Seite 302). Sie sollte von einer Gruppe von acht Menschen bewohnt werden, die sich selbst die Biosphärianer nannten.

Die vier Männer und vier Frauen, die sich freiwillig für diese Mission gemeldet hatten, beabsichtigten, zwei Jahre lang in diesem Gehege zu leben und sich ohne jegliche Zufuhr von Luft, Nahrung oder Wasser von außen zu versorgen. Die Biosphäre 2 war mit Erdboden, Wasser, Pflanzen und Tieren ausgestattet und umfasste ein kleines Meer, eine Savanne, einen Mangrovensumpf, einen Regenwald, eine Wüste und eine Farm. Die Idee war, dass diese verschiedenen Umgebungen und ihre Atmosphären zusammenwirken würden, um ein völlig unabhängiges Lebenserhaltungssystem zu bilden, in dem die Menschen unbegrenzt leben könnten.

Im September 1991 traten die Biosphärenbewohner durch die Schleusen von Biosphäre 2 und begannen ihre zweijährige Mission. Doch trotz massiver technischer und finanzieller Unterstützung von außen zeigte das Biosphäre-2-Experiment, wie schnell ein Ökosystem zusammenbrechen kann, wenn seine Verbindung zur natürlichen Biosphäre gekappt wird.

Während des gesamten ersten Jahres der Mission reichte die in Biosphäre

Abbildung 10.1: Biosphäre 2 sollte zeigen, wie Menschen auf anderen Planeten leben können, aber stattdessen zeigte es, dass Leben nicht aufrechterhalten werden kann, sobald der Kontakt zu den natürlichen Ökosystemen der Erde abgebrochen ist. *Wiki bio2 sunset 001 von Johndedios. Lizenziert unter Creative Commons Namensnennung 3.0 via Wikimedia Commons.*

2 eingerichtete Farm nicht aus, um die Besatzung mit ausreichend Nahrung zu versorgen. In den ersten zwölf Monaten litten die Biosphärenbewohner unter ständigem Hunger, waren besessen von der Nahrungsmittelknappheit und verloren erheblich an Gewicht. Am Ende des ersten Jahres hatten sich die acht Biosphärenbewohner in zwei gegnerische Fraktionen gespalten, die kaum noch miteinander sprachen.

Trotz einer Fülle von Grünpflanzen sank der Sauerstoffgehalt in dem Gehege stetig ab und fiel schließlich auf den Wert, der normalerweise in einer Höhe von 5300 Metern zu finden ist. Gleichzeitig stieg der Kohlendioxidgehalt sprunghaft an und schwankte von einem Tag auf den anderen stark. Aus Sorge um die Gesundheit der Besatzung sahen sich die Projektverantwortlichen gezwungen, ab dem siebzehnten Monat des Experiments wiederholt Sauerstoff in das Gehege zu pumpen.

Im Laufe der Zeit wurde die Atmosphäre in der Biosphäre 2 auch mit Distickstoffoxid durchsetzt und erreichte schließlich Werte, die bei der Besatzung zu dauerhaften Hirnschäden führen konnten. Darüber hinaus führte die Stille der Luft in der Anlage dazu, dass die Stämme und Äste der Bäume – die normalerweise durch die Wirkung des Windes gestärkt werden – schwach und brüchig wurden, und sie wurden anfällig für das, was Wissenschaftler später als „katastrophale gefährliche Zusammenbrüche" bezeichneten. Gleichzeitig wuchsen die Ranken der Morgenlatte wild, erstickten die anderen Pflanzen und Bäume und erforderten ständiges Jäten.

Alle Arten von bestäubenden Insekten, die in die Biosphäre gebracht worden waren, starben aus, so dass sich die meisten Nutzpflanzen nicht mehr vermehren konnten und ihre normale Lebensspanne nicht überlebten. Auch die meisten anderen Insekten starben, so dass die Biosphäre 2 schließlich von riesigen Schwärmen von Kakerlaken und „verrückten Langhornameisen" überrannt wurde, die wild in alle Richtungen rannten.[116]

Gebiete, die als Wüsten gedacht waren, verwandelten sich in Busch- und Grasland, und das Wassersystem wurde so stark mit chemischen Nährstoffen belastet, dass das gesamte Wasser über dicke Algenmatten zirkulieren musste, die regelmäßig geerntet, getrocknet und im Inneren des Geheges gelagert werden mussten. Schließlich waren von den fünfundzwanzig Arten von Vögeln, Säugetieren, Fischen und Reptilien, die ursprünglich in Biosphäre 2 eingeführt worden waren, alle Tiere bis auf sechs Arten gestorben, als das Experiment vierundzwanzig Monate später beendet wurde.

In einem ernüchternden Bericht über die Lehren aus Biosphäre 2, der 1996 veröffentlicht wurde, kommen der Biologe Joel E. Cohen und der Ökologe G. David Tilman zu dem Schluss: „Derzeit gibt es keine nachgewiesene Alternative zur Erhaltung der Lebensfähigkeit der Erde. Niemand weiß bisher, wie man Systeme entwickeln kann, die den Menschen die lebenserhaltenden Leistungen bieten, die natürliche Ökosysteme kostenlos erbringen."[117]

Es gibt nur eine Welt, die wir kennen, auf der menschliches Leben möglich ist, und das ist unser blaugrüner Planet, der die Astronauten bei ihren Besuchen auf dem Mond so begeistert und erfreut hat. Wir haben keine andere Heimat; wir können keine andere Luft atmen; kein anderer Planet kann uns ernähren. Die Erde ist im wahrsten Sinne des Wortes das einzige Lebenserhaltungssystem, das der menschlichen Spezies zur Verfügung steht. Wir haben keine andere Wahl, als die Biosphäre der Erde gesund und lebendig zu erhalten, damit wir selbst gesund und lebendig bleiben können. Alles andere ist Science Fiction und Fantasie.

Kriegsmaschinen und Weltuntergangsmaschinen

Als moderne Feuerwaffen mit Fahrzeugen und Flugzeugen mit Verbrennungsmotoren kombiniert wurden, erreichte die moderne Kriegsmaschinerie eine Fähigkeit zu töten und zu zerstören, die sich die militärischen Führer der antiken und mittelalterlichen Armeen in ihren kühnsten Träumen nicht hätten vorstellen können. Allein im zwanzigsten Jahrhundert wurden mehr als hundert Millionen Menschen in Kriegen getötet – mindestens viermal so viele, wie auf der Erde lebten, als die ersten städtischen Zivilisationen entstanden. Doch so furchterregend die moderne Kriegsmaschinerie auch geworden ist, ihre zerstörerische Kraft verblasst im Vergleich zu der von Atomwaffen, der Weltuntergangsmaschine der heutigen Zivilisation.

Obwohl wir kaum noch darüber nachdenken, ist die Gefahr der thermonuklearen Vernichtung die unmittelbarste Bedrohung für intelligentes Leben in der Geschichte unserer Spezies. Hunderte von ballistischen Interkontinentalraketen, Atom-U-Booten und strategischen Bombern, die mit Tausenden von thermonuklearen Waffen bewaffnet sind, zielen heute auf die wichtigsten Bevölkerungszentren der Welt mit dem ausdrücklichen Ziel, sie zu zerstören. Sollten diese Waffen tatsächlich für den beabsichtigten Zweck eingesetzt werden, würden sie mit Sicherheit die menschliche Zivilisation zerstören, wahrscheinlich die menschliche Spezies auslöschen und möglicherweise alle anderen intelligenten Lebensformen, mit denen wir diesen Planeten teilen, vernichten.

Neun Nationalstaaten – die Vereinigten Staaten, Russland, Großbritannien, Frankreich, China, Indien, Pakistan, Israel und Nordkorea – besitzen derzeit alle Atomwaffen der Welt.[118] Obwohl die Gesamtzahl der thermonuklearen Waffen, die diese neun Atomnationen besitzen, ein streng gehütetes Geheimnis ist, werden Schätzungen regelmäßig von der Federation of American Scientists mit Sitz in Washington, DC, zusammengestellt und regelmäßig im *Bulletin of Atomic Scientists* veröffentlicht.[119] Diese Wissenschaftler schätzen, dass die Vereinigten Staaten und Russland im Jahr 2013 gemeinsam mindestens sechzehntausend nukleare Sprengköpfe besaßen, während die anderen sieben Atomnationen zusammen mindestens eintausend mehr besaßen.

Zusammengenommen haben diese Atomwaffen eine Sprengkraft von mindestens 160 Milliarden Tonnen TNT – das entspricht etwa dreiundzwanzig Tonnen TNT für jeden Menschen auf der Erde. Da aber nur etwa 25 Prozent dieser Waffen zu einem bestimmten Zeitpunkt tatsächlich eingesetzt werden, beläuft sich die Sprengkraft, die sofort eingesetzt werden könnte, in Wirklichkeit auf etwa sechs Tonnen TNT für jeden heute lebenden Menschen. Sechs Tonnen TNT entsprechen etwa fünfzehntausend Stangen Dynamit, was mehr als genug ist, um Sie und Ihre Familienmitglieder zu töten, Ihr Zuhause zu zerstören und Ihren Arbeitsplatz, Ihre Schulen, die Geschäfte, die Sie besuchen, und alle Orte, die Sie zum Essen, zur Unterhaltung, zur Kontemplation und zum Gottesdienst aufsuchen, zu vernichten. Kurz gesagt, die derzeit eingesetzten Nuklearkräfte sind mehr als ausreichend, um alles zu zerstören, was die Menschheit seit Anbeginn der Zivilisation aufgebaut hat.

Die Geschichte lehrt uns, dass Menschen und Gesellschaften in der Regel erst dann Maßnahmen ergreifen, um eine Bedrohung für ihr Wohlergehen zu beseitigen, wenn ein Ereignis eintritt, das die Macht dieser Bedrohung anschaulich demonstriert. Es scheint daher möglich, dass die Infrastruktur des thermonuklearen Krieges so lange bestehen bleibt, bis ein unerwartetes und tragisches Ereignis die öffentliche Meinung aufrüttelt und die Welt zur Besinnung bringt, beispielsweise die Detonation einer thermonuklearen Waffe in einem großen Ballungsgebiet, die Millionen von Menschen tötet. Ein solches Ereignis würde zweifellos eine dringende und starke Forderung nach nuklearer Abrüstung hervorrufen. Dies wäre jedoch ein hoher Preis für eine Maßnahme, die schon lange vorher aus Gründen des gesunden Menschenverstands hätte ergriffen werden müssen.

Der Bau der nuklearen Weltuntergangsmaschine – und ihre fortgesetzte Aufrechterhaltung und Weiterentwicklung seit Mitte des zwanzigsten Jahrhunderts – ist sicherlich einer der erstaunlichsten Akte kollektiven Irrsinns in der Geschichte der menschlichen Spezies. In all den Millionen Jahren, in denen Hominiden diesen Planeten bewohnt haben, hat es nie eine andere Technologie gegeben, die auch nur annähernd zu einem vergleichbaren Akt kollektiver Selbstvernichtung fähig gewesen wäre. In der wohl größten Ironie der Menschheitsgeschichte hat die Menschheit die Weltuntergangsmaschine als „notwendiges" Mittel zur Erreichung der nationalen „Sicherheit" akzeptiert – und die moderne Gesellschaft hat so lange mit dieser grotesken Realität gelebt, dass sie eine bizarre Selbstgefälligkeit gegenüber der Gefahr der nuklearen Vernichtung entwickelt hat. Dennoch ist die Weltuntergangsmaschine real. Sie ist aktiv, einsatzbereit und in der Lage, die gesamte Menschheit zu vernichten – und sie könnte in wenigen Minuten von einer der Atommächte der Welt aktiviert werden.

Und dennoch – die Wahrscheinlichkeit, dass jemand von uns in einem Krieg stirbt, ist seit der Altsteinzeit deutlich gesunken. Die hundert Millionen Menschen, die im zwanzigsten Jahrhundert in Kriegen starben, machten weniger als 1 Prozent der Menschen aus, die in diesem Zeitraum von hundert Jahren auf der Erde lebten. Im Gegensatz dazu haben ethnografische Studien gezeigt, dass in den kriegerischsten Jäger- und Sammlergesellschaften bis zur Hälfte aller erwachsenen Männer durch gewaltsame Kämpfe mit anderen Menschen sterben. Und obwohl das Ausmaß des Tötens im Krieg in modernen Gesellschaften entsetzlich sein kann, ist die moderne Kriegsführung im Gegensatz zu der mehr oder weniger kontinuierlichen Kriegsführung, die in vielen vorindustriellen Gesellschaften zu beobachten war, eher sporadisch. Moderne Nationalstaaten haben in der Regel jahrzehntelangen Frieden zwischen ihren blutigen Kriegen, und einige Nationen – wie zum Beispiel die Schweiz – haben es geschafft, über Generationen hinweg keine Kriege mit anderen Nationen zu führen.

Bevor es zu der unaussprechlichen Tragödie eines nuklearen Unfalls kommt, kann und sollte das weltweite Atomwaffenarsenal – einschließlich der ballistischen Raketen, die für ihren Einsatz vorgesehen sind – umgewidmet werden. Anstatt sie aufeinander zu richten und damit die ständige Gefahr der Selbstvernichtung heraufzubeschwören, sollten wir unsere Atomraketen auf eine potenzielle Bedrohung für alles menschliche Leben richten: einen der vielen großen Asteroiden, die im Weltraum treiben. Sollte einer dieser Asteroiden mit einem Durchmesser von mehreren Kilometern irgendwann in der Zukunft mit der Erde kollidieren – was in der erdgeschichtlichen Vergangenheit bereits mehrfach geschehen ist –, würde er so viel Staub in die Atmosphäre aufwirbeln, dass ein Großteil des Sonnenlichts die Erdoberfläche nicht mehr erreicht.

Obwohl uns die Astronomen versichert haben, dass eine Kollision mit einem großen Asteroiden ein sehr seltenes Ereignis ist, das in absehbarer Zukunft nicht eintreten wird, kann das, was schon einmal passiert ist, wieder passieren. Und ein solcher Zusammenstoß hätte katastrophale Auswirkungen auf die Biosphäre. Sie könnte die meisten Grünpflanzen der Erde auslöschen und den Sauerstoffgehalt der Atmosphäre ernsthaft verringern. Riesige Staubwolken würden jahrelang in der Atmosphäre verbleiben, die Sonne blockieren und eine Eiszeit auslösen, die schwerwiegender sein könnte als jede andere in der jüngeren geologischen Geschichte.

Aber eine Reihe gut geplanter Explosionen auf der Oberfläche eines erdnahen Asteroiden könnte ihn entweder von seinem Kurs ablenken und ihn harmlos vorbeifliegen lassen oder ihn in Millionen kleinerer Stücke zerbrechen, von denen die meisten in der Atmosphäre verglühen würden, bevor sie den Boden erreichen. Dies wäre sicherlich eine sinnvollere Aufgabe für das Atomwaffenarsenal als seine derzeitige Aufgabe, den Untergang der menschlichen Zivilisation herbeizuführen.

Verschmutzung und Plastik

Die ernsthafte Verschmutzung der Atmosphäre durch den Menschen begann weltweit vor mindestens zweitausend Jahren, als die Römer begannen, große Mengen Kupfer zu verhütten. Weitere Belege für die Luftverschmutzung durch Kupfer stammen aus dem Mittelalter, als die Verhüttung von Kupfer sowohl in Europa als auch in China weit verbreitet war. Man schätzt, dass in diesen beiden Zeiträumen jedes Jahr etwa zweitausend Tonnen Kupfer in die Atmosphäre gelangten.

Die vom Menschen verursachte Umweltverschmutzung nahm jedoch mit dem Beginn der industriellen Revolution dramatisch zu. Ungeheure Mengen an Schwefeldioxid, Stickstoffdioxid, Kohlenmonoxid, Methan, Butadien, Benzol, Toluol, Xylol und anderen Erdöl-Lösungsmitteln, Reinigungsmitteln, Chloroform, Insektiziden, Herbiziden, Ammoniak, Säuren, Nitraten, Phosphaten, Schwermetallen und Arzneimitteln sind in die Erdatmosphäre, die Böden, die Wasserwege und die Ozeane gelangt. Und ein großer Teil dieser Verschmutzung landet im Meer.

Zusätzlich zu den wachsenden Mengen an giftigen Chemikalien enthalten die Ozeane heute schätzungsweise 100 Millionen Tonnen Plastik, die praktisch alle seit Mitte des 20. Jahrhunderts abgelagert wurden. In den Weltmeeren gibt es Gebiete, die als „Gyre"[120] bekannt sind, in denen Winde und Strömungen das Meerwasser in riesigen spiralförmigen Wirbeln rotieren lassen. Diese Wirbel haben den in den Ozeanen treibenden Plastikmüll in riesige Becken gespült. Der größte dieser Becken ist der Pazifische Müllstrudel, der sich zwischen Südostasien und der Westküste Nordamerikas befindet. Im Jahr 2014 war der Pazifische Müllstrudel größer als das Festland der Vereinigten Staaten.

Und doch hat die Biosphäre angesichts der vom Menschen verursachten Verschmutzung eine enorme Widerstandsfähigkeit bewiesen. Gewässer, die einst stark verschmutzt waren, haben sich nach der Säuberung der verschmutzten Gewässer mit einer neuen Tierwelt erholt. Die Luftqualität in Los Angeles, einst die Smog-Hauptstadt der Welt, hat sich in den letzten Jahren dramatisch verbessert.[121] Und obwohl die Verschmutzung in China, Indien und anderen Entwicklungsländern nach wie vor ein ernstes Problem darstellt, zeigt die Erfahrung, dass die Verschmutzung gestoppt und ihre Auswirkungen umgekehrt werden können, wenn die Menschen bereit sind, die öffentlichen und privaten Kosten zu tragen, die mit der Beendigung der Verschmutzung verbunden sind.

Die schwindenden Wälder

Die vom Menschen verursachte Entwaldung begann bereits in prähistorischer Zeit. Die Abholzung der Wälder in den europäischen Flusstälern begann vor fast zehntausend Jahren, als die Linearbandkeramische Kultur und andere frühe neolithische Völker mit geschliffenen Steinäxten die Wälder an den Ufern der großen Flüsse abholzten und das Land für die Landwirtschaft rodeten.

Die Entwaldung beschleunigte sich im dritten Jahrtausend v. Chr., als die städtischen Gesellschaften des Fruchtbaren Halbmonds begannen, die Wälder des alten Nahen Ostens abzuholzen, um Holz für den Bau von Tempeln, Palästen und Seeschiffen zu gewinnen, die den Aufstieg der städtischen Zivilisation begleiteten. Die biblischen Zedern des Libanon wurden abgeholzt, um seetüchtige Schiffe für die Phönizier und Griechen zu bauen, die die Zivilisation in die Mittelmeerländer brachten, und die Schwemmlandebenen Ostchinas wurden allmählich von ihren Wäldern befreit, als sich die Landwirtschaft in den großen Tälern des Gelben Flusses, des Jangtse und des Perlflusses ausbreitete.

Die Abholzung der Wälder Nordeuropas wurde durch die zunehmende Verwendung von Eisen und Stahl im späten Mittelalter beschleunigt, als ganze Wälder abgeholzt wurden, um Holzkohle für die Hochöfen zu gewinnen, die zur Verhüttung von Eisenerz verwendet wurden. Als im frühen 19. Jahrhundert das Dampfschiff erfunden wurde, wurden die Wälder an den Ufern des Mississippi in den Vereinigten Staaten durch den unersättlichen Verbrauch von Bäumen für die holzbefeuerten Brennkammern der Schaufelraddampfer weitgehend zerstört. Tatsächlich war der größte Teil des Landes östlich des Mississippi in Nordamerika vor der Ankunft der Europäer mit Wäldern bedeckt. Heute sind die meisten dieser Wälder längst abgeholzt und in Ackerland umgewandelt worden.

Bis zum zwanzigsten Jahrhundert blieben die tropischen Regenwälder Südamerikas, Südostasiens und Afrikas weitgehend intakt, aber seit dem Jahr 1900 ist ein beträchtlicher Teil der weltweiten Regenwälder der Axt des Holzfällers zum Opfer gefallen. Allein in Brasilien sind seit 1970 nahezu 777.000 Quadratkilometer Regenwald verschwunden – eine Fläche fast doppelt so groß wie Kalifornien. Gegenwärtig verschwinden jedes Jahr mehr als 52.000 Quadratkilometer Tropenwald, und wenn diese Abholzungsrate anhält, werden die Regenwälder bis zum Ende des nächsten Jahrhunderts weitgehend verschwunden sein. Die Abholzung der tropischen Regenwälder ist besonders besorgniserregend, weil diese Wälder etwa die Hälfte aller Lebensformen der Biosphäre beherbergen. Das bedeutet, dass mit dem Verlust jedes Lebensraums im Regenwald mehr Pflanzen und Tiere aussterben als mit dem Verlust jedes anderen terrestrischen Ökosystems.

China hat ein ehrgeiziges Aufforstungsprogramm gestartet, das zwischen 1990 und 2005 zu einem Anstieg der Waldfläche um 25 Prozent geführt hat. Dennoch importiert China derzeit jährlich etwa 42 Millionen Kubikmeter Holz, das größtenteils aus tropischen Regenwäldern stammt. Das ist mehr als die Hälfte des gesamten Holzes, das auf den globalen Holzmarkt verschifft wird.[122] Die Einfuhren von Palisander beispielsweise, einem für die Herstellung von Möbeln sehr geschätzten Tropenholz, stiegen in nur neun Jahren um 1.500

Prozent, von 51-Tausend Kubikmeter im Jahr 2003 auf 750-Tausend Kubikmeter im Jahr 2012.[123] Auch andere Länder sind an dieser Aktivität nicht unschuldig: Mehr als die Hälfte aller Palisandermöbel aus China wird in andere Länder exportiert. Die Abholzung ist kein nationales Problem, sondern ein globales Problem.

Und doch – viele Länder haben nicht nur ernsthafte Programme zur Wiederaufforstung gestartet, sondern es gibt auch noch kleine Reste von Urwäldern, sogar in Europa, wo sie als Zufluchtsorte für Arten dienen, die aus abgeholzten Gebieten verschwunden sind. Eines der am besten erhaltenen dieser Überbleibsel ist der Białowieża-Wald, ein geschützter Waldpark von etwa 310 Quadratkilometern Größe, der sich an der Grenze zwischen Polen und Belarus befindet. Obwohl der Białowieża-Wald flächenmäßig kleiner ist als viele Großstädte der Welt, beherbergt er mehr lebende Arten als jeder andere europäische Lebensraum. Er beherbergt 117 Vogelarten und 59 Säugetierarten, darunter Wiesel, Baummarder, Waschbären, Dachse, Biber, Otter, Füchse, Luchse, Wölfe, Wildschweine, Rehe, Elche, sowie achthundert europäische Wisente.

Der Unterschied zwischen den hoch aufragenden Bäumen und der reichen Vogel- und Tierwelt, die in den Urwäldern des Białowieża-Waldes überlebt haben, und den zerklüfteten, dürftigen Sekundärwäldern, die ähnliche Lebensräume in Europa in den letzten Jahrhunderten verdrängt haben, ist dramatisch – und ernüchternd.[124] Aber mit der Zeit werden die Sekundärwälder in Europa bei richtiger Bewirtschaftung und entsprechendem Schutz ausreifen, und in der Zukunft werden sie vielleicht die Größe der Urwälder erreichen, die dort einst gediehen. In Afrika südlich der Sahara, in Südostasien, in Nordamerika und in Südamerika wurden viele Wildnisgebiete als ökologische Schutzgebiete ausgewiesen, in denen uralte Lebensräume und ihre zahlreichen Lebensformen weiterhin daran hängen, ihr prekäres Überleben zu sichern.

Das sechste Massenaussterben

Die zweitgrößte unmittelbare Bedrohung für intelligentes Leben, nach der Gefahr eines thermonuklearen Krieges, ist die Gefahr einer massiven Umweltzerstörung und des Aussterbens von Lebensformen. Wissenschaftler schätzen, dass derzeit jedes Jahr etwa dreißigtausend Lebensformen aussterben, und die Rate des Aussterbens nimmt stetig zu. Wenn eine Pflanzen- oder Tierart einmal ausgestorben ist, dauert es in der Regel Millionen von Jahren, bis sich eine neue Lebensform entwickeln kann, die sie ersetzt.

In der Erdgeschichte hat es bereits fünf Massenaussterben gegeben, die alle lange vor der Existenz von Hominiden stattfanden. Das erste fand vor etwa 445

Millionen Jahren im Ordovizium statt, einem Zeitalter primitiver Meerestiere wie Trilobiten und Korallen. Das zweite ereignete sich vor 360 Millionen Jahren in der Devonzeit, einem Zeitalter primitiver Fische und der ersten Landpflanzen und Insekten. Die dritte Epoche fand vor 250 Millionen Jahren während des Perms statt, einem Zeitalter primitiver Reptilien. Und die vierte ereignete sich vor zweihundert Millionen Jahren während der Trias, einem Zeitalter großer Amphibien und Meeresreptilien.

Das Aussterben im Ordovizium, Devon und Trias löschte 75 bis 85 Prozent aller lebenden Arten aus, und während des Aussterbens im Perm starben etwa 95 Prozent aller Pflanzen- und Tierarten aus. Die meisten Wissenschaftler gehen davon aus, dass diese vier Aussterbeereignisse in Zeiten starker und schneller globaler Klimaveränderungen stattfanden. Diese Perioden des Klimawandels können durch Unregelmäßigkeiten in der Umlaufbahn der Erde um die Sonne, durch Episoden intensiver und anhaltender vulkanischer Aktivität, durch Schwankungen der Sonnenaktivität, durch Kollisionen mit großen Asteroiden oder durch eine Kombination dieser Ereignisse ausgelöst worden sein.

Das fünfte und jüngste Massenaussterben in der Erdgeschichte ereignete sich vor fünfundsechzig Millionen Jahren, am Ende der Kreidezeit, dem Zeitalter der Dinosaurier, der Blütenpflanzen, der modernen Insekten und der frühen Säugetiere. Es wird allgemein angenommen, dass die Ursache dieses Aussterbens der Einschlag eines mehr als neuneinhalb Kilometer großen Asteroiden war, der vor der Küste Südmexikos mit einer geschätzten Geschwindigkeit von etwa 108.000 Kilometern pro Stunde mit der Erde kollidierte.

Wissenschaftler gehen davon aus, dass die Trümmer, die bei diesem gewaltigen Zusammenstoß in die Atmosphäre geschleudert wurden – und möglicherweise auch durch Vulkanausbrüche, die durch den physischen Schock des Aufpralls ausgelöst wurden – eine riesige globale Staubwolke erzeugten, die sich über die ganze Erdkugel verteilte. Es ist wahrscheinlich, dass diese Staubwolke das Sonnenlicht mehrere Jahre lang daran hinderte, die Erdoberfläche zu erreichen, was zu einer starken Abkühlung des globalen Klimas führte (siehe Abbildung 10.2 auf Seite 311). Das fünfte Massenaussterben führte nicht nur zum Verschwinden der Dinosaurier, sondern auch zum Aussterben von 75 Prozent aller Lebensformen auf der Erde.

Wir befinden uns jetzt in der Anfangsphase eines Ereignisses, das sich zum sechsten Massenaussterben von Lebensformen in der Erdgeschichte entwickeln könnte. Doch im Gegensatz zu den fünf vorangegangenen Aussterbeereignissen ist dieses nicht auf kosmische oder geologische Kräfte zurückzuführen, sondern auf menschliche Aktivitäten, einschließlich Umweltverschmutzung, mas-

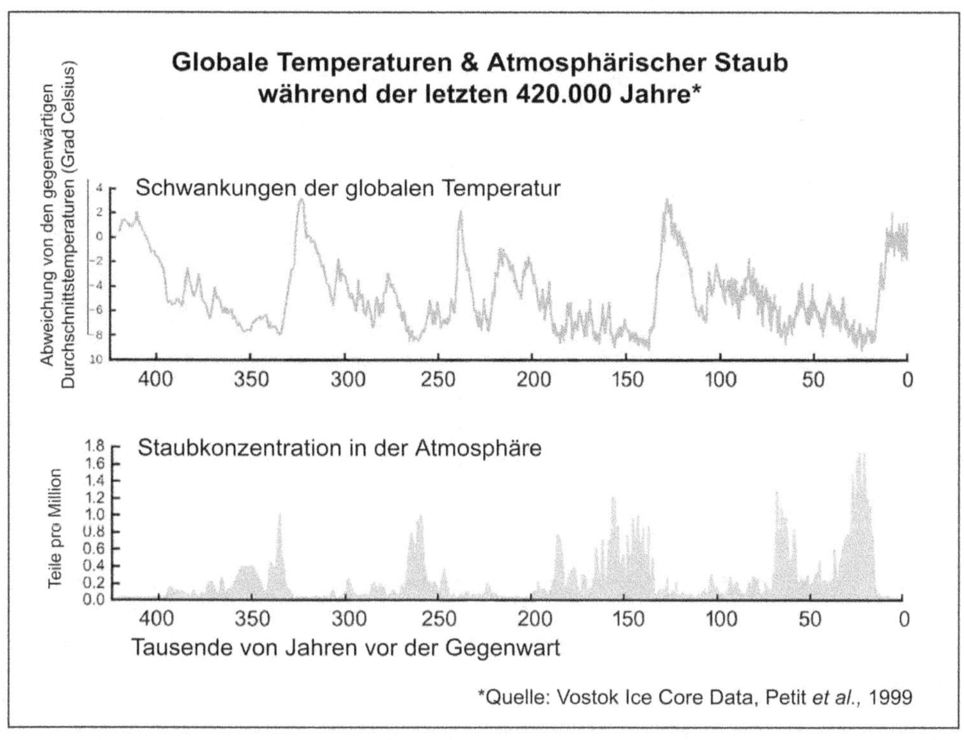

ABBILDUNG 10.2: Die Veränderungen des globalen Klimas spiegeln sich in Eisbohrkernen wider, die an der Vostok-Forschungsstation in der Antarktis entnommen wurden. Diese Daten zeigen einen eindeutigen Zusammenhang zwischen der Staubkonzentration in der Atmosphäre und dem Absinken der globalen Temperaturen während der letzten vier Eiszeiten. *Illustration des Autors, nach Vostok Petit Daten. Lizenziert unter Creative Commons Attribution-Share Alike 3.0 via Wikimedia Commons.*

siver Abholzung von Wäldern, der starken Dezimierung von Pflanzen- und Tierpopulationen und des Zusammenbruchs terrestrischer und mariner Ökosysteme (siehe Abbildung 10.3 auf Seite 312).

Obwohl es normal ist, dass Pflanzen- und Tierarten in einem bestimmten Rhythmus fast kontinuierlich verschwinden, wurde diese normale oder „Hintergrundrate" auf zehn bis hundert Aussterbefälle pro Jahr geschätzt. Im Gegensatz dazu wird die derzeitige Rate auf etwa dreißigtausend Aussterbefälle pro Jahr geschätzt. (Dies ist eine mittlere Schätzung der Biologen Edward O. Wilson und Niles Eldredge, doch wurden von anderen Wissenschaftlern sowohl höhere als auch niedrigere Schätzungen veröffentlicht.) Gegenwärtig besteht weder über die Aussterberate noch über die tatsächliche Zahl der lebenden Arten in

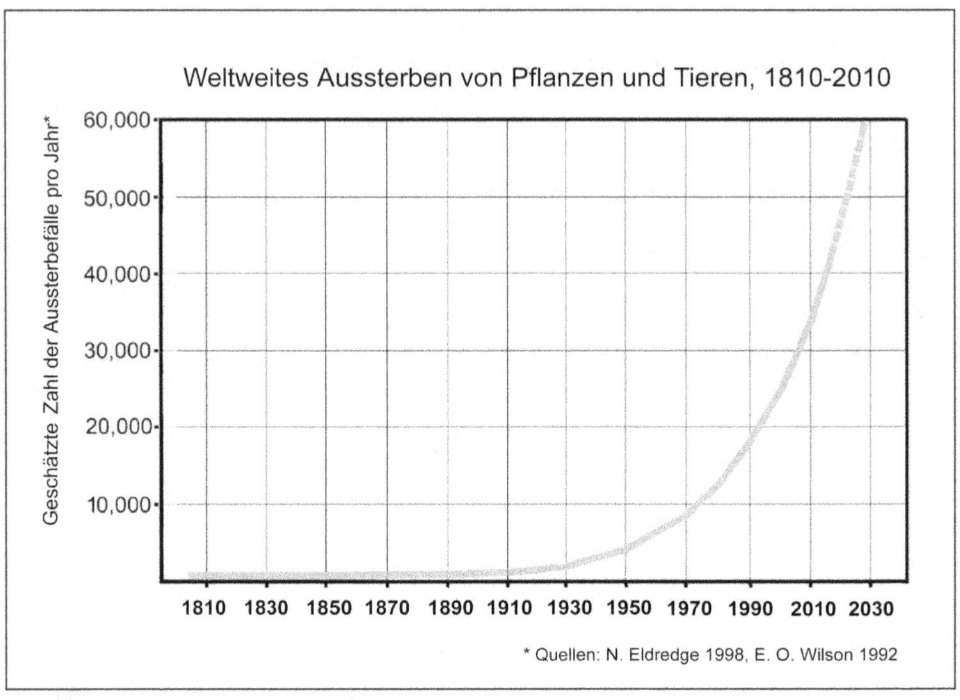

Abbildung 10.3: Obwohl das Aussterben von Pflanzen- und Tierarten ein kontinuierlicher Prozess in der Geschichte des Lebens auf der Erde ist, hat die Zahl der jährlich aussterbenden Arten seit Beginn des 20. Jahrhunderts dramatisch zugenommen.

der Biosphäre allgemeine Einigkeit. Möglicherweise sind aber seit Beginn der industriellen Revolution vor zweihundert Jahren bis zu 10 Prozent aller lebenden Arten ausgestorben.[125]

Wenn die Dezimierung und das Aussterben lebender Arten in dem derzeitigen Tempo weitergehen, werden die natürlichen Umgebungen der Erde wahrscheinlich eine Reihe kaskadenartiger Zusammenbrüche von Ökosystemen erleben, ähnlich denen, die in der Biosphäre 2 stattfanden. Solche Zusammenbrüche von Ökosystemen könnten zu Bevölkerungsexplosionen bei bestimmten Insekten, Pflanzen, Pilzen, Algen und Bakterien, zu Epidemien neuer und bisher unbekannter Krankheiten, zu massiven Ernteausfällen und zum völligen Verhungern der menschlichen Bevölkerung führen.

In den letzten Jahren sind bereits einige Frühwarnzeichen für einen solchen Zusammenbruch der Ökosysteme aufgetreten. Dazu gehören Ausbrüche des Bienensterbens, ein unheilbarer Pilz, der das „Weißnasensyndrom" bei Fledermäusen verursacht und 95 Prozent der Population bestimmter Fledermauskolonien ausgelöscht hat, sowie ein weiterer unheilbarer Pilz, der seit den 1990er Jahren mit dem Zusammenbruch von Froschpopulationen auf der ganzen Welt in Verbindung gebracht wird.[126]

Geologen schätzen, dass es zwischen fünf Millionen und fünfundzwanzig Millionen Jahre gedauert hat, bis sich neue Arten entwickelt haben, um diejenigen zu ersetzen, die bei jedem der früheren Massenaussterben verloren gegangen sind. Das bedeutet, dass es mindestens fünf Millionen Jahre dauern würde, bis sich die Ökosysteme der Biosphäre vollständig erholt haben und wieder das frühere Niveau der biologischen Vielfalt erreicht haben. Vor fünf Millionen Jahren waren unsere Vorfahren vierfüßige Menschenaffen, die auf den Bäumen lebten. In fünf Millionen Jahren werden wir Menschen uns wahrscheinlich längst zu einer anderen, möglicherweise klügeren Form intelligenten Lebens weiterentwickelt haben – oder durch diese ersetzt worden sein. Wir können nur erahnen, welche Auswirkungen dieses vom Menschen verursachte Aussterben letztlich auf die vielen empfindlichen Ökosysteme der Erde und die Biosphäre insgesamt haben wird. Was jedoch das Leben und die Geschichte des *Homo sapiens* betrifft, so werden die Auswirkungen dauerhaft und unumkehrbar sein.

Und doch – das derzeitige Massenaussterben befindet sich noch im Anfangsstadium und könnte noch rückgängig gemacht werden, denn viele Vogel- und Säugetierarten konnten in den letzten Jahren vom Abgrund zurückgeholt werden. Die Population der Schreikraniche hat sich von ihrem Tiefstand von dreiundzwanzig Kranichen im Jahr 1941 auf mehr als sechshundert Kraniche im Jahr 2011 erholt. Vor nicht allzu langer Zeit lebten nur noch neun kalifornische Kondore in freier Wildbahn, doch heute gibt es etwa 175 dieser majestätischen Greifvögel, die in den Bergen Kaliforniens und Mexikos leben und brüten (weitere 175 befinden sich in Aufzuchtprogrammen). Und mehr als zehntausend Brutpaare von Weißkopfseeadlern leben heute in den unteren achtundvierzig Staaten,[127] wo Amerikas Nationalvogel einst praktisch ausgestorben war.

Darüber hinaus könnten weitere Fortschritte bei der DNS-Sequenzierung Biologen letztlich in die Lage versetzen, einige ausgestorbene Arten durch die Kombination von DNS aus Museumsexemplaren mit lebenden Zellen von eng verwandten Organismen wieder zu erschaffen. Die Menschheit hat jahrtausendelange Erfahrung mit selektiver Züchtung, während die moderne Wissenschaft über jahrzehntelange Erfahrung mit der Gentechnik verfügt. Die Entwicklung neuer Arten durch solche Techniken würde viel schneller vonstatten gehen, als die natürlichen Prozesse der Evolution neue Arten hervorbringen könnten. Die ganze Geschichte des sechsten Massenaussterbens muss erst noch geschrieben werden. Wir können immer noch auf ein Happy End hoffen.

Die Gefahren des globalen Klimawandels

Von allen Bedrohungen für die Umwelt der Erde, die in den letzten Jahren aufgetreten sind, hat vielleicht keine so viel öffentliche Besorgnis und dringende Forderungen nach Maßnahmen hervorgerufen wie die Bedrohung durch den globalen Klimawandel. Diese Besorgnis gründet sich auf zwei einfache Tatsachen. Erstens werden durch die Verbrennung fossiler Brennstoffe in den modernen Industriegesellschaften immer größere Mengen an Kohlendioxid in die Atmosphäre freigesetzt. Zweitens gibt es in der Geologie zahlreiche Belege dafür, dass der Anstieg der Kohlendioxidkonzentration in der Erdatmosphäre eng mit signifikanten Erwärmungsperioden des globalen Klimas verbunden ist.

Im Jahre 1751 wurden durch die Verbrennung von fossilen Brennstoffen, vor allem Kohle, jährlich etwa drei Millionen Tonnen Kohlenstoff in die Erdatmosphäre freigesetzt. Diese Menge nahm zunächst allmählich zu, und erst zwanzig Jahre später, im Jahr 1771, stiegen die Kohlenstoffemissionen auf vier Millionen Tonnen jährlich. Doch im Jahre 1775 hatte James Watt seine sehr effizienten Dampfmaschinen perfektioniert, und Kohle war zum wichtigsten Brennstoff für die Verhüttung von Eisenerz und für die Erzeugung von mechanischer Energie geworden, so dass die Kohlenstoffemissionen immer schneller anstiegen.

Im Jahre 1781 erreichten die weltweiten Kohlendioxid-Emissionen fünf Millionen Tonnen pro Jahr, und bis 1800 waren sie auf acht Millionen Tonnen pro Jahr angestiegen. In den folgenden hundert Jahren, als die Dampfmaschine die Windmühlen und Wasserräder ersetzte, die einst die Fabriken der Welt angetrieben hatten, und als das Dampfschiff und die Eisenbahn den Fernverkehr revolutionierten, stieg die Menge des in die Atmosphäre freigesetzten Kohlenstoffs von acht Millionen Tonnen im Jahr 1800 auf 534 Millionen Tonnen im Jahre 1900 – ein Anstieg um 6.675 Prozent.

Dieser massive Anstieg der Kohlenstoffemissionen wurde noch einmal in den Schatten gestellt, als das Zeitalter des Automobils begann und das tägliche Leben im zwanzigsten Jahrhundert zunehmend elektrifiziert wurde (siehe Abbildung 10.4 auf Seite 315). Die durch die Erfindung des Verbrennungsmotors ausgelöste Revolution im Transportwesen schuf eine neue und wachsende Nachfrage nach Benzin und Dieselkraftstoff, und die Verbrennung von Erdölprodukten gesellte sich im Zuge der zunehmenden Industrialisierung der Gesellschaften weltweit zur Verbrennung von Kohle. Die Kohlenstoffemissionen aus der Verbrennung fossiler Brennstoffe stiegen von 534 Millionen Tonnen pro Jahr im Jahre 1900 auf mehr als neun Milliarden Tonnen pro Jahr im Jahre 2010, und es wird erwartet, dass sie bis zum Jahr 2025 fünfzehn Milliarden Tonnen

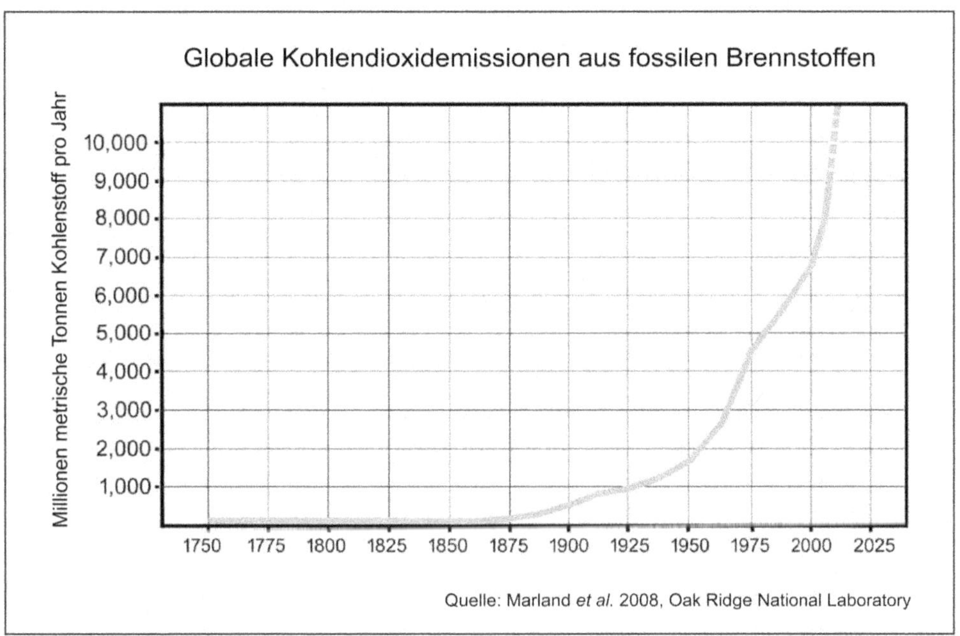

Abbildung 10.4: Die Menge an Kohlenstoff, die jedes Jahr in Form von Kohlendioxid aus der Verbrennung fossiler Brennstoffe in die Atmosphäre gelangt, stieg von drei Millionen Tonnen im Jahre 1750 über vierundfünfzig Millionen Tonnen im Jahre 1850 auf 1,63 Milliarden Tonnen im Jahre 1950. Im Jahre 2010 überstiegen die Kohlenstoffemissionen neun Milliarden Tonnen pro Jahr und werden voraussichtlich bis zum Jahr 2025 fünfzehn Milliarden Tonnen jährlich übersteigen.

pro Jahr übersteigen werden.[128]

Durch die Verbrennung von Kohle, Erdöl und Erdgas in immer größeren Mengen wird der Erdatmosphäre viel schneller Kohlendioxid zugeführt, als die grünen Pflanzen auf den Kontinenten und in den Ozeanen dieses Kohlendioxid aufnehmen und zur Synthese neuer Moleküle von lebendem Gewebe verwenden können. Infolgedessen ist der Kohlendioxidgehalt der Erdatmosphäre stetig gestiegen und hat den normalen „Treibhauseffekt" von Wasserdampf und anderen atmosphärischen Bestandteilen, die die Erde warm genug halten, um Leben zu erhalten, verstärkt. Die Klimawissenschaftler sind sich einig in ihrer Vorhersage, dass eine erhebliche Erwärmung der Erdoberfläche einen Großteil des Polareises schmelzen, den globalen Meeresspiegel ansteigen und die Häufigkeit ungewöhnlicher und gefährlicher Wetterereignisse, einschließlich schwerer Hitzewellen und Stürme von noch nie dagewesener Heftigkeit, erhöhen würde.

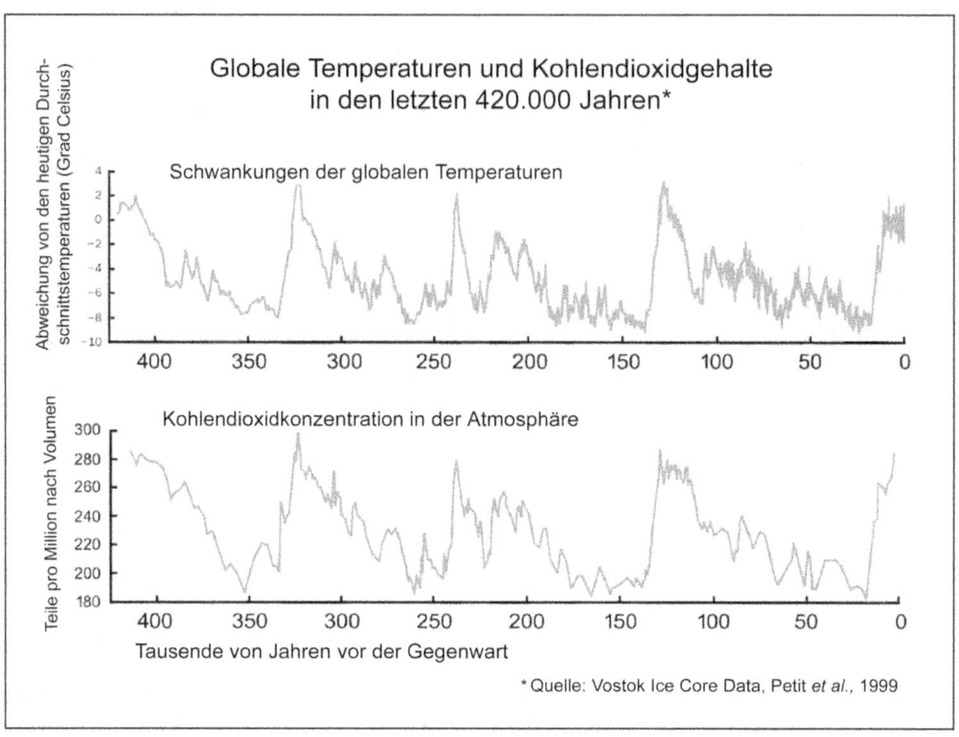

ABBILDUNG 10.5: Eiskerne aus der Vostok-Forschungsstation in der Antarktis zeigen, dass hohe Konzentrationen von Kohlendioxid in der Atmosphäre eng mit dem Anstieg der globalen Temperaturen in den letzten vierhunderttausend Jahren verbunden waren. *Illustration des Autors, nach Vostok Petit Daten. Lizenziert unter Creative Commons Attribution-Share Alike 3.0 via Wikimedia Commons.*

Der enge Zusammenhang zwischen dem Kohlendioxidgehalt und den globalen Durchschnittstemperaturen wurde durch Daten aus Eisbohrkernen, die 1998 in der Wostok-Forschungsstation in der Antarktis, fast 1300 Kilometer vom Südpol entfernt, entnommen wurden, anschaulich belegt (siehe Abbildung 10.5). Die Analyse der Wostok-Eisbohrkerne ergab, dass ein höherer Gehalt an atmosphärischem Kohlendioxid und Methangas – die beiden wichtigsten „Treibhausgase", die die Sonnenwärme in der Erdatmosphäre zurückhalten – seit Hunderttausenden von Jahren eng mit höheren globalen Durchschnittstemperaturen verbunden ist.

Und doch ist der globale Klimawandel kaum ein neues Phänomen in der Erdgeschichte. Perioden globaler Erwärmung und globaler Abkühlung sind seit Hunderten von Millionen Jahren wiederholt aufgetreten, nicht nur bevor es

Hominiden gab, sondern auch bevor Primaten, Säugetiere, Vögel, Dinosaurier, Reptilien, Amphibien oder sogar Fische existierten. Tatsächlich vermuten die meisten Wissenschaftler, dass die fünf vorangegangenen Aussterbeereignisse – die alle stattfanden, bevor moderne Affen- oder Menschenaffenarten auftauchten – in erster Linie durch größere Veränderungen des globalen Klimas verursacht wurden.

Die letzte Eiszeit endete vor elftausend Jahren, kurz bevor die neolithischen Gesellschaften begannen, Landwirtschaft zu betreiben. Seitdem befindet sich die Erde in einer der Warmzeiten, die als „Zwischeneiszeit" bezeichnet werden und in den letzten Millionen Jahren wiederholt aufgetreten sind. Die derzeitige Warmzeit dauert zwar etwas länger als die meisten früheren Zwischeneiszeiten, aber vor etwa vierhunderttausend Jahren gab es eine viel ausgeprägtere Periode der globalen Erwärmung. Während dieser Periode, die als Isotopenstadium 11 oder „MIS 11"[129] bekannt ist, stieg der globale Meeresspiegel bis zu neun Meter über sein heutiges Niveau an, und der größte Teil des grönländischen Eisschildes brach zusammen.[130] Auf die extreme Warmzeit von MIS 11 folgten jedoch neue Eiszeiten, die so schwerwiegend waren wie keine andere in der jüngeren geologischen Geschichte.

Während der meisten der letzten Millionen Jahre haben Abkühlungsperioden, die in schweren Eiszeiten gipfelten, etwa neunzigtausend Jahre gedauert, und diese wurden von warmen Zwischeneiszeiten unterbrochen, die jeweils etwa zehntausend Jahre dauerten.[131] Dies legt nahe, dass angesichts der jüngsten Klimageschichte der Erde der Ausbruch einer weiteren Eiszeit sehr bald fällig sein sollte. Das heißt, eine weitere Eiszeit wäre schon längst fällig, wäre da nicht die Tatsache, dass die Kohlendioxidkonzentration in der Atmosphäre heute höher ist als zu jedem anderen Zeitpunkt in den letzten Millionen Jahren.

Während bestimmter Zeiträume in der fernen Vergangenheit war die Kohlendioxidkonzentration in der Atmosphäre bis zu fünfzehnmal höher als heute. Tatsächlich erreichte die Kohlendioxidkonzentration in der Atmosphäre vor etwa fünfhundert Millionen Jahren einen Höchststand von etwa 6.000 Teilen pro Million (ppm) und vor etwa zweihundert Millionen Jahren einen weiteren Höchststand von etwa 2.500 Teilen pro Million (ppm).

In den letzten Millionen Jahren ist die Kohlendioxidkonzentration jedoch während der Zwischeneiszeiten nicht über 300 Teile pro Million (ppm) angestiegen und während der Eiszeiten nicht unter 180 Teile pro Million (ppm) gefallen. Doch innerhalb der letzten zweihundert Jahre hat die Nutzung fossiler Brennstoffe durch Hominiden den Kohlendioxidgehalt auf 400 Teile pro Million (ppm) erhöht – 33 Prozent über den bisherigen Höchstwerten – und dieser

Anstieg beschleunigt sich weiter. Das bedeutet, dass der derzeitige Anstieg des atmosphärischen Kohlendioxids nicht nur den Beginn der nächsten Eiszeit hinauszögern, sondern eine weitere Eiszeit möglicherweise sogar ganz verhindern wird.

Es ist wichtig zu erkennen, dass die Gefahren des globalen Klimawandels nicht nur auf die Auswirkungen der globalen Erwärmung beschränkt sind. Sollte es zu einer weiteren Eiszeit kommen, die mit der letzten vergleichbar ist, würden massive Eisschichten, die Hunderte von Metern dick sind und Hunderte von Milliarden Tonnen wiegen, langsam aus den Polarregionen herunterkommen und alles in ihrem Weg zerstören. Obwohl dieser Prozess Zehntausende von Jahren dauern würde – ein Vielfaches länger als die gesamte Geschichte der menschlichen Zivilisation – wären die zerstörerischen Auswirkungen einer neuen Eiszeit beispiellos.

In Nordamerika würde die Rückkehr der polaren Eisschilde ganz Kanada zerstören und bis auf das Festland der Vereinigten Staaten vordringen und den größten Teil von Minnesota, ganz Wisconsin, Michigan und Ohio, die nördlichen Regionen von Illinois, Indiana und Pennsylvania sowie ganz Neuengland bis nach New York City unter sich begraben. Die Städte Vancouver, Calgary, Winnipeg, Toronto, Ottawa, Montreal, Quebec, Seattle, Minneapolis, St. Paul, Chicago, Cleveland, Columbus, Buffalo, Albany, Portland, Boston, Hartford und New York – sowie Tausende benachbarter Städte und Gemeinden – würden unter Hunderten von Metern Eis erdrückt werden.

In Europa würden ganz Skandinavien, der größte Teil der Britischen Inseln und große Teile Deutschlands, Polens und Russlands vollständig ausgelöscht, und die Städte Dublin, Belfast, Glasgow, Edinburgh, Oslo, Stockholm, Kopenhagen, Helsinki, Berlin, Warschau und St. Petersburg – sowie Tausende benachbarter Städte und Gemeinden – würden buchstäblich von der Landkarte verschwinden.

Darüber hinaus würde es auf der ganzen Welt zu einem erheblichen Verlust an landwirtschaftlichen Nutzflächen kommen. Kahle, baumlose Tundra und Permafrostböden würden sich von den polaren Eisschilden nach Süden bis in die Mitte des amerikanischen Kontinents und nach Süden bis nach New Mexico ausdehnen, und die Tundra würde sich über ganz Europa bis nach Spanien und Portugal erstrecken. Südlich der Tundra würden immergrüne Wälder Südeuropa, den größten Teil Kaliforniens und alle Regionen bis auf die südlichsten der Vereinigten Staaten bedecken. Weder die Tundra noch die immergrünen Wälder sind für die menschliche Landwirtschaft geeignet.

Darüber hinaus wäre es schwierig oder unmöglich, die landwirtschaftliche

Produktion weiter nach Süden zu verlagern, da die massive Erschöpfung des atmosphärischen Wassers dazu führen würde, dass die Wüsten der Welt erheblich größer würden als heute. Die Sahara würde sich ausdehnen, bis sie mehr als die Hälfte des afrikanischen Kontinents bedeckt, und die Wüsten Zentralasiens würden sich vom Kaspischen Meer nördlich des heutigen Iran quer durch Asien bis zum Pazifischen Ozean erstrecken. Gleichzeitig würden die tropischen Regenwälder Zentralafrikas und des Amazonasbeckens auf einen Bruchteil ihrer heutigen Größe schrumpfen. Und da große Mengen des Wassers auf der Erde in Form von Polareis eingeschlossen wären, würde der Meeresspiegel auf der ganzen Welt bis zu neunzig Meter unter das heutige Niveau sinken, so dass jede Hafenstadt auf der Erde Dutzende oder Hunderte von Kilometern vom offenen Meer entfernt gestrandet wäre.

Dies sind die tatsächlichen Bedingungen, die zur Zeit des letzten glazialen Maximums vor nur achtzehntausend Jahren herrschten – selbst in der relativ kurzen Geschichte der menschlichen Spezies ist dies nicht sehr lange her. Vor achtzehntausend Jahren nutzten die Kulturen des Jungpaläolithikums bereits hochentwickelte Formen der symbolischen Kommunikation – einschließlich Kunst, Musik, Sprache, Felszeichnungen und Erzählungen, die von den modernen Menschen erfunden wurden –, und die Natufianer und ihre Zeitgenossen ließen sich bereits in dauerhaften Dörfern nieder, die schließlich zur landwirtschaftlichen Revolution führen sollten.

Wir sind zwar zu Recht besorgt über die Gefahren der globalen Erwärmung und die zerstörerischen Auswirkungen, die sie auf unsere heutige Gesellschaft haben würde. Aber wir sollten uns auch darüber im Klaren sein, dass eine weitere Periode starker globaler Abkühlung – und die Rückkehr einer weiteren Eiszeit – tatsächlich eine viel größere Bedrohung für die menschliche Zivilisation darstellen würde. Es ist durchaus möglich, dass die Freisetzung von Kohlendioxid in die Atmosphäre durch die Industriegesellschaften die Rückkehr einer weiteren Eiszeit, die andernfalls in naher Zukunft hätte eintreten können, tatsächlich verhindert. Und da ein höherer Kohlendioxidgehalt zu erheblichen Veränderungen in der Chemie der Ozeane führt, könnten die Auswirkungen der globalen Erwärmung fast unbegrenzt anhalten und die Rückkehr weiterer Eiszeiten für Hunderttausende von Jahren in der Zukunft verhindern.[132]

Wir müssen auch anerkennen, dass eine anhaltende Kampagne der am weitesten entwickelten Länder der Welt zur Begrenzung oder Reduzierung des Ausstoßes von Treibhausgasen, insbesondere von Kohlendioxid, dazu geführt hat, dass die Kohlendioxidemissionen in diesen Ländern in den letzten Jahren zurückgegangen sind. Tatsächlich ist der anhaltende Anstieg der weltweiten Kohlendioxidemissionen jetzt hauptsächlich auf das Wachstum der Bevölkerung und des Wohlstands in den Entwicklungsländern der Welt, insbesondere in China und Indien, zurückzuführen.

Darüber hinaus hat die moderne Gesellschaft erhebliche Fortschritte bei der Entwicklung neuer kohlenstofffreier Energiequellen wie Solar- und Windenergie gemacht. Wir sollten nicht vergessen, dass nach der Entwicklung der ersten „atmosphärischen" Dampfmaschine von Newcomen im Jahr 1712 fast ein Jahrhundert verging, bevor sichere und praktische Dampfmaschinen mit Kolbenantrieb für den kommerziellen Markt in Serie produziert wurden, und dass es fünfundsiebzig Jahre der Erprobung brauchte, bevor ein sicherer und zuverlässiger Verbrennungsmotor marktreif war.

Und schließlich ist der Vorrat an fossilen Brennstoffen nicht unbegrenzt, obwohl neue Techniken zur Gewinnung von Erdgas durch hydraulische Frakturierung (fracking) und den Abbau von Teersanden entwickelt wurden. Spätestens in wenigen hundert Jahren wird die Menschheit ihre Abhängigkeit von fossilen Brennstoffen beenden müssen und gezwungen sein, fossile Brennstoffe durch alternative Energiequellen zu ersetzen. Und wenn dieser Tag endlich gekommen ist, werden die moderne Wissenschaft und Technologie wahrscheinlich viele Jahrzehnte damit verbracht haben, nach praktischen Möglichkeiten zu suchen, um überschüssiges Kohlendioxid aus der Atmosphäre zu extrahieren, wobei darauf geachtet werden muss, nicht so viel zu extrahieren, dass wir ungewollt eine weitere Eiszeit auslösen.

In Anbetracht der unglaublichen technologischen Errungenschaften unserer Spezies in der Vergangenheit ist es durchaus möglich, dass die Menschheit letztendlich beide Ziele erreichen wird. Vor allem das Phänomen des globalen Klimawandels ist ein anschaulicher Beweis dafür, dass die Zukunft des Lebens auf der Erde jetzt von den Handlungen der Menschheit abhängt. Auf Gedeih und Verderb hat unsere Spezies diesen Planeten in Besitz genommen und ihn zu ihrem Eigentum gemacht.

Planet der Hominiden

Die Weltbevölkerung wächst heute schneller als in jeder anderen Periode der Geschichte. Die Entwicklung der wissenschaftlichen Landwirtschaft und die Mechanisierung des Ackerbaus haben die Ernährung immer größerer Bevölkerungen ermöglicht, während die modernen Fortschritte in der Wirksamkeit medizinischer Behandlungen die Sterblichkeitsrate der Menschen stetig verringert haben. Als die letzte Eiszeit langsam zu Ende ging und die Technologie der symbolischen Kommunikation die Kraft der kulturellen Evolution freisetzte, wuchs die Bevölkerung der menschlichen Jäger und Sammler allmählich an, bis sie auf insgesamt etwa fünf Millionen Menschen angewachsen war.

Mit der Einführung der Landwirtschaft und dem Aufstieg der städtischen Zivilisation wuchs die menschliche Bevölkerung zwischen 5000 v. Chr. und 1 n. Chr. um 3.000 Prozent auf 150 Millionen Menschen. Selbst mit dem Untergang des Römischen Reiches und dem Beginn des Dunklen Zeitalters verdoppelte sich die Weltbevölkerung bis 1100 n. Chr. erneut auf 300 Millionen. Und im Mittelalter verdoppelte sich die Weltbevölkerung trotz der enormen Verluste an Menschenleben während der Massaker der Mongoleninvasionen im 13. Jahrhundert und der Pandemien der Pest oder des Schwarzen Todes im 14. Jahrhundert bis zum Jahr 1600 erneut auf etwa 600 Millionen Menschen.

Als jedoch im Jahre 1800 die industrielle Revolution begann, explodierte die menschliche Bevölkerung förmlich und stieg innerhalb von zweihundert Jahren um 600 Prozent von weniger als einer Milliarde auf mehr als sechs Milliarden Menschen (siehe Abbildung 10.6 auf Seite 322). Wenn diese Bevölkerungsexplosion in ihrem jetzigen Tempo anhält, wird es auf der Erde irgendwann nicht mehr genug landwirtschaftliche Nutzfläche geben, um alle Menschen zu ernähren, die diesen Planeten bewohnen werden. Während der letzten fünfzigtausend Jahre – die nur das jüngste 1 Prozent der Geschichte der Hominiden darstellen – hat sich die menschliche Bevölkerung der Erde um das Siebentausendfache ihrer ursprünglichen Größe vergrößert und wächst derzeit um etwa *eine Viertelmillion Menschen pro Tag*.

Und doch – seit den 1960er Jahren sind die Geburtenraten überall auf der Welt rückläufig. Tatsächlich sind die Geburtenraten bis 2014 in fast der Hälfte der Länder der Welt unter die „Ersatzgeburtenrate" von 2,1 Geburten pro Frau gefallen. In Europa insgesamt war die Geburtenrate bis 2005 auf 1,5 Geburten pro Frau gesunken, und es wird erwartet, dass die Bevölkerung Europas bis zum Ende des 21. Jahrhunderts um 14 Prozent zurückgehen wird.[133] Da die menschlichen Gesellschaften inzwischen wohlhabend genug sind, um ihren älteren Mitbürgern einen angemessenen Lebensstandard zu bieten, ist die uralte menschliche Praxis, eine große Anzahl von Kindern zu bekommen, um den Lebensunterhalt im Alter zu sichern, nicht mehr notwendig.

Kinder zu haben, trägt nicht zu den unzähligen Möglichkeiten bei, die moderne Menschen genießen: sich unterhalten zu lassen, zu reisen, auswärts essen zu gehen und ihrer beruflichen Laufbahn und ihren persönlichen Interessen nachzugehen. Kinder behindern diese Aktivitäten eher, als dass sie es ihren Eltern erleichtern, sie auszuüben. Aus all diesen Gründen sind die Geburtenraten in den wohlhabendsten Gesellschaften so weit zurückgegangen, dass einige der

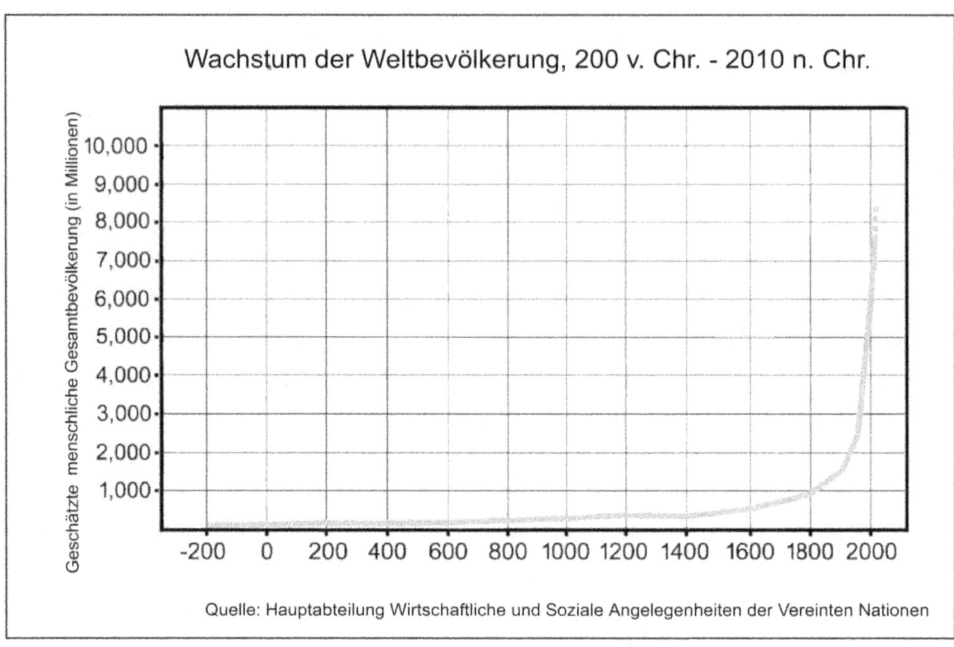

ABBILDUNG 10.6: Die Weltbevölkerung der Jäger und Sammler lag 5000 v. Chr. bei etwa fünf Millionen Menschen und wuchs in den nächsten fünftausend Jahren auf 150 Millionen an. Als jedoch im Jahr 1800 die industrielle Revolution begann, explodierte die menschliche Bevölkerung und stieg in etwas mehr als zweihundert Jahren von weniger als einer Milliarde auf mehr als sechs Milliarden Menschen an.

reichsten und fortschrittlichsten Nationen der Welt, darunter Deutschland, Japan und Südkorea, bereits einen Bevölkerungsrückgang verzeichnen.

Das bedeutet nicht, dass die Menschen aufhören werden, Kinder zu bekommen. Die psychologische Befriedigung, die das Gebären und Aufziehen von Kindern mit sich bringt, und die Verbindung, die Kinder mit der Zukunft und den nachfolgenden Generationen herstellen, sorgen dafür, dass Frauen und Männer nie aufhören werden, Kinder haben zu wollen. Mehr als zu jeder anderen Zeit in der Geschichte der Menschheit sind die Kinder, die heute geboren werden, die Nachkommen von Menschen, die Kinder wollen und die die Erfahrung der Elternschaft um ihrer selbst willen schätzen. Und obwohl es immer Menschen geben wird, die sich gegen Kinder entscheiden, werden diese Menschen weder ihre DNS noch ihre kulturellen Einstellungen und Überzeugungen an nachfolgende Generationen weitergeben. Allein diese Tatsache wird dafür sorgen, dass die Menschheit nie aufhören wird, sich fortzupflanzen.

Einige Wirtschaftswissenschaftler haben diese stagnierenden oder sinkenden Geburtenraten beklagt und sehen darin einen Vorboten des wirtschaftlichen und kulturellen Niedergangs. Dies ist jedoch eine kurzsichtige Betrachtungsweise. Ein endloses Bevölkerungswachstum ist nicht möglich; die Biosphäre der Erde ist endlich; andere Planeten bieten keine realistischen Möglichkeiten für die menschliche Besiedlung. Mehr Menschen bedeuten letztlich weniger Raum und einen geringeren Anteil an den verfügbaren Ressourcen für jeden Menschen. Weniger Menschen bedeuten mehr Raum und letztlich einen größeren Anteil an den verfügbaren Ressourcen für jeden Menschen.

Die derzeitigen Bedrohungen der Biosphäre sind nicht nur die Folgen menschlicher Technologien. Sie sind auch der Ausdruck der tierischen Natur des *Homo sapiens*. Trotz all ihrer technologischen Fähigkeiten wird unsere Spezies immer noch von uralten tierischen Instinkten angetrieben, darunter dem Drang, sich bis an die Grenzen des Möglichen auszudehnen und zu vermehren. Diese Art von elementarem Eigeninteresse ist von jeder Lebensform zu erwarten. Aber in unserem Bestreben, uns selbst mit immer mehr Nachkommen, Nahrung, Kleidung, Unterkunft, Energie, Waffen und materiellen Besitztümern zu versorgen, haben wir allzu oft die Bedürfnisse anderer Formen pflanzlichen und tierischen Lebens übersehen. Schließlich ist der *Homo sapiens* die einzige Spezies, die in der Lage ist, die Bedürfnisse aller anderen Lebensformen sowohl zu verstehen als auch zu befriedigen. Daher obliegt es uns, unser höheres Bewusstsein nicht nur für unser eigenes Wohlergehen einzusetzen, sondern auch für das Wohlergehen all der vielen Arten, die die Biosphäre mit uns teilen.

Letztendlich ist der dramatische Anstieg der menschlichen Bevölkerung darauf zurückzuführen, dass der *Homo sapiens* diesen Planeten und seine Ressourcen vollständig in Besitz genommen hat – und in diesem Prozess voll verantwortlich für die Zukunft der Erde geworden ist. Obwohl wir dies vielleicht nicht bewusst beabsichtigt haben, haben wir die Erde tatsächlich in den „Planeten der Hominiden" verwandelt. Folglich sind wir Hominiden es, die die Erde weise verwalten müssen – nicht nur zu unserem eigenen Nutzen, sondern zum Nutzen aller Lebewesen, jetzt und in der Zukunft.

Jenseits des Nationalstaates

Die Welt besteht heute aus etwa zweihundert Nationen, die mit Ausnahme des Kontinents Antarktis die gesamte Landfläche unseres Planeten für sich beanspruchen.[134] Obwohl uns dieser Zustand völlig natürlich erscheint, nahm unsere vertraute Welt der Nationalstaaten erst nach dem Jahre 1800 Gestalt an. Bis die Eisenbahn und der Telegraph im 19. Jahrhundert alltäglich wurden, war der Nationalstaat als eigenständige politische und kulturelle Einheit in den menschlichen Gesellschaften tatsächlich eine Seltenheit. Von den etwa zweihundert Nationalstaaten, die heute die Welt regieren, wurden nicht weniger als 177 nach dem Beginn des zwanzigsten Jahrhunderts gegründet.[135]

Doch trotz ihrer Proklamationen von Unabhängigkeit und nationaler Souveränität waren die Nationalstaaten der heutigen Zeit nie völlig unabhängig. Der Welthandel, der im neunzehnten Jahrhundert rapide zunahm, hat längst eine lebenswichtige wirtschaftliche Integration zwischen den Nationen der Welt geschaffen. Es ist eine Tatsache, dass zu Beginn des 20. Jahrhunderts bereits eine globale Wirtschaft entstanden war, in der kein einzelner Nationalstaat oder keine einzelne Wirtschaftsregion wirklich prosperieren konnte, ohne solide Wirtschaftsbeziehungen mit vielen anderen Nationen zu unterhalten.

Die nackte Realität dieser Tatsache wurde auf spektakuläre Weise deutlich, als der US-Kongress im Juni 1930 den Smoot-Hawley Zollgesetz verabschiedete – ein fehlgeleiteter Versuch, die amerikanische Industrie und Landwirtschaft während des 1929 einsetzenden Wirtschaftsabschwungs vor ausländischer Konkurrenz zu schützen. Als jedoch andere Länder – insbesondere Kanada, Amerikas wichtigster Handelspartner – als Gegenmaßnahme ihre eigenen Zölle auf amerikanische Waren erhöhten, brach das gesamte System des Welthandels zusammen. Die US-Importe aus Europa fielen zwischen 1929 und 1932 von 1,3 Milliarden Dollar auf 390 Millionen Dollar, während die US-Exporte nach Europa in denselben drei Jahren von 2,3 Milliarden Dollar auf 784 Millionen Dollar zurückgingen. Tatsächlich ging der Welthandel insgesamt zwischen 1929 und 1934 um zwei Drittel zurück und stürzte alle Industrieländer der Welt in die wirtschaftliche Flaute der Großen Depression.

Die Entstehung des Nationalstaates als vorherrschende Form der menschlichen Gesellschaft war der größte Akt sozialer Verschmelzung in der Geschichte der Menschheit. Nie zuvor hatten sich Millionen von Menschen, die in Tausenden von unterschiedlichen geografischen Gemeinschaften lebten, als Brüder betrachtet, die derselben ethnischen Gruppe angehörten. Es ist erwähnenswert, dass die Zahl der unabhängigen menschlichen Gesellschaften sogar geschrumpft ist, während die Weltbevölkerung von weniger als einer Million Menschen auf sieben Milliarden und mehr angewachsen ist.

Es gibt keinen Grund zu der Annahme, dass diese lange Geschichte sozialer Zusammenschlüsse abgeschlossen ist oder dass die Menschheit für immer in zweihundert unabhängige Nationen aufgeteilt bleiben wird. Immer wieder haben bedeutende Fortschritte in den Interaktionstechnologien zu sozialen

Verschmelzungen geführt, die weitaus größere menschliche Gruppen hervorgebracht haben als die, die früher existierten. Da die Erfindung der Informationstechnologie nun neue und leistungsfähigere Formen des Transports und der Kommunikation hervorgebracht hat, ist es vernünftig zu erwarten, dass die Menschheit in nicht allzu ferner Zukunft einen weiteren großen Prozess der sozialen Fusion erleben wird. Tatsächlich sind die Grundlagen für die erste wirklich globale Zivilisation der Menschheit bereits vorhanden. Wenn wir genau hinsehen, können wir bereits die vorläufigen Umrisse einer zukünftigen Welt erkennen, die über die Grenzen der Nationalstaaten hinausgeht.

Die Geburt der globalen Zivilisation

Die Ursprünge der globalen Zivilisation sind vielfältig, und einige von ihnen sind sehr alt. Sie beginnen mindestens so lange wie die Zeit Jesus von Nazareth, der predigte, dass alle Menschen vor Gott gleich sind und dass jeder, unabhängig von seiner Herkunftskultur, der Gemeinschaft der Gläubigen beitreten kann, indem er die einzig wahre Gottheit Jehova akzeptiert. Zweitausend Jahre später sind die Anhänger Jesu mit mehr als zwei Milliarden Menschen die größte religiöse Gruppe der Erde.

Die Römer praktizierten ihre eigene säkulare Version von kultureller Akzeptanz und menschlicher Gleichheit. Sie gewährten bevorzugten Verbündeten die Privilegien der römischen Staatsbürgerschaft und bauten Straßen, öffentliche Bäder und ausgeklügelte Frischwassersysteme nicht nur für ihren eigenen Komfort und ihre Sicherheit, sondern auch für das Wohlergehen ihrer unterworfenen Völker. Sie füllten die Kornkammern ihrer Kolonien, um die unterworfene Bevölkerung vor dem Verhungern zu bewahren; sie errichteten große Stadien und Kolosseen zur Unterhaltung aller; und größtenteils gewährten sie den eroberten Völkern die Freiheit, ihre eigenen kulturellen Traditionen zu pflegen und ihre eigenen Religionen zu verehren. Tatsächlich war es die Toleranz der Römer gegenüber anderen kulturellen Traditionen in Verbindung mit ihrem Verantwortungsbewusstsein für das Wohlergehen aller unter ihrer Herrschaft lebenden Menschen, die weitgehend für die Stabilität der römischen Gesellschaft und die Langlebigkeit der römischen Herrschaft in der gesamten antiken Welt verantwortlich war.

In den Jahrhunderten nach dem Fall Roms verbreiteten sich die Religionen Hinduismus, Zoroastrismus, Christentum, Buddhismus, Konfuzianismus und Islam über die verschiedensten Kulturen und über riesige geografische Gebiete hinweg. Diese Glaubensrichtungen basierten alle auf dem Prinzip der kulturellen Integration, und es waren ihre integrativen Philosophien, die es ihnen ermöglichten, neue Bevölkerungsgruppen und neue Ethnien aufzunehmen, kulturelle Grenzen zu überwinden und zu echten Weltreligionen zu werden.

Wir sollten nicht vergessen, dass diese großen inklusiven Religionen zu einer Zeit entstanden und gediehen sind, als das Schreiben nur von einigen wenigen Mitgliedern der Elite praktiziert wurde, als das Reiten zu Pferde das schnellste Transportmittel war, als es nur wenige und weit auseinander liegende Straßen zwischen den Städten gab und als das Segelschiff ein kleines hölzernes Gefährt war, das genauso gut von Rudern wie vom Wind angetrieben werden konnte. Dies allein ist ein beredtes Zeugnis für die Kraft ihrer Philosophien und für die Anziehungskraft ihrer Gründer, die alle die Doktrin der multikulturellen Verschmelzung verkündeten. Der große Erfolg dieser alten Religionen lässt vermuten, dass ein ähnlicher Prozess der kulturellen Verschmelzung wahrscheinlich das letztendliche Schicksal unserer Spezies sein wird.

Zwei Bedingungen, die sich in den letzten Jahrzehnten herausgebildet haben, treiben die Menschheit nun auf diese ultimative Fusion zu. Die erste ist die rasch wachsende Bedrohung für die Umwelt des Planeten und für alle menschlichen Gesellschaften. Diese globale Bedrohung kann nicht von einer einzelnen Nation oder einer regionalen Gruppe von Nationen bewältigt werden. Stattdessen müssen alle Nationen zusammenarbeiten, um sie zu bewältigen. Die zweite Bedingung sind die durch digitale Technologien ermöglichten Mittel für eine schnelle, effiziente und erschwingliche Interaktion zwischen den Bewohnern der verschiedenen Gesellschaften und Kulturen, die über den gesamten Globus verstreut sind. Die potenziellen Synergieeffekte zwischen diesen beiden Bedingungen sollten nicht unterschätzt werden. Die Entstehung wichtiger sozialer und kultureller Elemente der ersten globalen Zivilisation der Menschheit zeigt, dass dieser ultimative Prozess der Verschmelzung bereits im Gange ist.

Die Sitten und Gebräuche im Zusammenhang mit der Zubereitung von Speisen – die von Anthropologen als einer der markantesten Ausdrücke ethnischer und kultureller Identität angesehen werden – haben einen beispiellosen Prozess der Verschmelzung durchlaufen. Kulinarische Traditionen aus Europa, Amerika, dem Nahen und Mittleren Osten, Zentralasien und dem Fernen Osten haben sich weit von ihren Ursprungskulturen entfernt und sind in der ganzen Welt zu beliebten Speisen geworden.

Die Musik, ein weiterer unverwechselbarer Ausdruck ethnischer und kultureller Identität, durchläuft einen Globalisierungsprozess, der mit der weltweiten Verbreitung der europäischen klassischen Musik begann und nun durch die Verbreitung von Musiktraditionen aus der ganzen Welt ergänzt wird. Musikalische Harmonien, Rhythmen und Instrumentalstile aus einer Vielzahl von

Ethnien haben sich weit von ihren Ursprungskulturen entfernt und ein eigenes, weltweites Publikum gefunden. Tatsächlich haben sowohl Lebensmittel als auch Musik begonnen, die Traditionen verschiedener Kulturen zu neuen Formen von „Fusionslebensmitteln" und „Fusionsmusik" zu verschmelzen.

Die kulturelle Verschmelzung, die sich in den Bereichen Ernährung und Kunst vollzieht, ist auch in den materiellen Bereichen von Wissenschaft, Handel und Industrie zu beobachten. Verbrauchermarken aus zahlreichen Branchen – darunter Lebensmittel, Getränke, Automobile, Schmuck, Parfüm, Uhren, Kleidung und Elektronik – haben weltweite Anerkennung erlangt und genießen heute die Treue von Hunderten von Millionen Kunden in aller Welt. Und der Aufstieg multinationaler Konzerne – von denen einige eine größere Wirtschaftskraft haben als die meisten Nationen – hat die Weltwirtschaft enger zusammengeschweißt als je zuvor.

Die Forschung und Entwicklung in Wissenschaft und Technik war von Anfang an international geprägt und ist längst zu einem globalen Unternehmen geworden. Mehr als die Hälfte der Nobelpreise in Physik, Chemie und Medizin, die in den letzten fünfzig Jahren verliehen wurden, gingen an Wissenschaftler, die in verschiedenen Ländern zusammenarbeiteten.[136] In der Tat ist unsere heutige Kultur der Wissenschaft und Technologie eines der stärksten und dynamischsten Elemente dieser entstehenden globalen Zivilisation.

Gleichzeitig werden die Hochschulen der Welt langsam zu globalen Gebilden, in denen sich sowohl die Fakultäten als auch die Studentenschaft zunehmend aus internationalen und multikulturellen Bevölkerungsgruppen zusammensetzt. Schließlich hat sich die Zahl der internationalen Organisationen in der Neuzeit exponentiell vervielfacht. Im Jahr 1910 gab es etwa zweihundert Nichtregierungsorganisationen (NGOs) mit internationalem Charakter. Bis 2010 war diese Zahl auf fast sechzigtausend angewachsen. Und die Zahl der internationalen Regierungsorganisationen (IGOs) ist ebenso stark gestiegen.

Doch auch wenn die Menschheit zu etwa zweihundert Nationalstaaten verschmolzen ist, haben alle traditionellen menschlichen Gruppen, die bei früheren Veränderungen entstanden sind – die zahllosen Tausende von Stämmen, Dörfern, Städten und Regionen, die das Gefüge der menschlichen Gesellschaft ausmachen – ihre getrennten Identitäten beibehalten und die ihnen zustehenden Bereiche des menschlichen Lebens geregelt. Das allein sollte uns schon die Gewissheit geben, dass die Nationalstaaten der Welt nicht in Gefahr sind, zu verschwinden. Der Aufstieg der globalen Zivilisation ist nicht dazu bestimmt, die Nationen der Welt zu ersetzen, sondern vielmehr dazu, ihnen ein Gefühl der Gemeinsamkeit zu vermitteln. Globale Institutionen sind letztlich Netzwerke von Menschen, und zu den außergewöhnlichsten menschlichen Verhaltensweisen gehört die Leichtigkeit, mit der sich Menschen gleichzeitig mit mehreren Gruppen auf mehreren Ebenen identifizieren können.

Schließlich hat die Geschichte wiederholt gezeigt, dass nichts Menschen so sehr zusammenführt wie ein gemeinsamer Feind. Nahezu jeder Fall von sozialer und kultureller Fusion, bei dem kleinere soziale Einheiten erfolgreich zu größeren Einheiten verschmolzen sind, wurde zumindest teilweise durch Konfrontationen mit einem feindlichen Gegner vorangetrieben. Wenn die Wälder und urzeitlichen Lebensräume der Welt auf einen Bruchteil ihrer ursprünglichen Größe geschrumpft sind, wenn die Ressourcen der Ozeane weitgehend erschöpft sind und wenn selbst die Wunder der wissenschaftlichen Landwirtschaft nicht mehr in der Lage sind, die wachsende menschliche Bevölkerung zu ernähren, wird der „Feind" der menschlichen Zivilisation nicht mehr und nicht weniger sein als die existenziellen Bedrohungen der Biosphäre der Erde, die durch menschliche Technologien hervorgerufen werden. Da sich diese Bedrohungen weiter vervielfachen, wird die Menschheit gezwungen sein, sich zu entscheiden, ob sie die Wege weitergehen will, die letztlich zu Erschöpfung, Ausrottung und Vernichtung führen, oder ob sie – in globaler Zusammenarbeit – neue Wege einschlagen will, die zu Wiederherstellung, Versöhnung und einer nachhaltigen Beziehung zwischen uns und der Biosphäre führen.

Wir sollten nicht erwarten, dass dieser Wandel zu einer globalen Zivilisation schnell oder einfach vollzogen wird. Die Auswirkungen der Informationstechnologie wurden erst in der Mitte des zwanzigsten Jahrhunderts spürbar, und die tiefgreifende Integration digitaler Technologien in die Prozesse des modernen Finanzwesens, des Handels, der Kommunikation und des Transports erfolgte sogar erst später. Da wir uns erst am Anfang dieses jüngsten Wandlungsprozesses befinden, können wir die Veränderungen im menschlichen Leben und in der Gesellschaft, die er mit sich bringen wird, nicht wirklich vorhersehen. Aber die Geschichte der vergangenen Metamorphosen legt zwei Schlussfolgerungen nahe. Erstens, dass das menschliche Leben und die Gesellschaft durch die Informationstechnologie nicht weniger verändert werden als durch die Schlüsseltechnologien früherer Epochen. Und zweitens, dass eine weitere große Verschmelzung der menschlichen Gesellschaft bevorsteht.

Wir, die wir im einundzwanzigsten Jahrhundert leben, stehen auf dem Höhepunkt menschlicher Errungenschaften, auch wenn wir eine sich abzeichnende, von uns selbst verursachte Katastrophe vor Augen haben. Doch die Genialität der Menschheit zeigt keine Anzeichen eines Endes. Im Laufe unserer langen Geschichte haben wir eine unheimliche Fähigkeit bewiesen, uns den vor uns liegenden Herausforderungen zu stellen und die Hindernisse auf unserem Weg zu überwinden.

Während unserer gesamten einzigartigen und bemerkenswerten Geschichte haben wir Hominiden die Technologie genutzt, um uns selbst zu verändern, und dabei haben wir auch die Welt verändert. Die Veränderungen im menschlichen Leben und in der Gesellschaft durch Waffen, Feuer, Kleidung, Unterkunft, symbolische Kommunikation, Landwirtschaft, städtische Zivilisation, Präzisionsmaschinen und Informationstechnologie haben uns in eine neue und einzigartige Beziehung zu der Biosphäre gebracht, die uns ursprünglich das Leben schenkte. Wir sind zu ihren Verwaltern geworden; sie ist zu unserer Verantwortung geworden; wir sind es, die jetzt über ihr Schicksal entscheiden müssen.

Bibliographie zu 10 – Unsere Welt am Abgrund

Allen, John und Mark Nelson (1999). „Biospherics and Biosphere 2, mission one (1991–1993)“. In: *Ecological Engineering* 13, S. 15–29.

Anderson, Stephen R. (2010). „How many languages are there in the world?“ In: *Linguistic Society of America Brochure Series*. Frequently Asked Questions.

Armstrong, John A. (1982). *Nations Before Nationalism*. Chapel Hill: University of North Carolina Press.

Atkinson, Nancy (27. Sep. 2010). *A conversation with Jim Lovell, part 2: Looking back*. URL: http://www.universetoday.com/74396/a-conversation-with-jim-lovell-part-2-looking-back/ (besucht am 12. 07. 2014).

Barnosky, Anthony D., Nicholas Matzke u. a. (2011). „Has the earth's sixth mass extinction already arrived?“ In: *Nature* 471.7336, S. 51–57.

Bentley, Jerry H. (1993). *Old World Encounters: Cross-Cultural Contacts and Exchanges in Pre-Modern Times*. Oxford: Oxford University Press.

Borman, Frank (1988). *Countdown: An Autobiography*. New York: Silver Arrow Books.

Broad, William J. (19. Nov. 1996). *Paradise lost: Biosphere retooled as atmospheric nightmare*. URL: http://www.nytimes.com/1996/11/19/science/paradise-lost-biosphere-retooled-as-atmospheric-nightmare.html (besucht am 12. 07. 2014).

Cantor, Norman F. (1994). *The Civilization of The Middle Ages: A Completely Revised and Expanded Edition of Medieval History, the Life and Death of a Civilization*. New York: HarperCollins.

Casals, Pablo und Josep M. Corredor (1957). *Conversations With Casals*. New York: E. P. Dutton.

Chandler, Alfred D. und Bruce Mazlish, Hrsg. (2005). *Leviathan: Multinational Corporations and the New Global History*. Cambridge: Cambridge University Press.

Cohen, Avner (2001). „Israel and chemical/biological weapons: History, deterrence, and arms control“. In: *The Nonproliferation Review* 8.3, S. 27–53.

Cohen, Joel E. (1995). *How Many People Can the earth Support?* New York: Norton.

Cohen, Joel E. und David Tilman (15. Nov. 1996). „Biosphere 2 and biodiversity: the lessons so far“. In: *Science* 274.5290, S. 1150–1151.

Colomer, Josep M. (2009). „On building the American and the European empires". In: *London School of Economics and Political Science 'Europe in Question' Discussion Paper Series 6*, S. 1–29.

Connor, Walker (1978). „A nation is a nation, is a state, is an ethnic group, is a…" In: *Ethnic and Racial Studies* 1.4, S. 379–388.

Defense, U.S. Department of (1981). *Narrative Summaries of Accidents Involving U.S. Nuclear Weapons, 1950-1980*. URL: https://www.hsdl.org/?view& did=26994 (besucht am 26. 06. 2014).

DeLong, Bradford J. (o. D.). *The Reality of Economic Growth: History and Prospect*.

Dirzo, Rodolfo u. a. (2014). „Defaunation in the Anthropocene". In: *Science* 345.6195, S. 401–406.

Discover the Steady State Economy (2014). CASSE Website Materials. Center for the Advancement of the Steady State Economy. URL: http://steadystate. org/ (besucht am 26. 06. 2014).

Eldredge, Niles (1998). *Life in the Balance: Humanity and the Biodiversity Crisis*. Princeton, NJ: Princeton University Press.

Frazer, James George (1894). *The Golden Bough: A Study in Magic and Religion*. New York und London: Macmillan & Co.

GISS Surface Temperature Analysis (GISTEMP) (2013). National Aeronautics und Space Administration, Goddard Institute for Space Studies. URL: http: //data.giss.nasa.gov/gistemp/ (besucht am 19. 07. 2014).

Gregory, J. W. (1914). „Edward Suess". In: *Science* 39.1017, S. 933–935.

Guangwei, He (30. Juni 2014a). *China's dirty pollution secret: The boom poisoned its soil and crops. Tainted Harvest: An e360 Special Report/Part I*. URL: http: //e360.yale.edu/feature/chinas_dirty_pollution_secret_the_boom_ poisoned_its_soil_and_crops/2782/ (besucht am 28. 07. 2014).

— (2014b). *In China's heartland, a toxic trail leads from factories to fields to food. Tainted Harvest: An e360 Special Report/Part II*. URL: http://e360. yale.edu/feature/chinas_toxic_trail_leads_from_factories_to_food/2784/ (besucht am 28. 07. 2014).

— (2014c). *The soil pollution crisis in china: A cleanup presents daunting challenge. Tainted Harvest: An e360 Special Report/Part III*. URL: http://e360. yale.edu/feature/the_soil_pollution_crisis_in_china_a_cleanup_ presents_daunting_challenge/2786/ (besucht am 28. 07. 2014).

Hansen, James, Makiko Sato und Reto Ruedy (21. Jan. 2014). „Global Temperature Update Through 2013". In: *Goddard Institute for Space Studies*.

Harvey, David (1999). „Chapter 6: Time-Space Compression And The Postmodern Condition". In: *The Global Transformations Reader: An Introduction to the Globalization Debate*. Hrsg. von David Held und Anthony McGrew. Stanford: Stanford University Press.

Harwood, Catherine (13. Apr. 1999). „Oral History Transcript: Frank Borman". In: *Johnson Space Center Oral History Archive*.

Held, David und Anthony McGrew, Hrsg. (2000). *The Global Transformations Reader: An Introduction to the Globalization Debate*. Cambridge: Polity Press.

Held, David, Anthony McGrew u. a., Hrsg. (1999). *Global Transformations: Politics, Economics, and Culture*. Stanford: Stanford University Press.

Hobsbawm, Eric (1990). *Nations and nationalism since 1780: Programme, myth, reality*. Cambridge: Cambridge University Press.

Hong, Sungmin u. a. (1996). „History of ancient copper smelting pollution during Roman and Medieval times recorded in Greenland ice". In: *Science* 272.5259, S. 246–249.

Hopkins, Anthony G., Hrsg. (2006). *Global History: Interactions between the Universal and the Local*. Basingstoke: Palgrave Macmillan.

Houghton, Richard A. (2003). „Why are estimates of the terrestrial carbon balance so different?" In: *Global Change Biology* 9.4, S. 500–509.

Howard, William R. (1997). „Palaeoclimatology: A warm future in the past". In: *Nature* 388, S. 418–419.

Hoyle, Fred und Chandra Wickramasinghe (Juli 1999). *On the cause of ice-ages*. URL: http://abob.libs.uga.edu/bobk/ccc/ce120799.html (besucht am 13. 08. 2014).

Imbrie, John u. a. (1993). „On the structure and origin of major glaciation cycles: 2. The 100,000-year cycle". In: *Paleoceanography* 8.6, S. 699–735.

Jones, Eric L. (2006). *Cultures Merging: A Historical and Economic Critique of Culture*. Princeton: Princeton University Press.

Jones, Nate (9. Okt. 2013). *The department of defense list of 32 "accidents involving nuclear weapons." Unredacted: The National Security Archive, Unedited and Uncensored*. URL: http://nsarchive.wordpress.com/2013/10/09/document-friday-narrative-summaries-of-accidents-involving-nuclear-weapons/ (besucht am 26. 06. 2014).

Kirkland, Joel (26. Mai 2010). „Global emissions predicted to grow through 2035". In: *Scientific American*.

Kitchen, Martin (2011). *A History of Modern Germany: 1800 to the Present*. New York: John Wiley & Sons.

Kremer, Michael (1993). „Population growth and technological change: One million B.C. to 1990". In: *The Quarterly Journal of Economics* 108.3, S. 681–716.

Kristensen, Hans M. und Robert S. Norris (2013a). „Nuclear warhead stockpiles and transparency". In: *Global Fissile Material Report 2013: Increasing Transparency Of Nuclear Warhead And Fissile Material Stocks As A Step Toward Disarmament*. Princeton: International Panel on Fissile Materials.

— (2013b). „Russian nuclear forces". In: *Bulletin of the Atomic Scientists* 69.3, S. 71–81.

— (2014). „US nuclear forces". In: *Bulletin of the Atomic Scientists* 70.1, S. 85–93.

Laurance, William (28. Juli 2011). *China's appetite for wood takes a heavy toll on forests*. URL: http://e360.yale.edu/feature/chinas_appetite_for_wood_takes_a_heavy_toll_on forests/2465/ (besucht am 28.07.2014).

Lindsey, Rebecca (30. März 2007). *Tropical deforestation*. URL: http : / / earthobservatory . nasa . gov / Features / Deforestation/ (besucht am 27.07.2014).

Manning, Patrick (2003). *Navigating World History: Historians Create a Global Past*. New York: Palgrave Macmillan.

Marland, G., T. A. Boden und R. J. Andres (2008). „Global, regional, and national fossil fuel CO2 emissions". In: *Trends: A Compendium of Data on Global Change*. Oak Ridge, Tennessee: Carbon Dioxide Information Analysis Center, Oak Ridge National Laboratory, U.S. Department of Energy. URL: http://cdiac.ornl.gov/trends/emis/overview.

Martin, R. M., Hrsg. (2012). *State of the World's Forests 2012*. Rome: United Nations Food und Agriculture Organization.

McCallum, Malcolm L. (2007). „Amphibian decline or extinction? Current declines dwarf background extinction rate". In: *Journal of Herpetology* 41.3, S. 483–491.

McKibben, Bill (2007). *Deep Economy: Economics as if the World Mattered*. Oxford: OneWorld Publications.

Nonproliferation Studies, James Martin Center for (2008). *Chemical and biological weapons: Possession and programs past and present, Chemical & Biological Weapons Resource Page*. URL: http://cns.miis.edu/cbw/possess.htm (besucht am 16.06.2014).

Norris, Robert S. u. a. (2002). „Israeli Nuclear Forces". In: *Bulletin of the Atomic Scientists* 58.5, S. 72–75.

O'Brien, Patrick (2014). *Review of Global History: Interactions between the Universal and the Local*. Hrsg. von Anthony G. Hopkins. Basingstoke: Palgrave Macmillan.

O'Neill, Brian C. u. a. (2010). „Global demographic trends and future carbon emissions". In: *Proceedings of the National Academy of Sciences of the United States of America* 107.41, S. 17521–17526.

Okołów, Czesław, Hrsg. (2009). *Białowieża National Park: Know It, Understand It, Protect it*. Białowieża, Poland: Białowieski Park Narodowy.

Osborne, Colin P. und David J. Beerling (2006). „Nature's green revolution: the remarkable evolutionary rise of C4 plants". In: *Philosophical Transactions of the Royal Society B: Biological Sciences* 361.1465, S. 173–194.

Petigura, Eric A., Andrew W. Howard und Geoffrey W. Marcy (2013). „Prevalence of Earth-size planets orbiting Sun-like stars". In: *Proceedings of the National Academy of Sciences of the United States of America* 110.48, S. 19273–19278.

Petit, John-Robert u. a. (1999). „Climate and atmospheric history of the past 420,000 years from the Vostok ice core, Antarctica". In: *Nature* 399, S. 429–436.

Pimentel, David und Anne Wilson (2004). „World Population, agriculture, and malnutrition". In: *World Watch Magazine* 17.5, S. 22–25.

Pimm, Stuart u. a. (2006). „Human impacts on the rates of recent, present, and future bird extinctions". In: *Proceedings of the National Academy of Sciences of the United States of America* 103.29, S. 10941–10946.

Pol, K. u. a. (2011). „Links between MIS 11 millennial to sub-millennial climate variability and long term trends as revealed by new high resolution EPICA Dome C deuterium data – A comparison with the Holocene". In: *Climate of the Past* 7, S. 437–450.

Pollution in Los Angeles County (2014). URL: http://www.rabbitair.com/pages/pollution-in-los-angeles-county (besucht am 18. 06. 2014).

Poole, Robert (2010). *Earthrise: How Man First Saw the earth*. New Haven: Yale University Press.

Proença, Vânia und Henrique Miguel Pereira (2013). „Comparing extinction rates: Past, present, and future". In: *Encyclopedia of Biodiversity* 2, S. 167–176.

Reyes, Alberto V. u. a. (2014). „South Greenland ice-sheet collapse during Marine Isotope Stage 11". In: *Nature* 510, S. 525–528.

Riall, Lucy (1994). *The Italian Risorgimento: State, society, and national unification*. London: Routledge.

Ridley, Matt (22. Mai 2010). „Humans: Why they triumphed". In: *Wall Street Journal*.

Roeder, Philip G. (2007). *Where Nation-States Come From: Institutional Change in the Age of Nationalism*. Princeton: Princeton University Press, S. 10.

Royer, Dana L. u. a. (2004). „CO_2 as a primary driver of Phanerozoic climate". In: *GSA Today* 14.3, S. 4–10.

Ryan, Peter G. u. a. (2009). „Monitoring the abundance of plastic debris in the marine environment". In: *Philosophical Transactions of the Royal Society B: Biological Sciences* 364.1526, S. 1999–2012.

Scharf, Caleb A. (25. Feb. 2013). *The Fastest Spacecraft Ever?* URL: http : / / blogs . scientificamerican . com / life - unbounded / 2013 / 02 / 25 / the - fastest - spacecraft-ever/ (besucht am 12. 07. 2014).

Schlosser, Eric (2013). *Command and Control: Nuclear Weapons, the Damascus Accident, and the Illusion of Safety*. New York: Penguin Press.

Smart, Jeffery K. (2008). „History of chemical and biological warfare: An American perspective". In: *U.S. Army Medical Department, AMEDD Center and School, Medical Aspects of Chemical and Biological Warfare*. Washington: The Borden Institute.

Stewart, John (2000). *Evolution's Arrow: The Direction Of Evolution And The Future Of Humanity*. Canberra: The Chapman Press.

— (2010). „The meaning of life in a developing universe". In: *Foundations of Science* 15.4, S. 395–409.

Teitelbaum, Michael S. und Jay M. Winter (4. Apr. 2014). *Bye-bye, baby*. URL: http : / / www . nytimes . com / 2014 / 04 / 05 / opinion / sunday / bye - bye - baby.html?_r=0 (besucht am 08. 08. 2014).

Torres, Abel Mendez (25. Juni 2014). *A nearby super-Earth with the right temperature but extreme seasons*. URL: http : / / phl . upr . edu / press - releases / glieseGliese832 (besucht am 12. 07. 2014).

Tylor, Edwart Burnett (1871). *Primitive Culture: Researches Into the Development of Mythology, Philosophy, Religion, Art, and Custom*. London: John Murray Publishers.

Tyrrell, Toby, John G. Shepherd und Stephanie Castle (2007). „The long-term legacy of fossil fuels". In: *Tellus B* 59, S. 664–672.

United Nations, Dept. of Economic und Social Affairs (2013). *World Population Prospects: The 2012 Revision*. URL: http : / / esa . un . org / wpp / Excel - Data/population.htm (besucht am 23. 07. 2014).

Wake, David B. und Vance T. Vredenburg (2008). „Are we in the midst of the sixth mass extinction? A view from the world of amphibians". In: *Proceedings of the National Academy of Sciences of the United States of America* 105.1, S. 11466–11473.

Watts, Anthony (1. März 2012). *NASA and multi-year Arctic ice and historical context*. URL: http://wattsupwiththat.com/2012/03/01/nasa-and-multi-year-arctic-ice-and-historical-context/ (besucht am 27. 06. 2014).

Weisman, Alan (2007). *The World Without Us*. New York: St. Martin's / Thomas Dunne Books, S. 9–16.

Wenbin, Huang und Sun Xiufang (Dez. 2013). „Tropical hardwood flows in China: Case studies of rosewood and okoumé". In: *Forest Trends*. URL: http://www.forest-trends.org/publication_details.php?publicationID=4138 (besucht am 28. 07. 2014).

Williams, Michael (2003). *Deforesting the earth: from prehistory to global crisis*. Chicago: University of Chicago Press.

Willman, David (15. Juni 2014). *$ 40-billion missile defense system proves unreliable*. URL: http://www.latimes.com/nation/la-na-missile-defense-20140615-story.html#page=1 (besucht am 16. 06. 2014).

Wilson, David Sloan und Edward O. Wilson (2007). „Rethinking the theoretical foundation of sociobiology". In: *The Quarterly Review of Biology* 82.4, S. 327–348.

Wilson, Edward O. (1992). *The Diversity of Life*. Cambridge: Belknap Press / Harvard University Press.

World Nuclear Stockpile Report (2014). URL: http://www.ploughshares.org/world-nuclear-stockpile-report (besucht am 03. 06. 2014).

Wright, Ronald (2005). *A Short History of Progress*. Cambridge, Massachusetts: Da Capo Press.

Zimmer, Carl (9. Juli 2014). *Hope for frogs in face of a deadly fungus*. URL: http://www.nytimes.com/2014/07/09/science/hope-for-frogs-facing-a-deadly-fungus.html?ref=science&_r=1 (besucht am 12. 07. 2014).

✦

DANKSAGUNGEN

ICH möchte all jenen meinen aufrichtigen Dank aussprechen, die in erheblichem Maße zur erfolgreichen Fertigstellung dieses Buches beigetragen haben.

Schon früh im Entstehungsprozess des Manuskripts haben meine Anthropologenkollegen Jack M. Potter, Robert Bates Graber, Richard Robbins und Anek R. Sankhyan wertvolle Ratschläge und wohlwollende Empfehlungen gegeben, die eine große Hilfe bei der Suche nach einem hochwertigen Verlag waren. Mein Sohn Guy Currier las fleißig einen frühen Entwurf und antwortete mit umfangreichem Feedback. Mein Sohn Chad Currier und meine Tochter Rebecca Meyer haben mich während der langen Monate, in denen ich das Manuskript schrieb, ständig ermutigt, und mein Schwiegersohn Christopher Meyer hat mir geholfen, meine wertvollen Datcien vor dem Vergessen zu retten, als meine Festplatte versagte. Meine Freunde Richard Foley, Alicia Larsson und Terry Lee Wilder haben alle den fertigen ersten Entwurf gelesen und mir zeitnahes und nützliches Feedback gegeben.

Mehrere Personen und Organisationen haben freundlicherweise die Erlaubnis erteilt, viele der besten Illustrationen in diesem Buch abzudrucken, darunter Frans Lanting, John Reader, Richard Dutton, Mike Storey, Elsevier's Journal of Human Evolution, Skullduggery, Inc., das Science Outreach Program an der University of Canterbury in Neuseeland, das Florida Center for Instructional Technology und das Laboratory Identification of Parasitic Diseases der Centers for Disease Control and Prevention.

Mein aufrichtiger Dank gilt vor allem drei bemerkenswerten Menschen, ohne die dieses Buch vielleicht nie das Licht der Welt erblickt hätte. Mein Agent Roger Williams hat nie an dem Potenzial dieses Buchprojekts gezweifelt, sein Vertrauen und seinen Optimismus in Bezug auf die Zukunft des Buches nie aufgegeben und unermüdlich daran gearbeitet, einen guten Vertrag mit einem ausgezeichneten Verlag zu bekommen. Die sorgfältige Lektüre des endgültigen Manuskripts durch meinen Lektor Cal Barksdale, seine zahlreichen wertvollen redaktionellen Vorschläge und seine entscheidende Rolle bei der Entwicklung des endgültigen Titels und der Gestaltung des Buches machten es zu einem weitaus besseres Buch, als es ohne ihn gewesen wäre. Schließlich kann ich meiner Lebensgefährtin, Cara L. Keith, nicht genug Anerkennung für ihre enormen Beiträge zu diesem Werk zollen. Sic hat das gesamte Manuskript mehrmals gelesen und – mit ihrem scharfen Lektoratsauge und ihrer kompromisslosen

Sensibilität für alles Überflüssige oder Unangemessene – auf unzählige Arten zur Fokussierung und Klarheit jedes Kapitels beigetragen. Ihre unerschöpfliche Zuversicht hielt mich über Wasser, wenn es hart auf hart kam, und ihrer Weisheit, ihrer Liebe und ihrer Unterstützung bin ich zu großem Dank verpflichtet.

Abbildungsverzeichnis

Anmerkungen und Verweise

Rechtehinweis zur deutschen Ausgabe

1. (Seite iv) Durch Künstliche Intelligenz (KI) erzeugte Bilder sind frei von Copyright. Bei KI-Technologie handelt es sich nicht um eine copyright-fähige Person, da ihre Funktionsweise auf unlebendigen Algorithmen beruht und sie eine unlebendige, digitale Maschine als Grundlage besitzt. Das Copyright kann nur auf lebende Personen und Schöpfer von absichtsvollen Eigenkreationen angewendet werden. Die Erzeugung eines Bildes mit KI-Technologie gelingt nicht absichtsvoll, eigenständig und schöpferisch, sondern aufgrund der schöpferischen, eigenständigen und absichtsvollen Eingabe einer wortreichen Anweisung durch eine lebende Person. Dieser lebenden Person kann die freie Nutzung der durch KI-Technologie erzeugten Bilder nicht untersagt werden. Die Personen, die für die Programmierung der Algorithmen der KI verantwortlich zeichnen, sind an der konkreten Erzeugung der Auswahl der KI erzeugten Bilder nicht schöpferisch beteiligt, denn sie wissen nicht, was erzeugt werden soll und wie die Worte und Frage dafür lauten. Dies schafft allein die lebende Person, die für die wortreiche Anweisung schöpferisch Verantwortung zeichnet. Zusätzlich erzeugt eine bereits vorhandene, legale und vergütete Lizenz (für eine Produktpalette oder eine Einzellizenz), die eine Nutzung der entsprechenden KI-Technologie beinhaltet, die Möglichkeit für den Lizenznehmer und die lebende Person, schöpferische und absichtsvolle Eigenkreationen zu erstellen, die selbst wieder frei von Copyright sind. Damit wird auch die kommerzielle Nutzung solcher Bilderzeugnisse möglich, da es keinen begrenzenden Grund gibt – außer willkürliche Festlegung und unbegründetes Verbot –, dies nicht zu gestatten. Eine kreativ-schöpferische und freiheitliche Welt wird und darf sich nicht von willkürlichen Festlegungen und unbegründeten Verboten begrenzen und behindern lassen. Diesem Denken gebührt der Respekt. (Anm. d. Red.)

Einführung

2. (Seite xii) Dieses Zitat wird in der Regel dem deutschen Philosophen Arthur Schopenhauer zugeschrieben, aber es taucht in keinem von Schopenhauers veröffentlichten Werken auf. Was Schopenhauer tatsächlich schrieb, war: *„Die Wahrheit ist allezeit nur ein kurzes Siegesfest beschieden, zwischen den beiden langen Zeiträumen, wo sie als Paradox verdammt und als Trivial gering geschätzt wird."* Aus: Arthur Schopenhauer (1818). *Die Welt als Wille und Vorstellung.* 1998. Koneman

3. (Seite xvii) Siehe Derek E. Wildman u. a. (2003). „Implications of natural selection in shaping 99.4% nonsynonymous DNA identity between humans and chimpanzees: Enlarging genus Homo." In: *Proceedings of the National Academy of Sciences of the*

United States of America 12.100, S. 7181–7188

1. Die Grundlinie der Primaten

4. (Seite 2) Natürlich gibt es in den meisten menschlichen Populationen bei erwachsenen Männern Gesichtsbehaarung oberhalb und unterhalb der Lippen in Form von Schnurrbärten und Bärten. Das Vorhandensein oder Fehlen dieser Gesichtsbehaarung ist jedoch sehr unterschiedlich. In einigen menschlichen Gesellschaften, wie bei den San-Buschmännern in der Kalahari-Wüste Afrikas und den Yanomami im Amazonasbecken Südamerikas, haben erwachsene Männer in der Regel nur wenig oder gar keine Gesichtsbehaarung. Einige nicht-menschliche Primaten haben ebenfalls Gesichtsbehaarung: Der männliche Orang-Utan lässt sich oft einen Bart wachsen, und sowohl männliche als auch weibliche Patas-Affen haben im Erwachsenenalter in der Regel gut entwickelte Schnurrbärte und Bärte.

5. (Seite 5) Einige Pavianarten (zum Beispiel der Hamadryas-Pavian in Äthiopien), die in offenen, exponierten Umgebungen leben, haben eine flexible, vielschichtige Sozialstruktur, in der sich mehrere Harems zu „Clans" zusammenschließen, die tagsüber gemeinsam auf Nahrungssuche gehen und sich dann nachts mit anderen Clans zu einem gemeinsamen Schlafplatz zusammenschließen. Dies ermöglicht es den Pavianen, sehr große Gruppen von bis zu 750 Individuen zu bilden, die während der Dunkelheit eine wirksame Verteidigung gegen Raubtiere darstellen, während sie ihr Muster der Bildung exklusiver Harems beibehalten.

6. (Seite 14) In diesem Buch wird die direkte Verwendung der Übersetzung des Begriffs „Inuit-Eskimos" als „Inuit-Eskimos" verwendet, wie es auch im amerikanischen Original verwendet wird. Eine Recherche ergab, dass eine sprachliche Verwendung von „Inuit" und „Eskimo" in der Form „indigene Völker des nördlichen Polargebiets" nicht angemessen erscheint, da nicht klar sein könnte, was und wer gemeint ist. Die indigenen Völker des nördlichen Polargebietes sind ebenso nicht einheitlich in der Verwendung der Begriffe „Inuit" und „Eskimos". Mit „Inuit-Eskimo" sind in dieser Übersetzung sämtliche indigenen Völker des nördlichen Polargebietes angesprochen. Eine Diskriminierung einzelner oder mehrerer indigenen Völker des nördlichen Polargebietes liegen sowohl dem Autor als auch dem Übersetzer fern. (Anm. d. Übers.)

7. (Seite 19) In der modernen Welt sind ethnische Identitäten nicht so einheitlich ausgeprägt wie in traditionellen Gesellschaften. Einige Menschen neigen dazu, ihren kulturellen Ursprüngen treu zu bleiben, während andere – vor allem junge Menschen – es vorziehen, Innovationen und Veränderungen anzunehmen. Doch die enorme Zunahme der Kontakte zwischen den Kulturen der Welt, die durch die industriellen Interaktionstechnologien und später durch die Erfindung der digitalen Technologien ermöglicht wurde, hat in Verbindung mit dem enorm beschleunigten Tempo des technologischen und kulturellen Wandels in den letzten Jahren dazu geführt, dass viele ethni-

sche Traditionen ihre frühere Kraft und Bedeutung verloren haben, sehr zur Verzweiflung der älteren Generationen.

2. Die Technologie von Speeren und Grabstöcken

8. (Seite 32) Eine detaillierte Beschreibung der Entdeckung der Laetoli-Fußabdrücke findet sich in John Reader (2011). *Missing Links: In Search of Human Origins*. Oxford University Press.

9. (Seite 33) Wie ich in der Einführung bereits ausführlicher erläutert habe, wurde der vertraute Begriff „Hominiden" jahrzehntelang von Anthropologen, Paläontologen und allen anderen Wissenschaftlern allgemein verwendet, um die verschiedenen Arten prähistorischer und moderner Menschen zu bezeichnen. In den 1990er Jahren geriet der Begriff „Hominiden" jedoch in Vergessenheit, als die Fortschritte in der DNS-Analyse zeigten, dass Gorillas und Schimpansen dem Menschen genetisch näher stehen als bisher angenommen. Infolge dieser Erkenntnisse wurden alle Menschenaffen neu klassifiziert und in der Familie *Hominidae* zusammengefasst. In den Jahren seit dieser Neueinstufung haben Anthropologen im Allgemeinen den Begriff „Homininen" bevorzugt – mit der Begründung, dass er die Zugehörigkeit der Menschheit nicht zur Familie *Hominidae*, sondern zur Unterfamilie *Homininae* und/oder zum Stamm *Hominini* kennzeichnet. Da jedoch zu den *Hominini* auch die Schimpansen und zu den *Homininae* sowohl Schimpansen als auch Gorillas gehören – beides vierfüßige Menschenaffen, die nicht zu den Menschen gehören und nicht Teil des menschlichen Stammbaums sind –, habe ich mich entschlossen, in diesem Buch den vertrauteren Begriff „Hominide" zu verwenden, da er sich sowohl an den allgemeinen Leser als auch an den Gelehrten und Wissenschaftler wendet, und entschuldige mich bei meinen Anthropologenkollegen.

10. (Seite 34) Siehe A. L. Kroeber (1948). *Anthropology*. Harcourt, Brace und Company, S. 79. In demselben Werk behauptet Kroeber auch, dass Kultur „das ist, was die menschliche Spezies hat und andere soziale Spezies nicht haben" (Seite 253) – eine weitere „vorherrschende Meinung" unter den Wissenschaftlern jener Zeit, die inzwischen völlig diskreditiert ist.

11. (Seite 37) Der Fund von Lomekwi 3 besteht aus 149 Steinartefakten, die eindeutig zeigen, dass sie von Hand „bearbeitet" wurden und charakteristische Brüche aufweisen, die nicht durch natürliche Prozesse entstehen. Viele dieser Artefakte sind recht groß und schwer und wiegen im Durchschnitt mehr als drei Kilogramm pro Stück. Einige von ihnen wurden offenbar als Hämmer benutzt, andere als Ambosse, und bei wieder anderen ist der Zweck noch unbekannt. Siehe Sonia Harmond u. a. (2015). „3.3-million-year-old stone tools from Lomekwi 3, West Turkana, Kenya". In: *Nature* 521, S. 310–315.

12. (Seite 37) Selbst das Känguru (das nicht zu den Plazentasäugetieren, sondern zu den Beuteltieren, gehört) mit seiner besonderen Fähigkeit, bequem auf den Hinterbeinen zu stehen und durch Sprünge mit den Hinterbeinen mit großer Geschwindigkeit

durch die Landschaft zu rennen, muss sich beim Gehen auf alle Viere stützen. Und das Känguru hat einen sehr schweren Schwanz, den es zum Ausgleich seiner Vorderbeine benötigt. Selbst wenn das Känguru aufrecht steht, ist seine Wirbelsäule nicht senkrecht, sondern schräg, auf halbem Weg zwischen vertikal und horizontal.

13. (Seite 39) Siehe Peter S. Rodman und Henry M. McHenry (1980). „Bioenergetics and the origin of hominid bipedalism". In: *American Journal of Physical Anthropology* 52, S. 103–106.

14. (Seite 40) Siehe Tim D. White u. a. (2009). *„Ardipithecus ramidus* and the paleobiology of early hominids". In: *Science* 326.5949, S. 64, 75–86.

15. (Seite 40) Siehe C. Owen Lovejoy (1981). „The origin of man". In: *Science (New Series)* 211.4480, S. 341–350.

16. (Seite 41) Siehe Russel W. Newman (1970). „Why man is such a sweaty and thirsty naked animal: A speculative review". In: *Human Biology* 42, S. 12–27 und Peter E. Wheeler (1984). „The evolution of bipedality and loss of functional body hair in humans". In: *Journal of Human Evolution* 13, S. 91–98.

17. (Seite 41) Siehe Nina G. Jablonski und George Chaplin (1993). „Origin of habitual terrestrial bipedalism in the ancestor of the *Hominidae*". In: *Journal of Human Evolution* 24, S. 259–280.

18. (Seite 41) Siehe Kevin D. Hunt (1994). „The evolution of human bipedality: Ecology and functional morphology". In: *Journal of Human Evolution* 26, S. 183–202.

19. (Seite 41) Siehe Ralph L. Holloway (1967). „Tools and teeth: Some speculations regarding canine reduction". In: *American Anthropologist* 69.1, S. 63–67. Für eine anderen Perspektive, siehe Sherwood Washburn und R. Ciochon (1974). „Canine teeth: Notes on controversies in the study of human evolution". In: *American Anthropologist* 76.4, S. 765–784.

20. (Seite 42) Gen Suwa stellte fest, dass die Eckzähne von Ardipithecus im Vergleich zu denen seiner wahrscheinlichen Vorfahren deutlich kleiner geworden waren. „Bei den hominiden Vorläufern von *Ar. ramidus* waren die vorherrschenden und wichtigsten evolutionären Neuerungen des Gebisses die Verkleinerung der männlichen Eckzähne und die Minimierung ihrer visuellen Prominenz… Die jetzt verfügbaren Fossilien deuten darauf hin, dass die Verkleinerung der männlichen Eckzähne vor sechs Millionen Jahren weit fortgeschritten war." Siehe Gen Suwa u. a. (2009). „Paleobiological implications of the *Ardipithecus ramidus* dentition". In: *Science* 326.5949, S. 94–99.

21. (Seite 44) Eine detaillierte Erläuterung dieser Hypothese für ein wissenschaftliches Publikum findet sich in Richard L. Currier (o. D.). *Canine Teeth and Lethal Weapons: Was the Fabrication of Wooden Spears and Digging Sticks by Human Ancestors Responsible for the Evolution of Bipedal Locomotion?* URL: http://www.richardlcurrier.

com/articles/canine-teeth-and-lethalweapons.html.

22. (Seite 45) Siehe Charles Darwin (2007). *The Descent of Man*. Penguin Books, S. 90–91.

23. (Seite 45) Siehe C. Loring Brace (1995). *The Stages of Human Evolution*. 5. Aufl. Prentice-Hall, S. 130–131.

24. (Seite 45) Siehe Robert Bates Graber u. a. (2000). *Meeting Anthropology Phase to Phase: Growing Up, Spreading Out, Crowding In, Switching On*. Carolina Academic Press, S. 90.

25. (Seite 53) Monogamie ist bei Vögeln weit verbreitet, denn sobald das Weibchen die Eier gelegt hat, können beide Elternteile alle übrigen Aufgaben übernehmen, die für die Versorgung des Nachwuchses erforderlich sind, vom Sitzen auf den Eiern, um sie warm zu halten, bis hin zum Schutz und zur Fütterung der Küken. Es liegt also auf der Hand, dass zwei Vögel im Allgemeinen bessere Chancen haben, ein Nest mit Nachwuchs erfolgreich aufzuziehen als ein einzelner Vogel. Monogamie ist jedoch bei Säugetieren, einschließlich Primaten, selten, bei denen die Pflege und Fütterung der Jungen in erster Linie oder ausschließlich die Aufgabe des Weibchens ist, das die Milch gibt (obwohl bei einigen wenigen monogamen Primatenarten der Vater dazu neigt, das bevorzugte Lasttier zu sein). Es gibt mehrere monogame Primaten, darunter Gibbons, Siamangs, Titi-Affen und Seidenaffen, aber bei allen diesen Arten besteht die Primär-gruppe aus einem einzigen Brutpaar. Menschen sind die einzigen Primaten, die mono-game Familien bilden, die in größeren Gruppen kooperierender Erwachsener integriert bleiben.

3. Die Technologie des Feuers

26. (Seite 66) Siehe Charles K. Brain und A. Sillen (1989). „Evidence from the Swartkrans cave for the earliest use of fire". In: *Nature* 336, S. 464–466.

27. (Seite 66) In *Fire: The Spark That Ignited Human Evolution*, Seite 173, schreibt Frances Burton, Anthropologin an der Universität von Toronto: „Es ist schwer festzu-stellen, warum der Vorfahre [der früheste Hominide] sich zum ersten Mal dem Feuer näherte. Es muss jedoch irgendwo zwischen 7 und 10 Millionen Jahren geschehen sein." Andererseits schrieb Steven R. James, Anthropologe an der California State University in Fullerton, 1989, dass „es bis zum Auftauchen der Neandertaler am Ende des mitt-leren Pleistozäns [vor ca. 130.000 Jahren] keine echten Feuerstellen gibt. Ein Großteil der Beweise [für die Nutzung des Feuers durch den Menschen] vor dieser Zeit ist nicht eindeutig, und natürliche Prozesse könnten sie erklären." Siehe Steven R. James (1989). „Hominid use of fire in the Lower and Middle Pleistocene: A review of the evidence". In: *Current Anthropology* 30.1, S. 1–11.

28. (Seite 67) Es ist kein Zufall, dass die nicht-menschlichen Primatenarten, die sich an eine terrestrische Existenz angepasst haben – darunter Paviane, Grüne Meerkatzen

und Husarenaffen – sich nie weit von der Sicherheit der Bäume und hohen Felsen entfernen, die sie bei Einbruch der Dunkelheit als Schlafplätze nutzen. Sogar der Schimpanse, kaum eine terrestrische Spezies, schläft immer in den Bäumen, auch wenn er aufgrund seiner Größe eine Schlafplattform aus Ästen bauen muss, die stark genug ist, um sein Gewicht zu tragen. Nur der riesige Gorilla, der in den Bergen lebt, wo große Raubtiere selten sind, und stark genug ist, um die meisten Raubtiere zu überwältigen, schläft nachts auf dem Boden.

29. (Seite 68) Zu den verschiedenen neu entstandenen Menschen, denen bisher ein eigener Status als eigenständige „Arten" zuerkannt wurde, gehören *Homo habilis*, *Homo ergaster*, *Homo rudolfensis*, *Homo erectus*, *Homo antecessor*, *Homo heidelbergensis*, *Homo rhodesiensis* und *Homo floresiensis*. Einige von ihnen, wie *H. habilis* und *H. ergaster*, sind sehr alt und seit langem ausgestorben, während andere, wie *H. floresiensis*, noch bis vor zwölftausend Jahren überlebt haben könnten. Wieder andere, insbesondere *Homo heidelbergensis*, waren so weit fortgeschritten, dass sie möglicherweise gar keine neu entstandenen Menschen waren, sondern eher frühe Formen des modernen Menschen. Wie genau die zahlreichen fossilen Überreste der verschiedenen neu entstandenen Menschen einzuordnen sind, ist nach wie vor Gegenstand lebhafter Debatten unter Prähistorikern und wird zweifellos noch lange Zeit so bleiben.

30. (Seite 69) Eine faszinierende Diskussion über die wahrscheinliche Vorzeit des *Homo erectus*, siehe Christopher Wills (1998). *Children of Prometheus: The Accelerating Pace of Human Evolution*. Reading, Massachusetts: Perseus Books, Seiten 164-171.

31. (Seite 70) Für eine ausführliche Erläuterung dieser Hypothese siehe Richard Wrangham (2009). *Catching Fire: How Cooking Made Us Human*. New York: Basic Books, Seiten 98–102. Wrangham führte dieses Argument in einer Veröffentlichung mit Rachel Carmody im Jahr 2010 weiter aus. Siehe Richard Wrangham und Rachel Carmody (2010). „Human adaptation to the control of fire". In: *Evolutionary Anthropology* 19, S. 187–199, insbesondere die Seiten 190–191 und 196.

32. (Seite 71) In Gefangenschaft hat der Schimpanse jedoch ein unheimliches Maß an Sorglosigkeit im Umgang mit Feuer bewiesen – einschließlich der Fähigkeit, Zigaretten und Zigarren zu rauchen, ein Verhalten, das in A. S. Brink (1957). „The spontaneous fire-controlling reactions of two chimpanzee smoking addicts". In: *South African Journal of Science* 53, S. 241–247, ausführlich beschrieben ist. Ein besonders frühreifer Schimpanse war sogar in der Lage, trockene Zweige zusammenzusammeln, sie mit einem Feuerzeug anzuzünden, weitere Zweige zu diesem kleinen Feuer hinzuzufügen und ein Marshmallow zu rösten. Siehe Frances D. Burton (2009). *Fire: The Spark That Ignited Human Evolution*. Albuquerque: University of New Mexico Press.

33. (Seite 72) Einige der primitiveren Primatenarten sind jedoch von Natur aus nachtaktiv. Abgesehen von einigen Arten von „Nachtaffen" (*Aotidae*), die in Mittel- und Südamerika leben, gehören die meisten dieser nachtaktiven Primaten zu einer älte-

ren und primitiveren Unterordnung von Primaten, die „*Prosimiae*" (wörtlich: „vor den Affen" oder Halbaffen) genannt werden und zu denen Zwerglemuren, Tarsier, Buschbabys, Galagos, Loris und Pottos gehören. In der Regel sind die nachtaktiven *Prosimiae* selten, relativ kleinwüchsig und einzelgängerisch. Die meisten von ihnen überleben in geringer Zahl in den entlegeneren Lebensräumen Afrikas und Madagaskars.

34. (Seite 73) Die Freisetzung von Melatonin wird auch durch den normalen Tagesrhythmus von Wachsein und Schlafen gesteuert, ein Phänomen, das als „Biorhythmus" bekannt ist.

35. (Seite 73) Der Titel dieses Unterkapitels sei verwendet mit Entschuldigung an den französischen Anthropologen Claude Lévi-Strauss, der im Jahre 1964 mit *The Raw and the Cooked: Mythologiques*, Band 1, ein klassisches Werk veröffentlichte, das die Ernährungsmythologien zahlreicher Gesellschaften untersuchte. Darin kam Lévi-Strauss zu dem Schluss, dass alle menschlichen Kulturen zwischen Lebensmitteln in ihrem natürlichen Zustand („das Rohe") und Lebensmitteln, die durch menschliche Aktivität verarbeitet wurden („das Gekochte"), unterscheiden. Er stellte ferner die These auf, dass der Prozess des Kochens in allen kulturellen Mythologien als Überschreitung der Grenze angesehen wird, die im menschlichen Geist zwischen Natur und Kultur besteht.

36. (Seite 74) Siehe Fransesco Berna u. a. (2012). „Microstratigraphic evidence of in situ fire in the Acheulean strata of Wonderwerk Cave, Northern Cape province, South Africa". In: *Proceedings of the National Academy of Sciences* 109.20, S. 1215–1220.

37. (Seite 75) Siehe Victoria Wobber, Brian Hare und Richard Wrangham (2008). „Great apes prefer cooked food". In: *Journal of Human Evolution* 55, S. 343–348.

38. (Seite 76) Die Schwierigkeiten, auf die Menschen stoßen, wenn sie versuchen, sich von Rohkost zu ernähren, werden in Richard Wrangham (2009). *Catching Fire: How Cooking Made Us Human*. New York: Basic Books, Seiten 15–36, ausführlich beschrieben.

39. (Seite 76) Siehe Leslie C. Aiello und Peter Wheeler (1995). „The expensive-tissue hypothesis: The brain and the digestive system in human and primate evolution". In: *Current Anthropology* 36.2, S. 199–221.

40. (Seite 78) Es sei darauf hingewiesen, dass Aiello und Wheeler die Ansicht vertraten, dass die Zunahme der Gehirngröße zwischen den frühen Hominiden und den neu entstandenen Menschen höchstwahrscheinlich auf die Hinzufügung beträchtlicher Fleischmengen in der hominiden Ernährung zurückzuführen war, und dass sie davon ausgingen, dass das Kochen erst viel später erfunden wurde, nämlich vor etwa 250.000 Jahren. Wrangham legt jedoch überzeugend dar, dass das Kochen in der Tat für die erste und dramatischste Zunahme der Gehirngröße verantwortlich war, und sein Argument wird durch die sich ständig mehrenden Beweise dafür gestärkt, dass die Hominiden bereits vor einer Million Jahren regelmäßig Feuer benutzten. Siehe Richard

Wrangham (2009). *Catching Fire: How Cooking Made Us Human*. New York: Basic Books, Seiten 96–127.

41. (Seite 80) So wie der menschliche Embryo in einer frühen Phase seiner Entwicklung einen Schwanz und andere archaische Strukturen hat, kann der menschliche Fötus vor seiner Geburt eine beträchtliche Menge feiner Haare am ganzen Körper haben. Dieses fötale Haar, auch Lanugo genannt, wird normalerweise einige Wochen vor der Geburt im Mutterleib abgestoßen.

42. (Seite 83) In *The Paleolithic Settlement of Asia* erklärt Robin Dennell detailliert, wie geologische und klimatische Veränderungen zu einer enormen Ausdehnung der Graslandschaften in Asien und Afrika führten und dass die Graslandschaften der beiden Kontinente vor drei Millionen Jahren zu einem riesigen Gürtel von Savannenlebensräumen verschmolzen, der sich ununterbrochen von Westafrika bis nach Nordchina erstreckte. Dennell stellte die Theorie auf, dass dieser ununterbrochene Graslandgürtel einen Weg für die Wanderung der Hominiden aus Afrika nach Norden und nach Osten bis zu den pazifischen Küsten Ostasiens bot.

4. Die Technologien der Kleidung und des Schutzes

43. (Seite 94) Eine der wenigen Ausnahmen bilden die in Kapitel 2 beschriebenen Schöninger Speere. Diese hölzernen Speere, die sich zufälligerweise im stark sauren Milieu deutscher Moore vierhunderttausend Jahre lang erhalten haben, zeigen, dass die Herstellung hölzerner Artefakte durch den entstehenden Menschen zu Beginn des Mittelpaläolithikums vor etwa dreihunderttausend Jahren bereits weit fortgeschritten war. Von all den Milliarden hölzerner Artefakte, die zweifellos von den Hominiden geschaffen wurden, die mehrere Millionen Jahre lang die Erde durchstreiften, wurden jedoch nur diese vier Objekte, einige hölzerne Artefakte aus Bilzingsleben in Deutschland und eine einzelne Speerspitze aus Clacton-on-Sea, England, gefunden, die aus der Zeit vor fünfzigtausend Jahren stammen.

44. (Seite 94) Zu den seltenen Ausnahmen gehören die Schmuckperlen, die einige prähistorische Menschen vor etwa fünfundachtzigtausend Jahren aus Muscheln herstellten.

45. (Seite 95) Während Gold, Silber und Kupfer in vorkolumbianischer Zeit in ganz Amerika in großem Umfang verwendet wurden, dienten diese Metalle in erster Linie zur Herstellung von Schmuck und anderen Gegenständen, die als Symbole für Reichtum und Status dienten. Die Techniken, die wir normalerweise mit Metallurgie in Verbindung bringen und die die Technologien der bronze- und eisenzeitlichen Kulturen in Europa und Asien kennzeichneten – das Schmelzen von Erzen, das Gießen von Metall in Formen, das Mischen von geschmolzenen Metallen zur Herstellung von Legierungen und das Härten von fertigen Metallobjekten – waren im vorkolumbianischen Amerika rudimentär und standen nicht im Mittelpunkt ihrer Technologien. In einigen

der am weitesten fortgeschrittenen Zivilisationen – wie der Maya-Zivilisation in Guatemala und auf der Halbinsel Yucatán – spielten Metallartefakte nur eine marginale
Rolle und waren keine wesentlichen Bestandteile ihrer militärischen, politischen oder
wirtschaftlichen Aktivitäten.

46. (Seite 98) Siehe Colin Groves und Jordi Sabater-Pi (1985). „From ape's nest to
human fix-point". In: *Man* 20.1, Seiten 22–47. „Jeder, der auch nur ein wenig mit den
Großen Menschenaffen in ihrer natürlichen Umgebung vertraut ist", so beginnt der
Artikel, „wird von ihren ausgeklügelten Nestern beeindruckt sein: von ihrer Allgegen-
wärtigkeit, der Regelmäßigkeit ihrer Konstruktion [und] der Kunstfertigkeit, die zu
ihrer Herstellung erforderlich ist."

47. (Seite 98) Einige wenige Fälle von Nestteilung zwischen Erwachsenen wurden
zwischen zusammenlebenden Bonobo-Paaren beobachtet, die gelegentlich Schlafnester mit ihren Partnern teilen. Bei jungen Gorillas und Schimpansen, die erst ein Jahr
alt sind, wurde beobachtet, dass sie anfangen, ihre eigenen Nester zu bauen. Und Jungtiere, die älter als fünf Jahre sind, bauen regelmäßig ihre eigenen Nester und nutzen sie,
um getrennt von ihren Müttern zu schlafen.

48. (Seite 99) Siehe Colin Groves und Jordi Sabater-Pi (1985). „From ape's nest to
human fix-point". In: *Man* 20.1, Seite 38.

49. (Seite 101) In dieser Zeit stellten die Bewohner von Schöningen, weniger als
hundert Meilen nördlich von Bilzingsleben, ihre berühmten Hartholzspeere her und
benutzten sie zur Jagd auf Wildpferde.

50. (Seite 103) Ein hervorragendes Argument zur Unterstützung der Ansicht, dass
Neandertaler trotz des nahezu vollständigen Fehlens archäologischer Beweise Behau-
sungen und Kleidung benutzt haben müssen, findet sich in Mark J. White (2006).
„Things to do in Doggerland when you're dead : surviving OIS3 at the northwestern-
most fringe of Middle Palaeolithic Europe". In: *World Archaeology* 38.4, S. 547–575.
Für eine Widerlegung der Hypothese, dass die Steinkreise von Terra Amata in Wirk-
lichkeit die Überreste prähistorischer Behausungen sind, siehe Paolo Villa (1983). *Terra
Amata and The Middle Pleistocene Archaeological Record of Southern France.* Berkeley:
University of California Press.

51. (Seite 104) Siehe Leslie C. Aiello und Peter Wheeler (2003). „Neandertal ther-
moregulation and the glacial climate". In: *Neandertals and Modern Humans in the
European Landscape of the Last Glaciation: Archaeological Results of the Stage 3 Project.*
Hrsg. von Tjerd van Andel und William Davies. Cambridge: McDonald Institute for
Archaeological Research.

52. (Seite 107) „Die Toga war ein Gewand des freien Römischen Bürgers. Die Toga
bestand aus einem einzigen, zur Kaiserzeit etwa sechs Meter langen und zweieinhalb
Meter breiten halbkreisförmigen Stück Stoff, das ohne Knoten, Bänder, Fibeln oder
sonstige Befestigungen um den Körper drapiert wurde. Das Tragen einer Toga erlaub-

te nur gemessene Bewegungen, damit der Stoff nicht verrutschte. Um wenigstens eine gewisse Sicherheit gegen das Verrutschen zu erreichen, wurden manchmal Bleikugeln in den Saum eingenäht." *Quelle: Wikipedia.* (Anm. d. Übers)

53. (Seite 110) Funde aus dem Paläolithikum in Osteuropa zeigen, dass prähistorische Menschen bereits vor siebenundzwanzigtausend Jahren ausgefeilte Web- und Nähtechniken entwickelt hatten. Sie stellten Tauwerk, geknüpfte Netze, Weidenkörbe und gewebte und gezwirnte Textilien her, die mit Knochennadeln zusammengenäht wurden. Die fortgeschrittenen Web- und Nähtechniken, die bereits vor siebenundzwanzigtausend Jahren zu beobachten waren, deuten darauf hin, dass der Ursprung dieser Technologien noch viel weiter zurückliegt. Schließlich sind viele der aus diesen Zeiträumen geborgenen Venusfiguren mit Mustern und Designs beschriftet, die darauf hindeuten, dass die Menschen dieser alten Gesellschaften üblicherweise gewebte, maßgeschneiderte Kleidung trugen.

54. (Seite 113) Da Frauen in vorindustriellen Gesellschaften in der Regel mehrere Kinder im Laufe ihres Lebens zur Welt brachten, kann man davon ausgehen, dass bis auf die letzten Jahrzehnte der Menschheitsgeschichte bis zu 10 Prozent aller Mütter bei der Geburt starben. Diese hohe Sterblichkeitsrate bei Geburten ist in weiten Teilen der Entwicklungsländer noch immer die Regel, und in weiten Teilen Afrikas südlich der Sahara ist sie nach wie vor die Norm.

55. (Seite 115) Siehe Vincent Balter und Laurent Simon (2006). „Diet and behavior of the Saint-Césaire Neandertal inferred from biogeochemical data inversion". In: *Journal of Human Evolution* 51, S. 329–338.

5. Die Technologie der symbolischen Kommunikation

56. (Seite 124) Die Speerschleuder oder der Atlatl ist ein kurzer Stock mit einem schalenförmigen oder hakenförmigen Ende, der in der Wurfhand gehalten wird, wobei das hakenförmige Ende in das Ende des Speers eingepasst wird, und der dazu dient, die effektive Länge des Wurfarms des Jägers zu vergrößern. Durch die Verwendung einer Speerschleuder kann ein Speer mit wesentlich größerer Kraft und Geschwindigkeit geschleudert werden, als dies bei einem nur in der Hand gehaltenen Speer möglich ist. Ein leichter Speer oder Wurfspeer, der mit einer Speerschleuder geschleudert wird, kann Geschwindigkeiten von 240 Kilometern pro Stunde erreichen und hat genug Kraft, um den Körper einer Antilope vollständig zu durchdringen, wenn er aus einer Entfernung von weniger als sieben bis acht Metern geworfen wird. Speerschleudern tauchten erstmals vor etwa dreißigtausend Jahren auf und wurden bis in die Neuzeit von Jägern und Sammlern auf der ganzen Welt benutzt.

57. (Seite 124) Der Begriff „Petroglyphe" wurde ursprünglich im 18. Jahrhundert von den frühen Erforschern der Höhlenkunst geprägt, die zwei griechische Wörter miteinander verbanden: *petros*, was „Stein" bedeutet, und *glyphē*, was „Schnitzerei" bedeu-

tet. Seitdem wurde die Bedeutung dieses Begriffs auf alle von Menschenhand geschaffenen Muster auf Felsen oder Steinoberflächen ausgeweitet, die entweder im Freien oder an den Wänden von Höhlen eingemeißelt oder gemalt sind.

58. (Seite 126) Siehe III Carl C. Swisher u. a. (1996). „Latest *Homo erectus* of Java: potential contemporaneity with *Homo sapiens* in southeast Asia". In: *Science* 274.5294, S. 1870–1874.

59. (Seite 126) Der *Homo floresiensis* war etwas weniger als einen Meter groß und hatte ein Gehirn, das nicht größer war als das eines typischen Schimpansen. Die Anatomie seines Gehirngehäuses deutet jedoch darauf hin, dass seine präfrontalen Lappen – der Bereich des Gehirns, der dem bewussten Denken gewidmet ist – möglicherweise stärker entwickelt waren als die entsprechenden Regionen der Gehirne früher Hominiden. Dies deutet darauf hin, dass *Homo floresiensis* der Ableger einer *Homo erectus*-Population gewesen sein könnte, die auf der Insel Flores isoliert worden war, als der Meeresspiegel während einer Erwärmungsperiode des globalen Klimas anstieg. Siehe P. T. Sutikna Brown u. a. (2004). „A new small-bodied hominin from the Late Pleistocene of Flores, Indonesia". In: *Nature* 431.7012, S. 1055–1061. Siehe auch M. J. Morwood und W. L. Jungers (2009). „Conclusions: Implications of the Liang Bua Excavations for Hominin Evolution and Biogeorgraphy". In: *Journal of Human Evolution* 57.313, S. 640–648 und Leslie C. Aiello (2010). „Five Years of *Homo floresiensis*". In: *American Journal of Physical Anthropology* 142.2, S. 167–179.

60. (Seite 126) Eine ausführliche Erörterung der Frage, wie der anatomisch moderne Mensch für den Niedergang und schließlich das Aussterben der Neandertaler verantwortlich war, findet sich in Pat Shipman (2015). *The Invaders: How Humans and Their Dogs Drove Neanderthals to Extinction*. Cambridge, MA: Harvard University Press.

61. (Seite 127) Das *Paläolithikum* oder die „Altsteinzeit" bezieht sich technisch gesehen auf die gesamte Zeitspanne, in der sich die Hominiden von den frühesten zweifüßigen Formen wie dem *Australopithecus* bis zu den ersten anatomisch modernen Menschen entwickelt haben, da die Überreste von Steinwerkzeugen die bei weitem häufigsten Artefakte waren, die in prähistorischen Siedlungsstätten während dieses langen Zeitraums gefunden wurden.

Das Paläolithikum wird in der Regel anhand der Werkzeugarten in drei Epochen unterteilt: 1. das *Unterpaläolithikum*, das vor etwa drei Millionen Jahren mit der Herstellung der ersten groben Oldowan-Kieselsteinwerkzeuge durch die frühen Hominiden beginnt und sich über den 1.5-Millionen-Jahre-Periode, in der die sich entwickelnden Menschen wie der *Homo erectus* ihre feiner gearbeiteten Acheulean-Handäxte herstellten; 2. das *Mittelpaläolithikum*, das vor etwa 250.000 Jahren beginnt und im Allgemeinen mit den Neandertalern und ihren Mousterianischen Flockenwerkzeugen in Verbindung gebracht wird; und 3. das *Jungpaläolithikum* das vor etwa 50 000 Jahren beginnt und der Zeit der anatomisch modernen Menschen wie den Cro-Magnons ent-spricht, die die feinsten und vielfältigsten Steinwerkzeuge aus langen, dünnen Klingen aus feinkörnigem Stein wie Feuerstein und Obsidian herstellten.

Der Begriff „Paläolithikum" ist hier nützlich, weil er die Gesellschaften der noma-dischen Jäger und Sammler von denen des *Neolithikums* oder der Jungsteinzeit un-terscheidet, die kurz vor der Entwicklung der Landwirtschaft beginnt. Während des *Neolithikums* werden die größeren Steinwerkzeuge zunehmend durch Schleifen und Polieren statt durch Abschlagen hergestellt, während die kleineren, durch Abschlagen hergestellten Steinwerkzeuge – allgemein als Mikrolithen bezeichnet – sehr klein und spezialisiert werden. In den späteren Jahren des *Neolithikums* wurde die Verwendung von Keramik weit verbreitet, und die Überreste zerbrochener Keramik wurden schließ-lich zur häufigsten Art von Artefakten in prähistorischen Siedlungsplätzen. Zwischen diesen klar definierten Perioden gibt es ein etwas vages Mittelding, das *Mesolithikum* oder „mittlere Steinzeit" genannt wird. Dieser Begriff wird manchmal als Sammelbe-griff für prähistorische Kulturen verwendet, die sich nicht eindeutig in die Kategorien Altsteinzeit oder Jungsteinzeit einordnen lassen.

Ich habe in diesem Kapitel den Begriff „Jungpaläolithikum" weitgehend verwen-det, um den Zeitraum zu bezeichnen, in dem der anatomisch moderne Mensch vor etwa fünfzigtausend Jahren in Europa auftauchte – und der vom nomadischen Jagen und Sammeln lebte –, um ihn von den Nahrungsmittel produzierenden Gesellschaften des *Neolithikums* zu unterscheiden, die erst vor fünfzehntausend Jahren auftraten und die in Kapitel 6 ausführlich beschrieben werden.

62. (Seite 127) Die anatomisch modernen Menschen des Jungpaläolithikums waren die ersten Hominiden, die deutliche Anzeichen für ausgeprägte kulturelle Traditionen aufwiesen. Obwohl in verschiedenen Regionen der Welt viele verschiedene Kulturen des Jungpaläolithikums identifiziert wurden, sind die in Europa am besten bekannt und wurden am sorgfältigsten untersucht. Obwohl sich die meisten dieser Kulturen zeitlich überschneiden, werden sie gewöhnlich in einer groben chronologischen Rei-henfolge angeordnet. Die älteste dieser Kulturen war die der Châtelperronier, die vor etwa dreiunddreißigtausend Jahren lebten. Ihnen folgten die Aurignacier, Gravettier und Solutreer. Die jüngste Kultur war die der Magdalenen, die in Europa bis vor etwa elftausend Jahren überlebte.

63. (Seite 130) Dazu gehören die Grotte von Chabot im Gard (1878), die Höhle von La Mouthe in der Nähe von Les-Eyzies-de-Tayac (1895), die Höhlen von Les Combarel-les und Font-de-Gaume in Les Eyzies (1901), die Höhle von Marsoulas in den Pyrenäen (1902) und die Höhlen von La Calevie und Bernifal im Vézère-Tal (1903).

64. (Seite 132) Ich bin Robert Bates Graber für diese Beobachtung zu Dank ver-pflichtet. Siehe Bronislaw Malinowski (1954). *Magic, Science, and Religion*. Garden Ci-

ty, NY: Doubleday & Company, S. 30–31.

65. (Seite 137) Der *Homo heidelbergensis* war ein großhirniger, neu entstehender Mensch, der den fortgeschritteneren Formen des *Homo erectus* so ähnlich war, dass viele Wissenschaftler ihn für ein und dieselbe Art halten. Er wurde ursprünglich anhand eines fossilen Kiefers identifiziert, der 1907 in der Nähe von Heidelberg, Deutschland, gefunden wurde, und weitere Überreste dieses Hominiden wurden seitdem in Afrika und Westasien gefunden. Der *Homo heidelbergensis* ist der evolutionäre Zweig des *Homo erectus*, der höchstwahrscheinlich sowohl mit den Neandertalern als auch mit dem anatomisch modernen Menschen verwandt ist.

66. (Seite 138) Siehe John Feliks (2006b). *The graphics of Bilzingsleben: Sophistication and subtlety in the mind of* Homo erectus. URL: http://www-personal.umich.edu/~feliks/graphics-of-bilzingsleben/index.html (besucht am 02.02.2014). Siehe auch John Feliks (2011). „Golden Flute of Geissenklösterle: Mathematical Evidence for a Continuity of Human Intelligence as Opposed to Evolutionary Change Through Time". In: *Aplimat – Journal of Applied Mathematics* 4.4, S. 157–162.

67. (Seite 142) Dieses Argument wird dargelegt in Iain Davidson und William Noble (1989). „The archaeology of perception: Traces of depiction and language". In: *Current Anthropology* 30.2, S. 125–156.

68. (Seite 144) Siehe Leslie C. Aiello und R. I. M. Dunbar (1993). „Neocortex size, group size, and the evolution of language". In: *Current Anthropology* 34.2, S. 184–193.

69. (Seite 150) Siehe Lewis Carroll (1961). *Alice's Adventures in Wonderland and Through the Looking Glass*. London: The Folio Society.

6. DIE TECHNOLOGIE DER LANDWIRTSCHAFT

70. (Seite 162) Zur „Oasentheorie" siehe V. Gordon Childe (1936). *Chapter V: The Neolithic revolution*. Oxford University Press.

Für die Theorie der „hügeligen Randgebiete" siehe Robert J. Braidwood (1960). „The agricultural revolution". In: *Scientific American* 203, S. 130–148.

Für die Theorie des „demografischen" oder „Bevölkerungsdrucks" siehe Lewis R. Binford und Sally R. Binford (1968). „Post-Pleistocene adaptations". In: *New Perspectives in Archaeology*, S. 313–342. Siehe auch Kent Flannery (1973). „The origins of agriculture". In: *Annual Review of Anthropology* 2, S. 271–310 und Mark N. Cohen (1977). *The Food Crisis in Prehistory: Overpopulation and the Origins of Agriculture*. New Haven: Yale University Press.

Zur Theorie der „Co-Evolution" siehe David Rindos (1984). *The Origins of Agriculture: An Evolutionary Perspective*. New York: Academic Press

Für die Theorie des „konkurrierenden Schlemmens" siehe Brian Hayden (1990). „Nimrods, piscators, pluckers, and planters: The emergence of food production". In: *Journal of Anthropological Archaeology* 9.1, S. 31–69.

Zur Theorie des „gastfreundlichen Klimas" siehe Peter J. Richerson, Robert Boyd und Robert L. Bettinger (2001). „Was agriculture impossible during the Pleistocene but mandatory during the Holocene?" In: *American Antiquity* 66.3, S. 387–411.

71. (Seite 163) Siehe Graeme Barker (2006). *The Agricultural Revolution in Prehistory*. New York: Oxford University Press, Seite 383.

72. (Seite 163) Das pralle gelbe Korn, das in großen Kolben an hohen fleischigen Pflanzen wächst, ist in den meisten Teilen der Welt als „Mais" oder „Mealy" bekannt, wird aber in den Vereinigten Staaten, Kanada, Australien und Neuseeland „Corn" genannt. Im Gegensatz dazu wird das Wort „corn" (Korn) in den meisten Teilen der Welt für Getreidekörner wie Weizen, Roggen und Gerste verwendet.

73. (Seite 164) Das Pferd wurde vor etwa sechstausend Jahren in den Steppen oder Graslandschaften des heutigen Kasachstan, fast tausend Meilen nördlich und östlich des Fruchtbaren Halbmonds, domestiziert, wo es erstmals als Transportmittel wichtig wurde. Die wichtige Geschichte des domestizierten Pferdes wird im nächsten Kapitel ausführlich erörtert, wo wir sehen werden, wie das Pferd als eines der Schlüsselelemente der Interaktionstechnologien wesentlich zur Entstehung von Städten und zur Entwicklung der städtischen Zivilisation beitrug.

74. (Seite 165) Siehe Andrew Sherratt (1997). „Climatic cycles and behavioural revolutions: the emergence of modern humans and the beginning of farming". In: *Antiquity* 71, S. 271–287, Seite 277.

75. (Seite 173) Siehe R. Alexander Bentley u. a. (2012). „Community differentiation and kinship among Europe's first farmers". In: *Proceedings of the National Academic of Sciences of the United States of America* 109.24, S. 9326–9330.

76. (Seite 176) Siehe Verrier Elwin (1968). *The Kingdom of the Young*. London: Oxford University Press, S. 165–169, sowie Clellan S. Ford und Frank A. Beach (1951). *Patterns of Sexual Behavior*. New York: Harper Torchbooks, S. 268, sowie William A. Lessa (1966). *Ulithi: A Micronesian Design for Living*. New York: Holt, Rinehart und Winston, S. 88, sowie Bronislaw Malinowski (1929). *The Sexual Life of Savages in North-Western Melanesia*. New York: Harcourt, Brace und Company, S. 198–200 und Marjorie Shostak (1983). *Nisa: The Life and Words of a ¡Kung Woman*. New York: Vintage Books, S. 150–151.

77. (Seite 177) Siehe Melvin J. Konner (2006). „Hunter-Gatherer Infancy and Childhood: The !Kung and Other". In: Hrsg. von Barry S. Hewlett und Michael E. Lamb, S. 19–64.

78. (Seite 178) Der Zweck dieser Vereinbarungen bestand hauptsächlich darin, die Treue – und oft auch die Dienste – des zukünftigen Schwiegersohns zu erhalten. Wenn diese Mädchen jedoch das Erwachsenenalter erreichten, stand es ihnen in der Regel frei, ihren „zugewiesenen" Ehemann zugunsten eines anderen Mannes zu verlassen, der

ihnen besser gefiel. Siehe Victoria K. Burbank (1987). „Premarital sex norms: Cultural interpretations in an Australian Aboriginal community". In: *Ethos* 15.2, S. 226–234.

79. (Seite 180) Siehe Napoleon Chagnon (1968). *Yanomamö: The Fierce People*. New York: Holt, Rinehart und Winston. Siehe auch Kenneth Good (1991). *Into the Heart: One Man's Pursuit of Love and Knowledge among the Yanomama*. New York: Simon & Schuster, 72–74 und 194–204.

7. Die Technologien der Interaktion

80. (Seite 190) Siehe Jared Diamond (2012). *The World until Yesterday*. New York, S. 4–5.

81. (Seite 196) Aus Rücksicht auf die Empfindlichkeiten von Atheisten, Agnostikern und Nichtchristen sind Wissenschaftler und Gelehrte in letzter Zeit dazu übergegangen, anstelle des traditionellen „v. Chr." oder „vor Christus" den Begriff „v. u. Z." zu verwenden, was „vor unserer Zeitrechnung" bedeutet. Aus demselben Grund sind sie auch dazu übergegangen, den entsprechenden Begriff „u. Z." für „unsere Zeitrechnung" oder „n. u. Z." für „nach unserer Zeitrechnung" anstelle des traditionelleren „n. Chr." oder „nach Christi Geburt" zu verwenden. Ohne die Logik dieser Änderung in Frage stellen zu wollen – aber zur Bequemlichkeit der Leser, die mit diesen Begriffen nicht vertraut sind – habe ich in diesem Buch weiterhin die traditionelleren Bezeichnungen „v. Chr." und „n. Chr." für Daten vor und nach Christi Geburt verwendet.

82. (Seite 200) Dies waren die Zeit der Streitenden Staaten (476-221 v. Chr.), die Zeit der Sechzehn Königreiche (304-439 n. Chr.), die Zeit der Fünf Dynastien und Zehn Königreiche (907-960 n. Chr.) und die Zeit der Song-, Liao-, Jin- und westlichen Xia-Dynastien (960-1234 n. Chr.).

83. (Seite 202) Siehe Robert G. Bednarik (2003). „Seafaring in the Pleistocene". In: *Cambridge Archaeological Journal* 13.1, S. 41–66.

84. (Seite 202) Obwohl heute vierhundertundachtzig Kilometer offenes Meer Timor von der australischen Küste trennen, war der Meeresspiegel während der Eiszeiten neunzig Meter niedriger als heute, und große Bereiche der Kontinentalschelfe auf beiden Seiten der Timorstraße waren freigelegt. Vor sechzigtausend Jahren betrug die Entfernung zwischen Australien und Timor etwa achtzig Kilometer offenes Meer.

85. (Seite 202) Siehe Robert G. Bednarik (2000). „Crossing the Timor Sea by Middle Palaeolithic raft". In: *Anthropos* 95, S. 37–47 und Robert G. Bednarik (2008). „Seafaring". In: *Encyclopaedia of the History of Science, Technology, and Medicine in Non-Western Cultures*. Hrsg. von Helaine Selin. 2. Aufl. Springer und Robert G. Bednarik (2014). „The Beginnings of Maritime Travel". In: *Advances in Anthropology* 4, S. 209–221.

86. (Seite 214) Der Titel dieses Unterkapitels sei verwendet mit Entschuldigung an

David W. Anthony, dessen umfassende Studie „The Horse, the Wheel, and Language" (Das Pferd, das Rad und die Sprache) die zentrale Rolle des domestizierten Pferdes in der Geschichte sowohl der antiken als auch der modernen Zivilisationen beleuchtet hat.

87. (Seite 215) Siehe David W. Anthony (2007). *The Horse, the Wheel, and Language: How Bronze-Age Riders from the Eurasian Steppes Shaped the Modern World.* Princeton, NJ: Princeton University Press.

88. (Seite 222) Siehe Robin I. M. Dunbar (1992). „Neocortex size as a constraint on group size in primates". In: *Journal of Human Evolution* 20, S. 469–493.

8. Die Technologie der Präzisionsmaschinen

89. (Seite 231) Siehe Daniel J. Boorstin (1985). *The Discoverers: A History of Man's Search to Know His World and Himself.* New York: Vintage Books, S. 62–63.

90. (Seite 232) Das Brevier wir heute Stundenbuch genannt und enthält die Texte für die Feier des Stundengebets der römisch-katholischen Kirche. (Anm. d. Übers.)

91. (Seite 238) Siehe Peter Hutchinson (2008). *Magazine growth in the nineteenth century.* URL: http://www.themagazinist.com/Magazine_History.html.

92. (Seite 239) Siehe J. V. Thirgood (16. Aug. 1971). „The historical significance of oak". In: *Oak Symposium Proceedings.* Upper Darby, PA: U.S. Department of Agriculture, Forest Service, Northeastern Forest Experiment Station, S. 1–18, hier Seite 9.

93. (Seite 240) Siehe J. V. Thirgood (16. Aug. 1971). „The historical significance of oak". In: *Oak Symposium Proceedings.* Upper Darby, PA: U.S. Department of Agriculture, Forest Service, Northeastern Forest Experiment Station, S. 1–18, hier Seite 10.

94. (Seite 247) Nicéphore Niépce ist besser bekannt als einer der ersten Erfinder der Fotografie. Sein „Blick aus dem Fenster von Le Gras" aus dem Jahr 1827 ist das älteste erhaltene Foto der Welt.

95. (Seite 250) Siehe Kenneth Chase (2003). *Firearms: A Global History to 1700.* Cambridge: Cambridge University Press, S. 25.

96. (Seite 253) Siehe Warren D. Devine (1983). „From shafts to wires: Historical perspective on electrification". In: *The Journal of Economic History* 43.2, S. 347–372, hier Seite 349.

97. (Seite 263) Vielleicht haben deshalb viele Verhaltensforscher im zwanzigsten Jahrhundert die absurde Idee vertreten, dass der Mensch das einzige Tier ist, das zu Vernunft und Gefühlen fähig sei – als ob solche geistigen Aktivitäten zum ersten Mal in der Geschichte des Lebens auf der Erde mit dem Auftreten des *Homo sapiens* in vollem Umfang aufgetreten wären. Solche Ansichten, die nie durch glaubwürdige wissenschaftliche Beweise gestützt wurden, hätte nur jemand ernst nehmen können, der nie mit einem intelligenten Tier wie einem Hund, einer Katze, einem Pferd, einem Schwein, einem Affen oder einem Papagei zusammengelebt hat. Menschen, die mit solchen Tie-

ren zusammengelebt haben, wissen sehr wohl, dass sie sowohl zur Vernunft als auch zu einer breiten Palette von Gefühlen fähig sind.

98. (Seite 263) Im Jahre 1935 gab es in den Vereinigten Staaten fast sieben Millionen landwirtschaftliche Betriebe. Bis zum Jahr 2007 war die Zahl der Betriebe auf 2,2 Millionen gesunken. In demselben Jahr entfielen auf die größten 188.000 Betriebe 63 Prozent aller verkauften landwirtschaftlichen Erzeugnisse, während auf die kleinsten 2.012.000 Betriebe nur 37 Prozent aller verkauften landwirtschaftlichen Erzeugnisse entfielen (siehe US-Landwirtschaftsministerium, „2007 Census of Agriculture").

9. Die Technologie der digitalen Information

99. (Seite 270) Siehe Jonathan Fildes (14. Okt. 2010). „Campaign builds to construct Babbage Analytical Engine". In: *BBC News*. URL: http://www.bbc.co.uk/news/technology-11530905 (besucht am 06. 12. 2014) und John Graham-Cumming (23. Dez. 2010). „Let's build Babbage's ultimate mechanical computer". In: *New Scientist* 2791. URL: http://www.newscientist.com/article/mg20827915.500-lets-build-babbages-ultimate-mechanical-computer.html#.U5njTGcg-Uk (besucht am 06. 12. 2014).

100. (Seite 275) Siehe M. H. Weik, Hrsg. (1955). *Computers with names starting with E through H*. URL: http://ed-thelen.org/comp-hist/BRL.html (besucht am 15. 06. 2014).

101. (Seite 276) Die genauen Worte von Moore im Jahre 1965 lauteten wie folgt: „Die Komplexität für minimale Komponentenkosten hat mit einer Rate von ungefähr einem Faktor von zwei pro Jahr zugenommen (siehe Grafik). Kurzfristig kann man sicher davon ausgehen, dass sich diese Rate fortsetzt, wenn nicht sogar erhöht. Längerfristig ist die Steigerungsrate etwas unsicherer, obwohl es keinen Grund zur Annahme gibt, dass sie nicht mindestens zehn Jahre lang nahezu konstant bleiben wird. Das bedeutet, dass bis 1975 die Anzahl der Komponenten pro integriertem Schaltkreis bei minimalen Kosten 65000 betragen wird." Siehe Gordon E. Moore (1965). „Cramming more components onto integrated circuits". In: *Electronics* 38.8, S. 114–117. URL: http://ieeexplore.ieee.org/xpl/login.jsp?tp=&arnumber=658762&url=http%3A%2F%2Fieeexplore.ieee.org%2Fxpls%2Fabs_all.jsp%3Farnumber%3D658762 (besucht am 17. 06. 2014); Gordon E. Moore (1998). „Cramming more components onto integrated circuits". In: *Proceedings of the IEEE* 86.1. Nachdruck, S. 82–85.

102. (Seite 276) ENIAC enthielt 17.468 Vakuumröhren, von denen jede einem modernen Transistor entsprach. Da der 15-Core-Mikroprozessor Xeon E7 v2 4,31 Milliarden Transistoren enthält, wären 4.310.000.000 ENIACs geteilt durch 17.468 oder 246.737 ENIACs erforderlich, um die Rechenleistung eines 15-Core-Mikroprozessors Xeon E7 v2 zu erreichen. Jeder ENIAC war fast dreißigeinhalb Meter lang, so dass 246.737 ENIACs aneinandergereiht eine Länge von 7.520.544 Meter oder 7520 Kilometer hätten. Das Gewicht eines jeden ENIAC betrug dreißig Tonnen. Somit würden

246.737 ENIACs 7.402.110 Tonnen wiegen – das entspricht dem Gewicht von sechsundsechzig Superträgern der Nimitz-Klasse mit einem Gewicht von jeweils 112.000 Tonnen. Der Bau des ENIAC kostete 500.000 Dollar, was in Dollar von 2014 etwa 6 Millionen Dollar entspricht. Somit hätte der Bau von 246.737 ENIACs im Jahr 2014 1.480.422.000.000 $ gekostet.

103. (Seite 277) Da die besten Vakuumröhrencomputer der 1950er Jahre im Durchschnitt maximal zehn Stunden (oder sechsunddreißigtausend Sekunden) hintereinander liefen, bevor eine Vakuumröhre ausfiel, würde ein Computer, der so groß ist wie 246.737 ENIACs, wahrscheinlich nur sechsunddreißigtausend Sekunden geteilt durch 246.737 oder eine Siebtelsekunde laufen, bevor eine seiner 4.310.000.000 Vakuumröhren ausfallen würde.

104. (Seite 277) Siehe Jaxton van Derbeken, Demian Bulwa und Erin Allday (8. Juli 2013). „SF plane crash: Crew tried to abort landing". In: *San Francisco Chronicle*. URL: http://www.sfchronicle.com/multimedia/item/boeing-777-crashes-at-sfo-22447. php (besucht am 24. 06. 2014).

105. (Seite 277) Siehe *International Technology Roadmap for Semiconductors, 2010, Overall technology roadmap characteristics* (2010). Update. URL: http : / / maltiel consulting . com / ITRS _ 2010 _ Updates _ maltiel _ semiconductor _ consulting . htm (besucht am 17. 06. 2014).

106. (Seite 283) Siehe John Hultsman und William Harper (2004). „The problem of leisure reconsidered". In: *Journal of American Culture* 16.1, S. 47–54.

107. (Seite 289) Im Jahr 2019 hatte die Zahl der internationalen Touristenvisa 1,46 Milliarden erreicht und war auf dem besten Wege, bis 2020 den prognostizierten Höchststand von 1,6 Milliarden zu erreichen. Als jedoch Ende 2019 die COVID-19-Pandemie ausbrach, sank die Zahl der internationalen Touristenvisa plötzlich auf 409 Millionen und erholte sich erst wieder im Jahr 2023, als sie 1,28 Milliarden erreichte, womit sie schließlich die acht Jahre zuvor im Jahr 2015 erreichte Zahl von 1,20 Milliarden übertraf. Siehe World Tourism Organisation United Nations (2024). *Global and Regional Tourism Performance*. Und gehe zu „Inbound Tourism". URL: https : / / www. unwto . org / tourism - data / global - and - regional - tourism - performance (besucht am 14. 03. 2024) Sowie Edgardo Sica (2007). *International tourism: a driving force for economic growth of Commonwealth countries*. URL: https : / / www. academia. edu / 982748 / International _ tourism _ a _ driving _ force _ for _ economic _ growth _ of _ Commonwealth _ countries (besucht am 25. 06. 2014).

108. (Seite 289) Siehe Department of Economic United Nations und Population Division Social Affairs (2013). *Net international migration. International Migration Report 2013*. URL: http : / / www. un . org / en / development / desa / population / publications/migration/migration-report-2013.shtml (besucht am 20. 06. 2014).

109. (Seite 292) Siehe Paul M. Lewis, Gary F. Simons und Charles D. Fennig, Hrsg.

(2014). *Ethnologue: Languages of the World*. URL: http://www.ethnologue.com (besucht am 24. 06. 2014).

10. Unsere Welt am Abgrund

110. (Seite 297) Siehe Frank Borman (1988). *Countdown: An Autobiography*. New York: Silver Arrow Books.

111. (Seite 297) Siehe Nancy Atkinson (27. Sep. 2010). *A conversation with Jim Lovell, part 2: Looking back*. URL: http://www.universetoday.com/74396/a-conversation-with-jim-lovell-part-2-looking-back/ (besucht am 12. 07. 2014).

112. (Seite 299) Aufgrund ihrer geringen Größe und immensen Entfernung von der Erde wurde bisher kein Planet außerhalb unseres eigenen Sonnensystems direkt beobachtet. Stattdessen wird ihre Existenz aus dem „Flattern" der Sterne selbst abgeleitet, das durch die Anziehungskraft der um sie kreisenden Planeten verursacht wird.

113. (Seite 300) Das Licht bewegt sich mit einer Geschwindigkeit von 1.079.252.848 Kilometer pro Stunde. Multipliziert mit 24 Stunden pro Tag ergibt dies 25.902.068.352 Kilometer pro Tag. Multipliziert mit 365 Tagen im Jahr ergibt dies 9.454.254.948.480 Kilometer pro Jahr. Sechzehn Lichtjahre sind also 151.268.079.175.680 Kilometer. Bei einer Geschwindigkeit von 692.000 Kilometern pro Stunde würde es 218.595.490 Stunden dauern, was 9.108.145 Tage oder 24.954 Jahre, um die Entfernung von der Erde zu Gliese 832 c zurückzulegen.

114. (Seite 301) Der Begriff „Biosphäre" wurde 1875 von dem österreichischen Geologen und Paläontologen Eduard Suess geprägt, um die Gesamtheit der Lebewesen zu beschreiben, die die Oberfläche der Erde bewohnen. Da die Umgebungen, die das Leben unterstützen, nur auf der Erdoberfläche zu finden sind, hat die physische Ansammlung von lebenden Organismen auf unserem Planeten die Form einer sphärischen Kugel – daher der Begriff „Biosphäre". Dieselbe Logik wurde im 16. Jahrhundert angewandt, als das griechische Wort *atmos*, das „Dampf" bedeutet, mit der Kugelform der Erde kombiniert wurde, um das Wort „Atmosphäre" zu schaffen.

115. (Seite 301) Biosphäre 1 war keine frühere Version dieses Experiments, sondern die Bezeichnung der Biosphärianer für das natürliche Ökosystem der Erde, die Biosphäre.

116. (Seite 303) *Paratrechina longicornus*, die „verrückte Langhornameise", ist eine der häufigsten Ameisenarten und kommt in menschlichen Lebensräumen auf der ganzen Welt vor. Ihr Name leitet sich von ihren langen Fühlern und ihrer Angewohnheit ab, mit hoher Geschwindigkeit in alle Richtungen zu rennen.

117. (Seite 303) Siehe Joel E. Cohen und David Tilman (15. Nov. 1996). „Biosphere 2 and biodiversity: the lessons so far". In: *Science* 274.5290, S. 1150–1151.

118. (Seite 304) Obwohl Israel die Existenz seines Atomwaffenprogramms nie öf-

fentlich zugegeben hat, hat es diese auch nie geleugnet. Im Jahr 2002 beschrieben Robert S. Norris und seine Kollegen das israelische Atomprogramm wie folgt: „Nachdem der ägyptische Präsident Gamal Abdel Nasser 1953 die Straße von Tiran geschlossen hatte, begann der israelische Premierminister David Ben Gurion mit der Entwicklung von Atomwaffen und anderen unkonventionellen Munitionsarten. Sein Schützling, Shimon Peres, spielte eine zentrale Rolle beim Abschluss eines Abkommens mit Frankreich über einen Kernforschungsreaktor im Jahr 1956. Der Physiker Ernst David Bergmann, Direktor der israelischen Atomenergiekommission, gab schon früh die wissenschaftliche Richtung vor.... Mit französischer Unterstützung baute Israel eine Kernwaffenanlage in Dimona in der Negev-Wüste. Die Anlage in Dimona verfügt über einen Plutonium/Tritium-Produktionsreaktor, eine unterirdische chemische Trennanlage und Anlagen zur Herstellung von Nuklearkomponenten." „Es wird allgemein von Freund und Feind gleichermaßen akzeptiert", schlussfolgern die Autoren, „dass Israel seit mehreren Jahrzehnten ein Atomstaat ist". Siehe Robert S. Norris u. a. (2002). „Israeli Nuclear Forces". In: *Bulletin of the Atomic Scientists* 58.5, S. 72–75.

119. (Seite 304) Eine Übersicht über die weltweiten Atomwaffenbestände finden Sie unter: *World Nuclear Stockpile Report* (2014). URL: http://www.ploughshares.org/world-nuclear-stockpile-report (besucht am 03. 06. 2014).

120. (Seite 307) Gyre, dt.: Drehungen, Kreisbewegungen. (Anm. d. Übers.)

121. (Seite 307) Im Jahre 1976 gab es 102 Smogwarnungen der Stufe 1 im Los Angeles-Becken, während es 1998 nur zwölf Smogwarnungen der Stufe 1 gab. Siehe *Pollution in Los Angeles County* (2014). URL: http://www.rabbitair.com/pages/pollution-in-los-angeles-county (besucht am 18. 06. 2014).

122. (Seite 308) Siehe William Laurance (28. Juli 2011). *China's appetite for wood takes a heavy toll on forests*. URL: http://e360.yale.edu/feature/chinas_appetite_for_wood_takes_a_heavy_toll_on_forests/2465/ (besucht am 28. 07. 2014).

123. (Seite 309) Siehe Huang Wenbin und Sun Xiufang (Dez. 2013). „Tropical hardwood flows in China: Case studies of rosewood and okoumé". In: *Forest Trends*. URL: http://www.forest-trends.org/publication_details.php?publicationID=4138 (besucht am 28. 07. 2014).

124. (Seite 309) Für eine wortgewandte Beschreibung der Białowieża Puszcza, siehe Alan Weisman (2007). *The World Without Us*. New York: St. Martin's / Thomas Dunne Books, S. 9–16.

125. (Seite 312) Siehe Edward O. Wilson (1992). *The Diversity of Life*. Cambridge: Belknap Press / Harvard University Press und Niles Eldredge (1998). *Life in the Balance: Humanity and the Biodiversity Crisis*. Princeton, NJ: Princeton University Press. Für einen ausgezeichneten Artikel, in dem die Schwierigkeit einer genauen Schätzung der Aussterberate erläutert wird, Vânia Proença und Henrique Miguel Pereira (2013). „Comparing extinction rates: Past, present, and future". In: *Encyclopedia of Biodiversi-*

ty 2, S. 167–176.

126. (Seite 313) Die Befallsepidemie in Froschpopulationen wird durch verschiedene Stämme des Pilzes *Batrachochytrium dendrobatidis* oder „BD" verursacht und ist besonders besorgniserregend, da sie Frösche auf allen Kontinenten befallen hat und bereits mit dem Aussterben von Dutzenden von Arten in Verbindung gebracht wurde. Dennoch haben Biologen begrenzte Erfolge bei der Entwicklung einer Immunität gegen BD bei einigen Froscharten berichtet. Siehe Carl Zimmer (9. Juli 2014). *Hope for frogs in face of a deadly fungus.* URL: http://www.nytimes.com/2014/07/09/science/hope-for-frogs-facing-a-deadly-fungus.html?ref=science&_r=1 (besucht am 12.07.2014).

127. (Seite 313) Alle Bundesstaaten der Vereinigten Staaten von Amerika – außer Alaska und Hawaii – werden unter dem Begriff der „unteren achtundvierzig Staaten" (die „lower 48 states") zusammengefasst. Der Begriff kam etwa um das Jahr 1959 auf, als Alaska der neunundvierzigste Bundesstaat der USA wurde. Hawaii hatte diesen Status zu diesem Zeitpunkt noch nicht erlangt. Für die Alaskaner gab es also nur 48 weitere Staaten, die alle weiter unten auf der Landkarte lagen. (Anm. d. Übers.)

128. (Seite 315) Das jährliche Ausmaß der weltweiten Kohlenstoffemissionen wurde vom Carbon Dioxide Information Analysis Center am Oak Ridge National Laboratory sorgfältig zusammengestellt. Einzelheiten über die Zusammenstellung dieser Informationen finden Sie in G. Marland, T. A. Boden und R. J. Andres (2008). „Global, regional, and national fossil fuel CO2 emissions". In: *Trends: A Compendium of Data on Global Change.* Oak Ridge, Tennessee: Carbon Dioxide Information Analysis Center, Oak Ridge National Laboratory, U.S. Department of Energy. URL: http://cdiac.ornl.gov/trends/emis/overview. Detaillierte jährliche Emissionsdaten seit 1751 sind verfügbar unter: http://cdiac.ornl.gov/trends/emis/tre_glob.html.

129. (Seite 317) Isotopenstadium (MIS), auch bekannt als „Sauerstoff-Isotopenstufe (OIS)", beziehen sich auf Perioden in der geologischen Geschichte der Erde, in denen die globalen Temperaturen entweder wärmer oder kühler waren als in der vorangegangenen Zeitspanne. Diese Stadien werden durch die Messung des Verhältnisses von zwei Sauerstoffisotopen – Sauerstoff-16 und Sauerstoff-18 – in den Schalen von Meeresorganismen bestimmt, die zu verschiedenen geologischen Zeiten im Meeresboden vergraben wurden. Wenn die Ozeane wärmer werden, nimmt der Anteil von Sauerstoff-18 in den Schalen ab; wenn die Ozeane kälter werden, nimmt der Anteil von Sauerstoff-18 zu. In den letzten Millionen Jahren gab es zweiundzwanzig dieser Stadien, die den Wechsel von globaler Erwärmung und globaler Abkühlung während der Eiszeiten widerspiegeln. Die ungeraden Stadien, einschließlich MIS 1 (die letzten elftausend Jahre) und MIS 11, stehen für die warmen Perioden, während die geraden Stadien für die kalten Perioden stehen, einschließlich aller großen Eiszeiten, die in den letzten Millionen

Jahren aufgetreten sind.

130. (Seite 317) Siehe William R. Howard (1997). „Palaeoclimatology: A warm future in the past". In: *Nature* 388, S. 418–419 und Alberto V. Reyes u. a. (2014). „South Greenland ice-sheet collapse during Marine Isotope Stage 11". In: *Nature* 510, S. 525–528.

131. (Seite 317) Die Klimawissenschaftler ringen immer noch darum, genau zu verstehen, warum die jüngsten Eiszeiten mit unheimlicher Regelmäßigkeit alle hunderttausend Jahre begonnen haben, aber der vorherrschende Konsens ist, dass dieses Phänomen mit Unregelmäßigkeiten in der Umlaufbahn der Erde um die Sonne zusammenhängt. Siehe John Imbrie u. a. (1993). „On the structure and origin of major glaciation cycles: 2. The 100,000-year cycle". In: *Paleoceanography* 8.6, S. 699–735.

132. (Seite 319) Siehe Toby Tyrrell, John G. Shepherd und Stephanie Castle (2007). „The long-term legacy of fossil fuels". In: *Tellus B* 59, S. 664–672 und Fred Hoyle und Chandra Wickramasinghe (Juli 1999). *On the cause of ice-ages.* URL: http://abob.libs. uga.edu/bobk/ccc/ce120799.html (besucht am 13. 08. 2014).

133. (Seite 321) Siehe Dept. of Economic United Nations und Social Affairs (2013). *World Population Prospects: The 2012 Revision.* URL: http://esa.un.org/wpp/Excel-Data/population.htm (besucht am 23. 07. 2014).

134. (Seite 323) Die genaue Zahl der Nationalstaaten ändert sich nicht nur häufig, sondern unterliegt auch der Interpretation. So entstanden in den sieben Jahren zwischen 1956 und 1963, als die afrikanischen Kolonien ihre Unabhängigkeit von Europa erlangten und zu eigenständigen Staaten wurden, dreißig neue Nationen. Und die Gesamtzahl der Nationalstaaten erhöhte sich in den 1990er Jahren noch einmal um fünf, als ein einziger Nationalstaat, die ehemalige Republik Jugoslawien, in sechs unabhängige Nationen zerfiel: Serbien, Kroatien, Slowenien, Mazedonien, Montenegro und Bosnien-Herzegowina. Darüber hinaus kann es manchmal schwierig sein, zu bestimmen, ob eine bestimmte politische und geografische Einheit tatsächlich ein eigenständiger Nationalstaat ist. Ist Palästina beispielsweise eine Nation – wie die Palästinenser selbst in ihrer Unabhängigkeitserklärung von 1988 behaupteten – oder ist es ein Mandat der Vereinten Nationen ohne jeglichen Status als unabhängige Nation, wie die israelische Regierung derzeit behauptet? In diesem Punkt gibt es keinen Konsens.

135. (Seite 324) Siehe Philip G. Roeder (2007). *Where Nation-States Come From: Institutional Change in the Age of Nationalism.* Princeton: Princeton University Press, S. 10.

136. (Seite 327) Von den 150 Nobelpreisen, die in den fünfzig Jahren zwischen 1964 und 2013 in den Bereichen Physik, Chemie und Medizin vergeben wurden, gingen zweiundachtzig, also 55 Prozent, an internationale Teams. Siehe *Wikipedia*, Liste der Nobelpreisträger.

Namenregister

Eine Zahl, gefolgt von dem Buchstaben A und einer weiteren Zahl, verweist auf die Seitenzahl und die fortlaufende Nummer in den Anmerkungen und Verweisen.

SACHREGISTER

Eine Zahl, gefolgt von dem Buchstaben A und einer weiteren Zahl, verweist auf die Seitenzahl und die fortlaufende Nummer in den ANMERKUNGEN UND VERWEISEN.

Impressum

MENSAION VERLAG
c/o Block Services
Stuttgarter Str. 106
70736 Fellbach
Deutschland

E-Mail: kontakt@mensaion.de
Internet: https://www.mensaion.de/